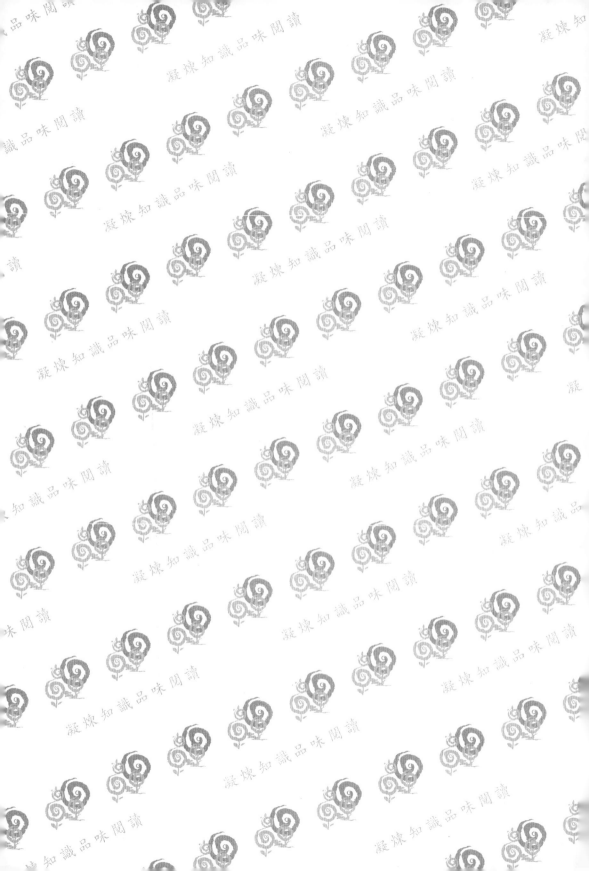

微積分解題手冊

Handbook of Calculus
for Scientists and Engineers

黃學亮 著

五南圖書出版公司 印行

Handbook of Calculus for Scientists and Engineers

　　本書是專供有志強化微積分解題能力者所寫的一本書，全書之難度始終維持在一個國立大學理工學院中等程度以上學生應該有或經努力後應該達到的微積分水準，本書內容有相當比重是取材自國內外高等微積分的問題,因此本書目標是讓讀者能較輕易地與工程數學、機率學、工程統計、理論統計、財務工程、及其他需要數學為基礎之專業課程能有所接軌，因此除了計算性問題外特別著重證明題，這是本書最大的重點也是最大的特色，更是本書讀者較其他同類型書籍讀者有更大受惠之所在。

　　本書不以協助讀者插班大學或考研究所之目的作為寫作目標，但事實證明使用本書仍可使他們在微積分這門課程有高標準的成績。

　　如果讀者研習本書有困難時，我推薦可先研讀五南出版之拙著普通微積分，這是一本專供初學微積分而有意更上一層樓者的一本教科書，若讀者備有該書在本書研作上可能較為容易些。如果配合研閱，對微積分之部分難題將有突破作用。

　　本書雖是作者累積十數年在大學及補習班教授教學之經案而編成；總希望能對讀者在微積分學習上所助益，惟作者輒感囿於自身學力有限而無法達成上述理想，同時謬誤之處亦在所難免，尚祈讀者諸君不吝賜正為荷。

作者　黃學亮　謹識

目　錄

序

CHAPTER 5　**積分應用** · 285

CHAPTER 6　**無窮級數** · 343

CHAPTER 1

$A \cdot B = 1 \cdot (-2) + 0 \cdot 1 + (-3) \cdot 1 = -5$
$A \cdot B = 1 \cdot (-2) + 0 \cdot 1 + (-3) \cdot 1 = -5$
$A \cdot B = 1 \cdot (-2) + 0 \cdot 1 + (-3) \cdot 1 = -5$

函數

$A \cdot B = 1 \cdot (-2) + 0 \cdot 1 + (-3) \cdot 1 = -5$
$A \cdot B = 1 \cdot (-2) + 0 \cdot 1 + (-3) \cdot 1 = -5$
$A \cdot B = 1 \cdot (-2) + 0 \cdot 1 + (-3) \cdot 1 = -5$

$A \cdot B = 1 \cdot (-2) + 0 \cdot 1 + (-3) \cdot 1 = -5$
$A \cdot B = 1 \cdot (-2) + 0 \cdot 1 + (-3) \cdot 1 = -5$
$A \cdot B = 1 \cdot (-2) + 0 \cdot 1 + (-3) \cdot 1 = -5$

單元 1　函數定義

> **定義**
>
> 函數是一種規則(Rule)透過這個規則，使得集合*A*之每一個元素在集合 *B* 中均恰有一個元素與之對應(Correspond)，換言之，這種對應規則便是函數。
>
> 自變數 *x* 能用作計算函數 *f* 之數值所成的集合稱為定義域(Domain)，其對應值所成之集合為值域(Range 或 Co-domain)

例 1　求 $f(x) = \sqrt[4]{x^2-x-2} + \sin^{-1}\dfrac{2x-1}{5}$ 之定義域：

解

要使 $f(x) = \sqrt[4]{x^2-x-2} + \sin^{-1}\dfrac{2x-1}{5}$ 有意義，x 需滿足

$$\begin{cases} x^2-x-2 \geq 0 \\ \left|\dfrac{2x-1}{5}\right| \leq 1 \end{cases} 即 \begin{cases} (x-2)(x+1) \geq 0 \\ -1 \leq \dfrac{2x-1}{5} \leq 1 \end{cases} 或 \begin{cases} x \leq -1 \text{，} x \geq 2 \\ -2 \leq x \leq 3 \end{cases}$$

$\therefore f(x)$ 之定義域為 $-2 \leq x \leq -1$ 或 $2 \leq x \leq 3$

即 $[-2，-1] \cup [2，3]$

重點提示

1. $(a，b)：a < x < b$，$(a，b]：a < x \leq b$，

  $[a，b)：a \leq x < b$，$[a，b]：a \leq x \leq b$，

2. ∞ 不是實數。

3. 有 ∞ 時，其旁邊之括弧一定是「)」而非「]」如 $[2，\infty)$

  ，$(-\infty，3)$，$(-\infty，-2]$。

例 2　若 $y=f(x)$ 之定義域為 $[0，1]$，求 $y=f(x-b)+f(x+2b)$ 之定義域，其中 $b>0$：

■ 解

$y_1=f(x-b)$ 之定義域為 $0≤x-b≤1$ 即 $b≤x≤1+b$

$y_2=f(x+2b)$ 之定義域為 $0≤x+2b≤1$ 即 $-2b≤x≤1-2b$

$∴ y= f(x-b)+f(x+2b)$ 之定義域為 y_1，y_2 定義域之交集，即

$\begin{cases} b≤x≤1+b \\ -2b≤x≤1-2b \end{cases}$

$∵ y_1= f(x-b)$ 與 $y_2= f(x+2b)$ 可相加 $∴ y=y_1+y_2$ 之定義域為 y_1 定義域與 y_2 定義域之交集，即 $b≤x≤1-2b$，

而 $b≤x≤1-2b$ 成立之條件為 $1-2b≥ b$　得 $\dfrac{1}{3}≥ b$，即

$\dfrac{1}{3}≥ b≥ 0$

$∴ \dfrac{1}{3}≥ b≥ 0$ 時，$y=f(x-b)+f(x+2b)$ 之定義域為 $[b，1-2b]$

$b>\dfrac{1}{3}$ 時，$y= f(x-b)+ f(x+2b)$ 之定義域為 $∅$。

求值域

例 3　求 $y=\sqrt{1+x^2}$，$x∈R$ 之值域

■ 解

$y=\sqrt{1+x^2}≥1$　對所有 $x∈R$ 均成立。$∴ y=\sqrt{x^2+1}$ 之值域為 $[1，∞)$

例 4　求 $y=\sqrt{x(3-2x)}$ 之值域

■ 解

$y=\sqrt{x(3-2x)}=\sqrt{3x-2x^2}$，我們可有二種方法求出它的值域

方法一　湊方法

$$y=\sqrt{3x-2x^2}=\sqrt{2}\sqrt{\frac{3}{2}x-x^2}=\sqrt{2}\sqrt{\frac{9}{16}-(\frac{3}{4}-x)^2}$$

又 $0\leq\sqrt{2}\sqrt{\frac{9}{16}-(\frac{3}{4}-x)^2}\leq\sqrt{2}\,(\frac{3}{4})=\frac{3\sqrt{2}}{4}$ ，即 $[0，\frac{3\sqrt{2}}{4}]$

方法二　判別式法

$y=\sqrt{3x-2x^2}$ 　$\therefore y^2=3x-2x^2$，即 $2x^2-3x+y^2=0$

若要上式有解，其判則式必須滿足：

$D=b^2-4ac=9-4\cdot2y^2\geq0$　得 $-\frac{3\sqrt{2}}{4}\leq y\leq\frac{3\sqrt{2}}{4}$，但 $y\geq0$

$\therefore 0\leq y\leq\frac{3\sqrt{2}}{4}$ 即 $[0，\frac{3\sqrt{2}}{4}]$

例 5　求函數 $y=\frac{1-x^2}{1+x^2}$ 之值域

解

我們應用判別式法：

$y=\frac{1-x^2}{1+x^2}$　$\therefore y+yx^2=1-x^2$，即 $(1+y)x^2+(y-1)=0$

若要上式有解，其判則式必須

$D=0-4(1+y)(y-1)\geq0$　或　$(y+1)(y-1)\leq0$，但 $y\neq-1$

$\therefore 1\geq y>-1$，即 $(-1，1]$（$\because y=-1$ 時 $\frac{1-x^2}{1+x^2}=-1$，得 $1=-1$

，矛盾）

函數相等

二個函數 $f_1(x)$，$f_2(x)$ 相等之條件為它們之函數式相同(與字母無關)且定義域相同。

例如 $f_1(x)=x^2$，$1\geq x>0$，$f_2(y)=y^2$，$1\geq y>0$，$f_3(z)=z^2$，$2>z>1$

則 $f_1=f_2$，$f_1\neq f_3$（$\because f_1$，f_3 之定義域不同）

例 6   若 $f(x) = \begin{cases} 2x^3 + 1 & , x \geq 0 \\ -2x^3 + 1 & , x < 0 \end{cases}$，求 $f(-x)$

■ 解

$$f(-x) = \begin{cases} 2(-x)^3 + 1 & , -x \geq 0 \\ -2(-x)^3 + 1 & , -x < 0 \end{cases}$$

$$\Rightarrow f(-x) = \begin{cases} -2x^3 + 1 & , x \leq 0 \\ 2x^3 + 1 & , x > 0 \end{cases}$$

奇函數與偶函數

定義

$f(x)$在$[-a，a]$中有定義，若

(1) $f(-x) = f(x)$則稱$f(x)$為偶函數(Even function)

(2) $f(-x) = -f(x)$則稱$f(x)$為奇函數(odd function)

說明

1. 談到 $f(x)$為奇函數還是偶函數，$f(x)$之定義域一定是對稱原點，即$[-a，a]$，$a > 0$。

2. 由定義令 $h(x) = f(x) + f(-x) = \begin{cases} 0 \\ 2f(x) \end{cases}$ 則 $\begin{cases} f(x)為奇函數 \\ f(x)為偶函數 \end{cases}$

3. 若 $f(x)$為奇函數則 $f(0) = 0$，但 $f(0) = 0$ 未必是奇函數(如 $f(x) = x + x^2$)

例 7   判斷 $f(x) = \log(x + \sqrt{1 + x^2})$之奇偶性

■ 解

$$f(-x) = \log(-x + \sqrt{1 + (-x)^2}) = \log(-x + \sqrt{1 + x^2})$$

$$= \log\left(\frac{(-x + \sqrt{1 + x^2})(x + \sqrt{1 + x^2})}{x + \sqrt{1 + x^2}}\right) = -\log(x + \sqrt{1 + x^2}) = -f(x)$$

$$\therefore f(x) = \log x + \sqrt{1 + x^2}為奇函數$$

反例集

例 8 是否存在一個函數 $f(x)$，$x \in [-a，a]$，$a > 0$ 既是奇函數，亦為偶函數？

解析

這是找「反例」問題，在測驗時可能一時很難舉出，因此，平時就要搜集反例：

解

令 $f(x) = \log \dfrac{1}{|sinx|} + \log \dfrac{1}{|cscx|}$

$f(-x) = \log \dfrac{1}{|sin(-x)|} + \log \dfrac{1}{|csc(-x)|}$

$\qquad = \log \dfrac{1}{|sinx|} + \log \dfrac{1}{|cscx|} = f(x) (\therefore f(x) 爲偶函數)$

$\qquad = -\log |sinx| - \log |cscx|$

$\qquad = -\log |\dfrac{1}{cscx}| - \log |\dfrac{1}{sinx}| = -f(x)$

$(\therefore f(x) 爲奇函數)$

單元 2 合成函數

合成函數之定義域

所謂合成函數(Composition of Functions)是指一個變數之函數值作為另一個函數之定義域元素，下圖便是一個合成函數的圖示：

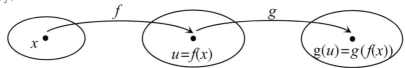

> **定義**
>
> 設 f，g 為二個函數;其中 $f：x \rightarrow f(x)$，$x \in A$;
>
> $g：x \rightarrow g(x)$，$x \in B$，則定義;
>
> $f(g(x))$ 之定義域為 $\{x \mid g(x) \in A \text{ 且} \in B\}$
>
> $g(f(x))$ 之定義域為 $\{x \mid f(x) \in B \text{ 且} \in A\}$

說明

合成函數之定義域看似複雜，但它是直覺的，以 $f(g(x))$ 為例 $f(g(x))$，在計算 $f(g(x))$ 時首先 $f(x)$ 必須有意義，故 $g(x)$ 必須在 f 之定義域 A 內，其次 $g(x)$ 要有意義，則 x 必須在 g 之 定義域 B 內，因此 $f(g(x))$ 之定義域為 $\{x \mid g(x) \in A$，且 $\in B\}$，其餘之情況同理可推。

我們可以說合成函數是函數的函數，下面是有關合成函數的幾個計算例。

例 1 若 $f(x)=2x+1$，$g(x)=x^2$，求：(a)$f(f(x))$，
(b)$f(g(x))$，　(c) $g(f(x))$，　(d) $g(g(x))$？

解

(a)$f(f(x))=2f(x)+1=2(2x+1)+1=4x+3$

(b)$f(g(x))=2g(x)+1=2x^2+1$

(c) $g(f(x))=(f(x))^2=(2x+1)^2$

(d) $g(g(x))=(g(x))^2=(x^2)^2=x^4$。

例 2 若 $f(x)=\dfrac{x}{x-2}$ 求 $f(f(x))$ 之定義域

解

$$f(f(x))=\frac{f(x)}{f(x)-2}=\frac{\dfrac{x}{x-2}}{\dfrac{x}{x-2}-2}=\frac{x}{4-x}，x\neq 4$$

$\because f(x)=\dfrac{x}{x-2}，x\neq 2$　$\therefore f(f(x))=\dfrac{x}{4-x}$ 之定義域爲

$x\neq 2，x\neq 4$ 即 $R-\{2，4\}$

注意：在例 2 中，有些人會將 $f(f(x))$ 之定義域寫成 $x\neq 4$，而漏掉 $x\neq 2$。

分段函數之合成函數

例 3 若 $f(x)=\begin{cases}3x，x\leq 0，g(x)=x^2-4\\0，x>0\end{cases}$ 求(a)$f(g(x))$ 及(b) $g(f(x))$

解

(a)

$$f(g(x))=\begin{cases}3g(x)，g(x)\leq 0\\0，g(x)>0\end{cases}$$

當 $|x|\leq 2$ 時 $g(x)=x^2-4\leq 0$

$|x|>2$ 時 $g(x)=x^2-4>0$

$$\therefore f(g(x)) = \begin{cases} 3g(x) \cdot x^2 \le 4 \\ 0 \cdot x^2 > 4 \end{cases}$$

$$= \begin{cases} 3(x^2-4) \cdot |x| \le 2 \\ 0 \cdot |x| > 2 \end{cases}$$

(b)

$$g(f(x)) = f^2(x) - 4 = \begin{cases} 9x^2 - 4 \cdot x \le 0 \\ -4 \cdot x > 0 \end{cases}$$

例 4 若 $f(x) = \begin{cases} x^2 \cdot x \le 9 \\ 2^x \cdot x > 9 \end{cases}$, $g(x) = \begin{cases} 1+x \cdot x = 0 \\ log_2 x \cdot x > 0 \end{cases}$

求 $g(f(x))$

解

	0	9	
$f(x)$	0	x^2	2^x
$g(x)$	1	$log_2 x$	$log_2 x$
$g(f(x))$	1	$log_2 x^2$	$2^{log_2 x} = x$

$$\begin{cases} 1 \cdot x = 0 \\ log_2 x^2 \cdot 9 \ge x > 0 \\ x \cdot x > 9 \end{cases}$$

給定 $f(g(x)) = h(x))$，求 $f(x)$

在微分積分解題時，常會遇到「給定 $f(g(x)) = h(x)$，求 $f'(x) = ?$ 或 $\int f(x)dx = ?$」因此，我們另闢一單元說明如何由 $f(g(x)) = h(x)$ 求 $f(x) = ?$ 或 $f(t(x)) = ?$ 這類問題之解法大致有二種：一是湊型法，一是解方程式法。

例 5 若 $f(2x+1)=4x(x+1)$ 求 $f(x+1)$

解

方法一 ➡ 湊型法

$$f(\underline{2+1})=4x(x+1)=4x^2+4x=(\underline{2x+1})^2-1$$

$$\therefore f(x)=x^2-1$$

從而 $f(x+1)=(x+1)^2-1=x^2+2x$

方法二 ➡ 解方程式法

令 $y=2x+1$ 得 $x=\dfrac{y-1}{2}$，代之入 $f(2x+1)=4x(x+1)$：

$$f(y)=4\,(\dfrac{y-1}{2})(\dfrac{y-1}{2}+1)=4\,(\dfrac{y-1}{2})(\dfrac{y+1}{2})$$

$$=y^2-1$$

即 $f(x)=x^2-1$

$$\therefore f(x+1)=(x+1)^2-1=x^2+2x$$

例 6 若 $f\left(\dfrac{x}{x-2}\right)=\dfrac{x}{4-x}$，求 $f(x+1)$

解

本例用解方程式法可能較便於著手。

令 $y=\dfrac{x}{x-2}$，$y(x-2)=x$，$x(y-1)=2y$ 得 $x=\dfrac{2y}{y-1}$

代 $x=\dfrac{2y}{y-1}$ 入 $f\left(\dfrac{x}{x-2}\right)=\dfrac{x}{4-x}$ 得：

$$f(y)=\dfrac{\dfrac{2y}{y-1}}{4-\dfrac{2y}{y-1}}=\dfrac{2y}{2y-4}=\dfrac{y}{y-2}$$

$$\therefore f(x)=\dfrac{x}{x-2}，x\neq 2$$

$$f(x+1)=\dfrac{x+1}{(x+1)-2}=\dfrac{x+1}{x-1}，x\neq 1$$

例 7 $f(\sin\frac{x}{2}) = \cos x$，求$f(x)$

解析

1. 本例題顯然不好用解方程式法，因此我們可用湊型法

2. $\sin\frac{x}{2}$與$\cos x$有何關係？回想三角倍角公式：

$$\cos 2x = \cos^2 x - \sin^2 x = 1 - 2\sin^2 x = 2\cos^2 x - 1$$

解

$$f(\sin\frac{x}{2}) = \cos x = 1 - 2\sin^2\frac{x}{2}$$

$$\therefore f(x) = 1 - 2x^2$$

$$f(\cos x) = 1 - 2\sin^2 x = \cos 2x$$

單元 3　反函數

一對一函數

在未談到反函數(Inverse Function)前，我們先定義一對一函數(One-to-One Function)。

定義

$f：A \to B$ 為由 A 映至 B 之一個函數，對 A 中任意二個元素 x_1，x_2 而言，若 $x_1 \neq x_2$ 時恒有 $f(x_1) \neq f(x_2)$，則稱函數 f 為一對一函數。

說明：

因為邏輯命題：「若 A 則 B」與「若非 B 則非 A」同義，因此上述定義中之「若 $x_1 \neq x_2$ 時恒有 $f(x_1) \neq f(x_2)$」這個敘述常被「若 $f(x_1) = f(x_2)$ 時恆有 $x_1 = x_2$」所取代，因為用後者來判斷一對一函數較前者為容易，但用微分法似乎是更為簡便的，因為 $f(x)$ 在區間 I 中為嚴格增「(減)」函數，即單調函數，則在 I 中必為一對一函數。

例 1　判斷 $f(x) = x^3 + 1$，$x \in R$ 是否為一對一函數？

解

方法一

設 x_1，x_2 為二個相異元素，令 $f(x_1) = f(x_2)$，則

$x_1^3 + 1 = x_2^3 + 1$　$\therefore x_1^3 - x_2^3 = 0 \Rightarrow (x_1 - x_2)(x_1^2 + x_1 x_2 + x_2^2) = 0$

$\because x_1^2 + x_1 x_2 + x_2^2 \neq 0$　$\therefore x_1 = x_2$

由定義知 $f(x) = x^3 + 1$ 為一對一函數

方法二 ➡微分法

$f'(x)=3x^2\geq0$，對所有 $x\in R$ 均成立 即$f(x)$在R中爲單調函數

∴ $f(x)=x^3+1$ 在 R 中爲一對一函數。

例 2 判斷 $y=x^2$，$x\in R$ 是否為一對一函數？

解

設 x_1，x_2爲二個相異元素，令 $f(x_1)=f(x_2)$，則

$x_1^2=x_2^2$ ∴ $(x_1-x_2)(x_1+x_2)=0$ 得 $x_1=x_2$ 或 $x_1=-x_2$

在 $x\in R$ 之條件下，$f(x)=x^2$ 不爲一對一函數

在例 2 中若我們限制 $x\geq0$，則 $f(x)=x^2$ 爲一對一函數。

(何故？)

$y=f(x)$爲一函數，我們在值域內自 y 軸畫水平線，若每一水平線只交圖形於一點時，則 $y=f(x)$爲一對一函數。

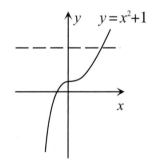 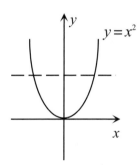 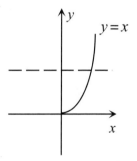

$y=x^2+1$爲一對一函數　　　$y=x^2$ 不爲一對一函數　　　$y=x^2+1$, $x\geq0$ 爲一對一

例 3 下列圖形是否表一對一函數？

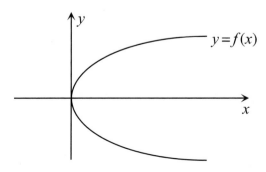

■ **解**

y=f(x)不為一個函數，因為我們自x軸之x≥0之任一點做一垂直線都會交y=f(x)圖形兩個點，亦即x會對應到兩個y值。既然y=f(x)不是函數，自然也就談不上它是否為一對一函數。

反函數

定義

f，g為兩函數，若f(g (x))=x且g (f(x))=x，則f，g互為函數，習慣上f之反函數以f^{-1}表之。

說明：

若f^{-1}為之反函數，對所有f定義域中之x，$f^{-1}(f(x))=x$，均成立且$f(f^{-1}(x))=x$，對所有在值域之x亦成立。同時我們也可推知f之定義域即為f^{-1}之值域，f^{-1}之定義域亦為f之值域。

定理

若f在區間 I 中為一對一函數，則f在 I 中有反函數。

說明：

根據定義與上述定理，若f有反函數，則$f^{-1}(x)$求法是，以x為未知數，y為已知數，解方程式$y=f(x)$即可。

例 4 若 $f(x)=3x+1$，問 $f(x)$ 是否有反函數？若有其反函數為何？

解

(a)若 $f(x_1)=f(x_2)$ 則 $3x_1+1=3x_2+1$ $\therefore x_1=x_2$

即 $y=f(x)=3x+1$ 為一對一函數，

$\therefore f(x)$ 之反函數存在。

(b)令 $y=3x+1$ 則 $x=\dfrac{y-1}{3}$，即 $f^{-1}(y)=\dfrac{y-1}{3}$

$\therefore$ 取 $g(x)=\dfrac{x-1}{3}$，即 $f^{-1}(x)=\dfrac{x-1}{3}$

我們可證明 $g(x)=\dfrac{x-1}{3}$ 為 $f(x)=3x+1$ 之反函數：

$g(f(x))=g(3x+1)=\dfrac{(3x+1)-1}{3}=x$

$f(g(x))=3g(x)+1=3\cdot\dfrac{x-1}{3}+1=x$

$\because g(f(x))=f(g(x))$

$\therefore g(x)=\dfrac{x-1}{3}$ 是 $f(x)=3x+1$ 之反函數

例 5 求 $y=-\sqrt{x-4}$，$x\geq 4$ 之反函數。

解

$y=-\sqrt{x-4}$ $\therefore y^2=x-4$，$x=y^2+4$，$y\in(-\infty,0]$

$\therefore y=-\sqrt{x-4}$ 之反函數為 $y=x^2+4$，$x\in(-\infty,0]$

例 6 求 $y=log(x+\sqrt{1+x^2})$，$x\in R$ 之反函數。

解

$\because y'=\dfrac{d}{dx}log(x+\sqrt{1+x^2})=\dfrac{d}{dx}\dfrac{1}{ln10}(ln(x+\sqrt{1+x^2}))$

$=\dfrac{1}{ln10}\cdot\dfrac{1}{\sqrt{1+x^2}}>0$，$y=f(x)$ 為單調函數

$\therefore y=f(x)$ 有反函數

若 $y=log(x+\sqrt{1+x^2})$ 則 $-y=log(-x+\sqrt{1+x^2})$

$$\therefore 10^{y}=x+\sqrt{1+x^2} \text{，} 10^{-y}=-x+\sqrt{1+x^2}$$

得 $x=\dfrac{1}{2}(10^{y}-10^{-y})$

即 $y=log(x+\sqrt{1+x^2})$ 之反函數為 $y=\dfrac{1}{2}(10^{x}-10^{-x})$

分段函數之反函數

例 7 $f(x)=\begin{cases} -x^2 \text{，} x<-3 \\ 3x \text{，} x\geq-3 \end{cases}$ ，求 $f^{-1}(x)$

解

$x<-3$ 時 $f(x)=-x^2$ 為單調減少 ($\because f'(x)=-2x>0$，$\forall\ x<-3$)

$\therefore$ 有反函數，$x<-3$ 時，$f^{-1}(x)$ 之解法如下：

$y=-x^2$，$y<-9$　$\therefore x^2=-y$ 得　$x=-\sqrt{-y}$

$\therefore f^{-1}(x)=-\sqrt{-x}$，$x<-9$

同法 $x\geq-3$ 時，$y=3x$，$x=\dfrac{y}{3}$，$\therefore f^{-1}(x)=\dfrac{x}{3}$，$x\geq-9$、

即 $f^{-1}(x)=\begin{cases} -\sqrt{-x} \text{，} x<-9 \\ \dfrac{x}{3} \text{，} x\geq-9 \end{cases}$

反函數之幾何意義

定理

若 $y=f(x)$ 有一反函數 $y=f^{-1}(x)$ ，則 $y=f(x)$ 與 $y=f^{-1}(x)$ 之圖形對稱於直線 $y=x$ 。

證

若 $(a \text{，} b)$ 在 f 之圖形上。

$\Leftrightarrow f(a)=b$

$\Leftrightarrow f^{-1}(b)=a$

$\Leftrightarrow (b \cdot a)$在 f^{-1} 之圖形上。

$\therefore (a \cdot b)$與$(b \cdot a)$對稱$y=x$，即f與f^{-1}之圖形對稱於$y=x$。

注意：

上面定理僅說 $y=f(x)$ 與 $y=f^{-1}(x)$ 之圖形對稱於$y=x$，但並未說 $y=f(x)$與 $y=f^{-1}(x)$ 之圖形若相交其交點必在 $y=x$ 上。

反例集

例8 若 $y=f(x)$為一對一函數則 $f^{-1}(x)$存在(對/錯)。

解

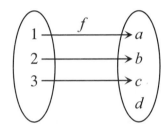

(F)

因為如左圖f為 1-1 映射，但 f^{-1} 不存在。除非f還滿足映成關係。

注意：若 $y=f(x)$ 在一個區間 I 為一對一時才有反函數。

單元 4　微積分常用之一些特殊函數

最大整數函數

最大整數函數(Greatest Integer Funcition，大陸稱「取整函數」)，通常記做 $y=[x]$，$[x]$ 表示不超過 x 之最大整數，定義為：若 $n+1>x \geq n$ 則 $[x]=n$，例如：

$[\dfrac{1}{3}]=[0.33\cdots]=0$，$[\sqrt{2}]=[1.141\cdots]=1$

$[-\dfrac{1}{3}]=[-0.33\cdots]=-1$，$[-\sqrt{2}]=[-1.414\cdots]=-2$

$[4]=4$，$[-1]=-1$

它有下列重要之性質：

$x-1<[x] \leq x$

例 1　試繪 $y_1=[x]$ 及 $y_2=[x]x$ 之圖形，y_1，y_2 之定義域為 $[-2，2]$。

解

1. $f_1(x)=\begin{cases} -2，& -2 \leq x<-1 \\ -1，& -1 \leq x<0 \\ 0，& 0 \leq x<1 \\ 1，& 1 \leq x<2 \end{cases}$

2. $f_2(x)=\begin{cases} -2x，& -2 \leq x<-1 \\ -x，& -1 \leq x<0 \\ 0 \\ x，& 1 \leq x<2 \end{cases}$

顯然我們無法用一筆列出 $y=[x]$ 或 $x=[y]$ 之圖形，它是一個不連續圖形，$f(x)$ 在給定區間內是否連續，常是微積分解題中重要考量。

e^x 與自然對數函數：e 是什麼

定義

$$\lim_{n \to \infty}(1+\frac{1}{n})^n = e$$

由數值方法可推得 e 的值近似於 $2.71828\cdots$，e 是一個超越數(我們以前學過的圓周率 π 也是一個超越數)。

自然對數函數

自然對數函數(Natural Logarithm Function)，是以 e $(e \triangleq \lim_{n \to \infty}(1+\frac{1}{n})^n \approx 2.71828\cdots)$ 為底的對數函數，通常以 lnx 表之，其中 $x>0$，對數函數之性質：

1. lnx 只當 $x>0$ 時有意義，
2. $ln1=0$
3. $lne=1$
4. $\lim\limits_{x \to \infty}lnx = \infty$，$\lim\limits_{x \to 0^+}lnx = -\infty$。

註：自然對數函數更普遍的定義是 $lnx = \int_1^x \frac{1}{t}dt$

因為 $y=lnx$ 與 $y=e^x$ 互為反函數，因此，這兩個圖形以 $y=x$ 為對稱軸。

ln 保有一些初等代數中*log*函數之所有之性質，諸如(1) *lnx*+ *lny*=*lnxy*，*x*>0，*y*>0;(2) *lnx*ʳ=*rlnx*，*x*>0;(3) *lnx*− *lny*=*ln*$\dfrac{x}{y}$，*x*>0，*y*>0;(4) *e*^{*lnx*} =*x*，*x*>0……

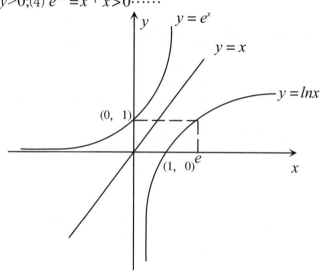

變曲函數

變曲函數(Hyperbolic Function)定義為：

$$\sin hx = \frac{e^x - e^{-x}}{2}，\cos hx = \frac{e^x + e^{-x}}{2}$$

$$\tan hx = \frac{\sin hx}{\cos hx}，\cot hx = \frac{\cos hx}{\sin hx}$$

$$\sec hx = \frac{1}{\cos hx}，\cos hx = \frac{1}{\sin hx}$$

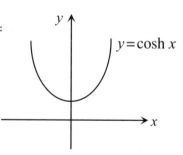

　　要注意的是三角函數之性質在雙曲三角函數中未必保有，如例 2。

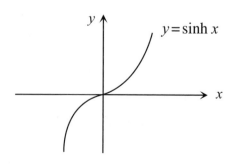

例 2 試證 $\cos^2 hx - \sin^2 hx = 1$

解

$$\cos^2 hx - \sin^2 hx = \left(\frac{e^x + e^{-x}}{2}\right)^2 - \left(\frac{e^x - e^{-x}}{2}\right)^2$$

$$= \frac{e^{2x} + 2 + e^{-2x}}{4} - \frac{e^{2x} - 2 + e^{-2x}}{4} = 1$$

由例 2 若我們取 $x = \cos ht$，$v = \sin ht$ 則其圖形為雙曲線，因此我們命名此類函數為雙曲函數，雙曲函數在 1757 年由意大利數學家 V・Riccati 引入。

例 3 試證 $\sin h(x+y) = \sin hx \cos hy + \cos hx \sin hy$

解

$$\sin hx \cos hy + \cos hx \sin hy$$

$$= \frac{e^x - e^{-x}}{2} \cdot \frac{e^y + e^{-y}}{2} + \frac{e^x + e^{-x}}{2} \cdot \frac{e^y - e^{-y}}{2}$$

$$= \frac{1}{4}(e^{(x+y)} + e^{(x-y)} - e^{(-x+y)} - e^{-(x+y)} + e^{(x+y)} - e^{(x-y)} + e^{(-x+y)} - e^{-(x+y)})$$

$$= \frac{1}{2}(e^{(x+y)} - e^{-(x+y)}) = \sin h(x+y)$$

仿上面幾個例子，讀者可建立以下之基本雙曲等式：

定理

$$\sin h(-x) = -\sin hx \quad \cos h(-x) = \cos hx$$

$$\cos h^2 x - \sin h^2 x = 1 \quad \sec h^2 x - \tan h^2 x = 1$$

$$\sin h(x+y) = \sin hx \cos hy + \cos hx \sin hy$$

$$\cos h(x+y) = \cos hx \cos hy + \sin hx \sin hy$$

$$(\sin hy + \sin hx)^n = \sin hnx + \cos hnx，n 為正整數$$

$$\sin h2x = 2\sin hx \cos hx$$

$$\cos h2x = \cos h^2 x + \sin h^2 x = 2\cos h^2 x - 1 = 1 + 2\sin h^2 x$$

反雙曲函數

若 $\sin hy = x$ 則 $y = \sin h^{-1}x$(或 *arsin* hx)，我們稱 $y = \sin h^{-1}x$ 為反典正弦函數，其他 5 個反曲函數亦如此定義。

定理

$$\sin h^{-1}x = ln(x + \sqrt{x^2+1}) \quad \infty > x > -\infty$$

$$\cos h^{-1}x = ln(x + \sqrt{x^2-1}) \quad x \geq 1$$

$$\tan h^{-1}x = \frac{1}{2}ln\left(\frac{1+x}{1-x}\right) \quad 1 > x > -1$$

$$\cos h^{-1}x = \frac{1}{2}ln\left(\frac{1+x}{1-x}\right) \quad x > 1 \text{ 或 } x < -1$$

$$\sec h^{-1}x = ln\left(\frac{1+\sqrt{1-x^2}}{x}\right) \quad 1 \geq x > 0$$

$$\csc h^{-1}x = ln\left(\frac{1+\sqrt{1+x^2}}{x}\right) \quad x \neq 0$$

證明

(我們只証明 $\sin h^{-1}x$，$\tan h^{-1}x$，其餘讀者可行仿證)

(1) $y = \sin h^{-1}x$ 是 $x = \sin hy$ 之反函數

$$\therefore x = \frac{e^y - e^{-y}}{2}$$

$$e^{2y} - 2xe^y - 1 = 0$$

$$e^{2y} = \frac{2x \pm \sqrt{4x^2+4}}{2} = x \pm \sqrt{1+x^2}$$

但 $e^y > 0$

$$\therefore e^y = x + \sqrt{1+x^2}$$

即 $y = ln(x + \sqrt{1+x^2})$

(2) $y = \tan h^{-1}x$ 是 $x = \tan hy$ 之反函數

$$\therefore x = \frac{\sin hy}{\cos hy} = \frac{\dfrac{(e^y - e^{-y})}{2}}{\dfrac{(e^y + e^{-y})}{2}} = \frac{e^y - e^{-y}}{e^y + e^{-y}} = \frac{e^{2y} - 1}{e^{2y} + 1}$$

$$xe^{2y} + x = e^{2y} - 1$$

$$(1-x)e^{2y} = 1 + x$$

$$\therefore e^{2y} = \frac{1+x}{1-x} \quad , \quad 1 > x > -1$$

$$y = \frac{1}{2} ln\left(\frac{1+x}{1-x}\right)$$

單元5　函數建模的問題

函數建模之例題

　　一些微積分應用問題通常要透過建模之過程才能用之方法求解，這種建模技巧在微積分應用上極為重要。

例1　在底為 b，高為 h 之任意三角形中內接一矩形，矩形之面積為 A，若矩形之高為 x，試問將矩形之面積表為 x 之函數。

1、先依題意畫出簡圖

2、利用相似三角形之比例關係

3、勿忘了 $A(x)$ 之定義域

解

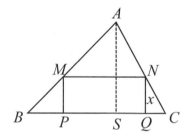

繪出輔助線 AS 則 $AS = h$

$\because \triangle AMN \simeq \triangle ABC$

$\therefore \dfrac{h-x}{h} = \dfrac{MN}{b}$，即 $\dfrac{b(h-x)}{h} = MN$

但矩形 $MNPQ$ 之面積 $= x \cdot MN$

$\therefore A(x) = x \cdot MN = \dfrac{x\,b(h-x)}{h} = \dfrac{b\,x(h-x)}{h}$，$0 < x < h$

例2　（如下圖），一個倒立之等腰三角形，腰長為 r（r 為定質），若頂邊上連接一個半圓，則整個圖形之面積 A 為角度 t 之函數，試求此函數。

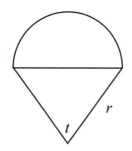

■ 解

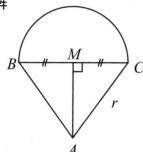

$\angle A$ 之分角線 $\overline{AM}$ 垂直平分 $\overline{BC}$，則

$$CM = r\sin\frac{t}{2} = \frac{1}{2}BC$$

$$AM = r\cos\frac{t}{2}$$

左圖之面積為三角形之面積+半圓

$$之面積 = \frac{1}{2}BC \cdot AM + \frac{1}{2}(CM)^2\pi$$

$$= r\sin\frac{t}{2} \cdot r\cos\frac{t}{2} + \frac{1}{2}(r\sin\frac{t}{2})^2\pi$$

$$= r^2\sin\frac{t}{2}\cos\frac{t}{2} + \frac{\pi}{2}r^2\sin^2\frac{t}{2}$$

$$= \frac{1}{2}r^2\sin t + \frac{\pi}{2}r^2\sin^2\frac{t}{2}$$

$$= \frac{r^2}{2}(\sin t + \pi\sin^2\frac{t}{2}) = A(t)$$

CHAPTER 2

極限

$A \cdot B = 1 \cdot (-2) + 0 \cdot 1 + (-3) \cdot 1 = -5$
$A \cdot B = 1 \cdot (-2) + 0 \cdot 1 + (-3) \cdot 1 = -5$
$A \cdot B = 1 \cdot (-2) + 0 \cdot 1 + (-3) \cdot 1 = -5$

$A \cdot B = 1 \cdot (-2) + 0 \cdot 1 + (-3) \cdot 1 = -5$
$A \cdot B = 1 \cdot (-2) + 0 \cdot 1 + (-3) \cdot 1 = -5$
$A \cdot B = 1 \cdot (-2) + 0 \cdot 1 + (-3) \cdot 1 = -5$

單元 6　單邊極限

　　我們在本節前面即已說過$\lim\limits_{x \to a}f(x)=l$，在此，我們將作稍微具體之說明：$x$ 為一動點(a 為固定值)，x 由 a 之左邊不斷地向 a 逼近，此時我們可得到一個單邊極限 l_1，以式子表示則為$\lim\limits_{x \to a^-}f(x)=l$，同樣地，我們可由 a 之右邊不斷地向 a 逼近，則我們又可得到另一個單邊極限l_2，以式子表示則為$\lim\limits_{x \to a^+}f(x)=l_2$，如果這兩個極限值相相等(即$l_1=l_2$)，便稱$f(x)$在$x=a$時有一極限存在，而這個極限就是$l_1=l_2$。

　　應注意的是，$x \to a$ 表示 x 不斷地趨近定值 a，但是 $x \neq a$。因此，「先消後代」是解極限問題之一個很重要的策略。

注意：不見得每個函數之極限求解時都要考慮到單邊極限，但是分段函數(包括最大整數函數，絕對值函數等)之斷點處一定要考慮到單邊極限

根式函數

例 1　求(a) $\lim\limits_{x \to 0}\sqrt{x}$　　(b) $\lim\limits_{x \to 1}\sqrt{1-x}$　　(c) $\lim\limits_{x \to 1}\sqrt[3]{1-x}$

　　　　　(d) $\lim\limits_{x \to 1}\sqrt[3]{x-1}$　　(e) $\lim\limits_{x \to 1}\sqrt{x-1}$

解析

　　1. $\lim\limits_{x \to a}\sqrt[n]{x}$，若$\sqrt[n]{a}=0$ 時，而n為偶數時要考慮到單邊極限，可能有一個單邊極限不存在，因它不在實數系。

　　2. 在 (b)~ (e)我們用到微積分中很重要的技巧－－變數變換，$x \to a$，若取 $y=x-a$ 則 $y \to 0$。

解

(a) $\lim\limits_{x\to 0^+}\sqrt{x}=0$，$\lim\limits_{x\to 0^-}\sqrt{x}$ 不存在 $\therefore \lim\limits_{x\to 0}\sqrt{x}$ 不存在

(b) $\lim\limits_{x\to 1^+}\sqrt{1-x}$ $\underline{\varepsilon=x-1}$ $\lim\limits_{\varepsilon\to 0^+}\sqrt{1-(1+\varepsilon)}=\lim\limits_{\varepsilon\to 0^+}\sqrt{-\varepsilon}$ 不存在

$\lim\limits_{x\to 1^-}\sqrt{1-x}$ $\underline{\varepsilon=x-1}$ $\lim\limits_{\varepsilon\to 0^+}\sqrt{1-(1-\varepsilon)}=\lim\limits_{\varepsilon\to 0^+}\sqrt{\varepsilon}=0$

$\therefore \lim\limits_{x\to 1}\sqrt{1-x}$ 不存在。

(c) $\lim\limits_{x\to 1}\sqrt[3]{1-x}=0$

(d) $\lim\limits_{x\to 1}\sqrt[3]{x-1}=0$

(e) $\lim\limits_{x\to 1^+}\sqrt{x-1}$ $\underline{\varepsilon=x-1}$ $\lim\limits_{\varepsilon\to 0^+}\sqrt{(1+\varepsilon)-1}=\lim\limits_{\varepsilon\to 0^+}\sqrt{\varepsilon}=0$

$\lim\limits_{x\to 1^-}\sqrt{x-1}$ $\underline{\varepsilon=x-1}$ $\lim\limits_{\varepsilon\to 0^-}\sqrt{(1+\varepsilon)-1}=\lim\limits_{\varepsilon\to 0^-}\sqrt{\varepsilon}$ 不存在

絕對值函數

例 2 求(a) $\lim\limits_{x\to 0}\dfrac{|x|}{x}$ (b) $\lim\limits_{x\to 2}\dfrac{|x-2|}{x-2}$

解

(a) $f(x)=\dfrac{|x|}{x}=\begin{cases} 1 & , x>0 \\ -1 & , x<0 \end{cases}$

$\lim\limits_{x\to 0^+}\dfrac{|x|}{x}=\lim\limits_{x\to 0^+}\dfrac{x}{x}=1$，$\lim\limits_{x\to 0^-}\dfrac{|x|}{x}=\lim\limits_{x\to 0^-}\dfrac{-x}{x}=-1$

$\therefore \lim\limits_{x\to 0}\dfrac{|x|}{x}$ 不存在

(b) 取 $y=x-2$ 則 $x\to 2$ 時 $y\to 0$

$\lim\limits_{x\to 2}\dfrac{|x-2|}{x-2}=\lim\limits_{y\to 0}\dfrac{|y|}{y}$ 不存在。(由(a))

最大整數函數

例 3 求(a) $\lim\limits_{x\to 1}[x]$ (b) $\lim\limits_{x\to 1}[2x+1]$ (c) $\lim\limits_{x\to 1}[2x+\dfrac{1}{3}]$

(d) $\lim\limits_{x\to -1}[x^2]$

■ 解析

求最大整數函數極限問題時，需針對「不連續」處作左右極限，若 $\lim_{t \to a}[f(x)]$ 中，其中 $f(a)$ 為整數時尤須注意討論，因此例 3，除(c)外都要討論左右極限。

■ 解

(a) $\lim_{x \to 1^+}[x] = 1$，$\lim_{x \to 1^-}[x] = 0$ $\therefore \lim_{x \to 1}[x]$ 不存在

(b) $\lim_{x \to 1^+}[2x+1] = 3$，$\lim_{x \to 1^-}[2x+1] = 2$ $\therefore \lim_{x \to 1}[2x+1]$ 不存在

(c) $\lim_{x \to 1}[2x + \frac{1}{3}] = 2$

(d) $\lim_{x \to -1^+}[x^2] = 0$，$\lim_{x \to -1^-}[x^2] = 1$ $\therefore \lim_{x \to 1}[x^2]$ 不存在

例 4　求 $\lim_{t \to a}[x-[x]]$，$a \in R$

■ 解

設 $a = n+\varepsilon$，$1 > \varepsilon \geq 0$，則

(1) $n > 0$ 時

$\lim_{x \to a}[x-[x]] = [n+\varepsilon-[n+\varepsilon]] = [\varepsilon] = 0$

(2) $n < 0$ 時

$\lim_{x \to a}[x-[x]] = [n+\varepsilon-[n+\varepsilon]] = [n+\varepsilon-n] = 0$

$\therefore \lim_{x \to a}[x-[x]] = 0$

條件函數

例 5　若 $f(x) = \begin{cases} \sin\dfrac{\pi x}{2}, & |x| \leq 1 \\ |x-1|, & |x| > 1 \end{cases}$ 求 $\lim_{x \to 1}f(x)$ 及 $\lim_{x \to 3}f(x)$

■ 解析

$$f(x) = \begin{cases} sin\dfrac{\pi x}{2} \ , \ |x| \le 1 \\ |x-1| \ , \ |x| > 1 \end{cases} \text{與}$$

$$f(x) = \begin{cases} x-1 \ , \ x>1 \\ sin\dfrac{\pi x}{2} \ , \ 1 \ge x \ge -1 \\ 1-x \ , \ x<-1 \end{cases} \text{同義}$$

$$\begin{array}{ccc} 1-x & sin\dfrac{\pi x}{2} & x-1 \\ \hline & -1 \qquad\quad 1 & \end{array}$$

$f(x)$ 在 $x=1$，-1 處為「不連續點」而 $x=3$ 處並非「不連續點」，因此 $\lim\limits_{x \to 1} f(x)$ 要討論左右極限，$\lim\limits_{x \to 3} f(x)$ 則不需。

■ 解

(a) $\lim\limits_{x \to 1^+} f(x) = \lim\limits_{x \to 1^+} (x-1) = 0$

$\lim\limits_{x \to 1^-} f(x) = \lim\limits_{x \to 1^-} sin\dfrac{\pi x}{2} = 1$，$\lim\limits_{x \to 1^+} f(x) \neq \lim\limits_{x \to 1^-} f(x)$

$\therefore \lim\limits_{x \to 1} f(x)$ 不存在

(b) $\lim\limits_{x \to 3} f(x) = \lim\limits_{x \to 3} (x-1) = 2$

$\lim\limits_{x \to 0} a^{\frac{1}{x}}$

例 6　求 (a) $\lim\limits_{x \to 0} \dfrac{\pi^{\frac{1}{x}}-1}{\pi^{\frac{1}{x}}+1}$　(b) $\lim\limits_{x \to 1} \dfrac{2}{1+e^{\frac{1}{x-1}}}$

■ 解

(a) $\lim\limits_{x \to 0^+} \dfrac{\pi^{\frac{1}{x}}-1}{\pi^{\frac{1}{x}}+1} = \lim\limits_{x \to 0^+} \dfrac{1-\pi^{-\frac{1}{x}}}{1+\pi^{-\frac{1}{x}}} = 1$

$\lim\limits_{x \to 0^-} \dfrac{\pi^{\frac{1}{x}}-1}{\pi^{\frac{1}{x}}+1} = \dfrac{0-1}{0+1} = -1 \therefore \lim\limits_{x \to 0} \dfrac{\pi^{\frac{1}{x}}-1}{\pi^{\frac{1}{x}}+1}$ 不存在

(b) $\lim\limits_{x \to 1^+} \dfrac{2}{1+e^{\frac{1}{x-1}}} = 0$，$\lim\limits_{x \to 1^-} \dfrac{2}{1+e^{\frac{1}{x-1}}} = 2$

$\therefore \lim\limits_{x \to 1} \dfrac{2}{1+e^{\frac{1}{x-1}}} = $ 不存在

單元 7　極限之正式定義

前述之極限是直觀角度之說法，本單元將以$\varepsilon-\varepsilon$法來極限下一個正式之定義。

定義

對任一正數$\varepsilon>0$(ε可任意小之正數)，若能找到一個$\delta>0$，(δ通常與ε有關)，使得當$0<|x-c|<\delta$時均有$|f(x)-l|<\varepsilon$，則$\lim\limits_{x\to c}f(x)=l$

用$\varepsilon-\delta$法證明極限問題時，通常有兩個動作，一是找ε，δ間之關係(δ依ε而定)，然後再利用這個結果去驗證所求之極限值為正確。

例 1　試證$\lim\limits_{x\to 1}(3x+2)=5$

解

初步分析：找一個$\varepsilon>0$使得$0<|x-1|<\varepsilon\Rightarrow$

$$|(3x+2)-5|\Leftrightarrow 3|x-1|<\varepsilon\Leftrightarrow|x-1|<\frac{\varepsilon}{3}\therefore 取\delta=\frac{\varepsilon}{3}$$

正式證明：給定$\varepsilon>0$，取$\delta=\frac{\varepsilon}{3}$則$0<|x-1|<\delta$導致：

$$|(3x+2)-5|=3|x-1|<3\delta=\varepsilon$$

例 2　若$\lim\limits_{x\to a}f(x)$存在，試證其值為惟一，即若$\lim\limits_{x\to a}f(x)=l_1$，$\lim\limits_{x\to a}f(x)=l_2$則$l_1=l_2$

解

$$\because\lim\limits_{x\to a}f(x)=l_1,\quad\therefore 0<|x-a|<\delta\Rightarrow|f(x)-l_1|<\frac{\varepsilon}{2}$$

$$\therefore\lim\limits_{x\to a}f(x)=l_2,\quad\therefore 0<|x-a|<\delta\Rightarrow|f(x)-l_2|<\frac{\varepsilon}{2}$$

但 $|l_1-l_2|=|(l_1-f(x))-(l_2-f(x))| \le |l_1-f(x)|+|l_2-f(x)|$

$$=|f(x)-l_1|+|f(x)-l_2|<\frac{\varepsilon}{2}+\frac{\varepsilon}{2}=\varepsilon$$

$\because \varepsilon$ 為任意小之正數　$\therefore l_1=l_2$

例 3　試證 $\lim\limits_{x\to 2}(x+1)\ne 5$

解

設 $\lim\limits_{x\to 2}(x+1)=5$ 則 $0<|x-2|<\delta \Rightarrow |(x+1)-5|<\varepsilon$

因為依定義，對任一 $\varepsilon>0$，均能找到一個 $\delta>0$ 滿足上述

關係 $\therefore$ 取 $\delta=1$

$0<|(x+1)-5|<1 \Leftrightarrow |x-4|<1$　$\therefore 3<x<5$

但 $0<|x-2|<\delta$ 中至少有一個 x，$x<3$ 而與 $3<x<5$ 矛盾

即 $\lim\limits_{x\to 2}(x+1)\ne 5$

例 4　證 $\lim\limits_{x\to 9}\sqrt{x}=3$

解

$$|f(x)-l|=|\sqrt{x}-3|=\left|\frac{(\sqrt{x}-3)(\sqrt{x}+3)}{\sqrt{x}+3}\right|=\frac{|x-9|}{\sqrt{x}+3}$$

$<|x-9|<\varepsilon \therefore$ 取 $\delta=\varepsilon$

給定 $\varepsilon>0$，取 $\delta=\varepsilon$ 則 $0<|x-9|<\varepsilon$ 導致

$|\sqrt{x}-3|<\varepsilon$　$\therefore \lim\limits_{x\to 9}\sqrt{x}=3$

例 5　試證 $\lim\limits_{x\to\frac{\pi}{3}}sinx=\frac{\sqrt{3}}{2}$

解析

本例我們用到一個基本不等式 $|sinx| \le |x|$

解

$$|f(x)-l|=\left|sinx-\frac{\sqrt{3}}{2}\right|=\left|sinx-sin\frac{\pi}{3}\right|$$

$$= \mid 2sin\dfrac{x-\dfrac{\pi}{3}}{2}cos\dfrac{x+\dfrac{\pi}{3}}{2} \mid = 2 \mid sin\dfrac{x-\dfrac{\pi}{3}}{2} \mid \ \mid cos\dfrac{x+\dfrac{\pi}{3}}{2} \mid$$

$$\leq 2 \mid sin\dfrac{x-\dfrac{\pi}{3}}{2} \mid \leq 2 \mid \dfrac{x-\dfrac{\pi}{3}}{2} \mid = \mid x-\dfrac{\pi}{3} \mid <\varepsilon$$

$\therefore$取$\delta =\varepsilon$

給定$\varepsilon>0$，取$\delta =\varepsilon$則 $0<\mid x-\dfrac{\pi}{6} \mid <\delta$導致 $\mid sinx-\dfrac{\sqrt{3}}{2} \mid <\varepsilon$

$\therefore \lim\limits_{x\to \frac{\pi}{3}}sinx=\dfrac{\sqrt{3}}{2}$

例 6 試證$\lim\limits_{x\to 1}(x^2+x)=2$

解

$\mid f(x)-l \mid = \mid (x^2+x)-2 \mid = \mid (x+2)(x-1) \mid$

現考慮$\mid x-1 \mid <1$ 則$-1<x-1<1\Rightarrow 0<x<2$

$2<x+2<4$，即$\mid x+2 \mid \leq 4$

$\therefore \mid f(x)-l \mid = \mid (x+2)(x-1) \mid = \mid x+2 \mid \mid x-1 \mid \leq 4 \mid x-1 \mid$

$<\delta$，即$\mid x-1 \mid <\dfrac{\varepsilon}{4}$

取 $\delta =min(1 , \dfrac{\varepsilon}{4})$即得，

註

多項式之極限之形式大致像例 6，在例 6 我們令$\mid x-1 \mid <1$

，事實上可用$\mid x-1 \mid <\dfrac{1}{2}$，只不過習慣上常取 1，而

$\delta =min(1 , \ ? \varepsilon)$

單元 8　極限解題基本方法

上個單元提供我們極限上一些直覺觀念或定義，但對一些複雜問題不易計算，因此本單元將極限問題之一些基本定理彙總，讀者可透過這些基本定理大大地簡化極限問題之計算過程，細心的讀者可或發現這些定理竟與函數計算公式極為相似。

極限四則運算

若$\lim_{t \to a} f(x)$存在；$\lim_{t \to a} g(x)$存在，則：

(加則) $\lim_{x \to a}[f(x)+g(x)] = \lim_{x \to a} f(x) + \lim_{x \to a} g(x)$

(減則) $\lim_{x \to a}[f(x)-g(x)] = \lim_{x \to a} f(x) - \lim_{x \to a} g(x)$

(乘則) $\lim_{x \to a}[f(x) \cdot g(x)] = \lim_{x \to a} f(x) \cdot \lim_{x \to a} g(x)$

(除則) $\lim_{x \to a} \dfrac{g(x)}{f(x)} = \dfrac{\lim_{x \to a} g(x)}{\lim_{x \to a} f(x)}$ ，$\lim_{x \to a} f(x) \neq 0$

(冪則) $\lim_{x \to a}[f(x)]^p = [\lim_{x \to a} f(x)]^p$ ， $[\lim_{x \to a} f(x)]^p$存在。

說明：在「除則」裡，我們應該知道，若$\lim_{t \to a} f(x) \neq 0$ 則「除則」毫無問題自然成立，但若$\lim_{t \to a} f(x) = 0$ 時$g(x)$有下列二種情況：

(1)$\lim_{x \to a} g(x) = 0$ 時，則$\lim_{x \to a} \dfrac{g(x)}{f(x)}$為不定式，不定式之解法將在第 4 章討論。

(2)$\lim_{x \to a} g(x) \neq 0$ 時，則$\lim_{x \to a} \dfrac{g(x)}{f(x)}$不存在。

下面這個公式將是帶動上述定理運算之軸心。

若 $f(x)=c_0+c_1x+c_1x^2+\cdots+c_nx^n$，則 $\lim\limits_{x\to a}f(x)=c_0+c_1a+c_2a^2+\cdots$

$+c_na^n=f(a)$

有了上述之極限定理，我們便可應用它們來發展我們的解題策略，本單元，我們介紹下列基本之解題策略

1. 因式分解法　　　2. 有理化法

3. 變數變換法　　　4. 夾擊定理

因式分解法

例 1　(a) $\lim\limits_{x\to 1}\dfrac{x^2-2x+1}{x^2-4x+3}$　　(b) $\lim\limits_{x\to a}\dfrac{x^2-(a+1)x+a}{x^3-a^3}$，$a\neq 0$

(c) $\lim\limits_{x\to 1}\dfrac{x^n+x^{n-1}+\cdots+x-n}{x-1}$

解

(a) $\lim\limits_{x\to 1}\dfrac{x^2-2x+1}{x^2-4x+3}=\lim\limits_{x\to 1}\dfrac{(x-1)^2}{(x-1)(x-3)}=\lim\limits_{x\to 1}\dfrac{x-1}{x-3}=0$

(b) $\lim\limits_{x\to a}\dfrac{x^2-(a+1)x+a}{x^3-a^3}=\lim\limits_{x\to a}\dfrac{(x-a)(x-1)}{(x-a)(x^2+ax+a^2)}=\dfrac{a-1}{3a^2}$

(c) $\lim\limits_{x\to 1}\dfrac{x^n+x^{n-1}+\cdots+x-n}{x-1}=\lim\limits_{x\to 1}\dfrac{(x^n-1)+(x^{n-1}-1)+\cdots+(x-1)}{x-1}$

$=\lim\limits_{x\to 1}\dfrac{x^n-1}{x-1}+\lim\limits_{x\to 1}\dfrac{x^{n-1}-1}{x-1}+\cdots+\lim\limits_{x\to 1}\dfrac{x-1}{x-1}$

但 $\lim\limits_{x\to 1}\dfrac{x^k-1}{x-1}=\lim\limits_{x\to 1}\dfrac{(x-1)(x^{k-1}+x^{k-2}+\cdots+x+1)}{x-1}$

$=\lim\limits_{x\to 1}(x^{k-1}+x^{k-2}+\cdots+x+1)=k$

$\therefore\lim\limits_{x\to 1}\dfrac{x^n-1}{x-1}+\lim\limits_{x\to 1}\dfrac{x^{n-1}-1}{x-1}+\cdots+\lim\limits_{x\to 1}\dfrac{x-1}{x-1}=n+(n-1)+\cdots 1=\dfrac{n(n+1)}{2}$

注意：　1. 在例 1，我們應用一個基本因式分解公式：

$x^n-1=(x-1)(x^{n-1}+x^{n-2}+\cdots+x+1)$

2. $\lim\limits_{x\to 1}\dfrac{x^2-1}{x-1}$ 與 $\lim\limits_{x\to 1}\dfrac{x^3-1}{x^2-1}$ 均為 $\dfrac{0}{0}$ 型即不定式，但計算結果卻不相同，或許是這類極限問題被稱為不定式之原由。

3. $f(x)$為一 n 次多項式則 $\lim_{x\to a}f(x)=f(a)$，因此 $\lim_{x\to a}\dfrac{g(x)}{f(x)}=$

$\dfrac{\lim_{x\to a}g(x)}{\lim_{x\to a}f(x)}$ 為 $\dfrac{0}{0}$ 型時，我們知 $g(x)$ 與 $f(x)$ 必定有公因式

$x-a$，透過長除法可將 $(x-a)$ 因子提出消掉。

4. 能用因式分解法的，通常可用 L'Hospital 法則輕易求解。

$$\lim_{x\to 0}\frac{sinx}{x}=1$$

$\lim_{x\to 0}\dfrac{sinx}{x}=1$ 是一個極為重要公式，在題目要求不得應

用「L'Hospital 法則」時，便要應用這個公式。

例 2 求 (a) $\lim_{x\to 0}\dfrac{1-cosx}{x^2}$ (b) $\lim_{x\to 0}\dfrac{tanx-sinx}{x^3}$

解

(a)

方法一：

$$\lim_{x\to 0}\frac{1-cosx}{x^2}=\lim_{x\to 0}\frac{(1-cosx)(1+cosx)}{x^2(1+cosx)}=\lim_{x\to 0}\frac{sin^2x}{x^2(1+cosx)}$$
$$=\lim_{x\to 0}\frac{sin^2x}{x^2}\lim_{x\to 0}\frac{1}{1+cosx}=(\lim_{x\to 0}\frac{sinx}{x})^2\lim_{x\to 0}\frac{1}{1+cosx}=1^2\cdot\frac{1}{2}=\frac{1}{2}$$

方法二：

$$\lim_{x\to 0}\frac{1-cosx}{x^2}=\lim_{x\to 0}\frac{2sin^2\frac{x}{2}}{x^2}\underline{\quad y=\frac{x}{2}\quad}\lim_{y\to 0}\frac{2sin^2y}{(2y)^2}$$
$$=\frac{1}{2}(\lim_{y\to 0}\frac{siny}{y})^2=\frac{1}{2}\cdot 1=\frac{1}{2}$$

(b) $\lim_{x\to 0}\dfrac{tanx-sinx}{x^3}=\lim_{x\to 0}\dfrac{sinx}{x}\cdot\dfrac{\frac{1}{cosx}-1}{x^2}$

$$=\underbrace{\lim_{x\to 0}\frac{sinx}{x}}_{1}\underbrace{\lim_{x\to 0}\frac{1}{cosx}}_{1}\underbrace{\lim_{x\to 0}\frac{1-cosx}{x^2}}_{\frac{1}{2}}=\frac{1}{2}$$

有理化法

對含有根式之極限問題，有理化法是基本解法。

例 3　求 $\lim\limits_{x \to 5} \dfrac{3 - \sqrt{x^2 - 16}}{x^2 - 25}$

解

$$\lim_{x \to 5} \frac{3 - \sqrt{x^2 - 16}}{x^2 - 25} = \lim_{x \to 5} \frac{(3 - \sqrt{x^2 - 16})(3 + \sqrt{x^2 - 16})}{(x^2 - 25)(3 + \sqrt{x^2 - 16})}$$

$$= \lim_{x \to 5} \frac{9 - (x^2 - 16)}{(x^2 - 25)(3 + \sqrt{x^2 - 16})} = \lim_{x \to 5} \frac{-1}{3 + \sqrt{x^2 - 16}}$$

$$= -\frac{1}{6}$$

例 4　求 $\lim\limits_{x \to 1} \dfrac{\sqrt{1 + x} - \sqrt{2}}{x - 1} = ?$

解

方法一：

$$\lim_{x \to 1} \frac{\sqrt{1 + x} - \sqrt{2}}{x - 1}$$

$$= \lim_{x \to 1} \frac{\sqrt{1 + x} - \sqrt{2}}{x - 1} \cdot \frac{\sqrt{1 + x} + \sqrt{2}}{\sqrt{1 + x} + \sqrt{2}}$$

$$= \lim_{x \to 1} \frac{(\sqrt{1 + x} - \sqrt{2})(\sqrt{1 + x} + \sqrt{2})}{x - 1} \cdot \frac{1}{\sqrt{1 + x} + \sqrt{2}}$$

$$= \lim_{x \to 1} \frac{(\sqrt{1 + x})^2 - (\sqrt{2})^2}{x - 1} \cdot \frac{1}{\sqrt{1 + x} + \sqrt{2}}$$

$$= \lim_{x \to 1} \frac{x - 1}{x - 1} \cdot \frac{1}{\sqrt{1 + x} + \sqrt{2}}$$

$$= 1 \cdot \frac{1}{2\sqrt{2}}$$

$$= \frac{1}{2\sqrt{2}}$$

方法二：

對有學過微分的讀者而言，

$f'(a)=\lim\limits_{x\to a}\dfrac{f(x)-f(a)}{x-a}$ ，因此，$\lim\limits_{x\to 1}\dfrac{\sqrt{x+1}-\sqrt{2}}{x-1}$相當於求

$f(x)=\sqrt{1+x}$，$f'(1)=$？

$\because f'(1)=\lim\limits_{x\to 1}\dfrac{\sqrt{x+1}-\sqrt{2}}{x-1}=\dfrac{1}{2\sqrt{x+1}}\Big|_{x=1}=\dfrac{1}{2\sqrt{2}}$

注意：像$\lim\limits_{x\to 1}\dfrac{\sqrt[3]{1-x}-\sqrt{1-x}}{\sqrt[4]{1-x}-\sqrt[5]{1-x}}$這類問題，讀者都可考慮用微分定義或

L'Hospital 法則來解。

例 5　求(a) $\lim\limits_{x\to\frac{\pi}{2}}\dfrac{cosx}{x-\dfrac{\pi}{2}}$　(b) $\lim\limits_{x\to 1}(x-1)tan\dfrac{\pi x}{2}$

解

(a) 方法一：

取 $y=x-\dfrac{\pi}{2}$ 則$\lim\limits_{x\to\frac{\pi}{2}}\dfrac{cosx}{x-\dfrac{\pi}{2}}=\lim\limits_{y\to 0}\dfrac{cos(y+\dfrac{\pi}{2})}{y}$

$=-\lim\limits_{y\to 0}\dfrac{siny}{y}=-1$

方法二：

$\lim\limits_{x\to\frac{\pi}{2}}\dfrac{cosx}{x-\dfrac{\pi}{2}}=f'(\dfrac{\pi}{2})$，$f(x)=cosx$ $\therefore f'(\dfrac{\pi}{2})=-1$

即$\lim\limits_{x\to\frac{\pi}{2}}\dfrac{cosx}{x-\dfrac{\pi}{2}}=-1$

(b) $\lim\limits_{x\to 1}(x-1)tan\dfrac{\pi x}{2}\underline{\underline{y=x-1}}\lim\limits_{y\to 0}ytan\dfrac{\pi(1+y)}{2}$

$=\lim\limits_{y\to 0}ytan(\dfrac{\pi}{2}+\dfrac{\pi y}{2})=-\lim\limits_{y\to 0}ycot(\dfrac{\pi y}{2})$

$=-\lim\limits_{y\to 0}\dfrac{ycos\dfrac{\pi y}{2}}{sin\dfrac{\pi y}{2}}=-\lim\limits_{y\to 0}\dfrac{y}{sin\dfrac{\pi}{2}y}\cdot\underbrace{\lim\limits_{y\to 0}cos\dfrac{\pi y}{2}}_{=1}$

$$= -\lim_{y \to 0} \frac{y}{\sin\frac{\pi}{2}y} \xrightarrow{z=\frac{\pi}{2}y} -\lim_{z \to 0} \frac{\frac{2}{\pi}z}{\sin z} = -\frac{2}{\pi}(\lim_{z \to 0} \frac{\sin z}{z}) = -\frac{2}{\pi}$$

在某些極限問題之計算上，變數變換法會大大簡化計算過程，尤其是分子、分母都有根式時。在應用變換變換法時，取 $y=h(x)$ 行變數變換時，$h(x)$ 最好是線性，即 $y = a \pm bx$

例 6 求 $\lim_{x \to 1} \dfrac{1-\sqrt{x}}{1-\sqrt[3]{x}}$

解

方法一 ➡ 有理化法

$$\lim_{x \to 1} \frac{1-\sqrt{x}}{1-\sqrt[3]{x}}$$

$$= \lim_{x \to 1} \frac{1-\sqrt{x}}{1-\sqrt[3]{x}} \cdot \frac{1+\sqrt[3]{x}+\sqrt[3]{x^2}}{1+\sqrt[3]{x}+\sqrt[3]{x^2}} \cdot \frac{1+\sqrt{x}}{1+\sqrt{x}}$$

$$= \lim_{x \to 1} \frac{(1-\sqrt{x})(1+\sqrt{x})}{(1-\sqrt[3]{x})(1+\sqrt[3]{x}+\sqrt[3]{x^2})} \lim_{x \to 1} \frac{1+\sqrt[3]{x}+\sqrt[3]{x^2}}{1+\sqrt{x}}$$

$$= \lim_{x \to 1} \frac{1-x}{1-x} \lim_{x \to 1} \frac{1+\sqrt[3]{x}+\sqrt[3]{x^2}}{1+\sqrt{x}}$$

$$= \lim_{x \to 1} \frac{1+\sqrt[3]{x}+\sqrt[3]{x^2}}{1+\sqrt{x}} = \frac{3}{2}$$

方法二 ➡ 變數變換法

分母中根式為 $\sqrt[3]{x}$，分子之根式為 $\sqrt{x}$，要如何變數變換才能將根號脫去？一個可行的辦法是取 2，3 之最小公倍數 6，令 $y=x^{\frac{1}{6}}$，則 $x \to 1$ 時，$y \to 1$：

$$\lim_{x \to 1} \frac{1-\sqrt{x}}{1-\sqrt[3]{x}}$$

$$= \lim_{y \to 1} \frac{1-y^3}{1-y^2} = \lim_{y \to 1} \frac{(1-y)(1+y+y^2)}{(1-y)(1+y)}$$

$$= \lim_{y \to 1} \frac{1+y+y^2}{1+y} = \frac{3}{2}$$

方法三 ➡ 微分定義

$$\lim_{x\to 1}\frac{1-\sqrt{x}}{1-\sqrt[3]{x}} = \frac{\lim_{x\to 1}\dfrac{1-\sqrt{x}}{1-x}}{\lim_{x\to 1}\dfrac{1-\sqrt[3]{x}}{1-x}}$$

$$= \frac{\dfrac{1}{2\sqrt{1}}}{\dfrac{1}{3\sqrt[3]{1}}} = \frac{3}{2}$$

夾擊定理

定理

在某個區 I 中，若 $f(x) \ge g(x) \ge h(x)$，且 $\lim\limits_{x\to a}f(x)=\lim\limits_{x\to a}h(x)=l$ 則 $\lim\limits_{x\to a}g(x)=l$，其中 $a\in$ I 。此即有名的擠壓定理(Squeezing Theorem)，又稱為三明治定理(Sandwich Theorem)。

注意：在應用夾擊定理求 $\lim\limits_{x\to a}g(x)$ 時，首先要找到二個函數 $f(x)$，$h(x)$，$f(x)\ge g(x)\ge h(x)$ 在包括 $x=a$ 之區間中均成立，而且 $\lim\limits_{x\to a}f(x) = \lim\limits_{x\to a}h(x)$

例 7 在 $[-2，2]$ 中，$f(x)$ 滿足 $1+x^2\ge f(x)\ge 1-x^2$，求 $\lim\limits_{x\to 0}f(x)=$?

解

$$\because \lim_{x\to 0}(1+x^2) = \lim_{x\to 0}(1-x^2) = 1$$

$$\therefore \lim_{x\to 0}f(x) = 1$$

例 8 求 $\lim\limits_{x\to 0}x\,sin\dfrac{1}{x}=$?

解

$$\because \left| x \sin \frac{1}{x} \right| = |x| \left| \sin \frac{1}{x} \right| \le |x|$$

$$\therefore -|x| \le x \sin \frac{1}{x} \le |x|$$

$$又 \lim_{x \to 0} |x| = \lim_{x \to 0} -|x| = 0$$

$$得 \lim_{x \to 0} x \sin \frac{1}{x} = 0$$

例 9 $f(x) = \begin{cases} 1+2x^2 , & x \text{ 為有理數} \\ 1+x^4 , & x \text{ 為無理數} \end{cases}$ ，求 $\lim_{x \to 0} f(x)$

■ **解析**

這是一個乍看下嚇人，但一看答案卻不禁令人莞爾。

■ **解**

顯然

$$1 \le f(x) \le 1+2x^2+x^4$$

$$\lim_{x \to 0} 1 = \lim_{x \to 0} (1+2x^2+x^4) = 1 \quad \therefore \lim_{x \to 0} f(x) = 1$$

單元 9　　無窮大

$\lim_{x \to \infty} f(x) = A$ 之定義

定義

對任一正數 ε，$(\varepsilon > 0)$ 均存在一個正數 $X(X > 0)$ 使得當 $\begin{cases} x > X \\ x < -X \\ |x| > X \end{cases}$

時恆有 $|f(x) - A| < \varepsilon$，則稱 $\begin{cases} \lim_{x \to +\infty} f(x) = A \\ \lim_{x \to -\infty} f(x) = A \\ \lim_{x \to \infty} f(x) = A \end{cases}$

我們將學一些例子說明如何用極限定義來驗證一些 $x \to \infty$ 之極限。

例 1　驗證 $\lim_{x \to \infty} \dfrac{2x+1}{3x+1} = \dfrac{3}{2}$

■ **解析**

用定義導證時，不免要解 $|f(x) - A| < \varepsilon$，有時會有困難，此時可將 $|f(x) - A| < \varepsilon$ 的範圍適當放大。

■ **解**

$$|f(x) - A| = \left| \frac{2x+1}{3x+1} - \frac{2}{3} \right| = \left| \frac{1}{3(3x+1)} \right| = \frac{1}{3(3x+1)} < \frac{1}{3x+1} < \frac{1}{3x}$$

$< \dfrac{1}{x} < \varepsilon$　$\therefore x > \dfrac{1}{\varepsilon}$，對所有 $\varepsilon > 0$ 時存在一個 $X = \dfrac{1}{\varepsilon} > 0$

當 $x > X$ 時 $\left| \dfrac{2x+1}{3x+1} - \dfrac{2}{3} \right| < \varepsilon$ 成立，即

$$\lim_{x \to \infty} \frac{2x+1}{3x+1} = \frac{3}{2}$$

注意：若為數列時

$\lim\limits_{x \to \infty} \dfrac{2n+1}{3n+1} = \dfrac{3}{2}$ ，則取 $N=[\dfrac{1}{\varepsilon}]$ ，[ ]為最大整數函數；即：

$|f(n) - A| = \left| \dfrac{2n+1}{3n+1} - \dfrac{2}{3} \right| < \dfrac{1}{n} < \varepsilon$ ， $\therefore x > \dfrac{1}{\varepsilon}$ ，對所有 $\varepsilon > 0$

均存在一個 N ， $N = [\dfrac{1}{\varepsilon}] > 0$ ，當 $n > N$ 時 $\left| \dfrac{2n+1}{3n+1} - \dfrac{2}{3} \right| < \varepsilon$ 成立

，即：

$\lim\limits_{x \to \infty} \dfrac{2n+1}{3n+1} = \dfrac{3}{2}$

例 2 求證 $\lim\limits_{x \to \infty} \dfrac{sinx}{\sqrt[3]{x}} = 0$

解

$|f(x) - A| = \left| \dfrac{sinx}{\sqrt[3]{x}} - 0 \right| = \dfrac{|sinx|}{\sqrt[3]{x}} \leq \dfrac{1}{\sqrt[3]{x}} \leq \varepsilon$ ， $x > \dfrac{1}{\varepsilon^3}$

$\therefore$ 對每一個 $\varepsilon > 0$ 均存在一個 $X = \dfrac{1}{\varepsilon^3} > 0$ 使得當 $x > X$ 時

$\left| \dfrac{sinx}{\sqrt[3]{x}} - 0 \right| < \varepsilon$ 成立 $\quad \therefore \lim\limits_{x \to \infty} \dfrac{sinx}{\sqrt[3]{x}} = 0$

例 3 若 $a > 1$ ，試證 $\lim\limits_{n \to \infty} \sqrt[n]{a} = 1$

解析

當題目中有 n 時，我們可看做無窮數列，做法與前相同，只不過 x 為 N ，且 N 取最大整數函數。

解

$|f(n) - A| = |\sqrt[n]{a} - 1| = \sqrt[n]{a} - 1 (\because a > 1 \therefore \sqrt[n]{a} > 1) \quad 0 < \varepsilon$

$a^{\frac{1}{n}} < 1 + \varepsilon \Rightarrow \dfrac{1}{n} loga < log(1 + \varepsilon)$ ， $n > \dfrac{loga}{log(1 + \varepsilon)}$

$\therefore$ 對任一 $\varepsilon < 0$ ，存在 $N = [\dfrac{loga}{log(1+\varepsilon)}]$ ，[ ]為最大整數函數，

當 $n > N$ 時 $|\sqrt[n]{a} - 1| < \varepsilon$

$\therefore \lim\limits_{n \to \infty} \sqrt[n]{a} = 1$

有關無窮大極限定理

> **定理**
>
> 若 $\lim\limits_{x\to\infty} f(x)=A$，$\lim\limits_{x\to\infty} g(x)=B$，$A$，$B$ 為有限值；則
>
> (1) $\lim\limits_{x\to\infty} f(x)\pm g(x)=\lim\limits_{x\to\infty} f(x)\pm\lim\limits_{x\to\infty} g(x)=A\pm B$
>
> (2) $\lim\limits_{x\to\infty} f(x)\cdot g(x)=\lim\limits_{x\to\infty} f(x)\cdot\lim\limits_{x\to\infty} g(x)=A\cdot B$
>
> (3) $\lim\limits_{x\to a}\dfrac{g(x)}{f(x)}=\dfrac{\lim\limits_{x\to a} g(x)}{\lim\limits_{x\to a} f(x)}=\dfrac{A}{B}$，但 $B\neq 0$
>
> (4) $\lim\limits_{x\to\infty}[f(x)]^p=[\lim\limits_{x\to\infty} f(x)]^p=A^p$，若 A^p 存在
>
> (5) $\lim\limits_{x\to\infty}(a_n x^n+a_{n-1}x^{n-1}+\cdots+a_1 x+a_0)=\lim\limits_{x\to\infty} a_n x^n$
>
> (6) $\lim\limits_{x\to\infty}\dfrac{a_m x^m+a_{m-1}x^{m-1}+\cdots+a_1 x+a_0}{b_n x^n+a_{b-1}x^{n-1}+\cdots+b_1 x+b_0}$
>
> $=\begin{cases}\infty\text{，}a_m\text{，}b_n\text{同號，且 }m>n\text{ 時}\\ -\infty\text{，}a_m\text{，}b_n\text{同號，且 }m>n\text{ 時}\\ \dfrac{a_m}{b_n}\text{，}m=n\text{ 且 }b\neq 0\text{ 時}\\ 0\text{，}m<n\text{。}\end{cases}$

說明：

    1. 求 $\lim\limits_{x\to\infty}\dfrac{g(x)}{f(x)}$ 時，我們利用分子、分母中之最高次項遍除

    分子、分母以便用視察法決定有理分式之無窮極限值。

    2. ∞ 不是數

例 4 求 (1) $\lim\limits_{x\to\infty}(-x^2+3x+1)=$ ？ (2) $\lim\limits_{x\to-\infty}(-x^2+3x+1)=$ ？

解

    (1) $\lim\limits_{x\to\infty}(-x^2+3x+1)=\lim\limits_{x\to\infty}(-x^2)=-\lim\limits_{x\to\infty} x^2$

$$=-(\lim_{x\to\infty}x)^2=-\infty$$

$(2)\lim_{x\to-\infty}(-x^2+3x+1)=\lim_{x\to-\infty}(-x^2)=-\lim_{x\to-\infty}x^2=-(\lim_{x\to-\infty}x)^2=-\infty$

例 5 求 $\lim_{x\to\infty}\dfrac{x+\sqrt[3]{3x^9+1}}{x^3-3x^2+1}=$?

解

我們將分子、分母遍除 x^3 得

$$\lim_{x\to\infty}\frac{\dfrac{x+\sqrt[3]{3x^9+1}}{x^3}}{\dfrac{x^3-3x^2+1}{x^3}}=\lim_{x\to\infty}\frac{\dfrac{1}{x^2}+\sqrt[3]{3+\dfrac{1}{x^9}}}{1-\dfrac{3}{x}+\dfrac{1}{x^3}}$$

$$=\frac{\lim_{x\to\infty}(\dfrac{1}{x^2}+\sqrt[3]{3+\dfrac{1}{x^9}})}{\lim_{x\to\infty}(1-\dfrac{3}{x}+\dfrac{1}{x^3})}=\frac{\sqrt[3]{3}}{1}=\sqrt[3]{3}$$

∞ − ∞

我們已學會了幾種不定式之基本求法，現在我們要介紹的是不定型「∞−∞」。

例 6 求 (a) $\lim_{x\to\infty}(\sqrt{1+x^2}-x)$ 及 (b) $\lim_{x\to\infty}(\sqrt{x^2+x^4}-x^2)$

解

(a) $\lim_{x\to\infty}(\sqrt{1+x^2}-x)=\lim_{x\to\infty}(\sqrt{1+x^2}-x)\dfrac{\sqrt{1+x^2}+x}{\sqrt{1+x^2}+x}$

$=\lim_{x\to\infty}\dfrac{1}{\sqrt{1+x^2}+x}=0$

(b) $\lim_{x\to\infty}(\sqrt{x^2+x^4}-x^2)=\lim_{x\to\infty}(x\sqrt{1+x^2}-x^2)$

$=\lim_{x\to\infty}x(\sqrt{1+x^2}-x)=\lim_{x\to\infty}x\cdot\dfrac{1}{\sqrt{1+x^2}+x}$

$=\lim_{x\to\infty}\dfrac{x}{\sqrt{1+x^2}+x}=\lim_{x\to\infty}\dfrac{1}{\sqrt{\dfrac{1}{x^2}+1}+1}=\dfrac{1}{2}$

無窮大之夾擊定理

例 7 $a \geq b \geq c \geq 0$，求 $\lim\limits_{n \to \infty} \sqrt[n]{a^n + b^n + c^n}$

解

$a \geq b \geq c \geq 0$ ∴$a^n + a^n + a^n \geq a^n + b^n + c^n \geq a^n$

∴$\sqrt[n]{3a^n} \geq \sqrt[n]{a^n + b^n + c^n} \geq \sqrt[n]{a^n}$

即 $\sqrt[n]{3}a \geq \sqrt[n]{a^n + b^n + c^n} \geq a$，但 $\lim\limits_{n \to \infty} \sqrt[n]{3}a = \lim\limits_{n \to \infty} a = a$

∴$\lim\limits_{n \to \infty} \sqrt[n]{a^n + b^n + c^n} = a$

例 8   求 $\lim\limits_{n \to \infty} \left(\dfrac{1}{\sqrt{n^2+1}} + \dfrac{1}{\sqrt{n^2+2}} + \cdots + \dfrac{1}{\sqrt{n^2+n}} \right)$

解

$\dfrac{n}{\sqrt{n^2+1}} = \dfrac{1}{\sqrt{n^2+1}} + \cdots + \dfrac{1}{\sqrt{n^2+1}} \geq \dfrac{1}{\sqrt{n^2+1}} + \dfrac{1}{\sqrt{n^2+2}} + \cdots + \dfrac{1}{\sqrt{n^2+n}}$

$\geq \dfrac{1}{\sqrt{n^2+n}} + \dfrac{1}{\sqrt{n^2+n}} + \cdots \dfrac{1}{\sqrt{n^2+n}} = \dfrac{n}{\sqrt{n^2+n}}$

又 $\lim\limits_{n \to \infty} \dfrac{n}{\sqrt{n^2+1}} = \lim\limits_{n \to \infty} \dfrac{n}{\sqrt{n^2+n}} = 1$ ∴$\lim\limits_{n \to \infty} \left(\dfrac{1}{\sqrt{n^2+1}} + \cdots + \dfrac{1}{\sqrt{n^2+n}} \right) = 1$

例 9   求 $\lim\limits_{n \to \infty} \left[\dfrac{1}{n^2} + \dfrac{1}{(n+1)^2} + \cdots + \dfrac{1}{(n+n)^2} \right]$

解

$\dfrac{1}{n^2} + \dfrac{1}{n^2} + \cdots + \dfrac{1}{n^2} \geq \dfrac{1}{n^2} + \dfrac{1}{(n+1)^2} + \cdots \dfrac{1}{(n+n)^2}$

$\geq \dfrac{1}{4n^2} + \dfrac{1}{4n^2} + \cdots + \dfrac{1}{4n^2}$

即 $\dfrac{n}{n^2} = \dfrac{1}{n} \geq \dfrac{1}{n^2} + \dfrac{1}{(n+1)^2} + \cdots + \dfrac{1}{(n+n)^2} \geq \dfrac{n}{4n^2} = \dfrac{1}{4n}$

又 $\lim\limits_{n \to \infty} \dfrac{1}{n} = \lim\limits_{n \to \infty} \dfrac{1}{4n} = 0$

∴$\lim\limits_{n \to \infty} \left[\dfrac{1}{n^2} + \dfrac{1}{(n+1)^2} + \cdots + \dfrac{1}{(n+n)^2} \right] = 0$

例 10   試求 $\lim\limits_{n \to \infty} n \left[\dfrac{1}{n^2+a} + \dfrac{1}{n^2+2a} + \cdots + \dfrac{1}{n^2+na} \right]$，$a \geq 0$

■ 解

$$\frac{n}{n^2+na}+\frac{n}{n^2+na}+\cdots+\frac{n}{n^2+na}\le\frac{n}{n^2+a}+\frac{n}{n^2+2a}+\cdots+\frac{n}{n^2+na}$$

$$\le\frac{n}{n^2}+\frac{n}{n^2}+\cdots+\frac{n}{n^2}$$

即 $\dfrac{n^2}{n^2+na}\le\dfrac{n}{n^2+na}+\dfrac{n}{n^2+na}+\cdots+\dfrac{n}{n^2+na}\le\dfrac{n^2}{n^2}$

$$\lim_{n\to\infty}\frac{n^2}{n^2+na}=\lim_{n\to\infty}\frac{n^2}{n^2}=1$$

$$\therefore\lim_{n\to\infty}n[\frac{1}{n^2+a}+\frac{1}{n^2+2a}+\cdots+\frac{1}{n^2+na}]=1$$

$\lim_{x\to-\infty}f(x)$

這類極限問題不妨令 $y=-x$，比較不容易算錯。

例 11　求 $\lim_{x\to-\infty}\dfrac{\sqrt{2x^2+x+1}+x+1}{\sqrt{x^2-x}+2x}$

■ 解

$$\lim_{x\to-\infty}\frac{\sqrt{2x^2+x+1}+x+1}{\sqrt{x^2-x}+2x}\xlongequal{y=-x}\lim_{y\to\infty}\frac{\sqrt{2(-y)^2+(-y)+1}+(-y)+1}{\sqrt{(-y)^2-(-y)}+2(-y)}$$

$$=\lim_{y\to\infty}\frac{\sqrt{2y^2-y+1}-y+1}{\sqrt{y^2+y}-2y}=\lim_{y\to\infty}\frac{\sqrt{2-\dfrac{1}{y}+\dfrac{1}{y^2}}-1+\dfrac{1}{y}}{\sqrt{1+\dfrac{1}{y}}-2}$$

$$=\frac{\sqrt{2}-1}{-1}=1-\sqrt{2}$$

雜例

例 12　$\lim_{x\to\infty}(\dfrac{x^2+1}{x+1}-ax-b)=0$，求 a、b

■ 解

$$\lim_{x\to\infty}(\frac{x^2+1}{x+1}-ax-b)=\lim_{x\to\infty}((x-1)+\frac{2}{x+1}-ax-b)$$

$$=\lim_{x\to\infty}(1-a)x+(-1-b)=0\quad\therefore a=1，b=-1$$

例 13　若 $\lim\limits_{x\to\infty}(2x-\sqrt{ax^2+bx+1})=3$，求 a，b

解

$$\lim_{x\to\infty}(2x-\sqrt{ax^2+bx+1})=\lim_{x\to\infty}\frac{(4-a)x^2-bx-1}{2x+\sqrt{ax^2+bx+1}}=3 \text{，} \therefore 4-a=0$$

$$a=4 \text{，又}\lim_{x\to\infty}\frac{-bx-1}{2x+\sqrt{4x^2+bx+1}}=\lim_{x\to\infty}\frac{-b-\dfrac{1}{x}}{2+\sqrt{4+\dfrac{b}{x}+\dfrac{1}{x^2}}}$$

$$=\frac{-b}{4}=3 \ \therefore b=-12$$

例 14　若 $\lim\limits_{x\to\infty}\dfrac{f(x)-3x^3}{x^2}=2$，$\lim\limits_{x\to0}\dfrac{f(x)}{x}=1$，求 $f(x)$

解析

$$\lim_{x\to\infty}\frac{f(x)-3x^3}{x^2}=2 \text{，} \lim_{x\to\infty}x^2=\infty \text{，那麼 }f(x)-3x^3\text{ 之次數必須為}$$

2 次，設 $f(x)=3x^3+ax^2+bx+c$，如此 $\lim\limits_{x\to\infty}\dfrac{f(x)-3x^3}{x^2}=$

$$\lim_{x\to\infty}\frac{(3x^3+ax^2+bx+c)-3x^3}{x^2}=\lim_{x\to\infty}\frac{ax^2+bx+c}{x^2}=2 \quad \therefore a=2$$

解

設 $f(x)=3x^3+ax^2+bx+c$

$$\lim_{x\to\infty}\frac{f(x)-3x^3}{x^2}=\lim_{x\to\infty}\frac{ax^2+bx+c}{x^2}=2 \text{ 故 }a=2$$

$$\text{又}\lim_{x\to0}\frac{f(x)}{x}=\lim_{x\to0}\frac{3x^3+ax^2+bx+c}{x}=\lim_{x\to0}(3x^2+ax+b+\frac{c}{x})$$

$$=\lim_{x\to0}(b+\frac{c}{x})=1$$

$$\therefore b=1 \text{，} c=0 \text{ 即 } f(x)=3x^3+2x^2+x$$

例 15　求 $\lim\limits_{x\to\infty}\dfrac{[x]^2}{x^2}$ 及 $\lim\limits_{x\to0}\dfrac{[x]^2}{x^2}$

解析

(a) 利用 $x\geq[x]>x-1$

▪ **解**

(a) x 很大時

$$\frac{x^2}{x^2} \geq \frac{[x]^2}{x^2} \geq \frac{(x-1)^2}{x^2}$$

$$\lim_{x\to\infty}\frac{x^2}{x^2} = \lim_{x\to\infty}\frac{(x-1)^2}{x^2} = 1$$

$$\therefore \lim_{x\to\infty}\frac{[x]^2}{x^2} = 1$$

(b) $\lim_{x\to 0^+}\frac{[x]^2}{x^2} = \lim_{x\to 0^+}\frac{0}{x^2} = 0$

$$\lim_{x\to 0^-}\frac{[x]^2}{x^2} = \lim_{x\to 0^-}\frac{(-1)^2}{x^2}\text{不存在}$$

$$\therefore \lim_{x\to 0^-}\frac{[x]^2}{x^2}\text{不存在}$$

例 16 若 $a_0 + a_1 + a_2 + \cdots + a_n = 0$，求 $\lim_{n\to\infty}(a_0\sqrt{n^2+n} + a_1\sqrt{n^2+n+1} + \cdots + a_k\sqrt{n^2+n+k})$

▪ **解析**

讀者初面對這類問題時往往會不知所措，此時最好從 $k=2$，3 來看看其中是否有什麼玄機？

$k=2$ 時：$\lim_{n\to\infty}(a_0\sqrt{n^2+n} + a_1\sqrt{n^2+n+1})$

$$= \lim_{n\to\infty}(-a_1\sqrt{n^2+n} + a_1\sqrt{n^2+n+1})$$

$$= a_1(\lim_{n\to\infty}(-\sqrt{n^2+n} + \sqrt{n^2+n+1}))$$

$$= a_1\lim_{n\to\infty}\frac{1}{\sqrt{n^2+n+1} + \sqrt{n^2+n}} = 0$$

$k=3$ 時：$\lim_{n\to\infty}(a_0\sqrt{n^2+n} + a_1\sqrt{n^2+n+1} + a_2\sqrt{n^2+n+2})$

$$= \lim_{n\to\infty}(-(a_1+a_2)\sqrt{n^2+n} + a_1\sqrt{n^2+n+1} + a_2\sqrt{n^2+n+2})$$

$$= \lim_{n\to\infty}a_1(\sqrt{n^2+n+1} - \sqrt{n^2+n}) + a_2(\sqrt{n^2+n+2} - \sqrt{n^2+n})$$

$$= 0$$

■ 解

$$\lim_{n \to \infty}(a_0\sqrt{n^2+n}+a_1\sqrt{n^2+n+1}+\cdots+a_k\sqrt{n^2+n+k})$$

$$= \lim_{n \to \infty}(-(a_1+a_2+\cdots+a_k)\sqrt{n^2+n}+a_1\sqrt{n^2+n+1}+\cdots+a_k\sqrt{n^2+n+k}$$

$$=a_1\lim_{n \to \infty}(\sqrt{n^2+n+1}-\sqrt{n^2+n})+a_2\lim_{n \to \infty}(\sqrt{n^2+n+2}-\sqrt{n^2+n})+$$

$$\cdots+a_k\lim_{n \to \infty}(\sqrt{n^2+n+k}-\sqrt{n^2+n})$$

$$=\sum_{l=1}^{k} a_l\lim_{n \to \infty}(\sqrt{n^2+n+l}-\sqrt{n^2+n})$$

$$=\sum_{l=1}^{k} a_l\lim_{n \to \infty}\frac{l}{\sqrt{n^2+n+l}+\sqrt{n^2+n}}=\sum_{l=1}^{k}0=0$$

單元 9 之附錄

一些關於無窮大的極限定義

$\lim\limits_{x \to \infty} f(x) = A$	$\forall \varepsilon \in 0$，$\exists M \ni > M \Rightarrow \mid f(x) - A \mid < \varepsilon$
$\lim\limits_{x \to -\infty} f(x) = A$	$\forall \varepsilon \in 0$，$\exists M \ni > M \Rightarrow \mid f(x) - A \mid < \varepsilon$
$\lim\limits_{x \to a^+} f(x) = \infty$	$\forall M > 0$，$\exists \delta \ni 0 < x - a < \delta \Rightarrow f(x) > M$
$\lim\limits_{x \to a^-} f(x) = \infty$	$\forall M > 0$，$\exists \delta \ni 0 < a - x < \delta \Rightarrow f(x) \Delta M$
$\lim\limits_{x \to a^+} f(x) = -\infty$	$\forall M$，$\exists \delta \ni 0 < x - a < \delta \Rightarrow f(x) < M$
$\lim\limits_{x \to a^-} f(x) = -\infty$	$\forall M$，$\exists \delta \ni 0 < a - x < \delta \Rightarrow f(x) < M$
$\lim\limits_{x \to \infty} f(x) = \infty$	$\forall M > 0$，$\exists N \ni x > N \Rightarrow f(x) > M$
$\lim\limits_{x \to \infty} f(x) = -\infty$	$\forall M$，$\exists N \ni x > N \Rightarrow f(x) < M$
$\lim\limits_{x \to -\infty} f(x) = \infty$	$\forall M$，$\exists N \ni x < N \Rightarrow f(x) > M$
$\lim\limits_{x \to -\infty} f(x) = -\infty$	$\forall M$，$\exists N \ni x > N \Rightarrow f(x) < M$

單元 10 連續

　　由字義而言，連續函數之圖形應是沒有洞(Holes)或者是躍起(Gap)之未斷曲線，換言之，連續函數之圖形是可用筆在正常情況下一筆繪成的。

> **定義**
>
> 　　若$f(x)$同時滿足下述條件則稱$f(x)$在$x = x_0$處連續：
> (a)$f(x_0)$存在；
> (b)$\lim\limits_{x \to x_0} f(x)$存在($\lim\limits_{x \to x_0^+} f(x) = \lim\limits_{x \to x_0^-} f(x)$)
> (c)$\lim\limits_{x \to x_0} f(x) = f(x_0)$。

說明

　1. 根據定義，若$f(x)$在$x = x_0$處無法滿足定義中三個條件之任一項，我們便稱$f(x)$在$x = x_0$處不連續。

　2. 我們判斷$f(x)$在$x = x_0$處是否連續可先從$\lim\limits_{x \to x_0} f(x)$著手，因為$\lim\limits_{x \to x_0} f(x)$不存在，則$f(x)$在$x = x_0$處一定無法連續，反之，若$\lim\limits_{x \to x_0} f(x)$存在，我們或可令$f(x_0) = \lim\limits_{x \to x_0} f(x)$，而使得$f(x)$在$x = x_0$處連續。

例 1 $f(x)$不為連續之例子

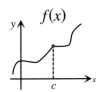
$f(x)$在$x = c$處未定義

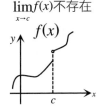
$\lim\limits_{x \to c} f(x)$不存在

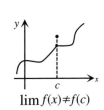
$\lim\limits_{x \to e} f(x) \neq f(c)$

定理

1. 多項式函數 $f(x)=a_nx^n+a_{n-1}x^{n-1}+\cdots+a_1x^n+a_0$，若 c 為 $f(x)$ 定義域中之任意實數，則 $f(x)$ 在 $x=c$ 處必為連續。

2. 考慮有一理函數 $\dfrac{q(x)}{p(x)}$，若存在一點 c 使得 $p(c)=0$ 則 $\dfrac{q(x)}{p(x)}$ 在 $x=c$ 便不連續。

3. 若 f 與 g 在 $x=x_0$ 處連續，則：

   (a) $f\pm g$ 在 $x=x_0$ 處連續；

   (b) $f\cdot g$ 在 $x=x_0$ 處連續；

   (c) $\dfrac{f}{g}$ 在 $x=x_0$ 處連續，但 $g(x_0)\neq 0$；

   (d) f^n 在 $x=x_0$ 處連續；

   (e) $\sqrt[n]{f}$ 在 $x=x_0$ 處連續(但 n 為偶數時需 $f(x_0)\geq 0$)；

   (f) $f(g(x))$ 及 $g(f(x))$ 在 $x=x_0$ 處連續。

例 2 討論下列有理函數之連續性為何？

(1) $f_1(x)=\dfrac{x+3}{x^2+1}$ (2) $f_2(x)=\dfrac{x+3}{(x^2+1)(x-3)}$

(3) $f_3(x)=\dfrac{x+3}{(x^2+1)(x-4x+3)}$ (4) $f_4(x)=\dfrac{x+3}{x^2(x^2+1)(x-4x+3)}$

解

(1) 因任一實數 x 而言都不會使 $f_1(x)$ 之分母 x^2+1 為 0，故 $f_1(x)$ 無不連續點，即處處連續；

(2) 因 $x=3$ 時 $f_2(x)$ 之分母 $(x^2+1)(x-3)=0$；$\therefore f_2(x)$ 在 $x=3$ 處為不連續，其餘各點均為連續；

(3) $f_3(x)$ 之分母 $(x^2+1)(x^2-4x+3)=(x^2+1)(x-3)(x-1)$ $\therefore$ 當 $x=1$ 或 3 時 $f_3(x)$ 之分母為 0，因此 $f_3(x)$ 在 $x=1$ 及 $x=$

　　　3 處不連續，其餘各點均為連續；

⑷ $f_4(x)$之分母在 $x=0$，1，3 時均為 0，故 $f_4(x)$在 $x=0$，

　　1，3 處為不連續，其餘各點均為連續。

例 3　若 $f(x)$，$g(x)$在 $x=c$ 處為連續，問 $\phi_1(x)=max\{f(x)$，

$g(x)\}$與$\phi_2(x)=min\{f(x)$，$g(x)\}$何者在 $x=c$ 處為連續？

解析

$$\phi_1(x)=max\{f(x)，g(x)\}=\frac{1}{2}\{f(x)+g(x)+\mid f(x)-g(x)\mid\}$$

$$\phi_2(x)=min\{f(x)，g(x)\}=\frac{1}{2}\{f(x)+g(x)-\mid f(x)-g(x)\mid\}$$

解

$f(x)$，$g(x)$在 $x=c$ 處為連續，則 $f(x)+g(x)$在 $x=c$ 處為連續，現我們要證明若 $f(x)$在 $x=c$ 處連續，則 $h(x)=\mid f(x)\mid$在 $x=c$ 亦為連續。

由定義：

令 $h(x)=\mid f(x)\mid$ 則 $h(c)=\mid f(c)\mid$　，又

$$\lim_{x\to c}h(x)=\lim_{x\to c}\mid f(c)\mid=\mid\lim_{x\to c}f(x)\mid=\mid f(c)\mid=h(c)$$

$\therefore h(x)=\mid f(x)\mid$ 在 $x=c$ 處為連續

因此，$\mid f(x)-g(x)\mid$ 在 $x=c$ 處亦為連續。

從而$\phi_1(x)=max\{f(x)，g(x)\}=\frac{1}{2}\{f(x)+g(x)+\mid f(x)-g(x)\mid\}$

在 $x=c$ 處連續，同理$\phi_2(x)$在 $x=c$ 處亦為連續。

例 4　若 $f(x)=\begin{cases}cosx，x<0\\a+x^2，0\le x<1\\bx，x\ge 1\end{cases}$，為連續函數，求 a、b？

解析

先從分割點之左右極限開始

■ **解**

(1) $f(x)$ 在 $x = 0$ 處連續：

$$\lim_{x \to 0^+} f(x) = \lim_{x \to 0^+} (a + x^2) = a$$

$$\lim_{x \to 0^-} f(x) = \lim_{x \to 0^-} cosx = 1$$

$$\lim_{x \to 0^+} f(x) = \lim_{x \to 0^-} f(x) \therefore a = 1$$

(2) $f(x)$ 在 $x = 1$ 處連續：

$$\lim_{x \to 1^+} f(x) = \lim_{x \to 1^+} bx = b$$

$$\lim_{x \to 1^-} f(x) = \lim_{x \to 1^-} (a + x^2) = \lim_{x \to 1^-} (1 + x^2) = 2$$

$$\lim_{x \to 1^+} f(x) = \lim_{x \to 1^-} f(x) = 2 \quad \therefore b = 2$$

介值定理

一個函數如果在一個閉區中為連續時，它會有許多重要性質，介值定理(Intermediate Value Theorem)就是其中之一，而介值定理之一個重要應用即是勘根。

> **定理**
>
> 介值定理：若函數 f 在 $[a，b]$ 間為連續，$f(a) \neq f(b)$ 且若 N 為介於 $f(a)$、$f(b)$ 間之任一數，則存在一個 c， $c \in [a，b]$ 使得 $f(c) = N$。

它的證明超過本書範圍，故略。

我們可想像，某人爬山，山底之海拔為 13m，山之頂端為 1628m，則某人爬到山頂之過程中必然經過 1000m 處。

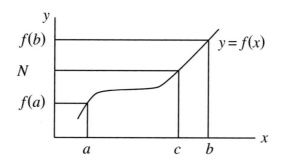

定理 (勘根定理，又稱零點定理)

$f(x)$在$[a，b]$中有$f(a)f(b)<0$，則$(a，b)$間存在一個c使得
$f(c)=0$。

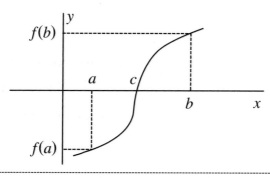

例5 求證$\dfrac{x^2+3}{x-1}+\dfrac{x^4+1}{x-3}=0$在$(1，3)$有一根

解

令$\phi(x)=(x-3)(x^2+3)+(x-1)(x^4+1)$

$\phi(3)>0$，$\phi(1)<0$ $\therefore\phi(x)$在$(1，3)$間有一根

即$\dfrac{x^2+3}{x-1}+\dfrac{x^4+1}{x-3}=0$在$(1，3)$間有一根

注意：

$f(x_1)\cdot f(x_2)>0$表示$f(x)$在$(x_1，x_2)$有偶數個根(可能0個根)。

$f(x_1)\cdot f(x_2)<0$表示在$(x_1，x_2)$中有奇數個根或至少有1個根。

例如方程式$(x-1)(x-2)(x-3)(x-4)=0$，取$f(x)=(x-1)(x-2)(x-3)(x-4)$，$f(5)>0$，$f(2.5)>0$，$f(5)f(2.5)>0$ 顯然 $f(x)=0$ 在$(2.5，5)$中有 2 個實根 3 與 4，又$f(1.5)f(5)<0$，則$f(x)=0$ 在$(1.5，5)$中有 3 個實根 2，3，4。

本單元談的是勘根是「至少一個」至於更進一步的勘根問題則將留在第 4 章。

零點定理在「至少一個根」問題之應用

例 6 證明 $x2^x=1$ 至少有一小於 1 之正根

解析

1. 解這類問題首先要造一個「輔助」的函數，如果是證 $g(x)=h(x)$，那麼不妨設 $f(x)=g(x)-h(x)$

2. 至少有一小於 1 之正根，意思是存在一個 c，$c \in (0，1)$，使得 $f(c)=0$

解

令 $f(x)=x2^x-1$，$f(0)=-1$，$f(1)=1$，$f(0)f(1)=-1<0$

∴存在一個 c，$c \in (0，1)$使得 $f(c)=c2^c-1=0$

即 $c2^c=1$

例 7 試證 $x^3+x^2+3x-2=0$ 有 3 個相異實根。

解析

1. 取 $f(x)=x^n+a_{n-1}x^{n-1}+a_{n-2}x^{n-2}+\cdots+a_1x+a_0$，$n$為奇數。則$\lim\limits_{x \to \infty} f(x)>0$，$\lim\limits_{x \to \infty}f(x)<0$。$x^n+a_{n-1}x^{n-1}+a_{n-2}x^{n-2}+\cdots+a_1x+a_0=0$ 當 n 為奇數時，至少有一實根。

2. 在本題，只需找出 3 個區間$(a_i，b_i)$使得$f(a_i)f(b_i)<0$，$i=1、2、3$

解

$$取 f(x) = x^3 + x^2 - 3x - 2$$

$f(-3)<0$，$f(-1)>0 \therefore (-3，-1)$中有 1 實根

$f(-1)>0$，$f(0)<0 \therefore (-1，0)$中有 1 實根

$f(0)<0$，$f(2)>0 \therefore (0，2)$中有 1 實根

連續函數之性質㈡極大極小存在定理

> **定理**
>
> (Max-min Existence Theorom)
>
> 極大、極小存在定理：
>
> 若 f 在閉區 $[a，b]$ 中為連續，則 f 在 $[a，b]$ 中存在一個極大值及一個極小值。

注意：這個性質在第四章將用到。

例 8 試找到一個數 M 使得 $|f(x)| \leq M$，M 為極大值

(a)$f(x) = x^8 - x^3 + 2x - 1$，$-1 \leq x \leq 1$

(b)$f(x) = \dfrac{sinx}{1+x^2}$，$0 \leq x \leq 1$

解

(a) $|f(x)| = |x^8 - x^3 + 2x - 1| \leq |x^8| + |x^3| + 2|x| + 1$

$\leq 1+1+2 \cdot 1+1 = 5$ $\therefore$ 極大值 $M = 5$

(b) $|f(x)| = |\dfrac{sinx}{x^2+1}| \leq |\dfrac{1}{x^2+1}| \leq 1$ $\therefore$ 極大值 $M = 1$

CHAPTER 3

$A \cdot B = 1 \cdot (-2) + 0 \cdot 1 + (-3) \cdot 1 = -5$
$A \cdot B = 1 \cdot (-2) + 0 \cdot 1 + (-3) \cdot 1 = -5$
$A \cdot B = 1 \cdot (-2) + 0 \cdot 1 + (-3) \cdot 1 = -5$

微分

$A \cdot B = 1 \cdot (-2) + 0 \cdot 1 + (-3) \cdot 1 = -5$
$A \cdot B = 1 \cdot (-2) + 0 \cdot 1 + (-3) \cdot 1 = -5$
$A \cdot B = 1 \cdot (-2) + 0 \cdot 1 + (-3) \cdot 1 = -5$

$A \cdot B = 1 \cdot (-2) + 0 \cdot 1 + (-3) \cdot 1 = -5$
$A \cdot B = 1 \cdot (-2) + 0 \cdot 1 + (-3) \cdot 1 = -5$
$A \cdot B = 1 \cdot (-2) + 0 \cdot 1 + (-3) \cdot 1 = -5$

單元 11　　導數之定義

定義

函數 f 之導數記做 f'，定義為

$$f'(x) = \lim_{h \to 0} \frac{f(x+h) - f(x)}{h}$$

若上述極限值存在，則稱 $f(x)$ 為可微分(Differentiable)。

注意

如果我們將定義稱做改變，即可得到另一個等值之結果；

$$f'(a) = \lim_{h \to 0} \frac{f(x) - f(a)}{x - a}$$

函數 $f(x)$ 之導數符號表示法有 $f'(x)$，$\dfrac{d}{dx} y$ 及 $D_x y$ 等三種。

例 1　用導數之定義證明：若 $f(x) = x^3$ 則 $f'(x) = 3x^2$

解

$$f'(x) = \lim_{h \to 0} \frac{f(x+h) - f(x)}{h} = \lim_{h \to 0} \frac{(x+h)^3 - x^3}{h}$$

$$= \lim_{h \to 0} \frac{(x^3 + 3x^2 h + 3xh^2 + h^3) - x^3}{h} = \lim_{h \to 0} \frac{h(3x^2 + 3xh + h^2)}{h}$$

$$= \lim_{h \to 0} (3x^2 + 3xh + h^2) = 3x^2$$

例 2　f 是可微分函數，求 (a) $\lim\limits_{h \to 0} \dfrac{f(x+2h) - f(x-h)}{h}$

(b) $\lim\limits_{h \to 0} \dfrac{f(x + \dfrac{h}{a}) - f(x - \dfrac{h}{a})}{h}$

解

(a) 方法一

$$\lim_{h \to 0} \frac{f(x+2h) - f(x-h)}{h} = \lim_{h \to 0} \frac{[f(x+2h) - f(x)] - [f(x-h) - f(x)]}{h}$$

$$= \lim_{h \to 0} \frac{f(x+2h)-f(x)}{h} - \lim_{h \to 0} \frac{f(x-h)-f(x)}{h}$$

但$\lim_{h \to 0} \frac{f(x+2h)-f(x)}{h}$ $\underline{t=2h}$ $\lim_{t \to 0} \frac{f(x+t)-f(x)}{t/2}$

$$= 2\lim_{t \to 0} \frac{f(x+t)-f(x)}{t} = 2f'(x)$$

及$\lim_{h \to 0} \frac{f(x-h)-f(x)}{h}$

$\underline{l=-h}$ $\lim_{l \to 0} \frac{f(x+l)-f(x)}{-l} = -f'(x)$

$$\therefore \lim_{h \to 0} \frac{f(x+2h)-f(x-h)}{h} = 2f'(x)-(-f'(x)) = 3f'(x)$$

方法二

可用 L'Hospital 法則：

$$\lim_{h \to 0} \frac{f(x+2h)-f(x-h)}{h} = \lim_{h \to 0} \frac{2f'(x+2h)}{1} + f'(x-h) = 3f'(x)$$

(b) $\lim_{h \to 0} \dfrac{f(x+\dfrac{h}{a})-f(x-\dfrac{h}{a})}{h}$

$$= \lim_{h \to 0} \frac{[f(x+\dfrac{h}{a})-f(x)]-[f(x-\dfrac{h}{a})-f(x)]}{h} \cdots\cdots\cdots\cdots * $$

(i) $\lim_{h \to 0} \dfrac{f(x+\dfrac{h}{a})-f(x)}{h}$ $\underline{k=\dfrac{h}{a}}$ $\lim_{k \to 0} \dfrac{f(x+k)-f(x)}{ak} = \dfrac{1}{a}f'(x)$

(ii) $\lim_{h \to 0} \dfrac{f(x-\dfrac{h}{a})-f(x)}{h}$ $\underline{k=-\dfrac{h}{a}}$ $\lim_{k \to 0} \dfrac{f(x+k)-f(x)}{-ak} = -\dfrac{1}{a}f'(x)$

$$\therefore * = \frac{1}{a}f'(x)-(-\frac{1}{a}f'(x)) = \frac{2}{a}f'(x)$$

讀者亦可試用 L'Hospital 法則解之。

例 3　若 $f(x) = x(x-1)(x^2+1)$，求 $f'(1)$

解析

這是一個經「設計」之問題，因 $f(1)=0$，故用定義即可
簡單地算出。

■ 解

$$f'(1) = \lim_{x \to 1} \frac{f(x) - f(1)}{x - 1} = \lim_{x \to 1} \frac{x(x-1)(x^2+1)}{x-1}$$
$$= \lim_{x \to 1} x(x^2+1) = 2$$

連續與可微分之關係

函數 $f(x)$ 在 $x = x_0$ 之微分性與連續性的關係如下列定理所述。

定理　若 $f(x)$ 在 $x = x_0$ 處可微分則 $f(x)$ 在 $x = x_0$ 處必連續。

說明　因為「若 A 則 B」與「B 若非則非 A」同義，故若函數 $f(x)$ 在 $x = x_0$ 處不連續，則它在 $x = x_0$ 處必不可微分。

例 4　若 $f(x)$ 在 $x = a$ 處連續，$\lim\limits_{x \to a} \dfrac{f(x)}{x-a} = l$ 求 $f'(a)$

■ 解析

$\lim\limits_{x \to a} \dfrac{f(x)}{x-a} = l$，$l$ 為定值之條件下，因為 $\lim\limits_{x \to a}(x-a) = 0$，

$\therefore \lim\limits_{x \to a} f(x) = 0$(如果 $\lim\limits_{x \to a} f(x) \neq 0$，那麼 $\lim\limits_{x \to a} \dfrac{f(x)}{x-a}$ 不存在)

■ 解

$\lim\limits_{x \to a} \dfrac{f(x)}{x-a} = l$，$\lim\limits_{x \to a}(x-a) = 0$　$\therefore \lim\limits_{x \to a} f(x) = 0$

又 $f(x)$ 在 $x = a$ 處連續　$\therefore \lim\limits_{x \to a} f(x) = f(a) \Rightarrow f(a) = 0$

$f'(a) = \lim\limits_{x \to a} \dfrac{f(x)-f(a)}{x-a} = \lim\limits_{x \to a} \dfrac{f(x)-0}{x-a} = l$，

例 5　$f(x) = [x]$，試討論其可微分性？

■ 解

設 $n + 1 > x \geq n$

(1) x 不為整數時，$f(x) = [x] = n$，$f'(x) = 0$

(2) x 為整數時，$y = f(x)$ 在 $x =$ 整數處不連續，從而 $f(x) = [x]$ 在 x 為整數時不可微。

例 6 討論 $f(x) = max(x^2 , x^3)$, $x > 0$, 之可微性

解析

$\because x^3 - x^2 = x^2(x-1) > 0$ $\therefore$ 在 $x > 1$ 時 $x^3 > x^2$, $x < 1$ 時 $x^3 < x^2$,

即 $max(x^2 , x^3) = \begin{cases} x^2 , 0 < x \le 1 \\ x^3 , x > 1 \end{cases}$

解

$f(x) = max(x^2 , x^3)$

$= \begin{cases} x^2 , 0 < x \le 1 \\ x^3 , x > 1 \end{cases}$

$\therefore 0 < x < 1$ 時,$f'(x) = 2x$

$x > 1$ 時 $f'(x) = 3x^2$

現要考慮 $x = 1$ 處是否可微分?

(1) $f_+'(1) = \lim\limits_{x \to 1^+} \dfrac{f(x) - f(1)}{x-1}$

$= \lim\limits_{x \to 1^+} \dfrac{x^3 - 1}{x - 1} = 3$

$f_-'(1) = \lim\limits_{x \to 1^-} \dfrac{f(x) - f(1)}{x - 1} = \lim\limits_{x \to 1^-} \dfrac{x^2 - 1}{x - 1} = 2$

$\because f_+'(1) \ne f_-'(1)$ $\therefore f'(1)$ 不存在

綜上

$f'(x) = \begin{cases} 2x , 0 < x < 1 \\ 3x^2 , x > 1 \\ \text{不存在} , x = 1 \end{cases}$

例 7 若 $f(x) = \begin{cases} x^2 , x \le c \\ ax+b , x > c \end{cases}$ 在處可微分,求用 c 表示 a , b

解析

$f(x)$ 在 $x = c$ 處可微分則 $f(x)$ 在 $x = c$ 處連續,因此,這類問題應同時改慮到 $f(x)$ 在 $x = c$ 處連續及可微分之條件。

解

(1)$\because f(x)$在 $x=c$ 處為連續 $\therefore f(c)=c^2=\lim\limits_{x\to c}f(x)$

$\lim\limits_{x\to c^+}f(x)=ac+b$，$\lim\limits_{x\to c^-}f(x)=c^2$

得 $ac+b=c^2$

(2)$\because f(x)$在 $x=c$ 處為可微分：

$f'_+(c)=a$

$f'_-(c)=2c$

$\because f'_+(c)=f'_-(c)$ $\therefore a=2c$

代(2)入(1)

$2c^2+b=c^2$ $\therefore b=-c^2$，

即 $a=2c$，$b=-c^2$

例 8 討論$f(x)=\begin{cases} x^\alpha sin\dfrac{1}{x} & ,\ x\neq 0 \\ 0 & ,\ x=0 \end{cases}$ 在$x=0$處之(a)連續性、(b)可微

性與(c)在$x=0$之導數為連續。

解

(a)$f(0)=0$

$-x^\alpha\leq x^\alpha sin\dfrac{1}{x}\leq x^\alpha$

若$\alpha<0$，$\lim\limits_{x\to 0}x^\alpha\to\infty$(不存在)，又$\alpha=0$ 時

$\lim\limits_{x\to 0}x^\alpha sin\dfrac{1}{x}=\lim\limits_{x\to 0}sin\dfrac{1}{x}$亦不存在

$\alpha>0$ 時$\lim\limits_{x\to 0}x^\alpha sin\dfrac{1}{x}=0(\because\lim\limits_{x\to 0}-x^\alpha=\lim\limits_{x\to 0}x^\alpha=0)$

$\therefore\alpha>0$ 時$f(x)$在 $x=0$ 處連續

(b)$f'(0)=\lim\limits_{x\to 0}\dfrac{x^\alpha sin\dfrac{1}{x}-0}{x}=\lim\limits_{x\to 0}x^{\alpha-1}sin\dfrac{1}{x}$存在之條件

為$\alpha-1>0$ $\therefore\alpha>1$ 為$f(x)$在 $x=0$ 處可微性之條件

(c)由 $-x^{\alpha-1}\le x^{\alpha-1}sin\dfrac{1}{x}\le x^{\alpha-1}$ ， $\alpha>1$

$$\lim_{x\to 0}(-x^{\alpha-1})=\lim_{x\to 0}x^{\alpha-1}=0 \quad \therefore \lim_{x\to 0}x^{\alpha-1}sin\dfrac{1}{x}=0$$

$$\therefore f'(x)=\begin{cases} \alpha x^{\alpha-1}sin\dfrac{1}{x}-x^{\alpha-2}cos\dfrac{1}{x} & ,\ x\ne 0 \\[2mm] 0 & ,\ x=0 \end{cases}$$

在 $x\to 0$ 時，$\alpha-2>0$ 時 $\lim\limits_{x\to 0}f'(x)=f'(0) \therefore \alpha>2$ 時

$f'(x)$ 在 $x=0$ 處為連續。

變數變換在微分上之應用

例 9 　$y=\dfrac{1}{2}tan^{-1}(\sqrt[4]{1+x^4})+\dfrac{1}{4}ln\dfrac{\sqrt[4]{1+x^4}+1}{\sqrt[4]{1+x^4}-1}$ ，求 $\dfrac{dy}{dx}$

■ 解

令 $v=\sqrt[4]{1+x^4}$ ，則 $\dfrac{dv}{dx}=x^3(1+x^4)^{-\frac{3}{4}}$

原式 $=\dfrac{1}{2}tan^{-1}v+\dfrac{1}{4}[ln(v+1)-ln(v-1)]$

$$\therefore y'=\dfrac{\dfrac{1}{2}}{1+v^2}\cdot v'+\dfrac{1}{4}(\dfrac{v'}{v+1}-\dfrac{v'}{v-1})$$

$$=\dfrac{1}{2}\dfrac{v'}{1+v'}-\dfrac{1}{2}(\dfrac{1}{v^2-1})v'=\dfrac{1}{2}(\dfrac{1}{1+v^2}+\dfrac{1}{1-v^2})v'$$

$$=\dfrac{1}{2}\dfrac{2}{1-v^4}v'=\dfrac{1}{-x^4}\cdot x^3(1+x)^{-\frac{3}{4}}=-\dfrac{1}{x(\sqrt[4]{1+x^4})^3}$$

例 10 　試求下列函數之導數

(a) $\dfrac{d}{dx^3}(x^3-5x^6-x^9)$

(b) $\dfrac{d}{dx^2}sinx^3$

■ 解

(a)令 $u=x^3$ 則

$$原式 = \frac{d}{du}(u - 5u^2 - u^3) = 1 - 10u - 3u^2 = 1 - 10x^3 - 3x^6$$

$$= 1 - 10x^3 - 3x^6$$

(b)令 $u = x^2$ 則

$$原式 = \frac{d}{du}\sin u^{\frac{3}{2}} = \frac{3}{2}u^{\frac{1}{2}}\cos u^{\frac{3}{2}} = \frac{3}{2}x\cos x^3$$

反例集

例 11 試問是否存在一個函數為連續但不可微分？

■ 解

$f(x) = |x|$ 即為一例，$f(x)$在 $x=0$ 處為連續

但 $\because$ (1)$\lim\limits_{x \to 0^+}\dfrac{f(x)-f(0)}{x-0} = \lim\limits_{x \to 0^+}\dfrac{x-0}{x-0} = 1$

(2)$\lim\limits_{x \to 0^-}\dfrac{f(x)-f(0)}{x-0} = \lim\limits_{x \to 0^-}\dfrac{-x-0}{x-0} = -1$

$\therefore$ 由(1)，(2)知 $f(x) = |x|$ 在 $x=0$ 處不可微分

單元 12   求導公式

微分之基本公式

1. $\dfrac{d}{dx} c = 0$

2. $\dfrac{d}{dx} ax^n = anx^{n-1}$

微分之四則公式

1. $\dfrac{d}{dx}(f(x) \pm g(x)) = \dfrac{d}{dx}f(x) \pm \dfrac{d}{dx} g(x)$ 或

$(f(x) \pm g(x))' = f'(x) \pm g'(x)$

2. $\dfrac{d}{dx}(cf(x) + b) = $ 或 $c\dfrac{d}{dx}f(x)$ 或 $(cf(x) + b)' = cf'(x)$

3. $\dfrac{d}{dx}(f(x) \cdot g(x)) = [\dfrac{d}{dx}f(x)]g(x) + f(x)[\dfrac{d}{dx}g(x)]$ 或

$(f(x) \cdot g(x))' = f'(x)g(x) + f(x)g'(x)$

4. $\dfrac{d}{dx}\left(\dfrac{f(x)}{g(x)}\right) = \dfrac{g(x)\dfrac{d}{dx}f(x) - f(x)\dfrac{d}{dx}g(x)}{g^2(x)}$, $g(x) \neq 0$ 或

$\left(\dfrac{f(x)}{g(x)}\right)' = \dfrac{g(x)f'(x) - f(x)g'(x)}{g^2(x)}$

微分四則公式之推廣

(1) $\dfrac{d}{dx}\{f_1(x) + f_2(x) + \cdots + f_n(x)\} = \dfrac{d}{dx}f_1(x) + \dfrac{d}{dx}f_2(x) + \cdots$

$+ \dfrac{d}{dx}f_n(x)$

(2) $\dfrac{d}{dx}\{f_1(x)f_2(x)\cdots f_n(x)\} = f'_1(x)f_2(x)\cdots f_n(x) +$

$f_1(x)f'_2(x)\cdots f_n(x) +$

$$\cdots\cdots\cdots\cdots\cdots\cdots\cdots +$$

$$f_1(x)f_2(x)\cdots f'_n(x)$$

$(3)\dfrac{d}{dx}(a_n x^n + a_{n-1}x^{n-1} + a_{n-2}x^{n-2} + \cdots + a_1 x + a_0)$

$= n a_n x^{n-1} + (n-1)a_{n-1}x^{n-2} + (n-2)a_{n-2}x^{n-3} + \cdots + a_1$

說明

1.微分乘法、除法公式也可用對函數微分公式求解，如

$\dfrac{d}{dx}(\dfrac{f(x)}{g(x)}) \because \ln h(x) = \ln f(x) - \ln g(x)$

$\therefore \dfrac{h'(x)}{h(x)} = \dfrac{f'(x)}{f(x)} - \dfrac{g'(x)}{g(x)}$

得 $h'(x) = h(x)[\dfrac{f'(x)}{f(x)} - \dfrac{g'(x)}{g(x)}]$

$= \dfrac{f(x)}{g(x)}[\dfrac{f'(x)}{f(x)} - \dfrac{g'(x)}{g(x)}] = \dfrac{g(x)f'(x) - f(x)g'(x)}{g^2(x)}$

2.在求分段函數之導數時，請特別注意分割點處可微分(

即左導數＝右導數)之討論。

例 1 試求(a) $f(x) = |\,x^2 - 1\,|$ ，(b) $f(x) = \sqrt[3]{x + |x|}$

(c) $f(x) = |\,x+1\,| + |\,x-2\,|$ 之導數

解析

(a) $f(x) = |\,x^2 - 1\,| = \begin{cases} x^2 - 1 \text{ , } x \geq 1 \text{ 或 } x \leq -1 \\ 1 - x^2 \text{ , } 1 > x > -1 \end{cases}$

$\therefore f'(x) = \begin{cases} 2x \text{ , } x > 1 \text{ 或 } x < -1 \\ -2x \text{ , } 1 > x > -1 \end{cases}$

次考慮 $x = 1$ ，-1 可微性：

(1) $x = 1$ 時

$f'_+(1) = \lim\limits_{x \to 1^+}\dfrac{f(x) - f(1)}{x - 1} = \lim\limits_{x \to 1^+}\dfrac{(x^2 - 1) - 0}{x - 1} = 2$

$f'_-(1) = \lim\limits_{x \to 1^-}\dfrac{f(x) - f(1)}{x - 1} = \lim\limits_{x \to 1^-}\dfrac{(1 - x^2) - 0}{x - 1} = -2$

$\because f'_+(1) \neq f'_-(1)$ $\therefore f'(1)$不存在

(2) $x = -1$ 時

$$f'_+(-1) = \lim_{x \to -1^+} \frac{f(x) - f(-1)}{x - (-1)} = \lim_{x \to -1^+} \frac{(1 - x^2) - 0}{x + 1} = 2$$

$$f'_-(-1) = \lim_{x \to -1^-} \frac{f(x) - f(-1)}{x - (-1)} = \lim_{x \to -1^-} \frac{(x^2 - 1) - 0}{x + 1} = -2$$

$\because f'_+(-1) \neq f'_-(-1)$ $\therefore f'(-1)$ 不存在

即 $f'(x) = \begin{cases} 2x & , x > 1 \text{ 或 } x < -1 \\ -2x & , 1 > x > -1 \end{cases}$

(b) $f(x) = \begin{cases} \sqrt[3]{2x} & , x \geq 0 \\ 0 & , \text{其它} \end{cases}$ $\qquad \therefore x > 0$ 時 $f'(x) = \frac{1}{3} \sqrt[3]{2} x^{-\frac{2}{3}}$

$$f'_+(0) = \lim_{x \to 0^+} \frac{f(x) - f(0)}{x - 0} \text{ 不存在}$$

$\therefore f(x)$ 在 $x = 0$ 處不可微分，即 $f'(x) = \begin{cases} \dfrac{\sqrt[3]{2}}{3} x^{-\frac{2}{3}} & , x > 0 \\ 0 & , \text{其它} \end{cases}$

(c) $f(x) = \begin{cases} -2x + 1 & , x < -1 \\ 3 & , -1 \leq x \leq 2 \\ 2x - 1 & , x > 2 \end{cases}$

$\therefore f'(x) = \begin{cases} -2 & , x < -1 \\ 0 & , -1 < x < 2 \\ 2x - 1 & , x > 2 \end{cases}$

現考慮 $x = -1$，2 處之可微性

(1) $x = -1$

$$f'_-(-1) = \lim_{x \to -1^-} \frac{f(x) - f(-1)}{x - (-1)} = \lim_{x \to -1^-} \frac{(-2x + 1) - 3}{x + 1} = -2$$

$$f'_+(-1) = \lim_{x \to -1^+} \frac{f(x) - f(-1)}{x - (-1)} = \lim_{x \to -1^+} \frac{3 - 3}{x + 1} = 0$$

$\because f'_-(-1) \neq f'_+(-1)$ $\therefore f'(x)$ 在 $x = -1$ 處不存在

(2) $x = 2$

$$f'_+(2) = \lim_{x \to 2^+} \frac{f(x) - f(2)}{x - 2} = \lim_{x \to 2^+} \frac{(2x - 1) - 3}{x - 2} = 2$$

$$f'_-(2) = \lim_{x \to 2^-} \frac{f(x) - f(2)}{x - 2} = \lim_{x \to 2^-} \frac{3 - 3}{x - 2} = 0$$

$$f_+'(2) \neq f_-'(2) \quad \therefore f'(2)\text{不存在}$$

$$\text{即} f'(x) = \begin{cases} -2 & , x < -1 \\ 0 & , -1 < x < 2 \\ 2 & , x > 2 \end{cases}$$

鏈鎖律

1. f，g 為可微分函數，$\dfrac{d}{dx} f(g(x)) = f'(g(x)) g'(x)$

2. 若 f，g，h 為三個可微分函數則：

$$\frac{d}{dx} f(g(h(x))) = f'(g(h(x))) g'(h(x)) h'(x)$$

$f(x)$ 為一可微分函數，p 為任一實數，則

$$\frac{d}{dx}(f(x))^p = p(f(x))^{p-1} f'(x)$$

例2 試求下列函數之導數

(a) $y = \sqrt{x + \sqrt{x}}$　(b) $y = \sqrt{x + \sqrt{x + \sqrt{x}}}$　(c) $y = \sqrt{1 + \sqrt{x + \sqrt{1 + x^2}}}$

解

(a) $y = \sqrt{x + \sqrt{x}} = [x + x^{\frac{1}{2}}]^{\frac{1}{2}} \quad \therefore y' = \dfrac{1}{2}(x + x^{\frac{1}{2}})^{-\frac{1}{2}}(1 + \dfrac{1}{2}x^{-\frac{1}{2}})$

即 $y' = \dfrac{1}{2\sqrt{x + \sqrt{x}}}(1 + \dfrac{1}{2\sqrt{x}})$

(b) $y = \sqrt{x + \sqrt{x + \sqrt{x}}} = \{x + [x + x^{\frac{1}{2}}]^{\frac{1}{2}}\}^{\frac{1}{2}}$

$\therefore y' = \dfrac{1}{2}\{x + [x + x^{\frac{1}{2}}]^{\frac{1}{2}}\}^{-\frac{1}{2}}\{1 + \dfrac{1}{2}[x + x^{\frac{1}{2}}]^{-\frac{1}{2}}(1 + \dfrac{1}{2}x^{-\frac{1}{2}})\}$

$= \dfrac{1}{2\sqrt{x + \sqrt{x + \sqrt{x}}}}\{1 + \dfrac{1}{2\sqrt{x + \sqrt{x}}}\}(1 + \dfrac{1}{2\sqrt{x}})$

(c) $y = \sqrt{1 + \sqrt{x + \sqrt{1 + x^2}}} = \{1 + [x + (1 + x^2)^{\frac{1}{2}}]^{\frac{1}{2}}\}^{\frac{1}{2}}$

$\therefore y' = \dfrac{1}{2}\{1 + [x + (1 + x^2)^{\frac{1}{2}}]^{\frac{1}{2}}\}^{-\frac{1}{2}}\dfrac{1}{2}[x + (1 + x^2)^{\frac{1}{2}}]^{-\frac{1}{2}}$

$[1 + \dfrac{1}{2}(2x)(1 + x^2)^{-\frac{1}{2}}]$

$$= \frac{1}{2\sqrt{1+\sqrt{+\sqrt{1+x^2}}}} \{ \frac{1}{2\sqrt{x+\sqrt{1+x^2}}} \}(1+\frac{x}{\sqrt{1+x^2}})$$

例 3 (a)若 $f'(2x)=x^2$，求 $f'(x)$

(b)$f(\frac{1}{x}+1)=\frac{x}{2x+1}$ 求 $f'(x)$

(c)若 $y=f(\frac{x-1}{x+1})$，$f'(x)=tan^{-1}x^2$ $\frac{dy}{dx}\big|_{x=0}=?$

(d)$f(x)$定義於所有正實數，即 $f'(x^2)=x^3$，$f(1)=1$

　求 $f(4)$

(e)$\frac{d}{dx}[f(x^3)]=\frac{1}{x^4}$，求 $f'(x^2)=?$

解

(a)設 $y=f(x)$，$\frac{d}{dx}f(2x)=2f'(2x)=x^2=\frac{1}{4}(2x)^2$

　　$\therefore f'(2x)=\frac{1}{8}(2x)^2$ 即 $f'(x)=\frac{1}{8}x^2$

(b)令 $y=\frac{1}{x}+1$，$x=\frac{1}{y-1}$

　　$\therefore$原式$=f(y)=\dfrac{\frac{1}{y-1}}{\frac{2}{y-1}+1}=\frac{1}{1+y}$

　　即 $f(x)=\frac{1}{1+x}$　$\therefore f'(x)=-\frac{1}{(1+x)^2}$

(c)$y=f(\frac{x-1}{x+1})$，兩邊同時對 x 微分得

　　$\frac{dy}{dx}=\frac{2}{(x+1)^2}f'(\frac{x-1}{x+1})=\frac{2}{(x+1)^2}tan^{-1}(\frac{x-1}{x+1})^2$

　　$\therefore \frac{dy}{dx}\big|_{x=0}=\frac{2}{(x+1)^2}tan^{-1}(\frac{x-1}{x+1})^2]_{x=0}$

　　　　　　$=2\cdot\frac{\pi}{4}=\frac{\pi}{2}$

(d)設 $y = f(x)$，則

$$\frac{d}{dx}f(x^2) = 2xf'(x^2) = 2x \cdot x^3 = 2x^4$$

$$\therefore f'(x^2) = x^3 = (x^2)^{\frac{3}{2}}$$

$$f'(x) = x^{\frac{3}{2}} \text{ 得 } f(x) = \frac{2}{5}x^{\frac{5}{2}} + k，\ f(1) = \frac{2}{5} + k，\ k = \frac{3}{5}$$

$$f(x) = \frac{2}{5}x^{\frac{5}{2}} + \frac{3}{5} \quad \therefore f(4) = \frac{2}{5}(4)^{\frac{5}{2}} + \frac{3}{5} = \frac{67}{5}$$

(e) $\dfrac{d}{dx}f(x^3) = 3x^2 f'(x^3) = \dfrac{1}{x^4}$

$$\therefore f'(x^3) = \frac{1}{3x^6} = \frac{1}{3}\frac{1}{(x^3)^2}，\text{ 即 } f'(x) = \frac{1}{3}\frac{1}{x^2}$$

$$f'(x^2) = 2xf'(x^2) = 2x \cdot \frac{1}{3}\frac{1}{(x^2)^2} = \frac{2}{3x^3}$$

注意：請比較 $\dfrac{d}{dx}(f(x^3))$ 與 $f'(x^3)$ 不同處。

例 4　若 $f(\dfrac{x-1}{x+1}) = 2cos\dfrac{\pi}{2}x$，求 $f'(0)$

■ **解**

方法一： 令 $y = \dfrac{x-1}{x+1}$，解得 $x = \dfrac{1+y}{1-y}$

$$\therefore f(y) = 2cos\left(\frac{\pi}{2}(\frac{1+y}{1-y})\right)$$

$$f'(y) = -2sin\left(\frac{\pi}{2}(\frac{1+y}{1-y})\right)\frac{d}{dy}\frac{\pi}{2}(\frac{1+y}{1-y})$$

$$= -2 \cdot \frac{\pi}{2} \cdot \frac{2}{(1-y)^2}$$

$$\therefore f(0) = -2\pi$$

方法二：

兩邊同時對 x 微分：

$$\frac{2}{(x+1)^2}f'(\frac{x-1}{x+1}) = -2 \cdot \frac{\pi}{2}sin\frac{\pi}{2}x = -\pi sin\frac{\pi}{2}x$$

取 $x = 1$

$$\frac{1}{2}f'(0) = -\pi \quad \therefore f'(0) = -2\pi$$

例 5 $y=f(\dfrac{3x-2}{3x+2})$，$f'(x)=tan^{-1}x^2$ 求 $\dfrac{dy}{dx}\Big|_{x=0}=$ ？

解

二邊同時對 $y=f(\dfrac{3x-2}{3x+2})$ 微分：

$$\dfrac{3(3x+2)-3(3x-2)}{(3x+2)^2}f'(\dfrac{3x-2}{3x+2})\Big|_{x=0}$$

$$=\dfrac{1^2}{(3+2)^2}tan^{-1}(\dfrac{3x-2}{3x+2})^2\Big|_{x=0}$$

$$=3\cdot tan^{-1}1=\dfrac{3\pi}{4}$$

反函數微分法

若 $y=f(x)$ 之反函數為 $x=g(y)$，且 $y=f(x)$ 為可微分則 $\dfrac{dx}{dy}$

$=\dfrac{1}{\dfrac{dy}{dx}}$。

例 6 已知 $f(x)=x^3+2x+1$ 之反函數 $g(x)$ 存在，求 $g'(4)=$ ？

解析

給定 $f(x)$ 有反函數 $g(x)$ 存在，欲求 $g'(a)$ 時需求出 $f(x)$ $=a$ 之一個解。除非問題中有某些「巧妙」的安排，通常這個解並不易求出。

解

$$g'(4)=\dfrac{1}{\dfrac{dy}{dx}\Big|_{x=1}}=\dfrac{1}{3x^2+2}\Big]_{x=1}=\dfrac{1}{5}$$

在上例中，$f(1)=4$ $\therefore f^{-1}(f(1))=f^{-1}(4)$，即 $f^{-1}(4)=$ 1，$\because g(x)$ 為 $f(x)$ 之反函數 $\therefore g'(4)=\dfrac{1}{f'(1)}$，如果上例改求 $g'(2)$，將是一個困難的問題。

例 7 已知 $f(x) = x^{101} + x^{83} + x^{15} + 2$ 有一反函數 $g(x)$，求 $g'(-1) = ?$

■ **解**

$$g'(-1) = \frac{1}{\dfrac{dy}{dx}\big|_{x=-1}} = \frac{1}{101x^{100} + 83x^{82} + 15x^{14}}\big]_{x=1}$$

$$= \frac{1}{199}$$

三角函數微分法公式

(1) $\dfrac{d}{dx} sinx = cosx$ (2) $\dfrac{d}{dx} cosx = -sinx$

(3) $\dfrac{d}{dx} tanx = sec^2x$ (4) $\dfrac{d}{dx} cotx = -csc^2x$

(5) $\dfrac{d}{dx} secx = secxtanx$ (6) $\dfrac{d}{dx} cscx = -cscxcotx$

(u 為 x 之可微分函數)

(1) $\dfrac{d}{dx} sinu = cosu \cdot \dfrac{d}{dx}u$ (2) $\dfrac{d}{dx} cosu = -sinu \cdot \dfrac{d}{dx}u$

(3) $\dfrac{d}{dx} tanu = sec^2u \cdot \dfrac{d}{dx}u$ (4) $\dfrac{d}{dx} cotu = -csc^2x \cdot \dfrac{d}{dx}u$

(5) $\dfrac{d}{dx} secu = secutanu \cdot \dfrac{d}{dx}u$ (6) $\dfrac{d}{dx} cscu = -cscucotu \dfrac{d}{dx}u$

反三角函數微分公式

(1) $\dfrac{d}{dx} sin^{-1}u = \dfrac{1}{\sqrt{1-u^2}} \dfrac{d}{dx}u$, $|u| < 1$

(2) $\dfrac{d}{dx} cos^{-1}u = \dfrac{-1}{\sqrt{1-u^2}} \dfrac{d}{dx}u$, $|u| < 1$

(3) $\dfrac{d}{dx} tan^{-1}u = \dfrac{1}{\sqrt{1+u^2}} \dfrac{d}{dx}u$, $u \in R$

(4) $\dfrac{d}{dx} cot^{-1}u = \dfrac{-1}{\sqrt{1+u^2}} \dfrac{d}{dx}u$, $u \in R$

(5) $\dfrac{d}{dx} sec^{-1}u = \dfrac{1}{|u|\sqrt{u^2-1}} \dfrac{d}{dx}u$, $|u| > 1$

(6)$\dfrac{d}{dx}csc^{-1}u = \dfrac{-1}{|u|\sqrt{u^2-1}}\dfrac{d}{dx}u$ ， $|u|>1$

說明

(1)$\dfrac{d}{dx}sin^{-1}x$ ：

令 $y=sin^{-1}x$ ，則 $x=siny$ ， $\dfrac{dx}{dy}=cosy$

$\therefore \dfrac{dy}{dx} = \dfrac{1}{\dfrac{dx}{dy}} = \dfrac{1}{cosy} = \dfrac{1}{\sqrt{1-sin^2y}} = \dfrac{1}{\sqrt{1-x^2}}$

(2)$\dfrac{d}{dx}sinx° = \dfrac{d}{dx}sin(\dfrac{\pi}{180}x)$

則 $\dfrac{d}{dx}sinx° = \dfrac{\pi}{180}cos(\dfrac{\pi}{180}x)(\because 1° = \dfrac{\pi}{180} \therefore x° = \dfrac{\pi}{180}x)$

$(\because 1° = \dfrac{\pi}{180}$ ， $x° = \dfrac{\pi}{180}x)$

例 8 求(a)$\dfrac{d}{dx}csc^{-1}\dfrac{\sqrt{1+x}}{x}$ (b)$\dfrac{d}{dx}tan^{-1}(\dfrac{3sinx}{4+5cosx})$

(c)$\dfrac{d}{dx}cos^{-1}\dfrac{1}{|x|}$ (d)$f(x)=\begin{cases} sinx \text{ ，} x \geq 0 \\ x \text{ ，} x < 0 \end{cases}$

■ **解析**

(a)、(b)直接代公式，只需耐心，細心即可

(c)因為 $cos^{-1}x$ 之定義域為 $|x| \leq 1$ $\therefore cos^{-1}\dfrac{1}{|x|}$ 之定義域為

$|\dfrac{1}{|x|}| \leq 1$

即 $|x| \geq 1$ ， $\therefore f(x) = cos^{-1}\dfrac{1}{|x|} = \begin{cases} cos^{-1}\dfrac{1}{x} \text{ ，} x \geq 1 \\ cos^{-1}(-\dfrac{1}{x}) \text{ ，} x \leq -1 \end{cases}$

■ **解**

(a)$\dfrac{d}{dx}csc^{-1}\dfrac{\sqrt{1+x^2}}{x} = \dfrac{-1}{|\dfrac{\sqrt{1+x^2}}{x}|\sqrt{(\dfrac{\sqrt{1+x^2}}{x})^2-1}}\dfrac{d}{dx}\dfrac{\sqrt{1+x^2}}{x}$

$$=\frac{-x^2}{\sqrt{1+x^2}}\cdot\frac{x\frac{1}{2}(2x)(1+x^2)^{-\frac{1}{2}}-\sqrt{1+x^2}}{x^2}=\frac{1}{1+x^2}$$

(b) $\dfrac{d}{dx}tan^{-1}(\dfrac{3sinx}{4+5cosx})=\dfrac{\dfrac{d}{dx}(\dfrac{3sinx}{4+5cosx})}{1+(\dfrac{3sinx}{4+5cosx})^2}$

$$=\frac{\dfrac{(4+5cosx)(3sinx)'-(3sinx)(4+5cosx)'}{(4+5cosx)^2}}{\dfrac{(4+5cosx)^2+(3sinx)^2}{(4+5cosx)^2}}$$

$$=\frac{(4+5cosx)(3cosx)-(3sinx)(-5sinx)}{16+40cosx+25cos^2x+9sin^2x}$$

$$=\frac{12cosx+15cos^2x+15sin^2x}{16+40cosx+25cos^2x+9((1-cos^2x))}=\frac{3(4cosx+5)}{(4cosx+5)^2}$$

$$=\frac{3}{4cosx+5}$$

(c)由 $cos^{-1}x$ 之定義域 $|x|\le1$, $|\dfrac{1}{|x|}|\le1$ $\therefore$ $|x|\ge1$ 得

$$f(x)=\begin{cases}cos^{-1}\dfrac{1}{x} & ,\ x\ge1 \\ \\ cos^{-1}(-\dfrac{1}{x}) & ,\ x\le-1\end{cases}\qquad x>1\ 時$$

$$f'(x)=\frac{-1}{\sqrt{1-(\dfrac{1}{x})^2}}\cdot\frac{d}{dx}(\frac{1}{x})=\frac{1}{x\sqrt{x^2-1}}$$

$x<-1$時 $f'(x)=\dfrac{-1}{\sqrt{1-\dfrac{1}{x^2}}}(\dfrac{1}{x^2})=\dfrac{-|x|}{x\sqrt{x^2-1}}=\dfrac{1}{x\sqrt{x^2-1}}$

現考察 $x=\pm1$ 時之可微性：

(1) $x=1$ 時

$$f'_+(1)=\lim_{x\to1^+}\frac{f(x)-f(1)}{x-1}=\lim_{x\to1^+}\frac{cos^{-1}(\dfrac{1}{x})-0}{x-1}=\lim_{x\to1^+}\frac{|x|}{x\sqrt{x^2-1}}$$

$$=\lim_{x\to1^+}\frac{1}{x\sqrt{x^2-1}}\to\infty(不存在)$$

(2) $x = -1$ 時

$$f'_-(-1) = \lim_{x \to -1^-} \frac{f(x) - f(1)}{x - (-1)} = \lim_{x \to -1^-} \frac{cos(-\frac{1}{x})}{x+1} = \lim_{x \to -1^-} \frac{1}{x\sqrt{x^2-1}}$$

$= -\infty$(不存在)

$\therefore f(x)$ 在 $x = \pm 1$ 時，導數不存在，即

$$f(x) = \begin{cases} \dfrac{1}{x\sqrt{x^2-1}} , & |x| > 1 \\ 不存在 , & |x| = 1 \end{cases}$$

(d)$x > 0$ 時 $f'(x) = cosx$

$x < 0$ 時 $f'(x) = 1$

現考察 $x = 0$ 時之可微性

$$f'_+(0) = \lim_{x \to 0^+} \frac{f(x) - f(0)}{x - 0} = \lim_{x \to 0^+} \frac{sinx}{x} = 1$$

$$f'_-(0) = \lim_{x \to 0^-} \frac{f(x) - f(0)}{x - 0} = \lim_{x \to 0^-} \frac{x}{x} = 1$$

$\therefore f'(0) = 1$

即 $f(x) = \begin{cases} cosx , & x > 0 \\ 1 , & x \le 0 \end{cases}$

自然對數函數與指數函數之微分公式

$1. \dfrac{d}{dx} lnx = \dfrac{1}{x}$ ， $x > 0$　　$1.' \dfrac{d}{dx} log_a x = \dfrac{1}{lna} \dfrac{1}{x}$ ， $a > 0$

$2. \dfrac{d}{dx} e^x = e^x$　　　　　　　$2.' \dfrac{d}{dx} a^x = lna \cdot a^x$

由鏈鎖律：$\dfrac{d}{dx} lnu(x) = \dfrac{u'(x)}{u(x)}$ ， $u(x) > 0$。在求自然對數函數

導數時，我們通常假設該函數是有意義的，即 $u(x) > 0$。

應用一：連乘除式之導數

例 9　若 $y=\dfrac{(x^2+1)(x^3-x+1)}{(x^4+x^2+1)^2}$，求 $y'=?$

■ 解

$$ln\,y=ln\dfrac{(x^2+1)(x^3-x+1)}{(x^4+x^2+1)^2}$$

$$=ln(x^2+1)+ln(x^3-x+1)-ln(x^4+x^2+1)^2$$

兩邊同時對 x 微分：

$$\dfrac{y'}{y}=\dfrac{2x}{x^2+1}+\dfrac{3x^2-1}{x^3-x+1}-\dfrac{2(4x^3+2x)}{x^4+x^2+1}$$

$$\therefore y'=y\left(\dfrac{2x}{x^2+1}+\dfrac{3x^2-1}{x^3-x+1}-\dfrac{2(4x^3+2x)}{x^4+x^2+1}\right)$$

$$=\dfrac{(x^2+1)(x^3-x+1)}{(x^4+x^2+1)^2}\left(\dfrac{2x}{x^2+1}+\dfrac{3x^2-1}{x^3-x+1}-\dfrac{8x^3+4x}{x^4+x^2+1}\right)$$

應用二：指數部分為 x 之函數的導數

例 10　求 (a) $\dfrac{d}{dx}10^{x^2}=?$　　(b) $\dfrac{d}{dx}x^x$

■ 解

(a) 令 $y=10^{x^2}$

則 $ln\,y=x^2\cdot ln\,10=(ln\,10)x^2$

兩邊同時對 x 微分

$$\dfrac{y'}{y}=ln\,10\cdot 2x=(ln\,10)x^2$$

$$\therefore y'=y[(ln\,10)2x]=10^{x^2}\cdot(ln\,10)2x$$

(b) 令 $y=x^x$

則 $ln\,y=x\,ln\,x$

兩邊同時對 x 微分得

$$\dfrac{y'}{y}=ln\,x+x\dfrac{d}{dx}ln\,x=ln\,x+x\cdot\dfrac{1}{x}=1+ln\,x$$

$$\therefore y' = y(1+lnx) = x^x(1+lnx)$$

例 11 求(a)$y = x^{a^a} + a^{x^a} + a^{a^x}$，$a>0$，求$\dfrac{d}{dx}y$ (b)求$\dfrac{d}{dx}x^{x^x}$

- **解析**

  這種「寶塔」式的指式函數，記住只有最底一層才是底，其餘都是「指冪式」即 $y = x^{a^a}$，底為 x，冪次為 a^a，又如

  $y = x^{x^x}$ ﹜冪次 ←底

- **解**

  (a)$\dfrac{d}{dx}x^{a^a} = a^a x^{a^a-1}$

  $\dfrac{d}{dx}a^{x^a} = ax^{a-1}a^{x^a}lna$

  $\dfrac{d}{dx}a^{a^x} = a^{a^x}lna \cdot \dfrac{d}{dx}(a^x) = a^{a^x}lna \cdot a^x lna = a^{a^x+x}(lna)^2$

  $\therefore y' = a^a x^{a^a-1} + x^{a-1}a^{x^a+1}lna + a^{a^x+x}(lna)^2$

  (b)$y = x^{x^x}$，$lny = x^x lnx$，兩邊同時對 x 微分：

  $\dfrac{y'}{y} = \dfrac{d}{dx}x^x(lnx) + x^x \cdot \dfrac{1}{x} = x^x(1+lnx) + x^{x-1}$

  $\therefore y' = y[x^x(1+lnx) + x^{x-1}] = x^{x^x}[x^x(1+lnx) + x^{x-1}]$

雙曲函數之微分公式

$$\dfrac{d}{dx}(\sin hx) = \cos hx \qquad \dfrac{d}{dx}(\cos hx) = \sin hx$$

$$\dfrac{d}{dx}(\tan hx) = \sec h^2 x \qquad \dfrac{d}{dx}(\cot hx) = -\csc h^2 x$$

$$\dfrac{d}{dx}(\sec hx) = -\sec hx \tan hx \qquad \dfrac{d}{dx}(\csc hx) = \csc hx \cot hx$$

反雙曲函數之微分公式

$$\dfrac{d}{dx}\sin h^{-1}x = \dfrac{1}{\sqrt{x^2+1}}$$

$$\frac{d}{dx}\cos h^{-1}x = \frac{1}{\sqrt{x^2-1}}\ , \ x>1$$

$$\frac{d}{dx}\tan h^{-1}x = \frac{1}{1-x^2}\ , \ -1<x<1$$

$$\frac{d}{dx}\cot h^{-1}x = \frac{1}{1-x^2}\ , \ x>1 \ 或 \ x<-1$$

$$\frac{d}{dx}\sec h^{-1}x = \frac{-1}{x\sqrt{1-x^2}}\ , \ 0<x<1$$

$$\frac{d}{dx}\csc h^{-1}x = \frac{1}{|x|\sqrt{1+x^2}}\ , \ 0<x<1$$

說明

(我們只證明：$\dfrac{d}{dx}\sin\ h^{-1}x$)

(1)$\dfrac{d}{dx}\sin h^{-1}x = \dfrac{1}{\sqrt{x^2+1}}$之部份：

方法一

令 $y = \sin h^{-1}x$，$x = \sin hy$，兩邊同對 x 微分得：

$$1 = \cos hy \cdot \frac{dy}{dx}$$

$$\therefore \frac{dy}{dx} = \frac{1}{\cos y} = \frac{1}{\sqrt{1+sinh^2 y}} = \frac{1}{\sqrt{1+x^2}}$$

方法二

$$\frac{d}{dx}(\sin h^{-1}x) = \frac{d}{dx}[\ln(x+\sqrt{x^2+1})] = \frac{1}{\sqrt{1+x^2}}$$

$f(x) = \lim\limits_{n\to\infty}h(n，x)$問題

這類問題，如同先前之最大整數函數，絕對值函數，碰到 $f(x) = \lim\limits_{n\to\infty}h(n，x)$時先化成分段函數，再解其餘。

例 12　$f(x) = \begin{cases} \lim\limits_{n\to\infty}\dfrac{x^n}{1+x^n}\ , \ x\geq0 \\ e^x\ , \ x<0 \end{cases}$

■ 解

$$\because \lim_{n\to\infty}\frac{x^n}{1+x^n} = \begin{cases} 1 \text{，} x>1 \\ \frac{1}{2} \text{，} x=1 \\ 0 \text{，} 0\le x<1 \end{cases}$$

$$\therefore f(x) = \begin{cases} 1 \text{，} x>1 \\ \frac{1}{2} \text{，} x=1 \\ 0 \text{，} 0\le x<1 \\ e^x \text{，} x<0 \end{cases}$$

$\because f(x)$ 在 $x=0$，1 時均為不連續

$\therefore f(x)$ 在 $x=0$，1 時不可微分

$$f'(x) = \begin{cases} 0 \text{，} x>0 \text{，} x\ne 1 \\ e^x \text{，} x<0 \end{cases}$$

我們現在請讀者自行練習例 11，(只要有耐心一定可做出來)

例 13　試求：

(a) $y=\dfrac{2}{\sqrt{a^2-b^2}}tan^{-1}\left(\sqrt{\dfrac{a-b}{a+b}}tan\dfrac{x}{2}\right)$，$y'=?$

(b) $y=tan^{-1}\left(\dfrac{x sin a}{1-x cos a}\right)$，$y'=?$

(c) $y=\dfrac{sin^{-1}x}{\sqrt{1-x^2}}+\dfrac{1}{2}ln\left(\dfrac{1-x}{1+x}\right)$，求 $y'=?$

(d) $y=\sqrt{x ln x\sqrt{1-sin x}}$，求 $y'=?$

解

(a) $\dfrac{1}{a+b cos x}$　　　(b) $\dfrac{sin a}{1-2x cos a+x^2}$

(c) $\dfrac{x sin^{-1}x}{(1-x^2)^{\frac{3}{2}}}$

(d) $\sqrt{x ln x\sqrt{1-sin x}}\left[\dfrac{1}{2x}+\dfrac{1}{2x ln x}-\dfrac{cos x}{4(1-sin x)}\right]$

單元 13　高階導數

基本高階導數求法

　　f為一可微分函數，則我們可求出其導數 f'，若 f'亦為一可微分函數，我們再求出其導數，我們用 f''表所求之結果，並稱為 f之二階導數，而 f'為一階導數，如此便可求 f之三階導數 f'''，以此推類其餘，除了用 f'，f''⋯⋯表示各階導數外，還有一些常用之表示法，為了便於讀者適應這些不同之常用高階導數表示法，在此我們將它們之符號表示法，表列如下：

階次

階次				
一階	y'	f'	$\dfrac{d}{dx}$	$D_x y$
二階	y''	f''	$\dfrac{d^2y}{dx^2}$	$D_x^2 y$
三階	y'''	f'''	$\dfrac{d^3y}{dx^3}$	$D_x^3 y$
…	…	…	…	…
n 階	$y^{(n)}$	$f^{(n)}$	$\dfrac{d^n y}{dx^n}$	$D_x^n y$

我們將舉一些例子說明高階導數之求法技巧。

在求高階導數時，各階導數之結果在正負號、冪次及階乘性變化的規則性。

例 1 (a)$y = \dfrac{1}{x}$，$x \neq 0$，求 $y^{(n)} = $? (b)$y = lnx$，$x > 0$ 求 $y^{(n)}$

解

(a)$y = \dfrac{1}{x} = x^{-1}$

$\therefore y' = (-1)x^{-2} = (-1) \cdot 1 \cdot x^{-2}$

$\quad y'' = (-1)(-2)x^{-3} = (-1)^2 2! \, x^{-3}$

$\quad y''' = (-1)(-2)(-3)x^{-4} = (-1)^3 3! \, x^{-4}$

$\qquad \cdots\cdots\cdots$

$\therefore y^{(n)} = (-1)^n n! \, x^{-(n+1)}$

(b)$y = lnx$

$\therefore y' = x^{-1} = x^{-1}$

$\quad y'' = (-1) \, x^{-2}$

$\quad y'^n = (-1)(-2)x^{-3} = (-1)^2 2! \, x^{-3}$

$\quad y^{(4)} = (-1)(-2)[(-3)x^{-4}] = (-1)^3 3! \, x^{-4}$

$\qquad \cdots\cdots\cdots$

$\therefore y^{(n)} = (-1)^{n-1}(n-1)! \, x^{-n}$

例 2 若 $f(x) = \dfrac{1-x}{1+x}$，求 $f^{(30)}(1) = $?

解

先將 $f(x) = \dfrac{1-x}{1+x}$ 化成帶分式：

$y = \dfrac{1-x}{1+x} = -1 + \dfrac{2}{1+x} = (-1) + 2(1+x)^{-1}$

$y' = 2[(-1)(1+x)^{-2}] = 2(-1)^1 1!(1+x)^{-2}$

$y'' = 2[(-1)(-2)(1+x)^{-3}] = 2(-1)^2 2!(1+x)^{-3}$

$y''' = 2(-1)(-2)[(-3)(1+x)^{-4}]$

$\qquad = 2(-1)^3 3!(1+x)^{-4}\cdots\cdots\cdots$

$y^{(n)} = 2(-1)^n n!(1+x)^{-(n+1)}$

$$\therefore y^{(30)} = 2 \cdot 30!(1+x)^{-31}$$

因而 $y^{(30)}(1) = 2 \cdot \dfrac{30!}{2^{31}} = \dfrac{30!}{2^{30}}$

例 3 若 $f(x) = \sqrt{1+3x}$，求 $f^{(20)}(0) = ?$

解

$$y = (1+3x)^{\frac{1}{2}}$$

$$y' = \frac{1}{2} \cdot (1+3x)^{-\frac{1}{2}} \cdot 3$$

$$y'' = (\frac{1}{2})[(-\frac{1}{2})(1+3x)^{-\frac{3}{2}} \cdot 3] \cdot 3$$

$$= \frac{1}{2^2}(-1)(1+3x)^{-\frac{3}{2}} \cdot 3^2$$

$$y''' = (\frac{1}{2^2})(-1)[(-\frac{3}{2})(1+3x)^{-\frac{5}{2}} \cdot 3] \cdot 3^2$$

$$= \frac{1}{2^3}(-1)^2 1 \cdot 3(1+3x)^{-\frac{5}{2}} \cdot 3^3$$

同法

$$y^{(4)} = \frac{1}{2^4}(-1)^3 1 \cdot 3 \cdot 5(1+3x)^{-\frac{7}{2}} \cdot 3^4$$

$$y^{(5)} = \frac{1}{2^5}(-1)^4 1 \cdot 3 \cdot 5 \cdot 7(1+3x)^{-\frac{9}{2}} \cdot 3^5$$

$$\cdots\cdots\cdots\cdots$$

$$\therefore y^{(20)}(0) = \frac{1}{2^{20}} \cdot (1 \cdot 3 \cdot 5 \cdot 7 \cdots\cdots 37) \cdot 3^{20}$$

例 4 若 $f(x) = cos^4x - sin^4x$，求 $f^{(n)}(x)$

解析

$$f(x) = cos^4x - sin^4x = (cos^2x + sin^2x)(cos^2x - sin^2x) = cos2x$$

解

$$f(x) = cos^4x - sin^4x = cos2x$$

$$\therefore f'(x) = 2sin2x = 2cos(\frac{\pi}{2} + 2x)$$

$$f''(x) = 2^2cos2x = 2^2cos(\frac{2\pi}{2} + 2x) \cdots\cdots$$

$$f^{(n)}(x) = 2^n cos\left(\frac{n\pi}{2} + 2x\right)$$

Leibnitz 法則

若 $u=u(x)$，$v=v(x)$ 均為 n 階可微分函數，則

$$(uv)^{(n)} = \sum_{k=0}^{n} \binom{n}{k} u^{(k)} v^{(n-k)}, \quad u^{(0)}=u, \quad v^{(0)}=v$$

例 5 $y = x^2 e^{bx}$，求 $y^{(n)} = ?$ $\quad y^{(23)} = ?$

解

$u = x^2$，$v = e^{bx}$

$$\therefore y^{(n)} = \sum_{k=0}^{n} \binom{n}{k}(x^2)^{(k)}(e^{bx})^{(n-k)}$$

$$= \binom{n}{0}(x^2)^{(0)}(e^{bx})^{(n)} + \binom{n}{1}(x^2)'(e^{bx})^{(n-1)} + \binom{n}{2}(x^2)''(e^{bx})^{(n-2)}$$

$$= x^2 b^n e^{bx} + n(2x)b^{n-1}e^{bx} + \frac{n(n-1)}{2} \cdot 2 \cdot b^{n-2}e^{bx}$$

$$= (x^2 b^n + 2nxb^{n-1} + n(n-1)b^{n-2})e^{bx}$$

$$y^{(23)} = (x^2 b^{23} + 46xb^{22} + 506b^{21})e^{bx}$$

例 6 $y = x^2 sin2x$，求 $y^{(n)}$

解

$u = x^2$，$v = sin2x$

$$y^{(n)} = \sum_{k=0}^{n} \binom{n}{k}(x^2)^{(k)}(sin2x)^{(n-k)}$$

現求 $sin2x$ 之 n 階導數

$\phi(x) = sin2x$

$$\phi'(x) = 2cos2x = 2sin\left(\frac{\pi}{2} + 2x\right)$$

$$\phi''(x) = -2sin2x = 2^2 sin\left(\frac{2\pi}{2} + 2x\right)$$

．．．．．．．．

$$\phi^{(n)}(x) = 2^n \sin\left(\frac{n\pi}{2} + 2x\right)$$

$$\therefore y^{(n)} = \sum_{k=0}^{n} \binom{n}{k}(x^2)^{(k)}(\sin 2x)^{(n-k)}$$

$$= \binom{n}{0}(x^2)^{(0)}(\sin 2x)^{(n)} + \binom{n}{1}(x^2)'(\sin 2x)^{(n-1)}$$

$$+ \binom{n}{2}(x^2)''(\sin 2x)^{(n-2)}$$

$$= x^2 \cdot 2^n \sin\left(\frac{n\pi}{2} + 2x\right) + 2x \cdot 2^{n-1}\sin\left(\frac{(n-1)\pi}{2} + 2x\right)$$

$$+ \frac{n(n-1)}{2} \cdot 2 \cdot 2^{n-2}\sin\left(\frac{(n-2)\pi}{2} + 2x\right)$$

$$= x^2 \cdot 2^n \sin\left(\frac{n\pi}{2} + 2x\right) + x2^n\sin\left(\frac{(n-1)\pi}{2} + 2x\right)$$

$$+ n(n-1)2^{n-2}\sin\left(\frac{(n-2)\pi}{2} + 2x\right)$$

例 7 $f(x) = e^x \cos x$，求 $f^{(n)} = ?$

解

$$y' = e^x\cos x - e^x\sin x = e^x(\cos x - \sin x)$$

$$= e^x\left(\cos x \cdot \frac{\sqrt{2}}{2} - \sin x \cdot \frac{\sqrt{2}}{2}\right) \cdot \sqrt{2} = \sqrt{2}e^x\cos\left(x + \frac{\pi}{4}\right)$$

$$y'' = \sqrt{2}\left[e^x\left(\cos\left(x + \frac{\pi}{4}\right) - e^x\sin\left(x + \frac{\pi}{4}\right)\right]\right.$$

$$= \sqrt{2}\left[\sqrt{2}e^x\left(\cos\left(x + \frac{\pi}{4}\right) \cdot \frac{\sqrt{2}}{2} - \sin\left(x + \frac{\pi}{4}\right) \cdot \frac{\sqrt{2}}{2}\right]\right.$$

$$= (\sqrt{2})^2 e^x\cos\left(x + \frac{2\pi}{4}\right) \cdots\cdots$$

$$\therefore y^{(n)} = (\sqrt{2})^n e^x\cos\left(x + \frac{n\pi}{4}\right)$$

例 8 $y = f(x)$ 之任意的 n 階導數均存在，若 $f'(x) = f^3(x)$ 求 $y^{(n)} = ?$

解

$$y' = f^3$$

$$y'' = 3f^2(f') = 3f^2(f^3) = 3f^5 = (1 \cdot 3)f^{2(2)+1}$$

$$y''' = 15f^4(f') = 15f^4(f^3) = 15f^7 = 1 \cdot 3 \cdot 5 f^{2(3)+1}$$

....

$$y^{(n)} = 1 \cdot 3 \cdot 5 \cdots (2n-1)f^{2n+1}(x)$$

例 9 若 $f(x) = \begin{cases} e^{-\frac{1}{x^2}}, & x \neq 0 \\ 0, & x = 0 \end{cases}$，(a)求 $f(x)$ 之一、二階導數及(b) $f'(x)$ 在 $x = 0$ 連續性。

解析

分段函數之分段處需單獨拿出討論。

解

(a) $x \neq 0$ 時 $f'(x) = \dfrac{2}{x^3} e^{-\frac{1}{x^2}}$

現考察 $x = 0$ 處之可微性：

$$f'(0) = \lim_{x \to 0} \frac{f(x) - f(0)}{x - 0} = \lim_{x \to 0} \frac{e^{-\frac{1}{x^2}}}{x} \quad \underline{\underline{y = \frac{1}{x}}} \quad \lim_{y \to \infty} \frac{y}{e^{y^2}} = \lim_{y \to \infty} \frac{1}{2ye^y}$$

$$= 0 (\text{L'Hospital 法則})$$

$$\therefore f'(x) = \begin{cases} \dfrac{2}{x^3} e^{-\frac{1}{x^2}}, & x \neq 0 \\ 0, & x = 0 \end{cases}$$

因為 $f(x)$ 在 $x = 0$ 處可微，因此 $f(x)$ 在 $x = 0$ 處連續。

(b) $x \neq 0$ 時 $f''(x) = \dfrac{d}{dx} f'(x) = \dfrac{d}{dx} \left(\dfrac{2}{x^3} e^{-\frac{1}{x^2}} \right) = \left(\dfrac{4}{x^6} - \dfrac{6}{x^4} \right) e^{-\frac{1}{x^2}}$

$x = 0$ 時 $f''(0) = \lim_{x \to 0} \dfrac{f'(x) - f'(0)}{x - 0} = \lim_{x \to 0} \dfrac{\frac{2}{x^3} e^{-\frac{1}{x^2}} - 0}{x - 0}$

$$= \lim_{y \to \infty} \frac{2y^4}{e^{y^2}} = 0 (\text{L'Hospital 法則})$$

$$\therefore f''(x) = \begin{cases} \left(\dfrac{4}{x^6} - \dfrac{6}{x^4} \right) e^{-\frac{1}{x^2}}, & x \neq 0 \\ 0, & x = 0 \end{cases}$$

因為 $f'(x)$ 在 $x = 0$ 處可微，因此 $f'(x)$ 在 $x = 0$ 處為連續。

例 10 $y=f(u)$，$u=g(x)$，f，g 均為二次可微分函數，試證

$$\frac{d^2y}{dx^2}=\frac{d^2y}{du^2}(\frac{du}{dx})^2+\frac{dy}{du}\cdot\frac{d^2u}{dx^2}$$

解

$y=f(u)=f(g(x))$

$\therefore \dfrac{dy}{dx}=f'(g(x))g'(x)$

$\dfrac{d^2y}{dx^2}=[f''(g(x))g'(x)]g'(x)+f'(g(x))g''(x))$

$=f''(u)[g'(x)]^2+f'(u)g''(x)$

$=\dfrac{d^2y}{du^2}\cdot(\dfrac{du}{dx})^2+\dfrac{dy}{du}\cdot(\dfrac{d^2u}{dx^2})$

例 11 試證(a) $\dfrac{d^2x}{dy^2}=-\dfrac{\dfrac{d^2y}{dx^2}}{\left(\dfrac{dy}{dx}\right)^3}$ (b) $\dfrac{d^2y}{dx^2}=-\dfrac{\dfrac{d^2x}{dy^2}}{\left(\dfrac{dx}{dy}\right)^3}$

解

$\because x=f(y)$，兩邊同時對 x 微分得 $1=f'(y)\dfrac{dy}{dx}$，再對 x 微分：

(a) $\dfrac{d^2x}{dy^2}=\dfrac{d}{dy}\left(\dfrac{dx}{dy}\right)=\dfrac{d}{dx}\left(\dfrac{dx}{dy}\right)\dfrac{dx}{dy}$

$=\left[\dfrac{d}{dx}\left(\dfrac{1}{\dfrac{dy}{dx}}\right)\right]\dfrac{1}{\dfrac{dy}{dx}}=\dfrac{-\dfrac{d}{dx}\left(\dfrac{dy}{dx}\right)}{\left(\dfrac{dy}{dx}\right)^2}\cdot\dfrac{1}{\dfrac{dy}{dx}}$

$=-\dfrac{\dfrac{d^2y}{dx^2}}{\left(\dfrac{dy}{dx}\right)^3}$

(b) $\dfrac{d^2y}{dx^2}=\dfrac{d}{dx}\left(\dfrac{dy}{dx}\right)=\dfrac{d}{dy}\left(\dfrac{dy}{dx}\right)\dfrac{dy}{dx}$

$=\dfrac{d}{dy}\left(\dfrac{1}{\dfrac{dx}{dy}}\right)\dfrac{1}{\dfrac{dx}{dy}}=\dfrac{-\dfrac{dy^2}{dx^2}}{\left(\dfrac{dx}{dy}\right)^2}\cdot\dfrac{1}{\dfrac{dx}{dy}}=-\dfrac{\dfrac{d^2x}{dy^2}}{\left(\dfrac{dx}{dy}\right)^3}$

例 12 若 $x = a + by + cy^2$，試用 $\dfrac{dy}{dx}$ 表示 $\dfrac{d^2y}{dx^2}$

解

$$\frac{d^2y}{dx^2} = \frac{d}{dx}\left(\frac{dy}{dx}\right) = \left[\frac{d}{dy}\left(\frac{1}{\frac{dx}{dy}}\right)\right]\frac{dy}{dx} = \left[\frac{d}{dy}\left(\frac{1}{\frac{dx}{dy}}\right)\right]\frac{1}{\frac{dx}{dy}}$$

$$= \left[\frac{d}{dy}\left(\frac{1}{2cy+b}\right)\right]\frac{1}{(2cy+b)} = \frac{-2c}{(2cy+b)^2}\cdot\frac{1}{(2cy+b)} = \frac{-2c}{(2cy+b)^3}$$

$$= \frac{-2c}{\left(\frac{dx}{dy}\right)^3} = -2c\left(\frac{dy}{dx}\right)^3$$

單元 14　隱函數，參數方程式

隱函數微分法

$f(x,\ y)=0$ 稱爲隱函數(Implicit Functions)，隱函數中有的可化成顯函數，如 $2x+3y=4$，有的無法或不易化成顯函數，

如 $x^2+xy^3+y^4-9=0$。

隱函數之一階導函數求法

隱函數 $f(x，y)=0$ 之 $\dfrac{dy}{dx}$ 的求法有：

1. 假設 y 是 x 之可微分函數，透過鏈鎖律解出 $\dfrac{dy}{dx}$。

2. $\dfrac{dy}{dx}=-\dfrac{F_x(x，y)}{F_y(x，y)}$，$F_x(x，y)$，$F_y(x，y)$分別是 $F(x，y)$對 x 與 y 所做之偏導數。

例 1　(a) 若 $tan^{-1}\dfrac{y}{x}=ln\sqrt{x^2+y^2}$　求 $\dfrac{dy}{dx}$　(b) 若 $y^x=x^y$ 求 $\dfrac{dy}{dx}$

(c) $x^2+xy+y^2=1$ 求 $\dfrac{dy}{dx}$　(d) 求 (a)，(c)之 $\dfrac{dx}{dy}$

■ 解

(a) 方法一：

兩邊同時對 x 微分

$$\dfrac{\dfrac{xy'-y}{x^2}}{1+(\dfrac{y}{x})^2}-\dfrac{2x+2yy'}{2(x^2+y^2)}=0$$

$$\therefore xy'-y-(x+yy')=(x-y)y'-(x+y)=0$$

得 $\dfrac{dy}{dx}=\dfrac{x+y}{x-y}$，$x\neq y$

方法二: 利用偏微分，取 $f(x，y)=tan^{-1}\dfrac{y}{x}-ln\sqrt{x^2+y^2}=0$

$$\frac{dy}{dx}=-\frac{f_x}{f_y}=-\frac{\dfrac{-\dfrac{y}{x^2}}{1+(\dfrac{y}{x})^2}-\dfrac{2x}{2(x^2+y^2)}}{\dfrac{\dfrac{1}{x}}{1+(\dfrac{y}{x})^2}-\dfrac{2y}{2(x^2+y^2)}}=\frac{x+y}{x-y}，x\neq y$$

(b) $y^x=x^y$，兩邊同取自然對數

$\quad xlny=ylnx$

$\quad\therefore lny+\dfrac{x}{y}y'=y'lnx+\dfrac{y}{x}$

$\quad(\dfrac{x}{y}-lnx)y'=\dfrac{y}{x}-lny$

$\quad$即 $y'=\dfrac{\dfrac{y}{x}-lny}{\dfrac{x}{y}-lnx}=\dfrac{(y-xlny)y}{(x-ylnx)x}$，$x>0$，$y>0$，$x\neq ylnx$

(c) $x^2+xy+y^2=1$

$\quad 2x+y+xy'+2yy'=0$

$\quad\therefore(x+2y)y'=-(2x+y)$

$\quad$即 $y'=-\dfrac{2x+y}{x+2y}$

(d)(a) 方法一

$$\frac{dx}{dy}=\frac{1}{\dfrac{dy}{dx}}=\frac{1}{\dfrac{x+y}{x-y}}=\frac{x-y}{x+y}，x+y\neq 0$$

方法二:

可將 x 視作 y 的函數；以 $tan^{-1}\dfrac{y}{x}=ln\sqrt{x^2+y^2}$ 為例說明之：

令 $f(x，y)=tan^{-1}\dfrac{y}{x}-ln\sqrt{x^2+y^2}=0$

兩邊同時 y 微分

$$\frac{\dfrac{x-y\cdot x'}{x^2}}{1+(\dfrac{y}{x})^2}-\frac{2xx'+2y}{2(x^2+y^2)}=0$$

$$\frac{x-y\cdot x'}{x^2+y^2}-\frac{xx'+y}{x^2+y^2}=0$$

$$\therefore x'=\frac{dx}{dy}=\frac{x-y}{x+y}\ ,\ x+y\neq0$$

$$(c)之\ \frac{dx}{dy}=\frac{1}{\dfrac{dy}{dx}}=\frac{1}{-\dfrac{2x+y}{x+2y}}=-\frac{x+2y}{2x+y}\ ,\ 2x+y\neq0$$

高階隱函數微分法

解隱函數之高階導數時，先求出 y' 再由 y' 導出 $y''\cdots$，在 y'' 解法過程中之 y' 部分，用剛求出之 y' 代入即可。

例 2　(a) $x^2+y^2=r^2$ ，求 $\dfrac{d^2y}{dx^2}=?$　(b) $xy^3=8$　求 y'

(c) $x^{\frac{1}{2}}+y^{\frac{1}{2}}=a^{\frac{1}{2}}$ ，$a>0$ ，求 y''

解

(a) $x^2+y^2=r^2$

$2x+2xy'=0$

$\therefore y'=-\dfrac{x}{y}$

$$y''=\frac{d}{dx}(\frac{d}{dx}y)=\frac{d}{dx}(-\frac{x}{y})$$

$$=-\frac{y\dfrac{d}{dx}x-x\dfrac{d}{dx}y}{y^2}$$

$$=-\frac{y-x(-\dfrac{x}{y})}{y^2}\ (由\ \frac{d}{dx}y=-\frac{x}{y})$$

$$=-\frac{y+\dfrac{x^2}{y}}{y^2}=-\frac{y^2+x^2}{y^3}=-\frac{r^2}{y^3}(利用已知\ x^2+y^2=r^2)\ ,\ y\neq0$$

(b)$xy^3 = 8$

$y^3 + 3xy^2 y' = 0$

$\therefore y' = -\dfrac{y^3}{3xy^2} = -\dfrac{y}{3x}$

$y'' = \dfrac{d}{dx} y' = -\dfrac{x\dfrac{dy}{dx} - y \cdot 1}{3x^2} = -\dfrac{x(-\dfrac{y}{3x}) - y}{3x^2} = \dfrac{4y}{9x^2}$ ，$x \neq 0$

(c)$x^{\frac{1}{2}} + y^{\frac{1}{2}} = a^{\frac{1}{2}}$

$\dfrac{1}{2} x^{-\frac{1}{2}} + \dfrac{1}{2} y^{-\frac{1}{2}} y' = 0$

$\therefore y' = -\dfrac{x^{-\frac{1}{2}}}{y^{-\frac{1}{2}}} = -\dfrac{y^{\frac{1}{2}}}{x^{\frac{1}{2}}}$

$y'' = -\dfrac{x^{\frac{1}{2}} \cdot \dfrac{1}{2} y^{-\frac{1}{2}} y' - y^{\frac{1}{2}} \cdot \dfrac{1}{2} x^{-\frac{1}{2}}}{(x^{\frac{1}{2}})^2}$

$= -\dfrac{x^{\frac{1}{2}} y^{-\frac{1}{2}}(-\dfrac{y^{\frac{1}{2}}}{x^{\frac{1}{2}}}) - y^{\frac{1}{2}} x^{-\frac{1}{2}}}{2x}$

$= \dfrac{x^{\frac{1}{2}} + y^{\frac{1}{2}}}{2x^{\frac{3}{2}}}$

$= \dfrac{a^{\frac{1}{2}}}{2x^{\frac{3}{2}}}$ ，$x \neq 0$

參數式之微分法

參數方程式$\begin{cases} x = \phi_1(t) \\ y = \phi_2(t) \end{cases}$，$\phi_1(t)$，$\phi_2(t)$均為$t$之可微分，則

$\dfrac{dy}{dx} = \dfrac{dy}{dt} \Big/ \dfrac{dx}{dt}$

$\dfrac{d^2 y}{dx^2} = \dfrac{d}{dt}(\dfrac{dy}{dx}) \Big/ \dfrac{dx}{dt}$

說明：

$$若 \frac{dy}{dx} = \frac{\frac{dy}{dt}}{\frac{dx}{dt}} = \left(\frac{\phi_1'(t)}{\phi_2'(t)}\right) \,,\, \frac{d^2y}{dx^2} \neq \left(\frac{\phi_1'(t)}{\phi_2'(t)}\right)' \leftarrow 請特別注意$$

例 3 求下列參數方程式之 $\dfrac{dy}{dx}$ 及 $\dfrac{d^2y}{dx^2}$

(1) $\begin{cases} x = \dfrac{1}{3}t^3 \\ y = 1+t \end{cases}$ (2) $\begin{cases} x = f'(t) \\ y = tf'(t) - f(t) \,,\, f''(t) \neq 0 \end{cases}$

(3) $\begin{cases} x = ln\sqrt{1+t^2} \\ y = \tan^{-1} t \end{cases}$

解

(1) $\dfrac{dy}{dx} = \dfrac{\frac{dy}{dt}}{\frac{dx}{dt}} = \dfrac{1}{t^2}$

$\dfrac{d^2y}{dx^2} = \dfrac{\frac{d}{dt}\left(\frac{dy}{dx}\right)}{\frac{dx}{dt}} = \dfrac{\frac{d}{dt}\left(\frac{1}{t^2}\right)}{t^2} = \dfrac{-2}{t^5} \,,\, t \neq 0$

(2) $\dfrac{dy}{dx} = \dfrac{\frac{dy}{dt}}{\frac{dx}{dt}} = \dfrac{f'(t) + tf''(t) - f'(t)}{f''(t)} = t$

$\dfrac{d^2y}{dx^2} = \dfrac{\frac{d}{dt}\left(\frac{dy}{dx}\right)}{\frac{dx}{dt}} = \dfrac{\frac{d}{dt}(t)}{f''(t)} = \dfrac{1}{f''(t)}$

(3) $\dfrac{dy}{dx} = \dfrac{\frac{dy}{dt}}{\frac{dx}{dt}} = \dfrac{\frac{1}{1+t^2}}{\frac{2t}{2(1+t^2)}} = \dfrac{1}{t}$

$\dfrac{d^2y}{dx^2} = \dfrac{\frac{d}{dt}\left(\frac{dy}{dx}\right)}{\frac{dx}{dt}} = \dfrac{\frac{d}{dt}\left(\frac{1}{t}\right)}{\frac{2t}{2(1+t^2)}} = \dfrac{-\frac{1}{t^2}}{\frac{t}{1+t^2}} = -\dfrac{1+t^2}{t^3}$

例 4 試證

$$\frac{d^2 y}{d x^2} = \frac{\dfrac{dx}{dt} \cdot \dfrac{d^2 y}{dt^2} - \dfrac{dy}{dt} \cdot \dfrac{d^2 x}{dt^2}}{(\dfrac{dx}{dt})^3}$$

解

$$\frac{d^2 y}{d x^2} = \frac{\dfrac{d}{dt}(\dfrac{dy}{dx})}{\dfrac{dx}{dt}} = \frac{\dfrac{d}{dt}\left(\dfrac{\dfrac{dy}{dt}}{\dfrac{dx}{dt}}\right)}{\dfrac{dx}{dt}}$$

$$= \frac{1}{\dfrac{dx}{dt}}\left(\frac{\dfrac{dx}{dt} \cdot \dfrac{d^2 y}{dt^2} - \dfrac{dy}{dt} \cdot \dfrac{dx^2}{dt^2}}{(\dfrac{dx}{dt})^2}\right)$$

$$= \frac{\dfrac{dx}{dt} \cdot \dfrac{d^2 y}{dt^2} - \dfrac{dy}{dt} \cdot \dfrac{d^2 x}{dt^2}}{(\dfrac{dx}{dt})^3}$$

例 5 請導出(a)$\dfrac{d^2 x}{d y^2} = -\dfrac{f''(x)}{(f'(x))^3}$ (b)若 $y = f(x)$ 之反函數為

$y = f^{-1}(x)$，且設 $f'(f^{-1}(x))$，$f''(f^{-1}(x))$ 都存在，且

$f'(f^{-1}(x)) \neq 0$ 則 $\dfrac{d^2}{d x^2} f^{-1}(x) = -\dfrac{f''(f^{-1}(x))}{[f'(f^{-1}(x))]^3}$

解

(a)$\dfrac{d^2 x}{d y^2} = \dfrac{d}{dy}(\dfrac{dx}{dy}) = \dfrac{d}{dx}(\dfrac{1}{f'(x)}) \cdot \dfrac{dx}{dy}$

$= \dfrac{-f''(x)}{(f'(x))^2} \cdot \dfrac{1}{f'(x)} = \dfrac{-f''(x)}{(f'(x))^3}$

(b)$\dfrac{d}{dx} f^{-1}(x) = \dfrac{d}{dx} y = \dfrac{1}{\dfrac{dx}{dy}} = \dfrac{1}{f'(y)} = \dfrac{1}{f'(f^{-1}(x))}$

$\therefore \dfrac{d^2}{d x^2} f^{-1}(x) = \dfrac{d}{dx}(\dfrac{1}{f'(f^{-1}(x))})$

$= \dfrac{-(f'(f^{-1}(x)))'}{(f'(f^{-1}(x)))^2}$

$$= -\frac{f''(f^{-1}(x))(f^{-1}(x))'}{(f'(f^{-1}(x))^2}$$

$$= -\frac{f''(f^{-1}(x))}{(f'(f^{-1}(x))^2} \cdot \frac{1}{f'(f^{-1}(x))}$$

$$= -\frac{f''(f^{-1}(x))}{(f'(f^{-1}(x))^3}$$

單元 15 相對變化率

有許多類問題，它們的變量和某單一變數有關(這個變數通常是時間*t*)，我們有興趣的是一個數量改變時其它數量改變之情形。

相對變化率解題之一般步驟可歸納成：

1. 將問題之關鍵變數以適當之符號表之；

2. 用方程式將各變數間之關係連貫；

3. 用導數表示相對變化率；

4. 用微分以得到變數間之其它關係；

5. 將已知之有關數值代入。

注意

在求相對變化率(relative rate)時下列公式可能會用得上：

球(sphere)

1. 體積：$V = \dfrac{4}{3}\pi r^3$，*r*：半徑

2. 表面積：$A = 4\pi r^2$

正圓錐(right circular cone)：

1. 體積：$V = \dfrac{1}{3}$底面積×高$= \dfrac{1}{3}\pi r^2 h$

　　　　r：錐底半徑，*h*：錐高

2. 表面積：$A = \pi r\sqrt{h^2 + r^2}$

扇形(circular sector)

1. 面積：$A = \dfrac{1}{2}r^2\theta$，*r*：半徑，$\theta$：圓心角

2. 弧長：$s = r\theta$

例 1 求下列子題之相對變化率。

(a) $z^2 = x^2 + y^2$，$\dfrac{dx}{dt} = 1$，$\dfrac{dy}{dt} = 2$，求 $x = 5$，$y = 12$ 時之 $\dfrac{dz}{dt}$

(b) 歐姆定律之數學式為：

$\dfrac{1}{R} = \dfrac{1}{R_1} + \dfrac{1}{R_2}$，若 R_1 之增加率 $\dfrac{d}{dt} R_1$ 為 $a\Omega/s$，

R_2 之增加率 $\dfrac{d}{dt} R_2$ 為 $b\Omega/s$，求 $R_1 = A\Omega$，$R_2 = B\Omega$ 時之相對變化率。

(c) 設一矩形區域之長度 x 以 $\delta_1 cm/s$，寬度 y 以 $\delta_2 cm/s$ 之速度擴張，求長為 $a\,cm$，寬為 $b\,cm$ 時，矩形面積之相對變化率。

解

(a) $z^2 = x^2 + y^2$，兩邊同時對 t 微分

$2z\dfrac{dz}{dt} = 2x\dfrac{dx}{dt} + 2y\dfrac{dy}{dt}$，依題意 $x = 5$，$y = 12$

$\dfrac{dx}{dt} = 1$，$\dfrac{dy}{dt} = 2$，$z = \pm\sqrt{x^2 + y^2} = \pm\sqrt{5^2 + 12^2} = \pm 13$

$\therefore (\pm 13)\dfrac{dz}{dt} = (5 \cdot 1) + (12 \cdot 2) = 29$

得 $\dfrac{dz}{dt} = \pm\dfrac{29}{13}$

(b) $\dfrac{1}{R} = \dfrac{1}{R_1} + \dfrac{1}{R_2}$，兩邊同時對 t 微分

$\dfrac{\dfrac{dR}{dt}}{R^2} = \dfrac{\dfrac{dR_1}{dt}}{R_1^2} + \dfrac{\dfrac{dR_2}{dt}}{R_2^2}$

依題意：$\dfrac{dR_1}{dt} = a$，$\dfrac{dR_2}{dt} = b$，$R_1 = A$，$R_2 = B$，

$\dfrac{1}{R} = \dfrac{1}{R_1} + \dfrac{1}{R_2} = \dfrac{1}{A} + \dfrac{1}{B} = \dfrac{A+B}{AB}$　$\therefore R = \dfrac{AB}{A+B}$

$\dfrac{\dfrac{dR}{dt}}{\left(\dfrac{AB}{A+B}\right)^2} = \dfrac{a}{A^2} + \dfrac{b}{B^2}$　$\therefore \dfrac{dR}{dt} = \dfrac{aB^2 + bA^2}{(A+B)^2}\Omega/s$

(c)矩形面積 $A = 長(x) \cdot 寬(y)$

$$\therefore \frac{dA}{dt} = \frac{d}{dt}(xy) = (\frac{dx}{dt})y + x(\frac{dy}{dt})$$

$$= (\delta_1 b + \delta_2 a)cm^2/s$$

例 2 有一底半徑為 $r\,m$，高為 $h\,m$ 之圓錐容器，今以 $a\ m^3/s$ 自錐頂向容器注水，求當容器內水位為 $\frac{1}{k}$ 錐高時($k>1$)之水面上升速度。

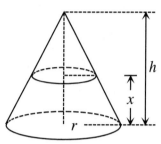

■ **解**

設時刻 t 時容器之水面高度為 x，體積為 v 則

$v = \frac{1}{3}\pi r^2 h - \frac{1}{3}\pi y^2(h-x)$，由相似三角形性質

$\frac{y}{r} = \frac{h-x}{h}$ ，$y = (\frac{h-x}{h})\,r$

$\therefore v = \frac{1}{3}r^2 h - \frac{1}{3}\pi y^2(h-x)$

$\quad = \frac{1}{3}\pi r^2 h - \frac{1}{3}\pi\,(\frac{h-x}{h})^3 r^2 h$

$\quad = \frac{\pi r^2}{3h^2}[h^3 - (h-x)^3]$

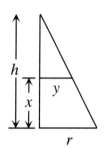

$\frac{dv}{dt} = \frac{\pi r^2}{3h^2}(3(h-x)^2)\frac{dx}{dt} = \frac{\pi r^2}{h^2}(h-x)^2\frac{dx}{dt}$

依題意 $\frac{dv}{dt} = a$ ，$x = \frac{h}{k}$

$\therefore \frac{dx}{dt}\big|_{x=\frac{h}{k}} = \frac{ah^2}{\pi r^2(h-x)^2}\big|_{x=\frac{h}{k}}$

$\quad = \frac{ah^2}{\pi r^2(h-\frac{h}{k})^2} = \frac{ak^2}{\pi r^2(k-1)^2}m/s$

單元 16　切線方程式與法線方程式

如右圖，若我們在 $y=f(x)$
之曲線上任取二點，$(x,$
$f(x))$及$(x+h,\ f(x+h))$所連
割線斜率爲：

$$m=\frac{f(x+h)-f(x)}{(x+h)-x}$$
$$=\frac{f(x+h)-f(x)}{h}$$

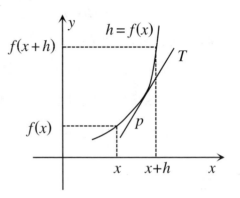

若 $h\to0$ 時，割線與 $y=f(x)$之圖形將只交於一點 p(讀者應自
己用筆畫一畫)，這點即爲切點，這點之斜率即爲切線 T 在點 p
之斜率，因此在給定 $y=f(x)$上之一點$(c,\ f(c))$，其切線斜率爲

$$f'(c)=\lim_{x\to c}\frac{f(x)-f(c)}{x-c}$$

法線是與切線相垂直之直線，因此，$y=f(x)$ 在$(c,\ f(c))$之
切線率爲 $f'(c)$時$(f'(c)\neq0)$，其法線斜率爲$\dfrac{-1}{f'(c)}$。

直角座標系之切法線方程式

例1　求合於下列條件之直線之方程式

(a)直線L與直線 $3x+y=5$ 平行且與 $y=x^3+3x^2+1$ 相切

(b)$x^2+y^2-xy=1$ 在$(1，0)$處之切線方程式與法線方程式

(c)$sin(xy)+ln(x+y)=3x$ 在$(0，1)$處之切線方程式與法線方
　程式

■ 解

(a)$y=x^3+3x^2+1$ 在$(x，y)$處之切線L的斜率爲

$$m = \frac{dy}{dx} = 3x^2 + 6x$$

又 $3x + y = 5$ 之切線斜率為 -3

L 與 $3x + y = 5$ 平行，得 L 斜率 $m = -3$ $\therefore 3x^2 + 6x = -3$

解之 $x = -1$，又 $x = -1$ 時 $y = 3$

$\therefore L$ 相當於過 $(-1，3)$ 且斜率為 -3 之直線方程式：

$$\frac{y - 3}{x - (-1)} = -3，即 \ y + 3x = 0$$

(b) $x^2 + y^2 - xy - 1 = 0$，則

$$2x + 2yy' - y - xy' = 0$$

$$\therefore y' = \frac{y - 2x}{2y - x}$$

故 $x^2 + y^2 - xy - 1 = 0$ 在 $(1，0)$ 處之切線斜率為

$$y' \mid_{(1，0)} = \frac{y - 2x}{2y - x} \mid = 2$$

$\therefore$ 切線方程式 $\frac{y - 0}{x - 1} = 2$，即 $y = 2x - 2$

法線方程式 $\frac{y - 0}{x - 1} = -\frac{1}{2}$，即 $y = -\frac{x}{2} + \frac{1}{2}$

(c) $sin(xy) + ln(x + y) - 3x = 0$ 則

$$ycos(xy) + [xcos(xy)]y' + \frac{1 + y'}{x + y} - 3 = 0$$

代 $x = 0，y = 1$ 入上式

$1 + 1 + y' - 3 = 0$ $\therefore y' = 1$，即 $\frac{dy}{dx} \mid_{x=0，y=1} = 1$

$\therefore$ 切線方程式 $\frac{y - 1}{x - 0} = 1$，得 $y = x + 1$

法線方程式 $\frac{y - 1}{x - 0} = -1$，得 $y = -x + 1$

例 2 (a) 若 $y = x^5 + ax$，$y = bx^3 + c$ 都通過 $(1，0)$ 且在 $(1，0)$ 處有公切線求 $a、b、c$

(b) $y = x^2 + ax + b$ 與 $2y = 1 + xy^3$ 在 $(1，1)$ 相切，求 $a、b$

(c)對所有實數 $y=f(x)$ 滿足 $2f(x)+f(1-x)=x^2$，求 $y=f(x)$ 過$(1，\dfrac{2}{3})$之切線方程式。

■ **解**

(a) 1. $y=x^5+ax$ 與 $y=bx^3+c$ 都過$(1，0)$

∴$1+a=0$ 且 $b+c=0$，得 $a=-1$，$b+c=0$

2. $y=x^5+ax$ 與 $y=bx^3+c$ 在$(1，0)$處有公切線

∴$y=x^5+ax$與$y=bx^3+c$在$(1，0)$處均有相同之斜率，且均過$(1，0)$，即

$5x^4+a=3bx^2$，$5(1)^4+(-1)=3b(1)^2$

得 $b=\dfrac{4}{3}$，又 $b+c=0$

∴$c=-\dfrac{4}{3}$

(b) $y=x^2+ax+b$ 通過$(1，1)$

$1=1+a+b$ ∴$a+b=0$

又 $2y=1+xy^3$ 在$(1，1)$之切線斜率：

$2y'=y^3+3xy^2y'$得 $y'=\dfrac{y^3}{2-3xy^2}$

∴$y'\,|_{(1，1)}=\dfrac{y^3}{2-3xy^2}\,|_{(1，1)}=-1$

$y=x^2+ax+b$，$y'=2x+a\,|_{(1，1)}=2+a=-1$

∴$a=-3$ 又 $a+b=0$ 得 $b=3$

(c) $y=f(x)$滿足 $2f(x)+f(1-x)=x^2$ (1)

∴$2f(1-x)+f(1-(1-x))=(1-x)^2$，即以$1-x$代入(1)

即 $2f(1-x)+f(x)=(1-x)^2$ (2)

(1)×2－(2)得 $3f(x)=x^2+2x-1$

即 $y=\dfrac{1}{3}(x^2+2x-1)$

$(1，\dfrac{2}{3})$在 $y=\dfrac{1}{3}(x^2+2x-1)$ 之圖上

$\therefore y=\dfrac{1}{3}(x^2+2x-1)$在 $x=1$ 處之切線斜率 $y'\mid_{x=1}$

$\qquad =\dfrac{2}{3}(x+1)]_{x=1}=\dfrac{4}{3}$

切線方程式

$\dfrac{y-\dfrac{2}{3}}{x-1}=\dfrac{4}{3}$　$\therefore y=\dfrac{4}{3}x-\dfrac{2}{3}$

例3 設連續函數 $f(x)$在 $x=1$ 處可微分，且在 $x=0$ 之某鄰域

滿足 $f(1+x)-2f(1-x)=4x+\beta(x)$，$\beta(x)$滿足 $\lim\limits_{x\to0}\dfrac{\beta(x)}{x}=0$，

求 $f(x)$在 $(1，f(1))$處之切線方程式

■ 解析

本題要由 **1.**連續函數之定義求出 $f(x)=?$ **2.**導數定義求

$f'(x)=?$ **3.**由已知 $\lim\limits_{x\to0}\dfrac{\beta(x)}{x}=0$，但 $\lim\limits_{x\to0}x=0 \therefore \lim\limits_{x\to0}\beta(x)=0$，

$\beta(x)=0$

■ 解

1.先求 $f(1)$

$\quad \lim\limits_{x\to0}(f(1+x)-2f(1-x))=\lim\limits_{x\to0}(4x+\beta(x))=-f(1)=0$

$\quad \therefore f(1)=0$

2. $f'(1)=?$

$\quad \lim\limits_{x\to0}\dfrac{f(1+x)-2f(1-x)}{x}=\lim\limits_{x\to0}(4x+\beta(x))：$

$\quad \lim\limits_{x\to0}\dfrac{f(1+x)-2f(1-x)}{x}$

$\quad =\lim\limits_{x\to0}\dfrac{(f(1+x)-f(1))-2(f(1-x)-f(1))}{x}$

$\quad =\lim\limits_{x\to0}\dfrac{f(1+x)-f(1)}{x}-2\lim\limits_{x\to0}\dfrac{f(1-x)-f(1)}{x}$

$$=f'(1)+2\lim_{x\to 0}\frac{f(1-x)-f(1)}{-x}$$

$$=f'(1)+2f'(1)=3f'(1)$$

而 $\lim_{x\to 0}\frac{4x+\beta(x)}{x}=\lim_{x\to 0}(4+\frac{\beta(x)}{x})=4$

$\therefore 3f'(1)=4$　得 $f'(1)=\frac{4}{3}$

故 $y=f(x)$ 在 $(1, f(1))$ 即 $(1, 0)$ 處之切線方程式為：

$$\frac{y}{x-1}=\frac{4}{3}\qquad\therefore y=\frac{4}{3}(x-1)$$

例 4 求過 $(3, 0)$ 與 $x^2+y^2=4$ 圓相切之直線方程式

■ **解析**

1. 由曲線外一點求與曲線相切之直線方程式，這類問題用
點斜式(斜率 m 待定)是很好的切入點。

2. 讀者應注意 $(3, 0)$ 是在圓
$x^2+y^2=4$ 外之一點，所求之
切線應有 2 條。

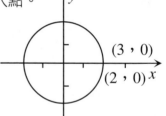

■ **解**

通過 $(3, 0)$ 之直線方程式為

$\frac{y-0}{x-3}=m$，即 $y=m(x-3)$ 或 $y-mx+3m=0$

又切線與圓心之距離應為半徑 $=2$

$\therefore |\frac{0-m(0)+3m}{\sqrt{1+(-m)^2}}|=2$

$9m^2=(2\sqrt{1+m^2})^2=4+4m^2$，$\quad\therefore m=\frac{\pm 2}{\sqrt{5}}$

即 $y-\frac{2}{\sqrt{5}}x+\frac{6}{\sqrt{5}}=0$ 或 $y+\frac{2}{\sqrt{5}}x-\frac{6}{\sqrt{5}}=0$

例 5 求通過原點，而切 $y=(x+1)^3$ 之直線方程式

■ **解**

設切線方程式 $y=mx$ 與 $y=(x+1)^3$ 切於 $(x_o，y_o)$

(1) $mx_o=(x_o+1)^3$

(2) $m=3(x_o+1)^2$

(i) $m\neq 0$ 時：

$\dfrac{(1)}{(2)}$ 得 $x_o=\dfrac{1}{3}(x_o+1)$，得 $x_o=\dfrac{1}{2}$

$\therefore m=3(x_o+1)^2=\dfrac{27}{4}$，得 $y=\dfrac{27}{4}x$

(ii) $m=0$ 時，$y=0(x$ 軸$)$ 即為所求

參數方程式之切線(法)線方程式

例 6　求下列參數方程式之切線方程式

(a) $\begin{cases} x=t-ln(1+t^2) \\ y=tan^{-1}t \end{cases}$，$t=2$

(b) $\begin{cases} x=e^t \\ y=(t+1)^2 \end{cases}$ 在$(1，1)$點

解

(a) $\dfrac{\dfrac{dy}{dt}}{\dfrac{dx}{dt}}=\dfrac{\dfrac{1}{1+t^2}}{1-\dfrac{2t}{1+t^2}}=\dfrac{1}{(t-1)^2}$

$\therefore$ 切線斜率 $m=\dfrac{1}{(t-1)^2}\Big|_{t=2}=1$

又 $t=1$ 時 $x=1-ln2$，$y=tan^{-1}1=\dfrac{\pi}{4}$

$\therefore$ 切線方程式為 $\dfrac{y-\dfrac{\pi}{4}}{x-(1-ln2)}=1$

即 $y=x+(\dfrac{\pi}{4}-1+ln2)$

(b) $\begin{cases} x=e^t \\ y=(t+1)^2 \end{cases}$，$t=0$ 時對應到$(1，1)$

$$\therefore 切線斜率 \ m = \dfrac{\dfrac{dy}{dt}}{\dfrac{dx}{dt}}\bigg|_{t=0} = \dfrac{2(t+1)}{e^t}\bigg|_{t=0} = 2$$

切線方程式為 $\dfrac{y-1}{x-1} = 2$ $\therefore y = 2x - 1$

例 7 證明 $\begin{cases} x = a(cost+tsint) \\ y = a(sint-tcost) \end{cases}$，$t \neq 0$ 之法線是 $x^2 + y^2 = a^2$ 之切線

解

$\begin{cases} x = a(cost+tsint) \\ y = a(sint-tcost) \end{cases}$ 之切線斜率

$$\dfrac{dy}{dx} = \dfrac{\dfrac{dy}{dt}}{\dfrac{dx}{dt}} = \dfrac{atsint}{atcost} = tant$$

$\therefore t = t_。$ 之法線方程式為

$$\dfrac{y - a(sint_。 - t_。cost_。)}{x - a(cost_。 + t_。sint_。)} = -cott_。$$

化簡得 $y + (cott_。)x = acsct_。$ (1)

又

$\begin{cases} x = acost \\ y = asint \end{cases}$ 之切線斜率為

$$\dfrac{dy}{dx} = \dfrac{\dfrac{dy}{dt}}{\dfrac{dx}{dt}} = \dfrac{acost}{-asint} = -cott$$

$\therefore t = t_。$ 之切線方程式為

$$\dfrac{y - asint_。}{x - acost_。} = -cott_。$$

化簡得 $y + (cott_。)x = acsct_。$ (2)

比較(1)，(2)即得證，

極座標 $r = f(\theta)$ 之切線

在極座標係 $r = f(\theta)$，$x = rcos\theta$，$y = rsin\theta$，

1. $\dfrac{dx}{d\theta} \neq 0$ 時，切線斜率為 $\dfrac{dy}{dx} = \dfrac{f'(\theta)\sin\theta + f(\theta)\cos\theta}{f'(\theta)\cos\theta - f(\theta)\sin\theta}$

2. $\dfrac{dx}{d\theta} = 0$ 時，切線是一條垂直 x 軸之直線

3. $\dfrac{dy}{d\theta} = 0$ 時，切線是一條平行 x 軸之直線

說明：

極座標之切線斜率公式，切記 $r = f(\theta)$，比照參數式微分法即得。

例 8 求 $r = 1+\cos\theta$ 在 $\theta = \dfrac{\pi}{6}$ 之切線方程式

解

方法一

1. 先求切線斜率

$\dfrac{dy}{dx} = \dfrac{f'(\theta)\sin\theta + f(\theta)\cos\theta}{f'(\theta)\cos\theta - f(\theta)\sin\theta}$

$= \dfrac{-\sin\theta\sin\theta + (1+\cos\theta)\cos\theta}{-\sin\theta\sin\theta - (1+\cos\theta)\sin\theta}$

$= \dfrac{\cos 2\theta + \cos\theta}{-\sin\theta - \sin 2\theta}$

$\therefore \dfrac{dy}{dx} = \Big|_{\theta=\frac{\pi}{6}} = \dfrac{\cos 2\theta + \cos\theta}{-\sin\theta - \sin 2\theta}\Big|_{\theta=\frac{\pi}{6}} = -1$

2. 次求切點座標 $r = 1+\cos\theta$ 在 $\theta = \dfrac{\pi}{6}$ 之極座標為：

$(1+\cos\theta)\big|_{\theta=\frac{\pi}{6}} = (1+\dfrac{\sqrt{3}}{2} , \dfrac{\pi}{6})$

∴對應之直角座標為

$(x , y) = \Big((1+\dfrac{\sqrt{3}}{2})\cos\dfrac{\pi}{6} , (1+\dfrac{\sqrt{3}}{2})\sin\dfrac{\pi}{6}\Big)$

$= (\dfrac{\sqrt{3}}{2} + \dfrac{3}{4} , \dfrac{1}{2} + \dfrac{\sqrt{3}}{4})$

3. 切線方程式：

$$\frac{y-(\frac{1}{2}+\frac{\sqrt{3}}{4})}{x-(\frac{\sqrt{3}}{2}+\frac{\sqrt{3}}{4})}=-1$$

$$\therefore y=-x+(\frac{\sqrt{3}}{2}+\frac{\sqrt{3}}{4})+(\frac{1}{2}+\frac{\sqrt{3}}{4})$$

$$=-x+(\sqrt{3}+\frac{1}{2})$$

方法二

$$x=r\cos\theta=(\cos\theta+1)\cos\theta=\cos^2\theta+\cos\theta$$

$$y=r\sin\theta=(1+\cos\theta)\sin\theta=\sin\theta+\sin\theta\cos\theta$$

$$\therefore \frac{dy}{dx}=\frac{\frac{dy}{d\theta}}{\frac{dx}{d\theta}}=\frac{\cos\theta+\cos^2\theta-\sin^2\theta}{-2\cos\theta\sin\theta-\sin\theta}=\frac{\cos\theta+\cos2\theta}{-\sin\theta-\sin2\theta}$$

$$\frac{dy}{dx}\Big|_{\theta=\frac{\pi}{6}}=\frac{\cos\theta+\cos2\theta}{-\sin\theta-\sin2\theta}\Big|_{\theta=\frac{\pi}{6}}=\frac{\frac{\sqrt{3}}{2}+\frac{1}{2}}{-\frac{1}{2}-\frac{\sqrt{3}}{2}}=-1$$

其餘如方法一

單元 17　均值定理

　　均值定理也譯為中值定理是微分學及微分應用之理論基礎，因此有人稱它是微分基本定理，常見的中值定理有 Rolle 定理、均值定理(Lagrange 定理)、Cauchy 均值定理、Taylor 均值定理

　　本單元先討論前三項，Taylor 均值定理則留在單元之後。

　1. 均值定理，Cauchy 定理在成立條件下，均只指出中值點存在，而沒有告訴我們具體個數。

　2. 不論 Rolle 定理、均值定理、Cauchy 定理之共同條件是 $f(x)$ 在 $[a, b]$ 中為連續，在 (a, b) 中為可微分。

　3. 本單元最精彩部份應是不等式之證明，但讀者應注意微積分中不等式之證明除了本單元介紹之中值定理外，還有增減函數法等。

洛爾定理 (Rolle's Theorem)

定理

　　若 $f(x)$ 滿足：

　1. $[a，b]$ 上為連續，

　2. 在 $(a，b)$ 內各點皆可微分，

　3. $f(b) = f(a)$

　　則在 $(a，b)$ 之間必存在一數 $x_{\circ}$，$a < x_{\circ} < b$，使得 $f'(x_{\circ}) = 0$

說明

　　1. 洛爾定理之幾何意義為 f 在 $[a，b]$ 連續且在 $(a，b)$ 內可微分下，若 $f(a) = f(b)$，則在 $(a，b)$ 之間必可找到一點其切線

斜率為零之一水平切線。

2.洛爾定理中之 2 個條件僅為充分條件而非必要條件，有時缺了某個條件洛爾定理仍成立。

3.我們可應用洛爾定理研究 $f'(x_\circ)=0$ 根的問題。

例1 若 $f(x)=x^2+x+1$，$x\in[-1，0]$，試求滿足 Rolle 定理之 $x_\circ$ 值。

解

$f(x)$在$[-1，0]$為連續，在$(-1，0)$為可微分

又 $f(-1)=f(0)=1$，故滿足 Rolle 定理，$f'(x_\circ)=2x_\circ+1=0$，$x_\circ=-\dfrac{1}{2}$，$x_\circ\in(-1，0)$

例2 若 $f(x)=x(x-1)(x+2)(x+3)$，問 $f'(x)=0$ 根之分布。

解

$y=f(x)$顯然在 R 中為連續且可微分

$f(0)=f(1)$ $\therefore$在$(0，1)$中存在一個能滿足 $f'(x_\circ)=0$，即在$(0，1)$中$f'(x_\circ)=0$有一根，同理在$(-2，0)$，$(1，3)$中亦各有 1 根。

例3 試證 $e^{cx}cosx=1$ 之任意二實根間，必存在一個數ε滿足

$e^{cx}sinx=c$

解析

用均值定理前最重要的是判定應用那個均值定理，通常判根的問題可優先考慮用 Rolle 定理。

其次我們將建構一個輔助函數。

以本例言可能設 $h(x)=e^{cx}cosx-1$，也可能設 $h(x)=e^{-cx}-cosx$，$(\because e^{cx}cosx=1\Rightarrow cosx=e^{-cx}\therefore h(x)=e^{-cx}-cosx)$

解

設 $h(x)=e^{-cx}-\cos x$，且設 $x=a$，b 為 $h(x)=0$ 之二根，

$a<b$

$\therefore h(b)=h(a)=0$，顯然 $h(x)$ 可滿足 Rolle 定理之條件

由 Rolle 定理，$h(x)$ 在 $[a,b]$ 間存在一個 ε 使得 $h'(\varepsilon)$

$=-ce^{-c\varepsilon}+\sin\varepsilon=0$，即 $e^{c\varepsilon}\sin\varepsilon=c$

例 4　若 f，g 在 $[a,b]$ 中為連續，(a,b) 中為可微分且若

$f(a)=f(b)=0$，試證在 (a,b) 中存一個 ε 滿足

$f'(x)+f(x)g'(x)=0$

■ 解析

要證 $f'(x)+f(x)g'(x)=0$，顯然我們要變形出一個輔助函

數；分除 $f(x)$：$\dfrac{f'(x)}{f(x)}+g'(x)=0$

$\therefore \ln f(x)+g(x)=c$，$f(x)e^{g(x)}=c'$（這裡要有積分概念），因

此不妨令 $h(x)=f(x)e^{g(x)}$

■ 解

令 $h(x)=f(x)e^{g(x)}$

$h(b)-h(a)=f(b)e^{g(b)}-f(a)e^{g(a)}=0$ $\therefore$ 由 Rolle 定理

存在一個 $\varepsilon\epsilon(a,b)$ 使得 $h'(\varepsilon)=f'(\varepsilon)e^{g(\varepsilon)}+f(\varepsilon)g'(\varepsilon)e^{g(\varepsilon)}=0$

即 $f'(\varepsilon)+f(\varepsilon)g'(\varepsilon)=0$

例 5　若 (x) 在 $[a,b]$ $b>a>0$ 中連續，在 (a,b) 中為可微分，若

$f(a)=a$，$f(b)=b$，試證在 (a,b) 中存在一個 ε 滿足 $f'(\varepsilon)=$

$\dfrac{f(\varepsilon)}{\varepsilon}$

■ 解析

由要證的部份 $f'(x)=\dfrac{f(x)}{x}$，移項 $\dfrac{f'(x)}{f(x)}=\dfrac{1}{x}$，$\Rightarrow \ln f=\ln x+c$

$\therefore \ln\dfrac{f(x)}{x}=c$，取 $h(x)=\dfrac{f(x)}{x}$

■ 解

令 $h(x)=\dfrac{f(x)}{x}$ 則 $h(a)=h(b)=1$，$h(x)$ 滿足 Rolle 定理其

它條件 $\therefore$ 存在一個 ε，$\varepsilon \in (a，b)$ 使得 $h'(\varepsilon)=\dfrac{\varepsilon f'(\varepsilon)-f(\varepsilon)}{\varepsilon^2}=0$

$\therefore \varepsilon f'(\varepsilon)-f(\varepsilon)=0$ 即 $f'(\varepsilon)=\dfrac{f(\varepsilon)}{\varepsilon}$

均值定理 (Mean-Value Theorem 又稱 Langrange 定理)

◇ 定理

若 $f(x)$ 在 $[a，b]$ 上為連續，且在 $(a，b)$ 內各點均可微分，

則在 $(a，b)$ 之間必存在一數 $x_\circ$，$a<x_\circ<b$，使得

$f'(x_\circ)=\dfrac{f(b)-f(a)}{b-a}$ 。

例 6　若 $f(x)=sinx$，$x \in [0，\dfrac{\pi}{2}]$，求滿足均值定理之 $x_\circ$。

■ 解

$f'(x)=cosx \qquad \therefore f'(x_\circ)=cosx_\circ$

$\dfrac{f(x_2)-f(x_1)}{x_2-x_1}=\dfrac{f(\frac{\pi}{2})-f(0)}{\frac{\pi}{2}-0}=\dfrac{sin\frac{\pi}{2}-sin0}{\frac{\pi}{2}-0}=\dfrac{1-0}{\frac{\pi}{2}}=\dfrac{2}{\pi}$

$\therefore \dfrac{f(x_2)-f(x_1)}{x_2-x_1}=f'(x_\circ) \quad$ 即 $\dfrac{2}{\pi}=cosx_\circ$

$\therefore x_\circ=cosx^{-1}(\dfrac{2}{\pi})$

注意

1. 洛爾定理是均值定理特例。

2. 均值定理有以下變形

　$f(x+h)-f(x)=hf'(x+\theta h)$，$\theta \in (0，1)$

　或

$$f(x+h) = f(x) + hf'(x+\theta h) \text{,} \quad \theta \in (0 \text{,} 1)$$

例7 試證 $11+\dfrac{1}{24}<\sqrt{122}<11+\dfrac{1}{22}$ 。

解

設 $f(x)=\sqrt{x}$，$b=122$，$a=121$

則由均值定理 $\dfrac{f(b)-f(a)}{b-a}=f'(\varepsilon)$，即 $\dfrac{\sqrt{122}-\sqrt{121}}{122-121}=\dfrac{1}{2\sqrt{\varepsilon}}$

，$122>\varepsilon>121$

$\therefore \sqrt{122}=11+\dfrac{1}{2\sqrt{\varepsilon}}$

但 $\dfrac{1}{\sqrt{121}}>\dfrac{1}{\sqrt{\varepsilon}}>\dfrac{1}{\sqrt{122}}>\dfrac{1}{\sqrt{144}}$即 $\dfrac{1}{22}>\dfrac{1}{2\sqrt{\varepsilon}}>\dfrac{1}{24}$

$\therefore 11+\dfrac{1}{24}<11+\dfrac{1}{2\sqrt{\varepsilon}}<11+\dfrac{1}{22}$即 $11+\dfrac{1}{24}<\sqrt{122}<11+\dfrac{1}{22}$

$\therefore 11+\dfrac{1}{24}<\sqrt{122}<11+\dfrac{1}{22}$

例8 試證 $x>tan^{-1}x>\dfrac{x}{1+x^2}$，$x\geq 0$。

解

取 $f(x)=tan^{-1}x$

由均值定理

$\dfrac{f(x)-f(0)}{x-0}=\dfrac{1}{1+\varepsilon^2}$，即 $tan^{-1}x=\dfrac{x}{1+\varepsilon^2}$，$x>\varepsilon>0$

又 $x>\dfrac{x}{1+\varepsilon^2}>\dfrac{x}{1+x^2}$

$\therefore x>tan^{-1}x>\dfrac{x}{1+x^2}$，$x>0$

例9 $f(x)$在$[a$，$b]$中為連續在$(a$，$b)$中為可微分，若$f(a)=a$，

$f(b)=b$，試證存在二個數ε_1，ε_2，$a<\varepsilon_1<\varepsilon_2<b$ 使得$\dfrac{1}{f'(\varepsilon_1)}+$

$\dfrac{1}{f'(\varepsilon_2)}=2$。

解析

本題之關鍵在應用介值定理，找出一個 $u \in [a，b]$ 使得

$$f(u) = \frac{1}{2}(a+b)$$

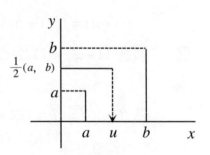

解

$f(x)$ 在 $[a，b]$ 中為連續 $b \geq x \geq a$，則由介值定理知存在一個 $u \in [a，b]$ 使得 $f(u) = \dfrac{a+b}{2}$

次由

(1) $f(u) - f(a) = (u-a)f'(\varepsilon_1)$

(2) $f(b) - f(u) = (b-u)f'(\varepsilon_2)$

$$\therefore \frac{1}{f'(\varepsilon_1)} + \frac{1}{f'(\varepsilon_2)} = \frac{u-a}{f(u)-f(a)} + \frac{b-u}{f(b)-f(u)}$$

$$= \frac{u-a}{\dfrac{a+b}{2}-a} + \frac{b-u}{b-\dfrac{a+b}{2}} = \frac{2(u-a)}{b-a} + \frac{2(b-u)}{b-a} = 2$$

Cauchy 均值定理

定理

若函數 $f(x)$ $g(x)$ 在 $[a，b]$ 中連續且在 $(a，b)$ 中可微分

(3) $g'(x) \neq 0$，$\forall x \in (a，b)$ 則存在一個

$\varepsilon \in (a，b)$ 使得 $\dfrac{f(b)-f(a)}{g(b)-f(a)} = \dfrac{f'(\varepsilon)}{g'(\varepsilon)}$

說明

1. 在 Cauchy 均值定理導證過程中，有人解法如下：

$f(b) - f(a) = (b-a)f'(\varepsilon)$，$b > \varepsilon > a$

$$g(b)-g(a)=(b-a)g'(\varepsilon) \text{，} b>\varepsilon>a$$

$$\therefore \frac{f(b)-f(a)}{g(b)-g(a)}=\frac{f'(\varepsilon)}{g'(\varepsilon)} \text{，} b>\varepsilon>a$$

上述推導是錯誤的，原因是 $f(x)$ ， $g(x)$ 應用 Lagrange 均值定理是所對應之 ε 未必相同

例 10 若 $x\in(0，1)$ 試證 $\dfrac{1+x}{1+x^2}<\dfrac{tan^{-1}x}{ln(1+x)}<1$

解

$f(x)=tan^{-1}x$ 及 $g(x)=ln(1+x)$ 在 $(0，1)$ 處可微分且在 $[0，1]$ 處連續 $\therefore$ 我們可應用 Cauchy 均值定理來證明這個不等式：

由 Cauchy 均值定理，存在一個 ε ， $\varepsilon\in(0，1)$ 使得

$$\frac{tan^{-1}x}{ln(1+x)}=\frac{\dfrac{1}{1+\varepsilon^2}}{\dfrac{1}{1+\varepsilon}}=\frac{1+\varepsilon}{1+\varepsilon^2} \text{，} x>\varepsilon>0$$

$$\therefore \frac{1+o}{1+o^2}>\frac{1+\varepsilon}{1+\varepsilon^2}>\frac{1+x}{1+x^2}$$

即 $1>\dfrac{tan^{-1}x}{ln(1+x)}>\dfrac{1+x}{1+x^2}$ ， $1>x>0$

單元 18　洛比達法則

不定式

第 2 章所介紹的方法對如 $\lim\limits_{x\to 0}\dfrac{e^{sinx}-1}{xsinx+e^{x}-1}$ 這類不定式問題即束手無策，但本節之洛比達法則(L'Hospital Rule)可以簡單、漂亮地處理更廣泛之不定式問題。

定理

(L'Hospital Rule　法則)：若 $f(x)$，$g(x)$在 $x_{\circ}$之鄰域有定義，若滿足$\lim\limits_{x\to x_{\circ}}f(x)=\lim\limits_{x\to x_{\circ}}g(x)=0$ 或 ∞

且$\lim\limits_{x\to x_{\circ}}\dfrac{f'(x)}{g'(x)}$存在 ，則$\lim\limits_{x\to x_{\circ}}\dfrac{f(x)}{g(x)}=\lim\limits_{x\to x_{\circ}}\dfrac{f'(x)}{g'(x)}$。

在此 $x_{\circ}$可為$+\infty$ ， $-\infty$ ，或 0^{+}，0^{-}之型式 。

說明

在應用 L'Hospital 法則時

1. 首先要判斷是否為$\dfrac{0}{0}$或$\dfrac{\infty}{\infty}$型或者是能化成$\dfrac{0}{0}$或$\dfrac{\infty}{\infty}$型 。

2. 要確定 $f(x)$，$g(x)$在 $x=x_{\circ}$處需可微分，若不可微分，我們便不可用 L'Hospital 法則

3. 用 L'Hospital 法則時，要注意將式子化簡 。

4. L'Hospital 法則雖方便，但它可不是萬能。

例 1 求下列極限

(a) $\lim\limits_{x \to 1} \dfrac{x^n + x^3 - 2}{x^n + x^2 - 2}$

(b) $\lim\limits_{x \to 0} \dfrac{x}{1 - \sqrt[5]{1-x}}$

(c) $\lim\limits_{h \to 0} \dfrac{f(x+2h) - 2f(x+h) + f(x)}{h^2}$ (假定 $f(x)$ 之第一、第二階

之導數存在)

(d) $\lim\limits_{x \to 0} \dfrac{1 - \cos(1 - \cos x)}{x^4}$

(e) $\lim\limits_{x \to 0} \dfrac{\sin x^n}{\sin^m x}$，$m, n$ 為正整數

解

(a) $\lim\limits_{x \to 1} \dfrac{x^n + x^3 - 2}{x^n + x^2 - 2}$ $\quad (\dfrac{0}{0})$

$= \lim\limits_{x \to 1} \dfrac{nx^{n-1} + 3x^2}{nx^{n-1} + 2x} = \dfrac{n+3}{n+2}$

(b) 取 $\sqrt[5]{1-x} = t$，$x = 1 - t^5$，$x \to 0$ 時 $t \to 1$

$\lim\limits_{x \to 0} \dfrac{x}{1 - \sqrt[5]{1-x}} = \lim\limits_{t \to 1} \dfrac{1 - t^5}{1 - t}$ $\quad (\dfrac{0}{0})$

$\qquad\qquad = \lim\limits_{x \to 1} \dfrac{-5t^4}{-1} = 5$

(c) $\lim\limits_{h \to 0} \dfrac{f(x+2h) - 2f(x+h) + f(x)}{h^2}$ $\quad (\dfrac{0}{0})$

$= \lim\limits_{h \to 0} \dfrac{2f'(x+2h) - 2f'(x+h)}{2h}$ $\quad (\dfrac{0}{0})$

$= \lim\limits_{h \to 0} \dfrac{2f''(x+2h) - f''(x+h)}{1} = f''(x)$

(d) $\lim\limits_{x \to 0} \dfrac{1 - \cos(1 - \cos x)}{x^4} = \lim\limits_{x \to 0} \dfrac{\sin(1 - \cos x)\sin x}{4x^3}$ $\quad (\dfrac{0}{0})$

$= \lim\limits_{x \to 0} \dfrac{\sin(1 - \cos x)}{4x^2} (\dfrac{\sin x}{x})$

$= \lim\limits_{x \to 0} \dfrac{\sin(1 - \cos x)}{4x^2}$ $\quad (\dfrac{0}{0})$

$= \lim\limits_{x \to 0} \dfrac{\cos(1 - \cos x) \cdot \sin x}{8x} = \lim\limits_{x \to 0} \cos(1 - \cos x) \cdot \lim\limits_{x \to 0} \dfrac{\sin x}{8x}$

$$= \frac{1}{8}$$

(e)$\lim\limits_{x \to 0} \dfrac{sinx^n}{sin^m x} = \lim\limits_{x \to 0} \dfrac{sinx^n}{x^n} \cdot \lim\limits_{x \to 0} \dfrac{x^n}{sin^m x} = \lim\limits_{x \to 0} \dfrac{x^n}{sin^m x}$

$$= \lim_{x \to 0} \frac{x^m}{sin^m x} \cdot x^{n-m}$$

$$= \lim_{x \to 0} x^{n-m} = \begin{cases} 0 \text{，} n>m \\ 1 \text{，} n=m \\ \infty \text{，} n<m \end{cases}$$

例2 求下列極限

(a)$\lim\limits_{x \to \infty} (sin\sqrt{x+1} - sin\sqrt{x})$

(b)$\lim\limits_{x \to \infty} \dfrac{4 \cdot 10^x - 3 \cdot 10^{2x}}{3 \cdot 10^{x-1} + 2 \cdot 10^{2x-1}}$

(c)$\lim\limits_{n \to \infty} [(1+x)(1+x^2)(1+x^4) \cdots \cdots (1+x^{2n})]$，$|x|<1$

解

(a)$\lim\limits_{x \to \infty} (sin\sqrt{x+1} - sin\sqrt{x})$

$$= \lim_{x \to \infty} (2cos\frac{\sqrt{x+1}+\sqrt{x}}{2} sin\frac{\sqrt{x+1}-\sqrt{x}}{2})$$

$$= 2\lim_{x \to \infty} (cos\frac{\sqrt{x+1}+\sqrt{x}}{2} sin\frac{1}{2\sqrt{x+1}+\sqrt{x}})$$

但

$$-sin\frac{1}{2(\sqrt{x+1}+\sqrt{x})} \leq cos\frac{\sqrt{x+1}+\sqrt{x}}{2} sin\frac{1}{2(\sqrt{x+1}+\sqrt{x})}$$

$$\leq sin\frac{1}{2(\sqrt{x+1}+\sqrt{x})}$$

$$\lim_{x \to \infty} sin\frac{1}{2(\sqrt{x+1}+\sqrt{x})} = 0$$

$$\therefore \lim_{x \to \infty} cos\frac{\sqrt{x+1}+\sqrt{x}}{2} sin\frac{1}{2(\sqrt{x+1}+\sqrt{x})} = 0$$

即$\lim\limits_{x \to \infty} (sin\sqrt{x+1} - sin\sqrt{x}) = 0$

(b)$\lim\limits_{x \to \infty} \dfrac{4 \cdot 10^x - 3 \cdot 10^{2x}}{3 \cdot 10^{x-1} + 2 \cdot 10^{2x-1}}$

$$=\lim_{x\to\infty}\frac{4\cdot10^{-x}-3}{3\cdot10^{-x-1}+2\cdot10^{-1}}=-15$$

(c) 令 $y=(1+x)(1+x^2)\cdots(1+x^{2n})$，則

$$(1-x)y=(1-x)(1+x)(1+x^2)(1+x^4)\cdots(1+x^{2n})$$

$$=(1-x^2)(1+x^2)(1+x^4)\cdots(1+x^{2n})$$

$$=(1-x^4)(1+x^4)\cdots(1+x^{2n})$$

$$\cdots\cdots\cdots$$

$$=(1-x^{4n})$$

$$\therefore\lim_{n\to\infty}(1+x)(1+x^2)\cdots(1+x^{2n})$$

$$=\lim_{n\to\infty}\frac{1-x^{4n}}{1-x}，但 \mid x \mid <1$$

$$=\frac{1}{1-x}$$

$0\cdot\infty$型

$0\cdot\infty$型通常可化成$\dfrac{\infty}{\infty}$或$\dfrac{0}{0}$

例3 求下列極限

(a) $\displaystyle\lim_{x\to0}\frac{1}{x}\left(\frac{1}{(4+x)^2}-\frac{1}{16}\right)$ (b) $\displaystyle\lim_{x\to\frac{\pi}{4}}(1-tanx)sec2x$

■ **解析**

$$cos2x=cos^2x-sin^2x=2cos^2x-1=1-2sin^2x$$

■ **解**

(a)$\displaystyle\lim_{x\to0}\frac{1}{x}\left(\frac{1}{(4+x)^2}-\frac{1}{16}\right)$ (∞，0)

$$=\lim_{x\to0}\frac{1}{x}\left[\frac{16-(4+x)^2}{16(4+x)^2}\right]=\lim_{x\to0}\frac{1}{x}\left(\frac{-8x-x^2}{16(4+x)^2}\right)$$

$$=\lim_{x\to0}\frac{-8-x}{16(4+x)^2}=-\frac{1}{32}$$

(b)$\displaystyle\lim_{x\to\frac{\pi}{4}}(1-tanx)\cdot sec2x$ (0，∞)

$$= \lim_{x \to \frac{\pi}{4}} \frac{cosx - sinx}{cosx} \cdot \frac{1}{cos2x}$$

$$= \lim_{x \to \frac{\pi}{4}} \frac{1}{cosx} \cdot \frac{1}{cosx + sinx} = 1$$

$\infty - \infty$ 型

這類型之不定式問題通常可藉通分後用洛比達法則求解。

例 4 求(a)$\lim\limits_{x \to 0} (\frac{1}{x} - \frac{1}{sinx}) = $?   (b)$\lim\limits_{x \to 0} (\frac{1}{x} - \frac{1}{ln(1+x)})$

(c)$\lim\limits_{x \to 1} (\frac{m}{1-x^m} - \frac{n}{1-x^n})$

解

(a) $\lim\limits_{x \to 0} (\frac{1}{x} - \frac{1}{sinx})$

$= \lim\limits_{x \to 0} (\frac{sinx - x}{xsinx})$

$= \lim\limits_{x \to 0} \frac{cosx - 1}{sinx + xcosx}$ $(\frac{0}{0})$

$= \lim\limits_{x \to 0} \frac{-sinx}{cosx + cosx - xsinx}$

$= -\frac{0}{2} = 0$

(b) $\lim\limits_{x \to 0} (\frac{1}{x} - \frac{1}{ln(1+x)})(\infty - \infty)$

$= \lim\limits_{x \to 0} \frac{ln(1+x) - x}{xln(1+x)}$ $(\frac{0}{0})$

$= \lim\limits_{x \to 0} \frac{\frac{1}{1+x} - 1}{ln(1+x) + \frac{x}{1+x}} = \lim\limits_{x \to 0} \frac{-x}{(1+x)ln(1+x) + x}$

$= \lim\limits_{x \to 0} \frac{-1}{ln(1+x) + 1 + 1} = -\frac{1}{2}$

(c)$\lim\limits_{x \to 1} (\frac{m}{1-x^m} - \frac{n}{1-x^n})$ $(\infty - \infty)$

$= \lim\limits_{x \to 1} \frac{m(1-x^n) - n(1-x^m)}{(1-x^m)(1-x^n)}$ $(\frac{0}{0})$

$$= \lim_{x \to 1} \frac{mn(-x^{n-1}+x^{m-1})}{-mx^{m-1}-nx^{n-1}+(m+n)x^{m+n-1}} \qquad (\frac{0}{0})$$

$$= mn\lim_{x \to 1} \frac{-(n-1)x^{n-2}+(m-1)x^{m-2}}{-m(m-1)x^{m-2}-n(n-1)x^{n-2}+(m+n)(m+n-1)x^{m+n-2}}$$

$$= mn \cdot \frac{-(n-1)+(m-1)}{-m(m-1)-n(n-1)+(m+n)(m+n-1)} = \frac{m-n}{2}$$

0^0 與 1^∞ 型

這種類型問題可利用 $f(x)=e^{\ln f(x)}$，$f(x)>0$ 之性質進行求解。

例 5　求(a)$\lim_{x \to 0^+} x^x = ?$　　(b)$\lim_{x \to 0^+} x^{x^x}$　　(c)$\lim_{x \to 0^+} x^{x^{x^x}}$

解

(a)$\lim_{x \to 0^+} x^x = \lim_{x \to 0^+} e^{x\ln x} = \lim_{x \to 0^+} e^{\ln x / \frac{1}{x}}$(指數部份$\frac{-\infty}{\infty}$)

但 $\lim_{x \to 0^+} \frac{\ln x}{\frac{1}{x}} = \lim_{x \to 0^+} \frac{\frac{1}{x}}{-\frac{1}{x^2}} = \lim_{x \to 0^+} (-x) = 0$

$\therefore \lim_{x \to 0^+} x^x = 1$

(b)$\lim_{x \to 0^+} x^{x^x}$

$= \lim_{x \to 0^+} (x)^{x^x}$，$(\because \lim_{x \to 0^+} x^x = 1)$

$= 0$

(c)取 $y = x^x$ 則 $x \to 0^+ \to y \to 1$

$\lim_{x \to 0^+} x^{x^{x^x}} = \lim_{y \to 1} y^y = 1$

例 6　求(a) $\lim_{x \to 0} \frac{e-(1+x)^{\frac{1}{x}}}{x}$

　　(b) $\lim_{x \to \infty} [x-x^2 \ln(1+\frac{1}{x})]$

解

(a) $\lim_{x \to 0} \frac{e-(1+x)^{\frac{1}{x}}}{x}$　　　　$(\frac{0}{0})$

$$= \lim_{x \to 0} \frac{-(1+x)^{\frac{1}{x}}[-\frac{1}{x^2}ln(1+x)+\frac{1}{x(1+x)}]}{1}$$

$$= \lim_{x \to 0} (-(1+x)^{\frac{1}{x}}) \lim_{x \to 0} (-\frac{1}{x^2}ln(1+x)+\frac{1}{x(1+x)})$$

$$= -e\lim_{x \to 0} \frac{-(1+x)ln(1+x)+x}{x^2(1+x)} \qquad (\frac{0}{0})$$

$$= -e\lim_{x \to 0} \frac{-ln(1+x)-1+1}{2x+3x^2} \qquad (\frac{0}{0})$$

$$= -e\lim_{x \to 0} \frac{-\frac{1}{1+x}}{6x+2}$$

$$= \frac{e}{2}$$

(b) $$\lim_{x \to \infty} [x-x^2ln(1+\frac{1}{x})] \quad \underline{\underline{y=\frac{1}{x}}} \quad = \lim_{y \to 0} (\frac{1}{y}-\frac{ln(1+y)}{y^2})$$

$$= \lim_{y \to 0} \frac{y-ln(1+y)}{y^2} = \lim_{y \to 0} \frac{1-\frac{1}{1+y}}{2y} = \lim_{y \to 0} \frac{1}{2(1+y)} = \frac{1}{2}$$

1^∞型之特殊解法

求$\lim_{x \to a} f(x)^{g(x)}$($a$ 可為實數, $\pm\infty$)時, 若$\lim_{x \to a} f(x)=1$ 且$\lim_{x \to a} g(x)=$ ∞, 我們可應用下面定理輕易地求出。

定理

若$\lim_{x \to a} f(x) = 1$, 且$\lim_{x \to a} g(x) = \infty$, 則$\lim_{x \to a} f(x)^{g(x)} =$
$exp[\lim_{x \to a}(f(x)-1)g(x)]$, a 可為$\pm\infty$

例7 求下列各子題之極限？

(a) $\lim_{x \to \infty} (1+\frac{4}{x})^{\frac{x}{2}}$ (b)$\lim_{x \to \infty} (1+\frac{4}{x}+\frac{3}{x^2})^{\frac{x}{2}}$ (c) $\lim_{x \to 0} (\frac{sinx}{x})^{\frac{1}{x^2}}$

(d)$\lim_{x \to \infty} (\frac{3x+5}{3x+1})^{\frac{x+1}{2}}$ (e) $\lim_{x \to 0} \sqrt[x]{\frac{a^x+b^x}{2}}$ (f) $\lim_{x \to \infty} (sin\frac{1}{x}+cos\frac{1}{x})^x$

■ 解

(a)$f(x) = 1 + \dfrac{4}{x}$，$g(x) = \dfrac{x}{2}$；$\lim\limits_{x \to \infty} f(x) = 1$，$\lim\limits_{x \to \infty} g(x) = \infty$

∴原式 $e^{\lim\limits_{x \to a}[(f(x)-1)]g(x)} = e^{\lim\limits_{x \to a}\frac{4}{x} \cdot \frac{x}{2}} = e^2$

(b)$f(x) = 1 + \dfrac{4}{x} + \dfrac{3}{x^2}$，$g(x) = \dfrac{x}{2}$；

$\lim\limits_{x \to \infty} f(x) = 1$，$\lim\limits_{x \to \infty} g(x) = \infty$

∴原式 $e^{\lim\limits_{x \to \infty}[(f(x)-1)]g(x)} = e^{\lim\limits_{x \to \infty}(\frac{4}{x} + \frac{3}{x^2})\frac{x}{2}} = e^{\lim\limits_{x \to \infty}2 + \frac{3}{2x}} = e^2$

(c)$\lim\limits_{x \to 0} (\dfrac{sinx}{x})^{\frac{1}{x^2}} = e^{\lim\limits_{x \to 0}\frac{1}{x^2}(\frac{sinx}{x} - 1)} = e^{\lim\limits_{x \to 0}\frac{sinx - x}{x^3}} = e^{\lim\limits_{x \to 0}\frac{cosx - 1}{3x^2}}$

$= e^{\lim\limits_{x \to 0}\frac{-sinx}{6x}} = e^{-\frac{1}{6}}$

(d)$\lim\limits_{x \to \infty} (\dfrac{3x+5}{3x+1})^{\frac{x+1}{2}} = e^{\lim\limits_{x \to \infty}\frac{x+1}{2}(\frac{3x+5}{3x+1} - 1)}$

$= e^{\lim\limits_{x \to \infty}\frac{x+1}{2} \cdot \frac{4}{3x+1}} = e^{\frac{2}{3}}$

(e)$\lim\limits_{x \to 0} (\dfrac{a^x + b^x}{2})^{\frac{1}{x}} = e^{\lim\limits_{x \to 0}\frac{1}{x}(\frac{a^x + b^x}{2} - 1)} = e^{\lim\limits_{x \to 0}\frac{1}{x}(\frac{a^x + b^x - 2}{2})}$ $\qquad (1^\infty)$

$= e^{\lim\limits_{x \to 0}\frac{a^x lna + b^x lnb}{2}} = e^{\frac{1}{2}lnab} = \sqrt{ab}$

(f)$\lim\limits_{x \to \infty} (sin\dfrac{1}{x} + cos\dfrac{1}{x})^x$

$\underline{\underline{y = \dfrac{1}{x}}} \lim\limits_{y \to 0} (siny + cosy)^{\frac{1}{y}}$ $\qquad (1^\infty)$

$= e^{\lim\limits_{y \to 0}(siny - cosy - 1)/y} = e^{\lim\limits_{y \to 0}(cosy - siny)} = e$

等價無窮小代換法

$\lim\limits_{x \to 0} \dfrac{sinx}{x} = 1$, $\lim\limits_{x \to 0} \dfrac{sin(x-1)}{x} = 1$, $\lim\limits_{x \to 0} \dfrac{ln(1+x)}{x} = 1$, $\lim\limits_{x \to 0} \dfrac{tanx}{x} = 1$

……這種滿足$\lim \dfrac{\alpha(x)}{\beta(x)} = 1$ 者稱$\alpha(x)$與$\beta(x)$為等價無窮小，記做$\alpha(x) \sim$

$\beta(x)$, 若$\alpha_1(x) \sim \alpha_2(x)$, $\beta_1(x) \sim \beta_2(x)$ 且$\lim \dfrac{\alpha_2(x)}{\beta_2(x)}$ 存 在 且$\lim \dfrac{\alpha_1(x)}{\beta_1(x)} = \lim$

$\dfrac{\alpha_2(x)}{\beta_2(x)}$。

用等價無窮小代換求極限，再配合 L'Hospiatal 法則確能大幅減少極限計算過程。

常見之等價無窮小，有：

(1)$sinx \sim x$ (2)$1-cosx \sim \dfrac{x^2}{2}$ (3)$tanx \sim x$ (4)$sin^{-1}x \sim x$

(5)$ln(1+x) \sim x$ (6)$e^x-1 \sim x$ (7)$\sqrt{1+x}-1 \sim \dfrac{x}{2}$

在實作時可擴張成如$sinx^2 \sim x^2$，上述方法在極限式爲連乘積時有效，若中間有加減項時就可能有風險，如$tanx \sim x$，$sinx \sim x$，但$tanx-sinx \sim x^3$便不對。(讀者可驗證$\lim\limits_{x \to 0}\dfrac{tanx-sinx}{x^3}=\dfrac{1}{3}$)即$tanx-sinx \sim$

$\dfrac{x^3}{3}$

例 8 (a)求$\lim\limits_{x \to 0}\dfrac{sin5x}{sin3x}$　　　(b)$\lim\limits_{x \to 1}\dfrac{sin(x^3-1)}{x^2-1}$

(c)$\lim\limits_{x \to 0}\dfrac{(e^{2x}-1)sin3x}{tanx^2}$　　(d)$\lim\limits_{x \to 0}\dfrac{\sqrt{1+xtanx}-1}{1-cosx}$

解

(a)$x \to 0$時$sinmx \sim mx$ $\therefore \lim\limits_{x \to 0}\dfrac{sin5x}{sin3x}=\lim\limits_{x \to 0}\dfrac{5x}{3x}=\dfrac{5}{3}$

(b)$x \to 1$時$sin(x^3-1) \sim x^3-1$ $\therefore \lim\limits_{x \to 1}\dfrac{sin(x^3-1)}{x^2-1}=\lim\limits_{x \to 1}\dfrac{x^3-1}{x^2-1}=\dfrac{3}{2}$

(c)$x \to 0$時 $e^{2x}-1 \sim x$，$tanx^2 \sim x^2$，$sin2x \sim 2x$

$\therefore \lim\limits_{x \to 0}\dfrac{(e^{2x}-1)sin3x}{tanx^2}=\lim\limits_{x \to 0}\dfrac{2x \cdot 3x}{x^2}=6$

(d)$x \to 0$時 $1-cosx \sim \dfrac{1}{2}x^2$，$\sqrt{1+xtanx}-1 \sim \dfrac{x}{2}tanx \sim \dfrac{x^2}{2}$

$\therefore \lim\limits_{x \to 0}\dfrac{\sqrt{1+xtanx}-1}{1-cosx}=\lim\limits_{x \to 0}\dfrac{\dfrac{x^2}{2}}{\dfrac{1}{2}x^2}=1$

雜例

例9 (a)若 $\lim\limits_{x\to\infty}(\dfrac{x^2+1}{x+1}-ax-b)=0$ ，求 a ， b

(b)若 $\lim\limits_{x\to\infty}(2x-\sqrt{ax^2+bx-1})=3$ ，求 a ， b

(c)若 $\lim\limits_{x\to\infty}(\dfrac{x+2a}{x-a})=3$ ，求 a

(d)若 $\lim\limits_{x\to0}(\dfrac{sinx}{x^3}+\dfrac{a}{x^2}+b)=0$ ，求 a ， b

解

(a) $\lim\limits_{x\to\infty}(\dfrac{x^2+1}{x+1}-ax-b)$

$=\lim\limits_{x\to\infty}\dfrac{x^2+1-(ax^2+(a+b)x+b)}{x+1}$

$=\lim\limits_{x\to\infty}\dfrac{(1-a)x^2-(a+b)x+(1-b)}{x+1}=0$

$\therefore\begin{cases}1-a=0\\a+b=0\end{cases}$ 得 $a=1$ ， $b=-1$

(b) $\lim\limits_{x\to\infty}(2x-\sqrt{ax^2+bx-1})=\lim\limits_{x\to\infty}\dfrac{4x^2-(ax^2+bx-1)}{2x+\sqrt{ax^2+bx-1}}$

$=\lim\limits_{x\to\infty}\dfrac{(4-a)x^2-bx+1}{2x+\sqrt{ax^2+bx-1}}=3$

$\therefore 4-a=0$ 得 $a=4$ ，代入

$\lim\limits_{x\to\infty}\dfrac{-b+\dfrac{1}{x}}{2+\sqrt{4+\dfrac{b}{x}-\dfrac{1}{x^2}}}=\dfrac{-b}{4}=3$ $\therefore b=-12$

(c) $\lim\limits_{x\to\infty}(\dfrac{x+2a}{x-a})^x$

$=\lim\limits_{x\to\infty}(1+\dfrac{3a}{x-a})^x$

$=e^{\lim\limits_{x\to\infty}\frac{3ax}{x-a}}=e^{3a}=3$

$3a=ln3$ $\therefore a=\dfrac{1}{3}ln3$

(d) $\lim\limits_{x\to0}(\dfrac{sinx}{x^3}+\dfrac{a}{x^2}+b)=0$ ，兩邊同乘 x^2

$$\lim_{x\to 0}(\frac{sinx}{x}+a+bx^2)$$

$$=1+a+b\cdot 0=0 \text{ , } a=0$$

$$b=\lim_{x\to 0}(\frac{sinx}{x^3}-\frac{1}{x^2})=\lim_{x\to 0}\frac{sinx-x}{x^3}=\lim_{x\to 0}\frac{cosx-1}{3x^2}$$

$$=\lim_{x\to 0}\frac{-sinx}{6x}=-\frac{1}{6}$$

單元 19 增減函數與函數圖形之凹性

增減函數與函數圖形之凹性在繪圖及極值問題上均極重要，因此本單元先討論它們，為以後繪圖及極值問題之基礎。

增減函數

> **定義**
>
> 設區間 I 包含在函數 f 在定義域中
>
> (1)若對所有的 x_1，$x_2 \in$ I 且 $x_1 \leq x_2$，都有 $f(x_1) \leq f(x_2)$ 則稱函數 f 在區間 I 內為遞增(Increasing)。
>
> (2)若結所有的 x_1，$x_2 \in$ I 且 $x_1 < x_2$，都有 $f(x_1) < f(x_2)$ 則稱函數 f 在區間 I 內為嚴格遞增(Strictly Increasing)。
>
> (3)將上定義(1)中的「$f(x_1) \leq f(x_2)$」改成「$f(x_1) \geq f(x_2)$」即得遞減(Decreasing)。
>
> (4)將上定義(2)中的「$f(x_1) < f(x_2)$」改成「$f(x_1) > f(x_2)$」即得嚴格遞減(Strictly Decreasing)。

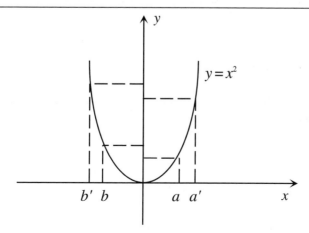

例如: $f(x)=x^2$為一拋物線，其圓形如上圖，當$x>0$時，$a'>a$，有$f(a')>f(a)$，因此$f(x)=x^2$在$x>0$時為遞增函數，但當$x<0$時，$b>b'$，$f(b)<f(b')$，因此$f(x)=x^2$在$x<0$時為遞減函數。若$f(x)$在定義域D中為嚴格遞增或嚴格遞減時，我們稱它們為單調函數(Monotonic Functions)，它們的反函數存在。

定理

$f(x)$在$[a，b]$為連續，且在$(a，b)$為可微分

(1)若$f'(x)>0$，$\forall x\in(a，b)$，則$f(x)$在$(a，b)$為增函數。

(2)若$f'(x)<0$，$\forall x\in(a，b)$，則$f(x)$在$(a，b)$為減函數。

(3)若$f'(x)=0$，$\forall x\in(a，b)$，則$f(x)$在$(a，b)$為常數函數。

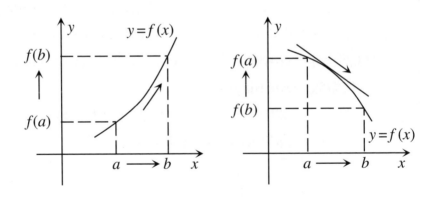

$f'(x)>0$，$f(x)$為增函數　　　　$f'(x)<0$，$f(x)$為減函數

換言之，x值變動的方向與函數變動方向相同時為增函數，否則為減函數。

常數函數

例1 試證 $f(x)=tan^{-1}x+tan^{-1}\dfrac{1}{x}$ 為一常數函數。

■ 解析

微積分中，要證明一個函數 $f(x)$ 在區間 I 為常數函數通常是判斷 $f'(x)\neq0$，$\forall x\in$ I 。

■ 解

$$\because f(x)=tan^{-1}x+tan^{-1}\frac{1}{x}$$

$$\therefore f'(x)=\frac{1}{1+x^2}+\frac{\dfrac{d}{dx}(\dfrac{1}{x})}{1+(\dfrac{1}{x})^2}$$

$$=\frac{1}{1+x^2}+\frac{-\dfrac{1}{x^2}}{1+\dfrac{1}{x^2}}$$

$$=\frac{1}{1+x^2}+\frac{-1}{1+x^2}=0$$

$\therefore f'(x)$ 為一常數函數，即 $f'(x)=c$，為了確定 c 值，可取

$x=1$ 則 $f(1)=tan^{-1}x+tan^{-1}\dfrac{1}{x}=\dfrac{\pi}{4}+\dfrac{\pi}{4}=\dfrac{\pi}{2}$，即 $f(x)=\dfrac{\pi}{2}$

例2 當 $x\geq1$ 時，試證 $f(x)=2tan^{-1}x+sin^{-1}\dfrac{2x}{1+x^2}$ 為一常數函數。

■ 解

$$f'(x)=\frac{2}{1+x^2}+\frac{\dfrac{d}{dx}\dfrac{2x}{1+x^2}}{\sqrt{1-(\dfrac{2x}{1+x^2})^2}}$$

$$=\frac{2}{1+x^2}+\frac{\dfrac{2(1+x^2)-2x\cdot2x}{(1+x^2)^2}}{\dfrac{\sqrt{(1+x^2)^2-4x^2}}{(1+x^2)}}$$

$$= \frac{2}{1+x^2} - \frac{2}{1+x^2} = 0$$

∴在 $x \geq 1$ 時 $f(x)$ 為一常數函數

$$f(1) = 2tan^{-1}1 + sin^{-1}(\frac{2}{1+1}) = 2 \cdot \frac{\pi}{4} + \frac{\pi}{2} = \pi$$

即 $f(x) = \pi$

單調區間之求算

例 3 求(a) $y = (x-2)\sqrt[3]{x^2}$ (b) $y = \frac{x^3-2}{(x-1)^2}$ 之增減區間。

解析

函數 $f(x)$ 在何處是增(減)函數,計算上是很機械的,我們用定義即可輕易決定。

解

(a) $y = x^{\frac{2}{3}}(x-2) = x^{\frac{5}{3}} - 2x^{\frac{2}{3}}$

$y' = \frac{5}{3}x^{\frac{2}{3}} - \frac{4}{3}x^{-\frac{1}{3}} = \frac{5x-4}{3\sqrt[3]{x}} < 0 \Rightarrow$

$x \in (0, \frac{4}{5})$

$y' > 0 \Rightarrow x \in (\frac{4}{5}, \infty)$ 或 $(-\infty, 0)$

即 $y = (x-2)\sqrt[3]{x^2}$ 在 $(0, \frac{4}{5})$ 嚴格遞減,在 $(\frac{4}{5}, \infty)$ 或 $(-\infty, 0)$ 為嚴格遞增。

(b) $y' = \frac{(x-1)^2 \cdot 3x^2 - (x^3-2) \cdot 2(x-1)}{[(x-1)^2]^2} = \frac{(x-1)3x^2 - (x^3-2) \cdot 2}{(x-1)^3}$

$= \frac{(x+1)(x-2)^2}{(x-1)^3} < 0$

$\Rightarrow x \in (-1, 1)$

$y' > 0 \Rightarrow x \in (-\infty, -1)$ 或 $(1, \infty)$

即 $y = \frac{x^3-2}{(x-1)^2}$ 在 $(-1, 1)$ 為嚴格遞減,在 $(-\infty, -1)$ 或

(1，∞)為嚴格遞增

函數之單調性在不等式證明上之應用

用增減函數證明二個函數 $f(x)$，$g(x)$在$[a，b]$間有 $f(x) \geq$ $g(x)$之關係，可循下列步驟：

1.構建一輔助函數 $h(x)$：如 $f(x) \geq g(x)$，取則 $h(x) = f(x) -$ $g(x)$；如$\dfrac{f_2(x)}{f_1(x)} \geq \dfrac{g_2(x)}{g_1(x)}$則可設 $h(x) = f_2(x) g_1(x) - f_1(x) g_2(x)$ …，

如$f_1(x)^{f_2(x)} > f_3(x)^{f_4(x)}$時 $h(x)$可能與指數函數，對數函數有關。

2.證明 $h'(x) \geq 0$，$\forall x \in [a，b]$及 $h(a) \geq 0$：如此 $h(x)$在 $[a，b]$滿足 $h(x) \geq 0$

3.必要時，可能要證明 $h''(x) \geq 0$，$\forall x \in [a，b]$，$h'(a) \geq 0$，則 $h'(x)$在$[a，b]$滿足 $h'(x) \geq 0$

4.有時要配合均值定理，這是本單元中之難點。

例4 試證(a)$x > sinx$ (b)$sinx > x - \dfrac{x^3}{6}$

解

(a)令 $f(x) = x - sinx$

$f'(x) = 1 - cosx > 0$

又 $f(0) = 0$

$\therefore f(x) = x - sinx > 0$ 即 $x > sinx$

(b)令 $f(x) = sinx - x + \dfrac{x^3}{6}$

$f'(x) = cos - 1 + \dfrac{x^2}{2}$

$f''(x) = -sinx + x$

由(a) $x>sinx \therefore f''(x)=-sinx+x>0$

又 $f'(0)=0$ $\therefore f'(x)>0$ 又 $f(0)=0$ 得 $f(x)>0$ 即

$sinx>x-\dfrac{x^3}{6}$

例 5 $f(x)=\dfrac{lnx}{x}$ 在哪個區間為減函數，並用此結果比較 π^e 與 e^π 之

大小。

■ **解**

$\therefore f'(x)=\dfrac{x\dfrac{d}{dx}lnx-(lnx)\dfrac{dx}{dx}}{x^2}=\dfrac{1-lnx}{x^2}<0$ 得 $x>e$ 時 $f(x)=\dfrac{lnx}{x}$ 為

嚴格遞減函數。

又 $\pi>e$

$\therefore f(\pi)<f(e)$ 即 $\dfrac{ln\pi}{\pi}<\dfrac{lne}{e}$，$eln\pi<\pi lne$ 或 $ln\pi^e<lne^\pi$

即 $\pi^e<e^\pi$

例 6 $f(x)$ 之二階導數在 $[0，b]$ 中存在且 $f(0)=0$，$f''(x)<0$，試

證 $\dfrac{f(x)}{x}$ 在 $[0，b]$ 間為遞減函數。

■ **解**

$\dfrac{d}{dx}\left(\dfrac{f(x)}{x}\right)=\dfrac{xf'(x)-f(x)}{x^2}$，現我們要證 $xf'(x)-f(x)<0$：

令 $g(x)=xf'(x)-f(x)$ 則

$g'(x)=xf''(x)+f'(x)-f'(x)=xf''(x)<0$，$\forall x\in[0，b]$

即 $g(x)$ 在 $[0，b]$ 為遞減函數，又 $g(0)=0$

$\therefore g(x)=xf'(x)-f(x)<0$

故 $\dfrac{d}{dx}\left(\dfrac{f(x)}{x}\right)=\dfrac{xf'(x)-f(x)}{x^2}<0$

即 $\dfrac{f(x)}{x}$ 在 $[0，b]$ 間為遞減函數。

例 7 $x>0$ 時試證為$x>ln(1+x)>x-\dfrac{x^2}{2}$

解

1. $x>ln(1+x)$：

   令 $f(x)=x-ln(1+x)$

   $f'(x)=1-\dfrac{1}{1+x}=\dfrac{x}{1+x}>0$ ∴$f(x)$為嚴格增函數

   又$f(0)=0$ 　得$f(x)>0$，即$x>ln(1+x)$

2. $ln(1+x)>x-\dfrac{x^2}{2}$：

   令$g(x)=ln(1+x)-x+\dfrac{x^2}{2}$，則$g(0)=0$

   $g'(x)=\dfrac{1}{1+x}-1+x=\dfrac{x^2}{1+x}>0$，$\forall x>0$

   ∴$g(x)>0$ 為嚴格增函數得$ln(1+x)>x-\dfrac{x^2}{2}$

   由(1)，(2)，$x>0$時$x>ln(1+x)>x-\dfrac{x^2}{2}$

例 8 試證$x>1$ 時$\dfrac{ln(1+x)}{lnx}>\dfrac{x}{1+x}$

解析

因為我們將題目變形一下，$(1+x)ln(1+x)>xlnx$

因此，可考慮輔助函數$f(x)=xlnx$

解

取$f(x)=xlnx$則

∵$f'(x)=lnx+1>0$　（∵$x>1$），$f(x)$在$(1，\infty)$為嚴格增函數

∴$f(x)=xlnx<f(x+1)=(x+1)ln(x+1)$

即$\dfrac{ln(x+1)}{lnx}>\dfrac{x}{1+x}$

例 9 $x>1$，試證$lnx>\dfrac{2(x-1)}{x+1}$並以此證：若$b>a>0$ 則

$\dfrac{b-a}{lnb-lna}<\dfrac{a+b}{2}$

◼ 解

(a)令 $f(x)=(x+1)lnx-2(x-1)$

$f'(x)=lnx+\dfrac{1+x}{x}-2=lnx+\dfrac{1}{x}-1$

$f''(x)=\dfrac{1}{x}-\dfrac{1}{x^2}$

當 $x>1$ 時 $f''(x)>0$ 且 $f''(1)=0$

$\therefore x>1$ 時 $f'(x)$ 為嚴格增函數

又 $f'(x)>f'(1)=0$

$\therefore x>1$ 時 $f(x)$ 為嚴格增函數

$f(x)>f(1)=0$

即 $(x+1)lnx-2(x-1)>0$

$\therefore lnx>\dfrac{2(x-1)}{x+1}$

(b)(a)中取 $x=\dfrac{b}{a}$，代入 $lnx>\dfrac{2(x-1)}{x+1}$ 得

$ln\dfrac{b}{a}>\dfrac{2(\dfrac{b}{a}-1)}{\dfrac{b}{a}+1}=\dfrac{2(b-a)}{a+b}$

$\therefore \dfrac{b-a}{lnb-lna}<\dfrac{a+b}{2}$

例 10 若 $a>b>0$，試證 $(1+\dfrac{1}{a})^a>(1+\dfrac{1}{b})^b$

◼ 解

令 $f(x)=(1+\dfrac{1}{x})^x$ 則 $lnf(x)=xln(1+\dfrac{1}{x})$

$\therefore \dfrac{f'(x)}{f(x)}=ln(1+\dfrac{1}{x})+x\left(\dfrac{-\dfrac{1}{x^2}}{1+\dfrac{1}{x}}\right)=ln\dfrac{x+1}{x}-\dfrac{1}{1+x}$ (1)

由中值定理

$\dfrac{ln(1+x)-lnx}{(1+x-x)}=\dfrac{1}{\varepsilon}$，$1+x>\varepsilon>x>0$

$$\therefore \frac{1}{x} > \frac{1}{\varepsilon} > \frac{1}{1+x}$$

即 $ln(1+x) - lnx - \dfrac{1}{1+x}$

$$= \frac{1}{\varepsilon} - \frac{1}{1+x} > 0$$

由 (1) $\dfrac{f'(x)}{f(x)} = ln(1+x) - lnx - \dfrac{1}{1+x} > 0$

得 $f'(x) = f(x)\left(ln(1+x) - lnx - \dfrac{1}{1+x}\right) > 0$

$\therefore f(x) = (1 + \dfrac{1}{x})^x$ ， $x > 0$ 時為嚴格增函數

又 $a > b > 0$ $\quad \therefore (1 + \dfrac{1}{a})^a > (1 + \dfrac{1}{b})^b$

單元 20　勘根問題

　　本單元討論實係數方程式實根個數的問題。解題之關鍵在於利用 Rolle 定理、中值定理，可能還需用增減函數之性質或透過反證法得到所要結果。建構一個輔助函數是必要的。

例 1　設 $a_0+\dfrac{a_1}{2}+\cdots+\dfrac{a_n}{n+1}=0$，試證 $a_0+a_1x+\cdots+a_nx^n=0$ 在 $(0,1)$ 內至少有一個實根。

解

　　取 $g(x)=a_0x+\dfrac{a_1}{2}x^2+\cdots+\dfrac{a_n}{n+1}x^{n+1}=0$，則 $g(x)$ 在 $(0,1)$ 為可微分，在 $[0,1]$ 為連續且 $g(0)=g(1)=0$ ∴由 Rolle 定理，存在一個 $\varepsilon\in(0,1)$ 使得 $g'(\varepsilon)=a_0+a_1\varepsilon+\cdots+a_n\varepsilon^n=0$

例 2　方程式 $x^3-3x+m=0$ 在 $(-1,1)$ 間不可能有 2 個相異實根，試證之。

證

　　利用反證法：設方程式 $x^3-3x+m=0$ 在 $(-1,1)$ 間有 2 個相異實根 x_1，x_2，即 $1>x_2>x_1>-1$

　　因 $f(x)=x^3-3x+m$ 在 $(-1,1)$ 間為可微分，在 $[-1,1]$ 間為連續，x_1，x_2 為 $f(x)=0$ 之二相異實根　∴ $f(x_1)=f(x_2)=0$

　　由 Rolle 定理知 (x_1,x_2) 間存一個 ε 滿足

　　$f'(\varepsilon)=3\varepsilon^2-3=3(\varepsilon^2-1)=0$

　　顯然不存一個 $\varepsilon\in(-1,1)$ 滿足 $3(\varepsilon^2-1)=0$，此與 $x^3-3x+m=0$ 在 $(-1,1)$ 間有 2 個相異實根之假設矛盾，即 $x^3-3x+m=0$ 在 $(-1,1)$ 間不可能有 2 個相異實根。

例 3　試證 $x^4+4x+c=0$ 至多有 2 個實根

證

利用反證法：設 $x^4+4x+c=0$ 有 3 個實根 c_1，c_2，c_3，

$f(x)=x^4+4x+c$ 為一連續且可微分之函數，故由 Rolle

定理，在 $[c_1，c_2]$ 中存在一個 ε_1，使得 $f'(\varepsilon_1)=0$，在 $[c_2，c_3]$

中存在一個 ε_2 使得 $f'(\varepsilon_2)=0$，但 $f'(x)=4x^3+4=0$ 恰有

一個實數根，與假設矛盾，即 $x^4+4x+c=0$ 至多有 2 個

實根。

例 4　試證 $2x-1=sinx$ 恰有 1 個實根。

解

考察 $f(x)=2x-1-sinx$

存在性：$\because f(1)=1-sin1>0$，$f(0)=-1<0$

$\qquad\qquad \therefore f(x)$ 至少存在一實根

唯一性：現要證明唯一性；

假設 $f(x)=0$ 有 2 個實根 c_1，c_2，因 $f(x)$ 在 $[c_1，c_2]$ 為連續且

在 $(c_1，c_2)$ 為可微分函數　$\therefore$ 由 Rolle 定理，在 $[c_1，c_2]$ 中存

在一個 ε 滿足 $f'(\varepsilon)=0$，但 $f'(x)=2-cosx>0\forall x$，為一增函

數　$\therefore$ 在 $[c_1，c_2]$ 中不可能存在一個 ε 滿足 $f'(\varepsilon)=0$，與假設

矛盾。即 $f(x)=2x-1-sinx=0$，或 $2x-1=sinx$ 恰有 1 個實根

例 5　$x^n+ax+b=0$，a，$b\in R$，當 n 為偶數時至多有 2 個相異實

根，n 為奇數時至多有 3 個相異實根。

解

1. n 為偶數時：設有 3 個相異實根 $x_1<x_2<x_3$ 則 $f(x_1)=f(x_2)$

$=f(x_3)=0$，$f(x)=x^n+ax+b$ 滿足 Rolle 定理之條件 $\therefore$ 在 $(x_1，$

$x_2)$ 存在一個 ε_1 使得 $f'(\varepsilon_1)=n\varepsilon_1^{n-1}+a=0$

($n-1$為奇數)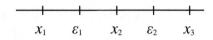

在(x_2，x_3)存在一個ε_2使得 $f'(\varepsilon_2)=n\varepsilon_2^{n-1}+a=0$

由$\varepsilon_1=\varepsilon_2=(-\dfrac{a}{n})^{\frac{1}{n-1}}$，此與$\varepsilon_1\in(x_1$，$x_2)$，$\varepsilon_2\in(x_2$，$x_3)$矛盾，故

n為偶數時至多有 2 個相異實根

2.n為奇數時，設有 4 個相異實根$x_1<x_2<x_3<x_4$

$f(x_1)=f(x_2)=\cdots f(x_4)=0$，$f(x)$滿足 Rolle 定理之條件

∴在(x_1，x_2)存在一個ε_1，

使得 $f'(\varepsilon_1)=n\varepsilon_1^{n-1}+a=0$

($n-1$為偶數)同理，

$f'(\varepsilon_2)=n\varepsilon_2^{n-1}+a=0$，$\varepsilon_2\in(x_2$，$x_3)$

$f'(\varepsilon_3)=n\varepsilon_3^{n-1}+a=0$，$\varepsilon_2\in(x_3$，$x_4)$

若 $a>0$ 則此種ε_i，$i=1$，2，3 不存在，因此 $a<0$

則$\varepsilon_1^{n-1}=\varepsilon_2^{n-1}=\varepsilon_3^{n-1}$，$\varepsilon_1$，$\varepsilon_2$，$\varepsilon_3\in R$，$n-1$為偶數

∴$\varepsilon_1=\pm\varepsilon_2=\pm\varepsilon_3$，因$\varepsilon_1$，$\varepsilon_2$，$\varepsilon_3$在不同區間，因此$\varepsilon_1=-\varepsilon_2$，

$\varepsilon_2=-\varepsilon_3$則$\varepsilon_1=\varepsilon_3$此結果與$\varepsilon_1$，$\varepsilon_2$，$\varepsilon_3$在不同區間之假設矛盾

，故n為奇數時至多 3 個相異實根。

單元 21　圖形之凹性

上凹與下凹

一個圖形是上凹(Concave Up)
或下凹(Concave Down)，其定
義如下：

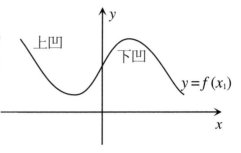

> **定義**
>
> 函數 f 在 $[a，b]$ 中為連續且在 $(a，b)$ 中為可微分，若
> (1)在 $(a，b)$ 中，f 之切線位於 f 圖形之下，則稱 f 在 $[a，b]$
> 為上凹。
> (2)在 $(a，b)$ 中，f 之切線位於 f 圖形之下，則稱 f 在 $[a，b]$
> 為下凹。
> 圖形上凹之函數稱為凹函數，圖形下凹之函數稱為凸函
> 數。

用白話來說，上凹是一個開口向上之圖形，下凹則是開
口向下。

如右圖：上凹是切線在 f 圖
形之下，也是向口向上，下
凹則恰好相反。下面的定理

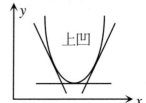

是判斷圖形凹性之重要方法。

定理

f 在 $[a，b]$ 中為連續，且在 $(a，b)$ 中為可微分，則

(1)在 $(a，b)$ 中滿足 $f''>0$，則 f 在 $[a，b]$ 中為上凹。

(2)在 $(a，b)$ 中滿足 $f''<0$，則 f 在 $[a，b]$ 中為下凹。

函數凹性區間之求算

$f(x)$ 在 $[a, b]$ 中為連續在 (a, b) 中為可微分，則我們可利用上述定理機械地求出凹區間與凸區間。

例 1 求下列函數之下凹與上凸區間

(a)$y=e^{-x^2}$ 　　　　　　　　(b)$y=x+\dfrac{1}{x}$

(c)$y=\dfrac{1}{1+x+x^2}$ 　　　　　(d)$y=ln(1+x^2)$

解

(a)$y=e^{-x^2}$，$y'=-2xe^{-x^2}$，$y''=-2e^{-x^2}+4x^2e^{-x^2}=2(2x^2-1)e^{-x^2}$

令 $y''<0\Rightarrow2(2x^2-1)e^{-x^2}<0\Rightarrow x^2-\dfrac{1}{2}=(x-\dfrac{1}{\sqrt{2}})(x+\dfrac{1}{\sqrt{2}})<0$

得 $y=e^{-x^2}$ 在 $(-\dfrac{1}{\sqrt{2}}，\dfrac{1}{\sqrt{2}})$ 為下凹，$y=e^{x^2}$ 在 $(-\infty，-\dfrac{1}{\sqrt{2}})$，$(\dfrac{1}{\sqrt{2}}，\infty)$ 為上凹

(b)$y=x+\dfrac{1}{x}$，$y'=1-\dfrac{1}{x^2}$，$y''=\dfrac{2}{x^3}$ $\therefore y=x+\dfrac{1}{x}$ 在 $(-\infty，0)$ 為下凹，在 $(0，\infty)$ 為上凹

(c)$y=\dfrac{1}{1+x+x^2}=(1+x+x^2)^{-1}$，$y'=-(1+2x)(1+x+x^2)^{-2}$

令 $y''=-2(1+x+x^2)^{-2}+2(1+2x)^2(1+x+x^2)^{-3}$

$=2[\dfrac{-1-x-x^2+1+4x+4x^2}{(1+x+x^2)^3}]$

$$=6\left(\frac{x(x+1)}{(1+x+x^2)^3}\right)<0$$

$\therefore y=\dfrac{1}{1+x+x^2}$在$(-1，0)$為下凹，在$(-\infty，-1)$與$(0，\infty)$為上凹

(d)$y'=\dfrac{2x}{1+x^2}$，$y''=\dfrac{(1+x^2)2-2x\cdot2x}{(1+x^2)^2}=\dfrac{2-2x^2}{(1+x^2)^2}<0$

$\therefore x^2-1>0\Rightarrow(x+1)(x-1)>0$

得$y=ln(1+x^2)$在$(1，\infty)$及$(-\infty，-1)$為上凹，在$(-1，1)$為下凹

函數、凹性在不等式之應用

定義

函數$f(x)$在區間 I 中有定義，若對任意之$x_1，x_2\in I$，及任一個實數$\lambda\in(0，1)$恆有

$$\begin{cases}f(\lambda x_1+(1-\lambda)x_2)<\lambda f(x_1)+(1-\lambda)f(x_2)則稱\ f(x)為凸函數\\f(\lambda x_1+(1-\lambda)x_2)>\lambda f(x_1)+(1-\lambda)f(x_2)則稱\ f(x)為凹函數\end{cases}$$

定理

若$f''(x)>0$，$\forall x\in I$ 則$f(x)$在 I 中是凸函數

若$f''(x)<0$，$\forall x\in I$ 則$f(x)$在 I 中是凹函數

說明

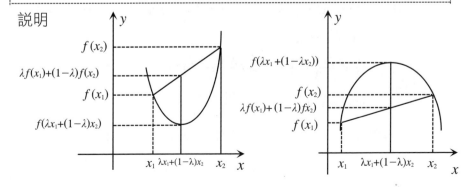

因此，我們有(若$\sum\limits_{i=1}^{n}\lambda_i=1$，$1\geq\lambda_i\geq0$)

1. $f''(x)>0$：$f(\lambda_1x_1+\lambda_2x_2+\cdots+\lambda_nx_n)\leq\lambda_1f(x_1)+\lambda_2f(x_2)+\cdots\lambda_nf(x_n)$

2. $f''(x)<0$：$f(\lambda_1x_1+\lambda_2x_2+\cdots+\lambda_nx_n)\geq\lambda_1f(x_1)+\lambda_2f(x_2)+\cdots\lambda_nf(x_n)$

例2 x，y，$z>0$，試證

(a)$(x+y+z)ln\dfrac{x+y+z}{3}\leq xlnx+ylny+zlnz$

(b)$\dfrac{1}{3}(x^n+y^n+z^n)>(\dfrac{x+y+z}{3})^n$，$n>1$，$x$，$y$，$z>0$

(c)$\dfrac{1}{3}(e^x+e^y+e^z)>e^{\frac{x+y+z}{3}}$

▨ **解析**

用函數凹性來證明不等式，首先要建構一個輔助函數，透過$f''>0$還是<0來判定$f(x)$是凹函數抑為凸函數。

▨ **解**

(a)取$g(x)=xlnx$，$g'(x)=lnx+1$，$g''(x)=\dfrac{1}{x}>0$ $\forall x>0$

∴$g(x)$為凸函數

$\dfrac{1}{3}xlnx+\dfrac{1}{3}ylny+\dfrac{1}{3}zlnz\geq\dfrac{x+y+z}{3}ln\dfrac{x+y+z}{3}$

即$xlnx+ylny+zlnz\geq(x+y+z)(ln\dfrac{x+y+z}{3})$

(b)取$g(x)=x^n$，$g'(x)=nx^{n-1}$，$g''(x)=n(n-1)x^{n-2}>0$ $\forall x>0$，

$g(x)$為凸函數

∴$\dfrac{1}{3}x^n+\dfrac{1}{3}y^n+\dfrac{1}{3}z^n>(\dfrac{x+y+z}{3})^n$

即$\dfrac{1}{3}(x^n+y^n+z^n)>(\dfrac{x+y+z}{3})^n$

(c)取$g(x)=e^x$，$g'(x)=e^x$，$g''(x)=e^x>0$，$g(x)$為凸函數

$$\therefore \frac{1}{3}e^x + \frac{1}{3}e^y + \frac{1}{3}e^z > e^{\frac{x+y+z}{3}}$$

即 $\frac{1}{3}(e^x + e^y + e^y) > e^{\frac{x+y+z}{3}}$

例 3 試證

(a)$\angle A$，$\angle B$，$\angle C$為ΔABC之三內角；試證

$$sinA + sinB + sinC \le \frac{3\sqrt{3}}{2}$$

(b)a，b，$c > 0$，$a+b+c=1$，試證$\sqrt{1+a^2}+\sqrt{1+b^2}+\sqrt{1+c^2}$
$\ge \sqrt{10}$

(c)a，b，$c > 0$，試證$\dfrac{a+b+c}{3} \ge \sqrt[3]{abc}$

解

(a)考察函數$f(x) = sinx$，$f'(x) = cosx$，$f''(x) = -sinx$，

$f''(x) < 0$，$x \in [0, \pi]$

$$\therefore \frac{sinA + sinB + sinC}{3} \le sin\frac{A+B+C}{3} = sin\frac{\pi}{3} = \frac{\sqrt{3}}{2}$$

$$\Rightarrow sinA + sinB + sinC \le \frac{3\sqrt{3}}{2}$$

(b)取$f(x) = \sqrt{1+x^2}$，$f'(x) = \dfrac{x}{\sqrt{1+x^2}}$，$f''(x) = \dfrac{1}{(1+x^2)^{\frac{3}{2}}} > 0$

$$\therefore \frac{1}{3}\sqrt{1+a^2} + \frac{1}{3}\sqrt{1+b^2} + \frac{1}{3}\sqrt{1+c^2} \ge \sqrt{1+(\frac{a+b+c}{3})^2} = \frac{\sqrt{10}}{3}$$

即$\sqrt{1+a^2}+\sqrt{1+b^2}+\sqrt{1+c^2} \ge \sqrt{10}$

(c)取$f(x) = lnx$，$f'(x) = \dfrac{1}{x}$，$f''(x) = -\dfrac{1}{x^2} < 0$

$$\therefore \frac{1}{3}lna + \frac{1}{3}lnb + \frac{1}{3}lnc \le ln\frac{a+b+c}{3}$$

$$\Rightarrow ln\sqrt[3]{abc} \le ln\frac{a+b+c}{3}$$

$$\therefore \sqrt[3]{abc} \le \frac{a+b+c}{3}$$

例 4 試證$1 + xln(x+\sqrt{1+x^2}) \ge \sqrt{1+x^2}$，$x \in R$

▣ 解析

如果$f(x)$在R中為一個凹或凸函數時，其極值即為絕對極值，我們可應用這種特性證明不等式。

▣ 解

令$f(x)=1+xln(x+\sqrt{1+x^2})-\sqrt{1+x^2}$，讀者可驗證$f'(x)=$

$ln(x+\sqrt{1+x^2})$，$f'(x)=0$得$x=0$，$f''(x)=\dfrac{1}{\sqrt{1+x^2}}>0$

$\therefore x=0$為$f(x)$之惟一相對極小點，也是絕對極小點，其絕對極小值$f(0)=0$

$\therefore f(x)\geq 0$，$\forall x\in R$ 即$1+xln(x+\sqrt{1+x^2})\geq \sqrt{1+x^2}$，$x\in R$

反曲線

若函數f上之一點$(c,\ (f)c)$改變了圖形之凹性，則該點稱為反曲點(Inflection Point 大陸稱拐點)。因此$f''(c)=0$ 或$f''(c)$不存在時$(c,\ f(c))$即為之反曲點。

例 5　求下列曲線之反曲點(a)$y=x^3+x^2+9x+7$　(b)$y=a+\sqrt[3]{x+b}$

(c)$y=x^{\frac{5}{3}}$　　(d)$y=x|x|$

▣ 解

(a)$y'=3x^2+6x+9$

$y''=6x+6=0$　$\therefore x=-1$

即$x=-1$時，$y=-2$　$\therefore (-1,\ -2)$是$y=x^3+x^2+9x+7$之反曲點。

(b)$y=a+(x+b)^{\frac{1}{3}}$

$y'=\dfrac{1}{3}(x+b)^{-\frac{2}{3}}$，$y''=-\dfrac{2}{9}(x+b)^{-\frac{5}{3}}$

$x>-b$時，$y''<0$，$x<-b$時，$y''>0$

$\therefore x=-b$時$y=a+\sqrt[3]{x+b}$有反曲點$(-b,\ a)$

(c)$y=x^{\frac{5}{3}}$，$y'=\frac{5}{3}x^{\frac{2}{3}}$，$y''=\frac{10}{9}x^{-\frac{1}{3}}$，$x>0$時$y''>0$，$x<0$時

$y''<0$，$x=0$時y''不存在，

$\therefore(0，0)$是$y=x^{\frac{5}{3}}$之一反曲點

(d)$f(x)=x|x|=\begin{cases} x^2，x\geq0 \\ -x^2，x<0 \end{cases}$

$f'(x)=\begin{cases} 2x，x>0 \\ -2x，x<0 \end{cases}$，$f''(x)=\begin{cases} 2，x>0 \\ -2，x<0 \end{cases}$

$f''(0)$不存在　$\therefore(0，0)$是$y=x|x|$之反曲點。

例6　$f(x)$之$f'''(x)$存在，若$f(c)=f'(c)=f''(c)=0$，但$f'''(c)\neq0$，試

證$(c，f(c))$為$y=f(x)$之一個反曲點

解

$f'''(c)\neq0$，設$f'''(c)>0$ 則$f''(x)$在$x=c$之鄰域為增函數，

在$x>c$時$f''(x)>f''(c)=0$，$x<c$時$f''(x)<f''(c)=0$

$\therefore(c，f(c))$為$f(x)$之反曲點，$f'''(c)<0$ 時同法可證。

反例集

例6　能否找到一個函數$f(x)$，$f''(c)=0$ 但$(c，f(c)$不為$f(x)$之反曲

點

解

$y=x^4$是為一例，$y''=12x^2=0$，但$(0，0)$不為$y=x^4$之反曲點

，事實上，$y=x^4$為一上凹曲線。

單元 22 極值

本單元所討論的極值：

相對極值 {相對極大 相對極小

絕對極值 {絕對極大 絕對極小

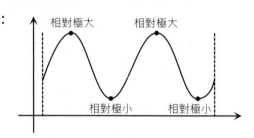

相對極值

相對極值亦稱之為局部極值(Local Extremes, 大陸稱為最值)，它的定義是：

定義

函數 f 之定義域為 D，

1. I 為包含於 D 之開區間，若 $c \in$ I，且 $f(c) \geqq f(x)$，
   $\forall x \in$ I，則稱 f 有一相對極大值 $f(c)$；
2. I 為包含於 D 之開區間，若 $c \in$ I，且 $f(c) \leqq f(x)$，
   $\forall x \in$ I，則稱 f 有一相對極小值 $f(c)$；

有了這個定義後，我們將探討以下二個問題，一是相對極值在何處發生？如何求出極值？茲分述如下：

臨界點(Critical Point, 大陸稱為駐點): f 在 (a, b) 中為連續，則 $f'(x) = 0$ 或 $f'(x)$ 不存在之點稱為臨界點，有了這個臨界點之定義，我們可有以下之重要定理。

> **定理**
>
> 若函數 f 在 $x=c$ 處有一相對極限值，則 $f'(c)=0$ 或 $f'(c)$ 不存在。

説明

要求函數極值，首先要求出其臨界點。同時我們要知道 $f'(c)=0$ 或 $f'(c)$ 不存在，是 $f(x)$ 在 $x=c$ 處有相對極值之必要條件。

例 1 試證若函數 $y=x^3+ax^2+bx+c$ 有相對極值，則 $a^2>3b$；並假設 a，b，c 均為實數。

解

$\because y'=3x^2+2ax+b$

$\therefore f(x)$ 有相對極值時，$y'=0$ 必須有實數解，由判別式

$D=(2a)^2-4\cdot3\cdot b\geq0$ 得 $a^2\geq3b$，

但 $a^2\geq3b$ 時可能有重根，$y'=0$ 有重根，設為 k，

則 $y'=3x^2+2ax+b=3(x-k)^2>0$，

故 $f(x)$ 無相對極值

所以 $f(x)$ 有相對極值，必須 $a^2>3b$

★極限的保號性

極限理論中有一特殊性質，稱爲「極限的保號性」：

「若 $\lim\limits_{x\to a}f(x)=A$，且 $A\neq0$ 則在 a 之某個去心鄰域內存在一個區間 $U_。$，使得 $x\in U_。$ 時，$f(x)$ 之正負性與 A 一致」即 $A>0$ 時，$f(x)>0$，$A<0$ 時 $f(x)<0$，$x\in U_。$。

例 2　根據下列條件，判斷$f(x)$在$x=a$處有相對極小值/相對極大值。

(a) $\lim\limits_{x\to a}\dfrac{f(x)-f(a)}{(x-a)^2}=-2$，但$f'(a)=0$

(b) $\lim\limits_{x\to a}\dfrac{f(x)-f(a)}{(x-a)^3}=-2$，但$f'(a)=f''(a)=0$

(c) $\lim\limits_{x\to a}\dfrac{f(a)}{1-cos(x-a)}=-1$，$f(a)=0$

■ 解

(a) $\lim\limits_{x\to a}\dfrac{f(x)-f(a)}{(x-a)^2}=\lim\limits_{x\to a}\dfrac{f'(x)}{2(x-a)}=\lim\limits_{x\to a}\dfrac{f''(x)}{2}=-2$

即$\lim\limits_{x\to a}f''(x)=4<0$　∴$f(x)$在$x=a$處有相對極大值$f(a)$

(b) $\lim\limits_{x\to a}\dfrac{f(x)-f(a)}{(x-a)^3}=\lim\limits_{x\to a}\dfrac{f'(x)}{3(x-a)^2}=\lim\limits_{x\to a}\dfrac{f''(x)}{6(x-a)}$

$=\lim\limits_{x\to a}\dfrac{f'''(x)}{6}=-1$

即$\lim\limits_{x\to a}f'''(x)=-6$　$f(x)$在$x=a$之除去鄰域$f'''(x)<0$

∴無極點

(c) $\lim\limits_{x\to a}\dfrac{f(a)}{1-cos(x-a)}=\lim\limits_{x\to a}\dfrac{f'(x)}{sin(x-a)}=\lim\limits_{x\to a}\dfrac{f''(x)}{cos(x-a)}=-1$

∴$\lim\limits_{x\to a}f''(x)=-1<0$　∴$f(x)$在$x=a$處有相對極大值$f(a)$

相對極值之判別法

　　判斷可微分函數之相對極值之方法有二，一是一階導數判別法(即常稱之增減表法)，一是二階導函數判別法。

一階導數判別法

定理

　　f在$(a，b)$中為連續，且c為$(a，b)$中之一點，

　　1.若$f'>0$，$\forall x\in(a，c)$且$f'<0$，$\forall x\in(c，b)$，則$f(c)$為相

對拉大值

2.若$f'<0$，$\forall x\in(a，c)$且$f'>0$，$\forall x\in(c，b)$，則$f(c)$為f之一相對極小值。

説明

這個定理有一種直覺的比喻，例如我們爬山，先往下爬(增函數)，等爬到了山頂(相對極大點)再往下走(減函數)。又如我們到地下室，先往下走(減函數)，等走到地下室(相對極小點)再往上爬(增函數)。

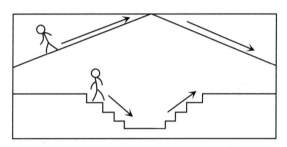

二階導數判別法

定理

若$f'(c)=0$且，f''在包含c之開區間$(a，b)$均存在，則

(1)$f''(c)<0$，$f(c)$為f之一相對極大值；

(2)$f''(c)>0$，$f(c)$為f之一相對極小值。

例 3　求下列函數之極值

(a)$f(x)=xe^x$，$x\in R$　　　(b)承(a)$g(x)=f^{(n)}(x)$

(c)$f(x)=\sqrt{x}lnx$　　　(d)$f(x)=\dfrac{3x^2}{3+x^2}$

(e)$f(x)=x^x$　　　　　　　　(f)$f(x)=e^x\cos x$

■ 解

(a)一階導數判別法

$f'(x)=e^x+xe^x=(1+x)e^x$

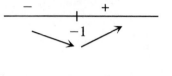

$f'(x)=0$，$x=-1$

$f'(x)\begin{cases}<0 , x<-1 \\ >0 , x>-1\end{cases}$

$\therefore f(x)$在$x=0$處有相對極小值$f(-1)=-e^{-1}$

二階導數判別法

$f''(x)=e^x+(1+x)e^x=(2+x)e^x$

$f''(-1)=e^{-1}>0$

$\therefore f(x)$在$x=-1$處有相對極小值$f(-1)=-e^{-1}$

(b)讀者可驗證$g(x)=(x+n)e^x$

一階導數判別法

$g'(x)=e^x+(x+n)e^x=(x+(n+1))e^x=0$

$\therefore x=-(n+1)$

$g'(x)\begin{cases}<0 , x<-(n+1) \\ >0 , x>-(n+1)\end{cases}$

知$g(x)$在$x=-(n+1)$處有相對極小值$g(-(n+1))=-e^{-(n+1)}$

二階導數判別法

$g''(x)=e^x+(x+(n+1))e^x=(x+(n+2))e^x$

$g''(-(n+1))=e^{-(n+1)}>0$

$\therefore g(x)$在$x=-(n+1)$處有相對極小值$g(-(n+1))=-e^{-(n+1)}$

(c)一階導數判別法

$f'(x)=\dfrac{1}{2}x^{-\frac{1}{2}}\ln x+\sqrt{x}\cdot\dfrac{1}{x}=\dfrac{\ln x+2}{2\sqrt{x}}=0$　$\therefore x=e^{-2}(x=0$不在

$f(x)$之定義域內)

$$f(x) \begin{cases} <0, & x<e^{-2} \\ >0, & x>e^{-2} \end{cases}$$

$$\therefore f(x)在x=e^{-2}處有相對極小值 f(e^{-2})=-\frac{2}{e}$$

(d)一階導數判別法

$$f'(x)=\frac{6x}{(3+x^2)^2}, \ f'(x)=0 \ 得 x=0$$

$$f''(x) \begin{cases} <0, & x<0 \\ >0, & x>0 \end{cases}$$

$$\therefore f(x)在x=0處有相對極小值 f(0)=0$$

二階導數判別法

$$f''(x)=6(3+x^2)^{-2}-12x(3+x^2)^{-3}\cdot 2x$$
$$=6(3+x^2)^{-2}-24x^2(3+x^2)^{-3}$$

$$f''(0)=\frac{2}{3}>0$$

$$\therefore f(x)在x=0處有相對極小值 f(0)=0$$

(e)一階導數判別法

$$f'(x)=x^x(1+lnx), \ f'(x)=0 \ 得 x=-e，但 x=-e 不在 f(x)$$

之定義域內故無極值。

(f)二階導數判別法

$$f'(x)=e^x cosx-e^x sinx=e^x(cosx-sinx)=0$$

$$\therefore x=\frac{\pi}{4}+2k\pi 或 x=\frac{5\pi}{4}+2k\pi=\frac{\pi}{4}+(2k+1)\pi$$

$$f'(x)=-2e^x sinx$$

$$f''(\frac{\pi}{4}+2k\pi)<0 \quad \therefore f(x)=e^x cosx 在 x=\frac{\pi}{4}+2k\pi，k\leftarrow n$$

時有相對極大值 $f(\frac{\pi}{4}+2k\pi)=e^{\frac{\pi}{4}+2k\pi}sin(\frac{\pi}{4}+2k\pi)$

$$=\frac{\sqrt{2}}{2}e^{\frac{\pi}{4}+2k\pi}$$

$$f''(\frac{\pi}{4}+(2k+1)\pi)=f''(\frac{5}{4}\pi+2k\pi)>0 \quad \therefore f(x)=e^x sinx 在$$

$$x = \frac{\pi}{4} + (2k+1)\pi \text{處有相對極小值}$$

$$f(\frac{\pi}{4} + (2k+1)\pi) = f(\frac{5\pi}{4} + 2k\pi) = \frac{-\sqrt{2}}{2}e^{\frac{\pi}{4} + (2k+1)\pi}$$

在(f)，一階導數判別法直覺上並不方便，因此，我們又運用二階導數法。

註：讀者只需用一種方法即可，除非有特別要求。

絕對極值

絕對極值(Absolute Extremes)又稱為全域極值(Global Extremes)，其定義如下：

定義

f為定義義某區間 I ，(1)若在 I 中存在一個數 u，使得f(u) ≥ f(x)∀x∈ I ，則f(u)是f在 I 中之絕對極大值：(2)若在 I 中存在一個數 v，使得f(v) ≤ f(x)∀x∈ I ，則f(v)是f 在 I 中之絕對極小值。

下面定理説明了若函數f(x)在閉區間 I 中為連續，則它必存在絕對極大與絕對極小。

定理

若函數f在閉區間[a，b]中為續，則f(x)在[a，b]中有絕對極大與絕對極小。

說明

f(x)在[a，b]中為連續，則它在[a，b]中有絕對極大及絕對極小，那麼絕對極值會在那些地方出現？答案是f'(x) =

0，$f'(x)$不存在之點以及端點 —— $f(a)$、$f(b)$。

例 4 $f(x) = x^3 - 3x^2 - 9x + 11$

(1) $4 \geq x \geq -2$ (2) $2 \geq x \geq -2$ (3) $4 \geq x \geq 2$ (4) $2 \geq x \geq 0$

解

(1) $4 \geq x \geq -2$

∴絕對極大值為$f(-1) = 16$，

絕對極小值為$f(3) = -16$

x	-2	-1	3	4
	9	16	-16	-9

(2) $2 \geq x \geq -2$

∴絕對極大值為$f(-1) = 16$，

絕對極小值為$f(2) = -11$

x	-2	-1	2
$f(x)$	9	16	-11

要注意的是$x = 3$不在$[-2，2]$內，因此在本小題中$x = 3$不為臨界點

(3) $4 \geq x \geq 2$

∴絕對極大值為$f(4) = -9$，

絕對極小值為$f(3) = -16$

x	2	3	4
$f(x)$	-11	-16	-9

(4) $2 \geq x \geq 0$

∴絕對極大值為$f(0) = 11$，

絕對極小值為$f(2) = -11$

x	0	1	2
$f(x)$	11	0	-11

例 5 求(a) $f(x) = |x-1|e^x$ 在$[0，3]$之絕對極值

(b) $f(x) = |2x^3 - 9x^2 + 12x|$，在$[-1，3]$之絕對極值

解

(a) $f(x) = \begin{cases} (x-1)e^x，3 \geq x \geq 1 \\ (1-x)e^x，1 > x \geq 0 \end{cases}$

$f'(x) = \begin{cases} xe^x，3 \geq x > 1 \\ -xe^x，1 > x \geq 0 \end{cases}$

得$[1，3]$中$x = 1$為一臨界點

$f(3) = e^3$，$f(2) = e$，$f(1) = 0$，$f(0) = 1$

∴$x=3$時有絕對極大值$3e^3$，$x=1$時有絕對極小值。

(b)$f(x)=|2x^3-9x^2+12x|=|x||2x^2-9x+12|$

$\qquad=|x|(2x^2-9x^2+12)$　　($\because 2x^2-9x+12$之判別式<0)

$\qquad=\begin{cases}2x^3-9x^2+12x，3\geq x\geq 0\\ -2x^3+9x^2-12x，0>x\geq -1\end{cases}$

$\therefore f'(x)=\begin{cases}6x^2-18x+12，3>x>0\\ -6x^2+18x-12，0>x\geq -1\end{cases}$

$\qquad=\begin{cases}6(x-1)(x-2)，3\geq x\geq 0\\ -6(x-1)(x-2)，0>x\geq -1\end{cases}$

$\because f'_+(0)\neq f'_-(0)$　$\therefore x=0$時不可微，得臨界點$x=0$，1，2

$\therefore$比較$f(3)=9$，$f(0)=0$，$f(1)=5$，$f(2)=4$，$f(-1)=23$

$\therefore f(x)$在$x=-1$處有絕對極大值23，$x=0$處有絕對極小值。

定理

若函數$f(x)$在$x=x_0$之n階導數存在，且$f'(x_0)=f''(x_0)$
$=\cdots=f^{(n-1)}(x_0)=0$，但$f^{(n)}(x_0)\neq 0$，則

(1) n 為偶數時，$x=x_0$為一極值點，且
$\quad\begin{cases}f^{(n)}(x_0)>0，f(x)\text{在 }x=x_0\text{處有相對極小值}\\ f^{(n)}(x_0)>0，f(x)\text{在 }x=x_0\text{處有相對極大值}\end{cases}$

(2) n 為奇數時，$x=x_0$不是$f(x)$之極值點。

例 6　求下列函數之極值

(a)$y=x^3$　　　　　　　　(b)$y=x^4$

(c)$y=(x^2-1)^3+2$　　　(d)$y=x^3(x-1)^2$

解

(a)令$f'(x)=3x^2=0$得$x=0$，$f''(0)=0$，$\therefore x=0$不為$f(x)=x^3$之
極值點，即$f(x)=x^3$無極值

(b)$f'(x)=4x^3=0$，得$x=0$，$f''(0)=0$，$f^{(4)}(0)=24>0$，

∴$f(x)=x^4$在$x=0$處有相對極小值$f(0)=0$

(c)令$f'(x)=6x(x^2-1)^2=0$ 得$x=0+1$，$f''(x)=6(x^2-1)1.5x^2-1)$

則$f(0)>0$ ∴$f(x)=(x^2-1)^3+2$在$x=0$處有相對極小值$f(0)$
$=1$

但$f''(\pm1)\neq0$，$f'''(x)=24x(5x^2-3)=\pm48\neq0$

∴$x=\pm1$ 不為$f(x)=(x^2-1)^3+2$之極值點

(d)令$f'(x)=3^2(x-1)x^2+x^32(x-1)=5x^4-8x^3+3x^2$

$=x^2(x-1)(5x-1)=0$

得$x=0$，1，$\dfrac{1}{5}$

$f''(x)=20x^3-24x^2+6x$，$f''(0)=0$，$f''(1)=0$，

∴$f(x)$在$x=1$處有相對極小值$f(1)=0$，$f''(\dfrac{1}{5})=0$，

∴$f(x)$在$x=\dfrac{1}{5}$處有相對極小值$f(\dfrac{1}{5})=\dfrac{16}{3125}$

$f'''(x)=120x^2-48x+6$，$f'''(0)=6$，$x=0$不是$f(x)$之極點

極值的應用

極值之應用問題上之解題步驟。

1. 確定問題是求極大或是極小，並用字母或符號代示。

2. 對問題中之其他變量亦用字母或其他字符來表示，並儘可能繪圖以使問題具體化。

3. 探討各變量間之函數關係。

4. 求出函數有意義之範圍，即定義域。

例7 將邊長為a之正方形鋁片截去四個角做成一個無蓋子的盒子，求盒子的最大容積為何？

解

1.本題要解的是最大容積為何？設 $V=$ 容積。

2.設截去之角每邊長，如右圖，

3.求 a，x，V 間之關係：

$$V=(a-2x)^2 \cdot x$$

4.取 $f(x) = (a-2x)^2 \cdot x$，$a>2x$

5.$f'(x) = 12x^2-8ax+a^2$

$$= (6x-a)(2x-a) = 0$$

解得 $x=\dfrac{a}{2}$(不合)或 $x=\dfrac{a}{6}$，

$$f''(\dfrac{a}{6})=24\,(\dfrac{a}{6})-8a<0$$

$\therefore V = (a-\dfrac{a}{3})^2 \cdot \dfrac{a}{6} = \dfrac{2}{27}a^3$，此即盒子之最大容積。

例8 求邊長為 a，b 之直角三角形之最內接矩形之最大面積。

解

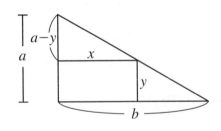

設所求內接最大矩形

之長為 x 寬為 y

依相似三角形之性質，我們有 $\dfrac{x}{b} = \dfrac{a-y}{a}$，$y=a-\dfrac{a}{b}x$

$\therefore$ 內接矩形面積 $A(x)=xy = x(a-\dfrac{a}{b}x) = ax-\dfrac{a}{b}x^2$

$$\dfrac{d}{dx}A(x)=a-\dfrac{2a}{b}x=0 \quad \therefore x=\dfrac{b}{2}$$

$$\dfrac{d^2}{dx^2}A(x) = \dfrac{-2a}{b}<0$$

$\therefore$ 當 $x=\dfrac{b}{2}$，$y=a(\dfrac{b}{2})-\dfrac{a}{b}(\dfrac{b}{2})^2 = \dfrac{a}{2}$ 時 $A=xy=\dfrac{ab}{4}$ 有最大面積。

例 9　在高於觀測者眼睛 h 米
　　之牆上掛 a 米之照片，
　　問觀測者在距牆多遠處
　　看圖才最清楚
　　(即視角 θ 為最大)。

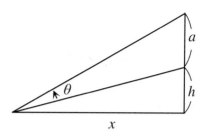

解

設觀測者距牆 x 米處有最大視角，依圖，我們不難建立：

$$\theta = tan^{-1}\frac{a+h}{x} - tan^{-1}\frac{h}{x}$$

$$\frac{d\theta}{dx} = \frac{-\dfrac{a+h}{x^2}}{1+(\dfrac{a+h}{x})^2} - \frac{-\dfrac{h}{x^2}}{1+(\dfrac{h}{x})^2} = 0$$

得 $x = ah\sqrt{a+h}$

又 $\dfrac{d^2\theta}{dx^2}\Big|_{x=ah\sqrt{a+h}} < 0$

∴ 觀測者站離牆 $ah\sqrt{a+h}$ 處有最大視角

例 10

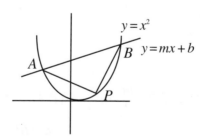

若直線 $y=mx+b$ 交 $y=x^2$ 於 A，B 二點，P 為 $y=x^2$ 上任一動點
　，問 $\triangle APB$ 面積最大時，P 之座標為何？

解析

三角形面積公式除底×高/2 外，還有 2 個基本公式，

1. 三角形面積 $= \dfrac{1}{2}absinC = \dfrac{1}{2}acsinB = \dfrac{1}{2}bcsinA$，

a，b，c 為三個頂點 A，B，C 之對應邊

2.若 A，B，C 之座標為 $(x_1，y_1)$，$(x_2，y_2)$，$(x_3，y_3)$ 則 $\triangle ABC$ 之面積為下列行列式之絕對值：$\dfrac{1}{2}\begin{vmatrix} 1 & x_1 & y_1 \\ 1 & x_2 & y_2 \\ 1 & x_3 & y_3 \end{vmatrix}$

■ **解**

設 A，B，P 之座標分別為 $(a，a^2)$，$(k，k^2)$ 及 $(x，x^2)$

$\because A$，B 共線 $\quad \therefore m = \dfrac{a^2-k^2}{a-k} = a+k$

令 $A(x) = \triangle ABP$ 之面積

$$= \frac{1}{2}\begin{vmatrix} 1 & a & a^2 \\ 1 & k & k^2 \\ 1 & x & x^2 \end{vmatrix} = \frac{1}{2}\begin{vmatrix} k-a & k^2-a^2 \\ x-a & x^2-a^2 \end{vmatrix}$$

$$= \frac{1}{2}(k-a)(x-a)\begin{vmatrix} 1 & k+a \\ 1 & x+a \end{vmatrix}$$

$$= \frac{1}{2}(k-a)(x-a)(x-k)$$

$$\frac{d}{dx}A(x) = \frac{1}{2}(k-a)(2x-(a+k)) = 0$$

得 $x = \dfrac{a+k}{2} = \dfrac{m}{2}$

$$\frac{d^2}{dx^2}A(x) = k-a < 0$$

$\therefore$ 當 P 之座標為 $(\dfrac{m}{2}，\dfrac{m^2}{4})$ 時 $\triangle ABP$ 面積為最大。

例 11

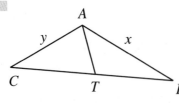

$\triangle ABC$ 之 $\angle A = 120°$，二邊 $\overline{AB}$，$\overline{AC}$ 之長度分別為 x，y，且 $xy = a^2$，$a>0$，$\overline{AT}$ 為 $\angle A$ 之分角線

(a)用 x 表示 $\overline{AT}$ 長度

(b)用(a)之結果求(a)之極小

■ **解**

(a) $xy = a^2$　$\therefore y = \dfrac{a^2}{x}$

$\triangle ABC$ 之面積$=\triangle ABT$ 之面積$+\triangle ACT$ 之面積

$\therefore \dfrac{1}{2}xy\sin 120° = \dfrac{1}{2}x \cdot \overline{AT}\sin 60° + \dfrac{1}{2}y \cdot \overline{AT} \cdot \sin 60°$

$\Rightarrow \dfrac{1}{2} \cdot \dfrac{xa^2}{x} \cdot \dfrac{\sqrt{3}}{2} = \dfrac{1}{2}x \cdot \overline{AT} \cdot \dfrac{\sqrt{3}}{2} + \dfrac{1}{2}\dfrac{a^2}{x} \cdot \overline{AT} \cdot \dfrac{\sqrt{3}}{2}$

$\therefore \overline{AT} = \dfrac{a^2 x}{x^2 + a^2}$

(b) 令 $L(x) = \dfrac{a^2 x}{x^2 + a^2}$，則 $L'(x) = \dfrac{a^2(-x^2 + a^2)}{(x^2 + a^2)^2} = 0$

$\therefore x = a$，又 $L'(x) < 0$，$x > a$，$L'(x) > 0$，$0 < x < a$

知 $x = a$ 時所有最小值 $\dfrac{a^2 \cdot a}{a^2 + a^2} = \dfrac{a}{2}$

例 12 設容積一定之圓柱形容器，證明只有當高度為半徑 2 倍時最省材料。

■ **解析**

耗用材料最小，相當於表面積最小

■ **解**

(1)體積 $V = \pi r^2 h$，r 為底之半徑，h 為高

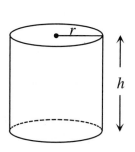

(2)表面積 $S = 2\pi r^2 + 2\pi rh$

由(1)，$h = \dfrac{V}{\pi r^2}$ 代入(2)得

$S = 2\pi r^2 + 2\pi r \cdot \dfrac{V}{\pi r^2} = 2\pi r^2 + \dfrac{2V}{r}$

現在要求一個 r 使得 S 為最小：

$\dfrac{dS}{dr} = 4\pi r - \dfrac{2V}{r^2} = 0$　$\therefore r = \sqrt[3]{\dfrac{V}{2\pi}}$（可驗證 $S''(\sqrt[3]{\dfrac{V}{2\pi}}) > 0$）

即 $r = \sqrt[3]{\dfrac{V}{2\pi}}$ 或 $V = 2\pi r^3$ 為所求，代入 $h = \dfrac{V}{\pi r^2} = \dfrac{2\pi r^3}{\pi r^2} = 2r$。

即圓柱體之高為半徑 2 倍時最為省料。

例 13 求橢圓$x^2-xy+y^2=12$之縱座標最大與最小的點。

解析

用隱函數微分法求$\dfrac{dy}{dx}$，看出y與x之關係，代入原方程式即得

解

先求$\dfrac{dy}{dx}$，$2x-y-xy'+2yy'=0$

$\therefore y'=\dfrac{y-2x}{2y-x}=0$ 得$y=2x$

代$y=2x$入$x^2-xy+y^2=3$得$x^2-x(2x)+(2x)^2=12$

$\therefore 3x^2=12$得$x=\pm 2$，從而$y=\pm 4$

即$(2，4)$，$(-2，-4)$是為所求

例 14 半徑為R之圓形紙片上截去一扇形，其餘部份可摺成一個錐狀漏斗，問剪剩下之扇形最大之容積為何？

解析

1. 本例較難，讀者可自己剪剪看，了解半徑R及與之漏斗底部半徑r，邊及高的關係

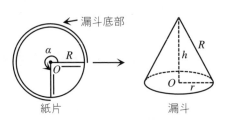

2. 本例是名題，解題之關鍵在(1)容積最大＝體積最大←圓心角α最大(2)圓錐體之體積 $V=\dfrac{1}{3}\pi r^2 h$

解

設漏斗之底部之半徑為r，則漏斗底邊圓周應滿足

$R\alpha=2\pi r$，α為裁剪之圓心角 $\therefore r=\dfrac{R\alpha}{2\pi}$

又$h=\sqrt{R^2-r^2}=\sqrt{R^2-\left(\dfrac{R\alpha}{2\pi}\right)^2}=\dfrac{R}{2\pi}\sqrt{4\pi^2-\alpha^2}$

$$\therefore V = \frac{1}{3}\pi r^2 h = \frac{\pi}{3}(\frac{R\alpha}{2\pi})^2 \frac{R}{2\pi}\sqrt{4\pi^2-\alpha^2} = k\alpha^2\sqrt{4\pi^2-\alpha^2}$$

$$k = \frac{R^3}{24\pi^2}, \ 0 < \alpha < 2\pi$$

$$\frac{dV}{d\alpha} = k(2\alpha\sqrt{4\pi^2-\alpha^2} - \frac{\alpha^3}{\sqrt{4\pi^2-\alpha^2}}) = 0$$

$$\therefore \frac{2\alpha(4\pi^2-\alpha^2)-\alpha^3}{\sqrt{4\pi^2-\alpha^2}} = 0 \ , \ 解之\alpha = \frac{2\sqrt{6}}{3}\pi$$

$$\alpha > \frac{2\sqrt{6}\pi}{3}時 \ V'(\alpha) < 0 \ , \ \frac{2\sqrt{6}\pi}{3} > \alpha時 \ V'(\alpha) > 0$$

$$即\alpha = \frac{2\sqrt{6}}{3}\pi時 \ V \ 有相對極大值$$

$$\therefore V = k\alpha^2\sqrt{4\pi^2-\alpha^2} = \frac{R^3}{24\pi^2}(\frac{2\sqrt{6}}{3}\pi)^2\sqrt{4\pi^2-(\frac{2\sqrt{6}}{3}\pi)^2} = \frac{2\pi R^3}{9\sqrt{3}}$$

極值性質之應用

例 15　試求$x^3 - ax + b = 0$，$a > 0$有 3 個實根之條件

▪ 解析

給定方程式求實根之條件可能要用到極值。

▪ 解

$$f(x) = x^3 - ax + b$$

$$f'(x) = 3x^2 - a = 0$$

$$\therefore x = \pm\sqrt{\frac{a}{3}}$$

$y = x^3 - ax + b$之概圖及增減情形如右

$f(x) = x^3 - ax + b$在$x = -\sqrt{\dfrac{a}{3}}$處有一相對極大值，在$x = \sqrt{\dfrac{a}{3}}$

處有一相對極小值

$x^3 - ax + b = 0$若有 3 個實根，其落入之區間為$(-\infty,$

$-\sqrt{\dfrac{a}{3}})$、$(-\sqrt{\dfrac{a}{3}}, \sqrt{\dfrac{a}{3}}]$及$[\sqrt{\dfrac{a}{3}}, \infty)$且$f(-\sqrt{\dfrac{a}{3}}) \geq 0$

$$, f\left(\sqrt{\frac{a}{3}}\right) \le 0$$

即

$$1. f\left(-\sqrt{\frac{a}{3}}\right) \ge 0 \quad \therefore -\left(\sqrt{\frac{a}{3}}\right)^3 + a\sqrt{\frac{a}{3}} + b \ge 0 \Rightarrow$$

$$b \ge \left(\sqrt{\frac{a}{3}}\right)^3 - a\left(\sqrt{\frac{a}{3}}\right) 或 b \ge -2\left(\sqrt{\frac{a}{3}}\right)^3$$

$$2. f\left(\sqrt{\frac{a}{3}}\right) \le 0 \quad \therefore \left(\sqrt{\frac{a}{3}}\right)^3 - a\sqrt{\frac{a}{3}} + b \le 0 \Rightarrow$$

$$b \le a\left(\sqrt{\frac{a}{3}}\right)^3 - \left(\sqrt{\frac{a}{3}}\right) 或 b \le 2\left(\sqrt{\frac{a}{3}}\right)^3$$

$$\therefore x^3 - ax + b = 0，a > 0 有 3 個實根之條件為$$

$$-2\left(\sqrt{\frac{a}{3}}\right)^3 \le b \le 2\left(\sqrt{\frac{a}{3}}\right)^3$$

例 16 求$x^3 - 3x + m = 0$在$[0，1]$間有實根之條件。

解

$f(x) = x^3 - 3x + m$，則臨界

點在$x = \pm 1$，其概圖如右，

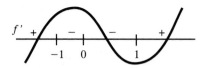

因此，$f(x) = x^3 - 3x + m$之

相對極大值$f(1) = -2 + m \le 0$，又$f(x)$在$[0，1]$間有一根，則

$f(0) = m \ge 0 \quad \therefore x^3 - 3x + m = 0$在$[0，1]$間有根之條件為 $2 \ge m$

≥ 0

單元 23　繪圖

假設 $y = f(x)$，要描繪 y 的圖形，可依下述步驟進行:

1. 決定 $f(x)$ 的定義域即範圍。

2. x 與 y 的截距。

3. 判斷 $y = f(x)$ 是否過原點及對稱性。

4. 漸近線。

4. 由 $f'(x)$ 正、負決定曲線遞增、遞減的範圍。由 $f''(x)$ 是正、負或 0 決定曲線向上凹、向下凹的範圍:

(1)一階導函數 $\begin{cases} f' > 0 & f \in \uparrow \text{(遞增)} \\ f' < 0 & f \in \downarrow \text{(遞減)} \end{cases}$

(2)二階導函數 $\begin{cases} f'' > 0 & f \in \cup \text{(向上凹)} \\ f'' < 0 & f \in \cap \text{(向下凹)} \end{cases}$

(3)① $f' > 0$，$f'' > 0$ 其 f 圖形爲 ↗

　② $f' > 0$，$f'' < 0$ 其 f 圖形爲 ↗

　③ $f' < 0$，$f'' > 0$ 其 f 圖形爲 ↘

　④ $f' < 0$，$f'' < 0$ 其 f 圖形爲 ↘

換言之，這類複雜曲線其實之圖形其實由 "↗，↗，↘ 與 ↘"
組成，下圖或可協助讀者記憶:

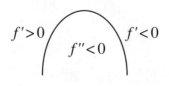

例 1 若$f(x)$在 R 中之二階導數存在，試據下列條件，繪出

(a)

	$x<a$	$x>a$
$f'(x)$	+	−
$f''(x)$	−	+

(b)

	$x<a$	$x>a$
$f'(x)$	−	−
$f''(x)$	+	+

■ 解

(a)
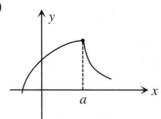

(b)
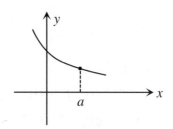

例 2 $f(x)$在 R 中為一平滑曲線，試據$y=f(x)$之圖形繪出$y=f'(x)$之圖形

■ 解析

1. 右圖顯現以下有用之繪圖資訊：

(a)$y=f(x)$之相對極點對應到$f'(x)=0$

(b)$y=f(x)$之反曲點(凹凸改變處)對應到$f'(x)$之相對極點

(c)$f''(x)>0$相應$f'(x)$為增函數，

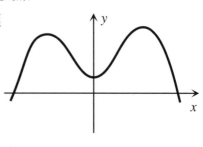

$f''(x) < 0$對應到$f'(x)$為減函數

▨ **解**

如右圖

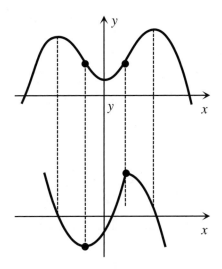

例 3 $f(x)$在 R 中為一平滑曲線，若其$f'(x)$曲線如下，試繪出，$f''(x)$之曲線

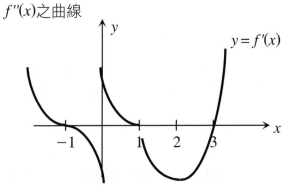

▨ **解析**

$x < -1$時$f'(x) > 0$；$f'(x)$為 ↓ ∴$f''(x) < 0$

$0 > x > -1$時$f'(x) < 0$；$f'(x)$為 ↓ ∴$f''(x) < 0$

$x = 0$時$f'(x)$不存在

$x = 2$時$f'(x)$有相對極小值 ∴$f''(2) = 0$

即$y = f''(x)$過$(2，0)$

同法可分析其餘

■ 解

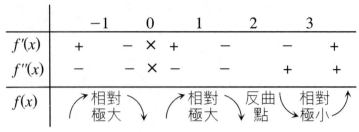

	−1	0	1	2	3
$f'(x)$	+ −	×	+	−	− +
$f''(x)$	− −	×	−	−	+ +

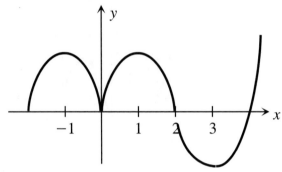

漸近線

什麼是漸近線？我們可由下頁的三個函數圖看出，$y = f(x)$ 之漸近線是一條直線，而這條直線可與 $y = f(x)$ 圖形無限接近但不與 $y = f(x)$ 圖形相交。有了上述基本瞭解，我們便可對漸近線下定義。

┌─ **定義** ─────────────────────┐

若 (1)$\lim\limits_{x \to a^+} f(x) = \infty$，(2)$\lim\limits_{x \to a^+} f(x) = -\infty$，(3)$\lim\limits_{x \to a^-} f(x) = \infty$，(4)
$\lim\limits_{x \to a^-} f(x) = -\infty$ 中有一項成立時，稱 $x = a$ 為曲線 $y = f(x)$ 之垂
直漸近線(Vertical Asymptote)。

若 $\lim\limits_{x \to \infty} f(x) = b$，或 (2)$\lim\limits_{x \to \infty} f(x) = b$ 有一項成立時，$y = b$ 為曲線
$y = f(x)$ 之水平漸近線(Horizontal Asymptote)。

若 $\lim\limits_{x \to \pm\infty} (y - ma - b) = 0$，則稱 $y = mx + b$ 為曲線 $y = f(x)$ 之斜漸
近 線(Skew Asymptote)。

說明：

1. 分式多項式 $y=\dfrac{q(x)}{p(x)}$ 之垂直漸近線近線往往可從分母部分

著手，$p(a)=0$，$x=a$ 是垂直漸近線，$q(x)$ 次數與 $p(x)$ 次數之

差等於 1 時，若 $y=\dfrac{q(x)}{p(x)}=a_{\circ}+a_1x+\dfrac{n(x)}{p(x)}$，便有斜漸近線

$y=a_{\circ}+a_1x$ ；$\lim\limits_{x\to\infty}f(x)=b$ 時有水平漸近線 $y=b$。

2. 若 $q(x)$ 之次數與 $p(x)$ 之次數差超過 2(含)時，

如 $y=a_{\circ}+a_1x+a_2x^2+\dfrac{n(x)}{p(x)}$，則 $y=a_{\circ}+a_1x+a_2x^2$ 為拋物線不是

直線，故不為斜漸近線。

例 4 求 $(a)y=\dfrac{x^2}{(x-1)(x-2)}$ $\qquad$ $(b)y=\dfrac{x^3}{(x-1)(x-2)}$

$(c)y=\dfrac{x^4}{(x-1)(x-2)}$

解析

1. 假分式先化成帶分式
2. 只有直線才可能是漸近線

解

$(a)y=\dfrac{x^2}{(x-1)(x-2)}=1+\dfrac{3x-2}{(x-1)(x-2)}$

$\quad \therefore$ 漸近線有 $y=1$，$x=1$，$x=2$

$(b)y=\dfrac{x^3}{(x-1)(x-2)}=(x+3)+\dfrac{7x-6}{(x-1)(x-2)}$

$\quad \therefore$ 漸近線有 $y=x+3$，$x=1$，$x=2$

$(c)y=\dfrac{x^4}{(x-1)(x-2)}=(x^2+x+7)+\dfrac{15x-14}{(x-1)(x-2)}$

$\quad \therefore$ 漸近線為 $x=1$，$x=2$

例 5 求下列曲線之漸近線

$(a)y=x\tan^{-1}x$ $\qquad$ $(b)y=\ln\dfrac{x+1}{x-1}-3$

$(c)y=(1+e^x)^{\frac{1}{x}}$

■ 解析

$$(a)m = \lim_{x \to \infty} \frac{y}{x} = \lim_{x \to \infty} \frac{x\tan^{-1}x}{x} = \frac{\pi}{2}$$

$$m = \lim_{x \to -\infty} \frac{y}{x} = \lim_{x \to -\infty} \frac{x\tan^{-1}x}{x} = -\frac{\pi}{2}$$

$$m = \frac{\pi}{2}時，b = \lim_{x \to \infty}(y - \frac{\pi}{2}x) = \lim_{x \to \infty}(x\tan^{-1}x - \frac{\pi}{2}x)$$

$$= \lim_{x \to \infty} \frac{\tan^{-1}x - \frac{\pi}{2}}{\frac{1}{x}} = \lim_{x \to \infty} \frac{\frac{1}{1+x^2}}{-\frac{1}{x^2}} = -1$$

同法 $m = -\frac{\pi}{2}$ 時 $b = -1$ $\therefore y = \pm\frac{\pi}{2}x - 1$ 是為二條斜漸近線

$$(b)\lim_{x \to 1^+}(ln\frac{x+1}{x-1} - 3) = \infty，\lim_{x \to -1^+}(ln\frac{x+1}{x-1} - 3) = -\infty，又$$

$$\lim_{x \to \infty}(ln\frac{x+1}{x-1} - 3) = -3 \quad \therefore y = -3，x = \pm 1，為漸近線$$

$$(c)\because lny = \frac{1}{x}ln(1+e^x)，\lim_{x \to \infty}lny = \lim_{x \to \infty}\frac{ln(1+e^x)}{x}$$

$$= \lim_{x \to \infty}\frac{e^x}{1+e^x} = 1$$

$lny = 1$，即 $y = e$ 為一水平切線，又 $\lim_{x \to \infty}\frac{ln(1+e^x)}{x} = 1$

$\therefore y = 1$ 為一水平切線，又 $\lim_{x \to 0^+}(1+e^x)^{\frac{1}{x}} = \infty$

$\therefore x = 0$ 為一垂直漸近線。

例 6 試據下列條件繪 $y = f(x)$ 之圖形

(a)$f(x)$為連續，且$f''(x) > 0$，在$(-\infty，0) \cup (0，-\infty)$均成立

(b)$f(2) = 3，f(-3) = 2.2，f'(1) = 0$

(c)$\lim_{x \to \infty}(f(x) - 2x) = 0，\lim_{x \to -\infty}f(x) = 2$

(d)$\lim_{x \to 0^+}f(x) = \lim_{x \to 0^-}f(x) = \infty$

■ 解析

由條件(a)知圖形一定是 $\bigcup$ 之全部成一部份，由(b)知 $x = 1$

為相極小點，由(c)、(d)知漸近線為$y=2x$，$x=0$為漸近線。

解

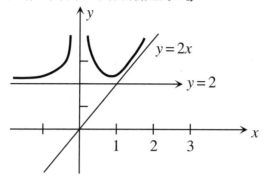

例 7 試繪$y=2x+\dfrac{3}{x}$

解

*1.*範圍：$\because \lim\limits_{x\to\infty} y = \lim\limits_{x\to\infty}(2+\dfrac{3}{x})=\infty$

$\qquad\qquad \lim\limits_{x\to-\infty} y = \lim\limits_{x\to-\infty}(2+\dfrac{3}{x})=-\infty$

*2.*漸近線：由視察法可知，有二條漸近線

　①斜漸近線$y=2x$

　②垂直漸近線$x=0$(即y軸)

*3.*不通過原點，對稱原點

*4.*作增減表

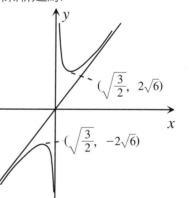

$y'=2-\dfrac{3}{x^2}=0$

$\therefore x=\pm\sqrt{\dfrac{3}{2}}$

$y''=\dfrac{6}{x^3}$, $\therefore \begin{cases} y''>0，x>0 \ 時 \\ y''<0，x<0 \ 時 \end{cases}$

x		$-\sqrt{\dfrac{3}{2}}$		0		$\sqrt{\dfrac{3}{2}}$	
$f'(x)$	$+$		$-$		$-$		$+$
$f''(x)$	$-$		$-$		$+$		$+$
$f(x)$	↗	$-2\sqrt{6}$	↘	∞	↘	$2\sqrt{6}$	↗

例8 求作$y = \dfrac{4x}{1+x^2}$之圖形

解

1.$f'(x) = \dfrac{4(1-x^2)}{(1+x^2)}$，令$f'(x)=0$，$x = \pm 1$

2.$f''(x) = \dfrac{8x(x^2-3)}{(1+x^2)^3}$，令$f''(x)=0$ $x=0$或$x=\pm\sqrt{3}$

3.$\displaystyle\lim_{x\to\infty}\dfrac{4x}{1+x^2}=0$，$\displaystyle\lim_{x\to-\infty}\dfrac{4x}{1+x^2}=0$，$y=0$為水平漸近線

4.作表

x		$-\sqrt{3}$		-1	0	1	$\sqrt{3}$	
$f'(x)$	$-$	$-$	$-$	0 $+$	$+$	$+$ 0	$-$	$-$ $-$
$f''(x)$	$-$	0	$+$	$+$	$+$ 0	$-$	$-$ $-$	0 $+$
$f(x)$	$\searrow$	$-\sqrt{3}$	$\searrow$	-2	$\nearrow$ 0	$\nearrow$	2 $\searrow$	$\sqrt{3}$ $\searrow$

5.作圖：

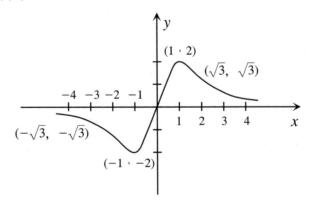

單元 24 微分之其它應用

牛頓法

牛頓法(Newton's method)是以數值方法求方程式$f(x)=0$的解之一種方法，因此這是一個迭代法。

牛頓法之迭代公式為：

$$x_{n+1} = x_n - \frac{f(x_n)}{f'(x_n)}$$

說明

牛頓法又稱為切線法，顧名思義牛頓法求近似值是用切線與x軸之交點而得來的：

1. 給定$x=x_{\circ}$則對應之$y=f(x)$之點為$(x_{\circ}, f(x_{\circ}))$，過$A$作一切線$T$，則$T$之方程式為

$$\frac{y-f(x_{\circ})}{x-x_{\circ}} = f'(x_{\circ})$$

$$\therefore y = f(x_{\circ})+f'(x_{\circ})(x-x_{\circ})$$

上式與x軸之交點

(令$y=0$)得

$$x_1 = x_0 - \frac{f(x_0)}{f'(x_0)}$$

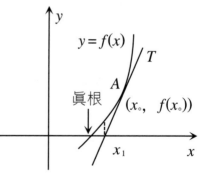

2. x_2可仿 1 之作法，求過$(x_1, f'(x_1))$之切線與x軸之交點即可求出x_2。

3. 如此反覆迭算可求出x_3，x_4……

例1 (a)用牛頓法方程式$x^3-2x-5=0$之根，若$x_1=2$ 則$x_2=?$ $x_3=?$

(b)用牛頓法解 $\dfrac{1}{x(x+2)}=-x$ ，若 $x_1=-2$ ，求 x_2

■ 解

(a)令 $f(x)=x^3-2x-5$

$f'(x)=3x^2-2$

$x_2=x_1-\dfrac{f(x_1)}{f'(x_1)}\big|_{x_1=2}=2-\dfrac{x_1^3-2x_1-5}{3x_1^2-2}\big|_{x_1=2}=2.1$

$x_3=x_2-\dfrac{f(x_2)}{f'(x_2)}\big|_{x_2=2.1}=2.1-\dfrac{x_2^3-2x_2}{3x_2^2-2}\big|_{x_2=2.1}=2.0946$

(b) $f(x)=-x$ $\therefore \dfrac{1}{x(x+2)}=-x$ ，即

$x^3+2x^2+1=0$

令 $F(x)=x^3+2x^2+1$ ， $F'(x)=3x^2+4x$

$\therefore F(-3)<0$ ， $F(0)>0$

$\Rightarrow F(x)$ 在 $(-3,0)$ 間至少有一根：

$\because$ 令 $x_1=-2$

$\therefore x_2=x_1-\dfrac{F(x_1)}{F'(x_1)}\big|_{x_1=-2}=(-2)-\dfrac{1}{4}=\dfrac{-9}{4}$

例 2 用牛頓法解 $x=e^{-x}$ ，若 $x_0=0.5$ 時驗證， $x_1=\dfrac{1}{2}-\dfrac{\frac{1}{2}\sqrt{e}-1}{\sqrt{e}+1}$

■ 解

令 $f(x)=x-e^{-x}$ ， $f'(x)=1+e^{-x}$

$\therefore x_1=x_0-\dfrac{F(x_0)}{F'(x_0)}\Big|_{x_0=\frac{1}{2}}=\dfrac{1}{2}-\dfrac{\frac{1}{2}-e^{-\frac{1}{2}}}{1+e^{-\frac{1}{2}}}=\dfrac{1}{2}-\dfrac{\frac{1}{2}\sqrt{e}-1}{\sqrt{e}+1}$

例 3 用牛頓法(a)證明 $x^2=N$ 迭代公式 $x_{i+1}=\dfrac{1}{2}(x_i+\dfrac{N}{x_i})$ ，(b)若迭代

2 次，取 $x_0=A$ ，試證 $x_2=\dfrac{A+B}{4}+\dfrac{N}{A+B}$ ， $B=\dfrac{N}{A}$

■ 解

(a)令 $f(x)=x^2-N$ ， $f'(x)=2x$ 則

$$x_{i+1} = x_i - \frac{F(x_i)}{F'(x_i)} = x_i - \frac{x_i^2 - N}{2x_i} = (x_i - \frac{x_i}{2}) + \frac{N}{2x_i}$$

$$= \frac{1}{2}(x_i + \frac{N}{x_i})$$

(b)$x_1 = x_\circ - \frac{F(x_\circ)}{F'(x_\circ)} = x_\circ - \frac{x_0^2 - N}{2x_\circ} = A - \frac{A}{2} + \frac{N}{2A}$

$$= \frac{A}{2} + \frac{AB}{2A} = \frac{1}{2}(A + B)$$

$$x_2 = x_1 - \frac{F(x_1)}{F'(x_1)} = \frac{A+B}{2} - \frac{(\frac{A+B}{2})^2 - AB}{2(\frac{A+B}{2})}$$

$$= \frac{A+B}{2} - \frac{A+B}{4} + \frac{AB}{A+B} = \frac{A+B}{4} + \frac{N}{A+B}$$

曲率

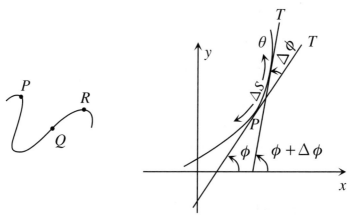

在上圖中點P處較點Q處更「彎曲」(curve)，但曲線在點R處是否比點P處更爲彎曲，本子單元提供對上述比較提供一個計算公式。

定義

曲線C在$(x，y)$之曲率(curvature)K定義為

$$K=|\frac{d\phi}{ds}|$$

ϕ：C在$(x，y)$處切線之正斜角

S：曲線長度

$$K=\frac{|y''|}{[1+(y')^2]^{\frac{3}{2}}}$$

說明

$$\tan\phi=\frac{dy}{dx}$$

$$\therefore \phi=\tan^{-1}(\frac{dy}{dx})=\tan^{-1}(y')$$

$$K=|\frac{d\phi}{ds}|=|\frac{d\phi}{dx}\cdot\frac{dx}{ds}|\cdots\cdots\cdots\cdots\cdots\cdots\cdots\cdots①$$

但$\dfrac{d\phi}{dx}=\dfrac{d}{dx}(\tan^{-1}(y'))=\dfrac{y''}{1+(y')^2}\cdots\cdots\cdots\cdots②$

又$ds=\sqrt{(dx)^2+(dy)^2}$（ds為弧微分）

即$(ds)^2=(dx)^2+(dy)^2$

$$(\frac{ds}{dx})^2=(1+(\frac{dy}{dx})^2)$$

$$\therefore |\frac{ds}{dx}|=(1+(\frac{dy}{dx})^2)^{\frac{1}{2}}=(1+(y')^2)^{\frac{1}{2}}\cdots\cdots\cdots\cdots③$$

代②，③入①即得

$$K=\frac{|y''|}{[1+(y')^2]^{\frac{3}{2}}}$$

注意

1. 當$|y'|\ll 1$時，$K\approx|y''|$

2. 曲率半徑$R\triangleq\dfrac{1}{K}$

例 4　求圓 $x^2 + y^2 = a^2$ 上任一點之曲率

解

$$x^2 + y^2 = a^2 \quad \therefore 2x + 2yy' = 0 \text{，} y' = -\frac{x}{y} \text{，} y'' = -\frac{y - xy'}{y^2}$$

$$= -\frac{y - x(-\frac{x}{y})}{y^2} = \frac{x^2 + y^2}{y^3} = \frac{a^2}{y^3}$$

$$\therefore K = \frac{|y''|}{[1+(y')^2]^{\frac{3}{2}}} = \frac{|\frac{a^2}{y^3}|}{(1+(-\frac{x}{y})^2)^{\frac{3}{2}}} = \frac{|\frac{a^2}{y^3}|}{(\frac{x^2+y^2}{y^2})^{\frac{3}{2}}}$$

$$= \frac{|\frac{a^2}{y^3}|}{\left(\frac{a^2}{y^2}\right)} = \frac{1}{a} \text{，} \therefore 曲率半徑 R = \frac{1}{K} = a$$

例 5　試求拋物線 $y = a + bx + cx^2$ 上任一點之曲率，並以此證明拋物線之頂點曲率為最大

解

(a) $y = a + bx + cx^2$，$y' = 2cx + b$，$y'' = 2c$

$$\therefore K = \frac{|y''|}{[1+(y')^2]^{\frac{3}{2}}} = \frac{|2c|}{[1+(2cx+b)^2]^{\frac{3}{2}}}$$

(b)現在我們要求證拋物線頂點之曲率為最大

由(a) $K = \dfrac{|2c|}{[1+(2cx+b)^2]^{\frac{3}{2}}}$，要使 K 最大必須使分母最小，

又 $|2c|$ 為常數 $\therefore 2cx + b = 0$ 時 K 最大，此時 x 座標為 $-\dfrac{b}{2c}$，

對應到拋物線之頂點。

例 6　求擺線 $\begin{cases} x = t - \sin t \\ y = 1 - \cos t \end{cases}$ 在 $t = \dfrac{\pi}{2}$ 處之曲率及曲率半徑

解析

參數方程 $\begin{cases} x = x(t) \\ y = y(t) \end{cases}$ 所表現之曲線之曲率公式為

$$K = \frac{|x'(t)y''(t) - x''(t)y'(t)|}{((x'(t))^2 + (y'(t))^2)^{\frac{3}{2}}}$$

我們用以前學過之參數微分法代入曲率公式求解。

■ 解

方法一

$$\begin{cases} x'(t) = 1 - cost，y'(t) = sint \\ x''(t) = sint，y''(t) = cost \end{cases} \therefore \begin{cases} x'(\frac{\pi}{2}) = 1，y'(\frac{\pi}{2}) = 1 \\ x''(\frac{\pi}{2}) = 1，y''(\frac{\pi}{2}) = 0 \end{cases}$$

$$K = \frac{|x'(t)y''(t) - x''(t)y'(t)|}{[((x'(t)^2 + (y'(t)))^2]^{\frac{3}{2}}} \bigg|_{t=\frac{\pi}{2}}$$

$$= \frac{|1 \cdot 0 - 1 \cdot 1|}{(1+1)^{\frac{3}{2}}} = \frac{1}{2^{\frac{3}{2}}} = \frac{1}{2\sqrt{2}}$$

方法二

$$y' = \frac{\frac{dy}{dt}}{\frac{dx}{dt}} = \frac{sint}{1 - cost}$$

$$y'' = \frac{\frac{d}{dt}(y')}{\frac{d}{dt}x} = \frac{\frac{d}{dt}(\frac{sint}{1 - cost})}{1 - cost} = \frac{-1}{(1 - cost)^2}$$

代入 $K = \frac{|y''|}{[1 + (y')^2]^{\frac{3}{2}}} = \frac{\left|\frac{-1}{(1-cost)^2}\right|}{[1 + (\frac{sint}{1-cost})^2]^{\frac{3}{2}}}$，當 $x = \frac{\pi}{2}$ 時，$K = \frac{1}{2\sqrt{2}}$

，$R = 2\sqrt{2}$

CHAPTER 4

積分

$A \cdot B = 1 \cdot (-2) + 0 \cdot 1 + (-3) \cdot 1 = -5$
$A \cdot B = 1 \cdot (-2) + 0 \cdot 1 + (-3) \cdot 1 = -5$
$A \cdot B = 1 \cdot (-2) + 0 \cdot 1 + (-3) \cdot 1 = -5$

$A \cdot B = 1 \cdot (-2) + 0 \cdot 1 + (-3) \cdot 1 = -5$
$A \cdot B = 1 \cdot (-2) + 0 \cdot 1 + (-3) \cdot 1 = -5$
$A \cdot B = 1 \cdot (-2) + 0 \cdot 1 + (-3) \cdot 1 = -5$

$A \cdot B = 1 \cdot (-2) + 0 \cdot 1 + (-3) \cdot 1 = -5$
$A \cdot B = 1 \cdot (-2) + 0 \cdot 1 + (-3) \cdot 1 = -5$
$A \cdot B = 1 \cdot (-2) + 0 \cdot 1 + (-3) \cdot 1 = -5$

單元 25　基本不定積分

反導數

在微分法中，函數 $f(x)$ 透過微分運算子「$\dfrac{d}{dx}$」，而得到導數 $f'(x)$，而本單元之反導數(Anti-derivative)，又稱為不定積分，顧名思義是已知 $f'(x)$ 下要反求 $f(x)=$ ？。$f(x)$ 之反導數(不定積分)之運算符號是 $\int f(x)dx$。以上可用一個簡單的例子說明之：$\dfrac{d}{dx}(x^2+x+1)=2x+1$，反導數之目的是：$\dfrac{d}{dx}f(x)=2x+1$，那麼 $f(x)=$ ？」拿反導數之符號來說，那就是 $\int(2x+1)dx=$？我們看出 x^2+x+1 是個解，$x^2+x+40001$ 也是個解，顯然凡形如 x^2+x+c 之函數均是其解，由此看出反導數之結果必有一常數 c。

反導數之基本解法

> **定理**
>
> 若 f，g 之反導數均存在，且 k 為任一常數，則
>
> (1) $\displaystyle\int kf(x)dx = k\int f(x)dx$；
>
> (2) $\displaystyle\int (f(x)\pm g(x))dx = \int f(x)dx \pm \int g(x)dx$。
>
> (3) $\displaystyle\int x^n dx = \begin{cases} \dfrac{1}{n+1}x^{n+1}+c，n\neq -1 \\[2mm] ln|x|+c，n=-1 \end{cases}$
>
> （即 $\displaystyle\int \dfrac{dx}{x} = ln|x|+c$）
>
> (4) $\displaystyle\int k\,dx = kx+c$

(5) $\int e^x dx = e^x + c$

(6) $\int a^x dx = \dfrac{a^x}{lna} + c$ ，$a > 0$

(7) $\int cosx dx = sinx + c$

(8) $\int sinx dx = -cosx + c$

(9) $\int tanx dx = -ln|cosx| + c$

(10) $\int cotx dx = ln|sinx| + c$

(11) $\int secx dx = ln|secx + tanx| + c$

(12) $\int cscx dx = ln|cscx - cotx| + c$

(13) $\int secxtanx dx = secx + c$

(14) $\int cscxcotx dx = -cscxt$

(15) $\int sec^2x dx = tanx + c$

(16) $\int csc^2x dx = -cotx + c$

(17) $\int \dfrac{dx}{a^2 + x^2} = \dfrac{1}{a} tan^{-1} \dfrac{x}{a} + c$

(18) $\int \dfrac{dx}{\sqrt{a^2 - x^2}} = sin^{-1} \dfrac{x}{a} + c$

(19) $\int \dfrac{dx}{\sqrt{x^2 + a^2}} = ln|x + \sqrt{x^2 + a^2}| + c$

(20) $\int \dfrac{dx}{\sqrt{x^2 - a^2}} = ln|x + \sqrt{x^2 - a^2}| + c$

說明

幾個任意常數之和在本質上仍為任意常數，因此，幾個不定積分結果加總時，這幾個不定積分結果之常數項可不必考慮，而只在最後結果加一個常數c。

直接積分法

例 1　求(a) $\int \dfrac{(1+x)(1+x^2)}{x}dx$　　(b) $\int \dfrac{1+x}{\sqrt{\sqrt[3]{x}}}dx$

(c) $\int \dfrac{1-x^n}{1-x}dx$　　　　(d) $\int \dfrac{x^6}{1+x^2}dx$

■ 解

(a) $\int \dfrac{(1+x)(1+x^2)}{x}dx = \int \dfrac{1+x+x^2+x^3}{x}dx$

$\quad = \int (\dfrac{1}{x}+1+x+x^2)\,dx = ln|x|+x+\dfrac{x^2}{2}+\dfrac{x^3}{3}+c$

(b) $\int \dfrac{1+x}{\sqrt{\sqrt[3]{x}}}dx = \int \dfrac{1+x}{x^{\frac{1}{6}}}dx = \int (x^{-\frac{1}{6}}+x^{\frac{5}{6}})dx$

$\quad = \dfrac{6}{5}x^{\frac{5}{6}}+\dfrac{6}{11}x^{\frac{11}{6}}+c$

(c) $\int \dfrac{1-x^n}{1-x}dx = \int \dfrac{(1-x)(1+x+x^2+\cdots+x^{n-1})}{1-x}dx$

$\quad = \int (1+x+x^2+\cdots+x^{n-1})dx = x+\dfrac{x^2}{2}+\dfrac{x^3}{3}+\cdots+\dfrac{x^n}{n}+c$

(d) $\int \dfrac{x^6}{1+x^2}dx = \int \dfrac{x^6+1-1}{1+x^2}dx = \int \dfrac{x^6+1}{x^2+1}dx - \int \dfrac{dx}{1+x^2}$

$\quad = \int (x^4-x^2+1)dx - tan^{-1}x = \dfrac{1}{5}x^5-\dfrac{1}{3}x^3+x-tan^{-1}x+c$

例 2　求(a) $\int \dfrac{cos2x}{cosx+sinx}dx$　　(b) $\int \dfrac{dx}{1+sinx}$

(c) $\int \dfrac{dx}{1+cosx}$　　　　(d) $\int csc^2xsec^2xdx$

■ 解析

在例 2，我們說明了基本三角恆等式在求反導數時之應用，在單元 29，我們將對三角積分作綜合研究。

■ 解

(a) $\int \dfrac{cos2x}{cosx+sinx}dx = \int \dfrac{cos^2x-sin^2x}{cosx+sinx}dx$

$\quad = \int \dfrac{(cosx+sinx)(cosx-sinx)}{cosx+sinx}dx$

$\quad = \int (cosx-sinx)dx = sinx+cosx+c$

(b) $\int \dfrac{dx}{1+sinx} = \int \dfrac{(1-sinx)}{(1+sinx)(1-sinx)}dx$

$\quad = \int \dfrac{1-sinx}{1-sin^2x}dx = \int \dfrac{1-sinx}{cos^2x}dx = \int (sec^2x-tanxsecx)dx$

$\quad = tanx-secx+c$

(c) $\int \dfrac{dx}{1+cosx} = \int \dfrac{(1-cosx)dx}{(1+cosx)(1-cosx)} = \int \dfrac{(1-cosx)dx}{sin^2x}$

$\quad = \int (csc^2x-cscxcotx)dx = -cotx+cscx+c$

(d) $\int csc^2xsec^2xdx = \int \dfrac{dx}{sin^2xcos^2x} = \int \dfrac{sin^2x+cos^2x}{sin^2xcos^2x}dx$

$\quad = \int (sec^2x+csc^2x)dx = tanx-cotx+c$

分段函數之不定積分求法

例 3 求 $\int |x-1|dx$

■ 解析

在求分段函數之反導數時，我們要注意到積分結果只有一個常數 c。

■ 解

$$f(x)=|x-1|=\begin{cases} x-1 \text{，} x \geq 1 \\ -x+1 \text{，} x < 1 \end{cases}$$

$$\therefore \int |x-1|dx=\begin{cases} \dfrac{x^2}{2}-x+c_1 \text{，} x \geq 1 \\ -\dfrac{x^2}{2}+x+c_2 \text{，} x < 1 \end{cases}$$

$$\lim_{x \to 1^+}(\dfrac{x^2}{2}-x+c_1) = \lim_{x \to 1^-}(-\dfrac{x^2}{2}+x+c_2)$$

即 $\dfrac{1}{2}-1+c_1 = -\dfrac{1}{2}+1+c_2$ 得 $c_2=c_1-1$

$$\therefore \int |x-1|dx=\begin{cases} \dfrac{x^2}{2}-x+c_1 \text{，} x \geq 1 \\ -\dfrac{x^2}{2}+x+(1-c_1) \text{，} x < 1 \end{cases}$$

例 4 求 $\int max(2 , |x|)\,dx$

解

$f(x) = max(2 , |x|)$則

$$f(x) = \begin{cases} -x , x < -2 \\ 2 , 2 \geq x \geq -2 \\ x , x > 2 \end{cases}$$

$$\therefore \int max(2 , |x|)\,dx = \begin{cases} -\dfrac{x^2}{2}+c_1 , x < -2 \\ 2x+c_2 , 2 \geq x \geq -2 \\ \dfrac{x^2}{2}+c_3 , x > 2 \end{cases}$$

(i) $x = -2$

$$\lim_{x \to -2^-}(\frac{-x^2}{2}+c_1) = -2+c_1$$

$$\lim_{x \to -2^+}(2x+c_2) = -4+c_2$$

$\because -2+c_1 = -4+c_2 \quad \therefore c_2 = c_1+2$

(ii) $x = 2$

$$\lim_{x \to 2^+}(\frac{x^2}{2}+c_3) = 2+c_3$$

$$\lim_{x \to 2^-}(2x+c_2) = 4+c_2 = 4+c_1+2 = 6+c_1$$

$6+c_1 = 2+c_3 \quad \therefore c_3 = c_1+4$

$$\therefore \int max(2 , |x|)\,dx = \begin{cases} -\dfrac{x^2}{2}+c_1 , x < -2 \\ 2x+c_1+2 , 2 \geq x \geq -2 \\ \dfrac{x^2}{2}+4+c_1 , x > 2 \end{cases}$$

基本變數變換法

> **定理**
>
> 若 $\int f(x)dx = F(x) + c$，$u = \phi(x)$ 為一可微分函數則
>
> $\int f(\phi(x))\phi'(x)dx = \int f(\phi(x))d\phi(x) = F(\phi(x)) + c$

説明

1.積分方法之變數變換法(大陸稱換元法)將在後面單元中陸續介紹，本單元之基本變數變換法在本質上是湊微分。

2.本單元之基本變數變換法有時並非惟一，在解法上可能有簡有繁。

例如：

(1) $\int \dfrac{f'(x)}{f(x)}dx = \int \dfrac{df(x)}{f(x)} = \ln|f(x)| + c$。

但 $\int \dfrac{f(x)}{f'(x)}dx$ 便無法應用變數變換法求解。

(2) $\int e^{f(x)}f'(x)dx = \int e^{f(x)}df(x) = e^{f(x)} + c$

(3) $\int f'(x)(f(x))^p dx = \int (f(x))^p df(x) = \dfrac{1}{p+1}(f(x))^{p+1} + c$

，$p \neq -1$

(4) $\int f'(x)\sin(f(x))dx = \int \sin(f(x))df(x)$
$= -\cos(f(x)) + c$

……………………

例 5 求 $\int \sqrt{3x+5}dx = ?$

解

　　　　　　$\boxed{方法一}$：令 $3x + 5 = u$ 則 $3dx = du$

　　　　　　　　$\therefore \int \sqrt{3x+5}dx = \int \sqrt{u}\,\dfrac{1}{3}du$

$$= \frac{1}{3} \int u^{\frac{1}{2}} du = \frac{1}{3} \cdot \frac{2}{3} u^{\frac{3}{2}} + c$$

$$= \frac{2}{9} u^{\frac{3}{2}} + c = \frac{2}{9} (3x+5)^{\frac{3}{2}} + c$$

方法二：令 $\sqrt{3x+5} = u$，則 $u^2 = 3x+5$ $\therefore 2udu = 3dx$，

$$dx = \frac{2}{3} udu$$

得 $\int \sqrt{3x+5}\, dx = \int u \cdot \frac{2}{3} udu$

$$= \frac{2}{3} \cdot \frac{1}{3} u^3 + c = \frac{2}{9} (3x+5)^{\frac{3}{2}} + c$$

對熟悉積分之讀者，在求像例 5 這一類積分時可省去設媒介變數 u 這一程序。以例 5 為例：

$$\int \sqrt{3x+5}\, dx = \int \sqrt{3x+5}\, d\frac{1}{3}(3x+5)$$

$$= \frac{1}{3} \int \sqrt{3x+5}\, d(3x+5) = \frac{1}{3} \frac{2}{3} (3x+5)^{\frac{3}{2}} + c$$

$$= \frac{2}{9} (3x+5)^{\frac{3}{2}} + c$$

例 6 求 $\displaystyle\int \frac{xdx}{\sqrt{1+x^2+\sqrt{(1+x^2)^3}}}$

■ 解析

$$\int \frac{xdx}{\sqrt{1+x^2+\sqrt{(1+x^2)^3}}} = \int \frac{d\frac{1}{2}(x^2+1)}{\sqrt{1+x^2+\sqrt{(1+x^2)^3}}}$$

若取 $u = 1+x^2$ 則原式 $= \displaystyle\int \frac{\frac{1}{2}du}{\sqrt{u+u^{\frac{3}{2}}}}$，在積分上仍有點困難，

如果取 $u = \sqrt{1+x^2}$ 或 $u^2 = 1+x^2$，$2udu = 2xdx$ 或 $xdx = udu$

則原式 $= \displaystyle\int \frac{udu}{\sqrt{u^2+u^3}}$，看起來好解很多

▨ 解

$$取 u^2 = 1 + x^2 \text{,則原式} = \int \frac{udu}{\sqrt{u^2 + u^3}} = \int \frac{du}{\sqrt{1 + u}}$$

$$= \int (1 + u)^{-\frac{1}{2}} d(1 + u) = 2(1 + u)^{\frac{1}{2}} + c$$

$$= 2\sqrt{1 + \sqrt{1 + x^2}} + c$$

例 7　求(a) $\int \frac{e^x}{1 + e^x} dx$　(b) $\int \frac{1}{1 + e^x} dx$　(c) $\int \frac{1}{e^x + e^{-x}} dx$

(d) $\int \frac{e^x - e^{-x}}{e^x + e^{-x}} dx$

▨ 解

(a) $\int \frac{e^x dx}{1 + e^x} = \int \frac{d(1 + e^x)}{1 + e^x} = ln(1 + e^x) + c$

(b) $\int \frac{1 dx}{1 + e^x} = \int \frac{(1 + e^x) - e^x}{1 + e^x} dx = \int 1 dx - \int \frac{e^x}{1 + e^x} dx$

$\qquad = x - ln(1 + e^x) + c$

(c) $\int \frac{1}{e^x + e^{-x}} dx = \int \frac{e^x dx}{e^{2x} + 1} = \int \frac{de^x}{1 + e^{2x}} = tan^{-1} e^x + c$

(d) $\int \frac{e^x - e^{-x}}{e^x + e^{-x}} dx = \int \frac{d(e^x + e^{-x})}{e^x + e^{-x}} = ln(e^x + e^{-x}) + c 或 ln(1 + e^{2x}) - x + c$

例 8　求(a) $\int \frac{x}{\sqrt{x^2 + 1}} dx$　　　(b) $\int \frac{x^3}{\sqrt{x^2 + 1}} dx$

▨ 解

(a) $\int \frac{x}{\sqrt{x^2 + 1}} dx = \int \frac{d \frac{1}{2}(x^2 + 1)}{\sqrt{x^2 + 1}} = \frac{1}{2} \int (x^2 + 1)^{-\frac{1}{2}} d(x^2 + 1)$

$\qquad = \frac{1}{2} \cdot 2(1 + x^2)^{\frac{1}{2}} + c = (1 + x^2)^{\frac{1}{2}} + c$

(b)令 $u = x^2$ 則 $\int \frac{x^3}{\sqrt{x^2 + 1}} dx = \int \frac{x^2 \cdot x dx}{\sqrt{x^2 + 1}}$

$\qquad = \frac{1}{2} \int \frac{udu}{\sqrt{u + 1}} = \frac{1}{2} \int \frac{u + 1 - 1}{\sqrt{u + 1}} du = \frac{1}{2} \int (\sqrt{u + 1} - \frac{1}{\sqrt{u + 1}}) du$

$\qquad = \frac{1}{2} \int \sqrt{u + 1} d(u + 1) - \frac{1}{2} \int (u + 1)^{-\frac{1}{2}} d(u + 1)$

$$= \frac{1}{2} \cdot \frac{2}{3}(u+1)^{\frac{3}{2}} - \frac{1}{2} \cdot 2(u+1)^{\frac{1}{2}} + c$$

$$= \frac{1}{3}\sqrt{(1+x^2)^3} - \sqrt{x^2+1} + c$$

三角函數之積分

例 9 (a) $\int \frac{dx}{a^2 sin^2 x + b^2 cos^2 x}$　　(b) $\int \frac{cos^4 \frac{x}{2}}{sin^3 x} dx$

(c) $\int \frac{secxcos2x}{sinx + secx} dx$　　(d) $\int \frac{f'(sin^{-1}x)}{f^2(sin^{-1}x)} \frac{dx}{\sqrt{1-x^2}}$

(e) $\int \frac{sinxcosx}{sin^4 x + cos^4 x} dx$　　(f) $\int \frac{1-sinx}{1+cosx} dx$

(g) $\int \frac{dx}{sin^4 xcos^2 x}$　　(h) $\int (sin^{-1}x + cos^{-1}x) dx$

▣ **解析**

(i)$sin^{-1}x + cos^{-1}x = \frac{\pi}{2}$　(令$f(x) = sin^{-1}x + cos^{-1}x$

$f'(x) = 0$，得$f(x)$為常數函數$f(0) = \frac{\pi}{2}$　$\therefore f(x) = \frac{\pi}{2}$)

▣ **解**

(a) $\int \frac{dx}{a^2 sin^2 x + b^2 cos^2 x} = \int \frac{\dfrac{dx}{b^2 cos^2 x}}{(\dfrac{a\ sinx}{b\ cosx})^2 + 1}$

$$= \frac{1}{ab} \int \frac{\dfrac{a}{b}sec^2 xdx}{(\dfrac{a}{b}tanx)^2 + 1} = \frac{1}{ab} \int \frac{d(\dfrac{a}{b}tanx)}{(\dfrac{a}{b}tanx)^2 + 1}$$

$$= \frac{1}{ab} tan^{-1}(\frac{a}{b}tanx) + c$$

(b) $\int \frac{cos^4 \frac{x}{2}}{sin^3 x} dx = \int \frac{cos^4 \frac{x}{2}}{sin^3(\frac{2}{2}x)} = \int \frac{(cos\frac{x}{2})^4 dx}{(2sin\frac{x}{2}cos\frac{x}{2})^3}$

$$= \frac{1}{8} \int \frac{\cos\frac{x}{2}dx}{\sin^3\frac{x}{2}} = \frac{1}{4} \int \frac{d(\sin\frac{x}{2})}{\sin^3\frac{x}{2}}$$

$$= \frac{-1}{8}\sin^{-2}(\frac{x}{2})+c$$

(c) $\int \frac{secxcos2x}{sinx + secx}dx = \int \frac{cos2xdx}{cosxsinx + 1} = \int \frac{d(1+\frac{1}{2}sin2x)}{1+\frac{1}{2}sin2x}$

$$= ln(1+\frac{1}{2}sin2x) + c$$

(d) $\int \frac{f'(sin^{-1}x)}{f^2(sin^{-1}x)} \frac{dx}{\sqrt{1-x^2}}$

$$= \int \frac{df(sin^{-1}x)}{f^2(sin^{-1}x)} = -\frac{1}{f(sin^{-1}x)}+c$$

(e) $\int \frac{sinxcosxdx}{sin^4x + cos^4x} = \int \frac{sinxcosxdx}{(sin^2x + cos^2x)^2-2sin^2xcos^2x}$

$$= \int \frac{d\frac{1}{2}sin^2x}{1-2sin^2x(1-sin^2x)}$$

$$= \int \frac{d\frac{1}{2}sin^2x}{1-2sin^2x+2sin^4x} \xrightarrow{y=sin^2x} \int \frac{\frac{1}{2}dy}{1-2y+2y^2}$$

$$= \int \frac{dy}{4y^2-4y+2} = \int \frac{\frac{1}{2}d(2y-1)}{(2y-1)^2+1} = \frac{1}{2}tan^{-1}(2y-1)+c$$

$$= \frac{1}{2}tan^{-1}(2sin^2x-1)+c$$

(f) $\int \frac{1-sinx}{1+cosx}dx = \int \frac{dx}{1+cosx} - \int \frac{sinx}{1+cosx}dx$

$$= \int \frac{(1-cosx)dx}{(1+cosx)(1-cosx)} + \int \frac{d(1+cosx)}{1+cosx}$$

$$= \int \frac{(1-cosx)dx}{(1+cosx)(1-cosx)} + \int \frac{d(1+cosx)}{1+cosx}$$

$$= \int \frac{1-cosx}{sin^2x}dx+ln(1+cosx)$$

$$= \int (csc^2x - cscxcotx)dx+ln(1+cox)$$

$$= -cotx + cscx + ln(1 + cosx) + c$$

(g) $\int \dfrac{dx}{sin^4xcos^2x} = \int \dfrac{(sin^2x + cos^2x)^2}{sin^4xcos^2x}dx$

$$= \int \dfrac{sin^4x + 2sin^2xcos^2x + cos^4x}{sin^4xcos^2x}dx$$

$$= \int (\dfrac{1}{cos^2x} + \dfrac{2}{sin^2x} + \dfrac{cos^2x}{sin^4x})dx$$

$$= \int (sec^2x + 2csc^2x + cot^2xcsc^2x)dx$$

$$= tanx - 2cotx - \int cot^2xdcotx$$

$$= tanx - 2cotx - \dfrac{1}{3}cot^3x + c$$

(h) $\int (sin^{-1}x + cos^{-1}x)dx = \int \dfrac{\pi}{2}dx = \dfrac{\pi}{2}x + c$

例 10 求 $\int \dfrac{1+x}{x(1+xe^x)}dx$

■ **解析**

一些複雜之積分問題，往往需多次變數變換

■ **解**

取 $u = e^x$，$x = lnu$，$dx = \dfrac{1}{u}du$ 則

原式 $= \int \dfrac{1 + lnu}{ulnu(1 + ulnu)}du$，再取 $v = ulnu$，$dv = (1 + lnu)du$

$$= \int \dfrac{dv}{v(1+v)}$$

$$= \int (\dfrac{1}{v} - \dfrac{1}{1+v})dv$$

$$= ln|v| - ln|1+v| + c$$

$$= ln|\dfrac{v}{1+v}| + c = ln|\dfrac{ulnu}{1+ulnu}| + c = ln|\dfrac{xe^x}{1+xe^x}| + c$$

單元 26　定積分

定積分之幾何意義

將區間$[a，b]$用$a=x_0<x_1<x_2\cdots\cdots<x_n=b$諸點劃分成$n$個子區間 (Subinterval)，並選出$n$個點$\varepsilon_k$，$x_{k-1}\leqq\varepsilon_k\leqq x_k$，$k=1$，$2\cdots\cdots n$。令$\delta=max\,(x_1-x_0，x_2-x_1，\cdots\cdots，x_n-x_{n-1})$及$\Delta x_k=x_k-x_{k-1}$。

若$\lim\limits_{\delta\to 0}\sum\limits_{k=1}^{n}f(\varepsilon_k)(\Delta x_i)$存在，則$\int_a^b f(x)dx=\lim\limits_{\delta\to 0}\sum\limits_{k=1}^{n}f(\varepsilon_k)\Delta x_k$。

定積分定義解決問題之四大步驟：分割→取點→求和→求極限，在求面積、旋轉體積、弧長、表面積之應用上至為明顯。

定積分之幾何意義

設$f(x)$在$[a，b]$中為連續，則$\int_a^b f(x)dx$表示曲線$y=f(x)$與x軸及$x=a$，$x=b$所夾之面積

說明

1° 定積分只和被積函數與積分區間有關，而與積分變量用什麼字母表示無關，故

$$\int_a^b f(x)dx = \int_a^b f(y)dy$$

2° $\int_a^b f(x)dx =A_1-A_2+A_3-A_4$

即各區域面積之和

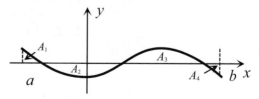

例 1　用定積分定義求 $\int_0^1 x^2 dx$

解

1° 將 $[0，1]n$ 等分，則

分點為 $x_k = \dfrac{k}{n}$，$k = 1，2$

$\cdots n-1$

2° $\Delta x_k = \dfrac{1}{n}$，$\varepsilon_k = \dfrac{k}{n}$，

$k = 1，2 \cdots n$

$$\int_0^1 x^2 dx \approx \lim_{n \to \infty} \sum_{k=1}^{n} f(\varepsilon_k) \Delta x$$

$$= \lim_{n \to \infty} \sum_{k=1}^{n} (\frac{k}{n})^2 \cdot \frac{1}{n}$$

$$= \lim_{n \to \infty} \frac{1}{n} \sum_{k=1}^{n} \frac{k^2}{n^2} = \lim_{n \to \infty} \frac{1}{n^3} \sum_{k=1}^{n} k^2$$

$$= \lim_{n \to \infty} \frac{1}{n^3} \cdot \frac{n(n+1)(2n+1)}{6} = \frac{1}{3}$$

例 2　用定積分定義求 $\int_0^1 e^x dx$

解

將 $[0，1]n$ 等分，分點為 $\dfrac{k}{n}$，$k = 1，2 \cdots n-1$，$\Delta x_k = \dfrac{1}{n}$，

$k = 1，2 \cdots n$，在 $[x_{k-1}，x_k]$ 中取 $\varepsilon_k = \dfrac{k}{n}$，$k = 1，2 \cdots n$，

$$\int_0^1 e^x dx \approx \lim_{n \to \infty} \sum_{k=0}^{n} f(\varepsilon_k) \Delta x_k$$

$$= \lim_{n \to \infty} \sum_{k=0}^{n} e^{\frac{k}{n}} \cdot \frac{1}{n}$$

$$= \lim_{n \to \infty} \frac{1}{n} (e^{\frac{1}{n}} + e^{\frac{2}{n}} + \cdots + e^{\frac{n}{n}})$$

$$= \lim_{n \to \infty} \frac{1}{n} \left(\frac{e^{\frac{1}{n}}(1-(e^{\frac{1}{n}})^n)}{1-e^{\frac{1}{n}}} \right) = \lim_{n \to \infty} \frac{1}{n} \left(\frac{e^{\frac{1}{n}}(1-e)}{1-e^{\frac{1}{n}}} \right)$$

$$= \lim_{n \to \infty} (e-1) \cdot \frac{1}{n} \left(\frac{e^{\frac{1}{n}}}{e^{\frac{1}{n}}-1} \right) \cdots \cdots \cdots \cdots \cdots \cdots \cdots (1)$$

但 $n \to \infty$ 時 $e^{\frac{1}{n}} - 1 \sim \dfrac{1}{n}$(參考單元 18 等價無窮小代換法)

$$\therefore (1) = (e-1)\lim_{n \to \infty}\frac{1}{n}\left(\frac{e^{\frac{1}{n}}}{\frac{1}{n}}\right) = e-1$$

即 $\displaystyle\int_0^1 e^x dx = e-1$

例 3 用定積分之幾何意義求

(a) $\displaystyle\int_0^1 x\,dx$ (b) $\displaystyle\int_0^1 \sqrt{1-x^2}\,dx$ (c) $\displaystyle\int_0^{2\pi} \sin x\,dx$

▪ **解析**

繪圖即可由定積分之幾何意義輕易解出

▪ **解**

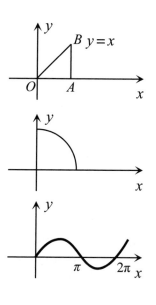

(a) $\displaystyle\int_0^1 x\,dx = \triangle OAB$ 之面積
$$= \frac{1}{2} \cdot 1 \cdot 1 = \frac{1}{2}$$

(b) $\displaystyle\int_0^1 \sqrt{1-x^2}\,dx = r$ 為 1 之
標準圓在第一象限之
面積 $= \dfrac{\pi}{4}$

(c) $\displaystyle\int_0^{2\pi} \sin x\,dx$ 表 $y = \sin x$ 在 $[0, \pi]$
與 $[\pi, 2\pi]$ 之面積和，二者
恰差一個符號
$$\therefore \int_0^{2\pi} \sin x\,dx = 0$$

$$\lim_{n \to \infty}\sum_{i=1}^{n} f\left(a + \frac{i(b-a)}{n}\right) \cdot \frac{b-a}{n} = \int_a^b f(x)dx$$

$$\blacksquare \lim_{n \to \infty}\sum_{i=1}^{n}\sqrt{\frac{4i}{n}}\frac{4}{n} = \int_0^4 \sqrt{x}\,dx \text{ 或 } \lim_{n \to \infty}\sum_{i=1}^{n}\sqrt{\frac{4i}{n}} \cdot \frac{4}{n}$$

$$= 8\lim_{n \to \infty}\sum_{i=1}^{n}\sqrt{\frac{i}{n}}\frac{1}{n} = 8\int_0^1 \sqrt{x}\,dx$$

$$\blacksquare \lim_{n\to\infty}\sum_{i=1}^{n}(1+\frac{2i}{n})^2\frac{2}{n}=\int_1^3(x)^2dx$$
$$\hookrightarrow f=x^2, \quad a=1$$

例 4 求 (a) $\lim\limits_{n\to\infty}(\dfrac{1}{n+1}+\dfrac{1}{n+2}+\cdots+\dfrac{1}{n+n})$

(b) $\lim\limits_{n\to\infty}\dfrac{1}{n}[(\dfrac{1}{n})^9+(\dfrac{2}{n})^9+\cdots+(\dfrac{n}{n})^9]$

(c) $\lim\limits_{n\to\infty}\dfrac{1}{\sqrt{n}}(1+\dfrac{1}{\sqrt{2}}+\dfrac{1}{\sqrt{3}}+\cdots+\dfrac{1}{\sqrt{n}})$

解

(a) $\lim\limits_{n\to\infty}(\dfrac{1}{n+1}+\dfrac{1}{n+2}+\cdots+\dfrac{1}{n+n})$

$=\lim\limits_{n\to\infty}\dfrac{1}{n}(\dfrac{1}{1+\dfrac{1}{n}}+\dfrac{1}{1+\dfrac{2}{n}}+\cdots+\dfrac{1}{1+\dfrac{n}{n}})$

$=\int_0^1\dfrac{1}{1+x}dx=ln(1+x)]_0^1=ln2$

(b) $\lim\limits_{n\to\infty}\dfrac{1}{n}[(\dfrac{1}{n})^9+(\dfrac{2}{n})^9+\cdots+(\dfrac{n}{n})^9]$

$=\int_0^1 x^9dx=\dfrac{x^{10}}{10}]_0^1=\dfrac{1}{10}$

(c) $\lim\limits_{n\to\infty}\dfrac{1}{\sqrt{n}}(1+\dfrac{1}{\sqrt{2}}+\dfrac{1}{\sqrt{3}}+\cdots+\dfrac{1}{\sqrt{n}})$

$=\lim\limits_{n\to\infty}\dfrac{1}{n}\cdot\sqrt{n}(1+\dfrac{1}{\sqrt{2}}+\dfrac{1}{\sqrt{3}}+\cdots+\dfrac{1}{\sqrt{n}})$

$=\lim\limits_{n\to\infty}\dfrac{1}{n}(\dfrac{1}{\sqrt{\dfrac{1}{n}}}+\dfrac{1}{\sqrt{\dfrac{2}{n}}}+\cdots+\dfrac{1}{\sqrt{\dfrac{n}{n}}})$

$=\int_0^1 x^{-\frac{1}{2}}dx=2x^{\frac{1}{2}}]_0^1=2$

例 5 求(a) $\lim\limits_{n\to\infty}\dfrac{1}{n}[(n+1)(n+2)...(n+n)]^{\frac{1}{n}}$ (b) $\lim\limits_{n\to\infty}\dfrac{\sqrt[n]{n!}}{n}$

解析

本例要用到分部積分。

解

(a) 令 $a_n = \dfrac{1}{n}((n+1)(n+2)\ldots(n+n))^{\frac{1}{n}}$

$$= ((1+\dfrac{1}{n})(1+\dfrac{2}{n})\ldots(1+\dfrac{n}{n}))^{\frac{1}{n}} \ \therefore ln\,a_n = \dfrac{1}{n}\sum_{k=1}^{n} ln(1+\dfrac{k}{n})$$

$$\lim_{n\to\infty}\dfrac{1}{n}\sum_{k=1}^{n} ln(1+\dfrac{k}{n})$$

$$= \int_0^1 ln(1+x)dx = x\,ln(1+x)]_0^1 - \int_0^1 x\,d\,ln(1+x)$$

$$= ln2 - \int_0^1 \dfrac{x}{1+x}dx$$

$$= ln2 - \int_0^1 \dfrac{x+1-1}{1+x}dx = ln2 - \int_0^1 dx + \int_0^1 \dfrac{dx}{1+x}$$

$$= ln2 - 1 + ln(1+x)]_0^1 = ln2 - 1 + ln2 - 0 = 2ln2 - 1 = ln4 - 1$$

$$\therefore \lim_{n\to\infty} a^n = e^{ln\,4-1} = \dfrac{4}{e}$$

(b) 令 $a_n = \dfrac{\sqrt[n]{n!}}{n} = \dfrac{1}{n}[n\cdot(n-1)\cdots 3\cdot 2\cdot 1]^{\frac{1}{n}}$

$$= (\dfrac{n}{n}\cdot\dfrac{n-1}{n}\cdots\dfrac{1}{n})^{\frac{1}{n}}$$

$$= (\dfrac{n-0}{n}\cdot\dfrac{n-1}{n}\cdots\dfrac{n-(n-1)}{n})^{\frac{1}{n}} = [(1-\dfrac{0}{n})(1-\dfrac{1}{n})\ldots(1-\dfrac{n-1}{n})]^{\frac{1}{n}}$$

$$\therefore ln\,a_n = \dfrac{1}{n}\sum_{k=0}^{n-1} ln(1-x)$$

$$\lim_{n\to\infty}\dfrac{1}{n}\sum_{k=0}^{\infty} ln(1-x)$$

$$= \int_0^1 ln(1-x)dx$$

$$\underline{\underline{u=-ln(1-x)}} \ \int_0^\infty ue^{-u}(-du) \ (u=-ln(1-x)，則\,x=1-e^{-u}$$

$$，dx=e^{-u}du)$$

$$= -\int_0^\infty ue^{-u}du = -1(由\ \text{Gamma}\ 函數，或分部積分法)$$

$$\therefore \lim_{n\to\infty} a_n = \lim_{n\to\infty}\dfrac{\sqrt[n]{n!}}{n} = e^{-1}$$

雜例

例 6 (Young 氏不等式)令$f(x)$在$[0，c]$，$c>0$中為連續，且嚴格遞增函數，且$f(0)=0$，f^{-1}的為f之反函數，$a\in[0，c]$，$b\in[0，f(c)]$，試證$\int_0^a f(x)dx+\int_0^b f^{-1}(y)dy\geq ab$問等號成立之條件。

解

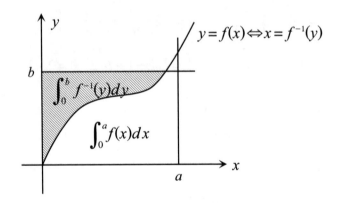

由上圖，顯然$\int_0^a f(x)dx+\int_0^b f^{-1}(y)dy\geq ab$

當$b=f(a)$時，

$$\int_0^a f(x)dx+\int_0^b f^{-1}(y)dx=ab$$

當$b=f(a)$時等號成立。

單元 27　定積分之基本性質

> **定理**
>
> 1. 若 $f(x)$ 在 $[a，b]$ 中為連續，$F(x)$ 為 $f(x)$ 之任何一個反導數，則
>
> 2. $\int_a^b f(x)dx = F(b) - F(a)$。
>
> 3. $\int_a^b f(x)dx = -\int_b^a f(x)dx$，$\int_a^a f(x)dx = 0$
>
> 4. $\int_a^b k f(x)dx = k \int_a^b f(x)dx$
>
> 5. $\int_a^b (f(x) \pm g(x))dx$
> $= \int_a^b f(x)dx \pm \int_a^b g(x)dx$
>
> 6. $\int_a^b f(x)dx = \int_a^c f(x)dx + \int_c^b f(x)dx$，$c$ 為 $[a，b]$ 中之一點
>
> 7. 在 $[a，b]$，$f(x) \geq 0$，則 $\int_a^b f(x)dx \geq 0$
>
> 8. 在 $[a，b]$，$f(x) \geq g(x)$ 則 $\int_a^b f(x)dx \geq \int_a^b g(x)dx$
>
> 9. 在 $[a，b]$ 中若 $M = \max f(x)$，$m = \min f(x)$
>   則 $m(b-a) \leq \int_a^b f(x)dx \leq M(b-a)$，$(a < b)$

例 1　證明：

(a) 在 $[a，b]$ 中，$f(x) \geq 0$，則 $\int_a^b f(x)dx \geq 0$

(b) 在 $[a，b]$ 中 $f(x) \geq 0$，若 $\int_a^b f(x)dx = 0$ 則 $f(x) = 0$

(c) $|\int_a^b f(x)dx| \leq \int_a^b |f(x)|dx$，$a < b$

解

(a) $\because \sum_{k=1}^{n} f(\varepsilon_k) \Delta x_k \geq 0$

$\therefore \int_{a}^{b} f(x)dx = \lim_{\delta \to 0} \sum_{k=1}^{n} f(\varepsilon_k) \Delta x_k \geq 0$

(b) $\because \sum_{k=1}^{n} f(\varepsilon_k) \Delta x_k = 0$，而 $\Delta x_k > 0$，$f(\varepsilon_k) \geq 0$

$\therefore f(\varepsilon_k) = 0$

即 $\int_{a}^{b} f(x)dx = 0 \Rightarrow f(x) = 0$

(c) $-|f(x)| \leq f(x) \leq |f(x)|$

$\therefore \int_{a}^{b} -|f(x)|dx \leq \int_{a}^{b} f(x)dx \leq \int_{a}^{b} |f(x)|dx$

$\Rightarrow | \int_{a}^{b} f(x)dx | \leq \int_{a}^{b} |f(x)|dx$

例 2 試證以下不等式

(a) $\int_{0}^{1} ln(1+x)dx \leq \dfrac{1}{2}$　　　　(b) $e \leq \int_{1}^{2} e^{x} dx \leq e^{4}$

(c) $\dfrac{1}{2} \leq \int_{0}^{\frac{1}{2}} \dfrac{dx}{\sqrt{1-x^n}} \leq \dfrac{\pi}{6}$，$n \geq 2$　(d) $-1 \leq \int_{-1}^{1} \sqrt{1+x^4}dx \leq \dfrac{8}{3}$

▨ **解析**

導證定積分之不等式問題時：

1. 利用在 $[a, b]$ 中，$f(x) \leq g(x)$ 則 $\int_{a}^{b} f(x)dx \leq \int_{a}^{b} g(x)dx$

2. 利用微分學之證明不等式之技巧，如增減函數，極值。

3. 利用積分均值定理。

▨ **解**

(a) $0 \leq x \leq 1$ 時，$0 \leq ln(1+x) \leq x$

$\therefore \int_{0}^{1} ln(1+x)dx \leq \int_{0}^{1} x \, d = \dfrac{1}{2}$

(b) $2 \geq x \geq 1$ 時，$4 \geq x^2 \geq 1$　$\therefore e \leq e^{x} \leq e^{4}$ 從而

$\int_{1}^{2} e \, dx \leq \int_{1}^{2} e^{x} dx \leq \int_{1}^{2} e^{4} dx$，即 $e \leq \int_{1}^{2} e^{x} dx \leq e^{4}$

(c) $0 \leq x \leq \dfrac{1}{2}$ 時，$1 \leq \dfrac{1}{\sqrt{1-x^n}} \leq \dfrac{1}{\sqrt{1-x^2}}$

$$\therefore \int_0^{\frac{1}{2}} dx \le \int_0^{\frac{1}{2}} \frac{dx}{\sqrt{1-x^n}} \le \int_0^{\frac{1}{2}} \frac{dx}{\sqrt{1-x^2}}$$

$$\text{但} \int_0^{\frac{1}{2}} dx = \frac{1}{2} \text{,} \quad \int_0^{\frac{1}{2}} \frac{dx}{\sqrt{1-x^2}} = sin^{-1}x\Big]_0^{\frac{1}{2}} = \frac{\pi}{6}$$

$$\therefore \frac{1}{2} \le \int_0^{\frac{1}{2}} \frac{dx}{\sqrt{1-x^n}} \le \frac{\pi}{6}$$

(d)在$[-1 \text{,} 1]$中，$1 \le \sqrt{1+x^4} \le 1+x^2$

$$\therefore \int_{-1}^1 1 dx \le \int_{-1}^1 \sqrt{1+x^4} dx \le \int_{-1}^1 (1+x^2) dx$$

$$\text{即} 2 \le \int_{-1}^1 \sqrt{1+x^4} dx \le \frac{8}{3}$$

例 3 試證

(a)$2ae^{-a^2} \le \int_{-a}^a e^{-x^2} \le 2a$，$a>0$　(b)$1 \le \int_0^{\frac{\pi}{2}} \frac{sinx}{x} dx \le \frac{\pi}{2} \pi$

解析

$f(x)=e^{-x^2}$之形為如右，由圖
形可知$f(x)$在$[-a \text{,} a]$之絕對
極大值$M=f(0)=1$，絕對極
小值$m=f(\pm a)=e^{-a^2}$。

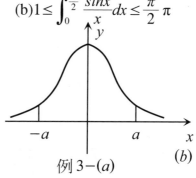

例 3－(a)　　　(b)

解

(a)$f(x)=e^{-x^2}$，$f'(x)=-2xe^{-x^2}=0$　$\therefore x=0$ 為臨界點，由絕對
極值判斷法，比較$f(0)=1$，$f(a)=e^{-a^2}$，$f(-a)=e^{-a^2}$

$\therefore f(x)$之絕對極大值M為 1，絕對極小值m為e^{-a^2}

$$\therefore e^{-a^2}2a \le \int_{-a}^a e^{-x^2} dx \le (1)2a$$

$$\text{即} -2a e^{-a^2} \le \int_{-a}^a e^{-x2} dx \le 2a$$

(b)$f'(x)=\frac{xcosx-sinx}{x^2}$，由均值定理

$$\frac{tanx-tan0}{x-0} = \frac{tanx}{x} = sec^2\varepsilon \ge 1 \text{,} x > \varepsilon > 0$$

$\therefore tanx \ge x$，或$sinx \ge xcosx$

即在 $\dfrac{\pi}{2} \geq x \geq 0$ 中成立 $f'(x) = \dfrac{x\cos x - \sin x}{x^2} \leq 0$

$\therefore f(x) = \dfrac{\sin x}{x}$ 在 $\dfrac{\pi}{2} \geq x \geq 0$ 為減函數

又 $\displaystyle\lim_{x \to 0^+} \dfrac{\sin x}{x} = 1$, $f(\dfrac{\pi}{2}) = \dfrac{2}{\pi}$

$\therefore 1 \geq \dfrac{\sin x}{x} \geq \dfrac{2}{\pi} \Rightarrow \displaystyle\int_0^{\frac{\pi}{2}} dx \geq \int_0^{\frac{\pi}{2}} \dfrac{\sin x}{x} dx \geq \int_0^{\frac{\pi}{2}} \dfrac{2}{\pi} dx$

即 $\dfrac{\pi}{2} \geq \displaystyle\int_0^{\frac{\pi}{2}} \dfrac{\sin x}{x} dx \geq 1$

例 4 求(a) $\displaystyle\int_0^{\frac{\pi}{2}} \sqrt{1-\sin 2x}\,dx$ (b) $\displaystyle\int_0^2 \sqrt{(1-x)^2}\,dx$

(c) $\displaystyle\int_{-1}^2 |\,x^2-1\,|\,dx$ (d) $\displaystyle\int_0^{2\pi} |\sin x|\,dx$

■ **解**

(a) $\displaystyle\int_0^{\frac{\pi}{2}} \sqrt{1-\sin 2x}\,dx = \int_0^{\frac{\pi}{2}} \sqrt{(\sin x - \cos)^2}\,dx = \int_0^{\frac{\pi}{2}} |\sin x - \cos x|\,dx$

$= \displaystyle\int_0^{\frac{\pi}{4}} (\cos x - \sin x)\,dx + \int_{\frac{\pi}{4}}^{\frac{\pi}{2}} (\sin x - \cos x)\,dx$

$= \sin x + \cos x]_0^{\frac{\pi}{4}} + [-\cos x - \sin x]\,|_{\frac{\pi}{4}}^{\frac{\pi}{2}} = 2(\sqrt{2}-1)$

(b) $\displaystyle\int_0^2 \sqrt{(1-x)^2} = \int_0^2 |x-1|\,dx = \int_0^1 (1-x)\,dx + \int_1^2 (x-1)\,dx$

$= x - \dfrac{x^2}{2}]_0^1 + (\dfrac{x^2}{2} - x)]_1^2 = 1$

(c) $\displaystyle\int_{-1}^2 |\,x^2-1\,|\,dx = \int_{-1}^1 (1-x^2)\,dx + \int_1^2 (x^2-1)\,dx$

$= \dfrac{4}{3} + \dfrac{4}{3} = \dfrac{8}{3}$

(d) $\displaystyle\int_0^{2\pi} |\sin x|\,dx = \int_0^{\pi} \sin x\,dx + \int_{\pi}^{2\pi} (-\sin x)\,dx$

$= -\cos x]_0^{\pi} + \cos x]_{\pi}^{2\pi} = -[(-1)-1]+1-(-1)=4$

例 5 求(a) $\displaystyle\int_{-1}^2 [x]\,dx$ (b) $\displaystyle\int_{-1}^2 [x]x\,dx$ (c) $\displaystyle\int_{-1}^2 [x^2]\,dx$

■ **解析**

1. 在求 Gauss 符號(最大整數函數)之定積分問題時，應先將積分式化成分段函數

2. $[x]$：$n+1>x\geq n$，$n\in Z^+$時，$[x]=n$

■ **解**

(a)在$[-1，2]$，$[x]$之分段函數爲

$$f(x) = \begin{cases} 1，2>x\geq1 \\ 0，1>x\geq0 \\ -1，0>x\geq-1 \end{cases}$$

$$\therefore \int_{-1}^{2}[x]dx = \int_{-1}^{0}(-1)dx + \int_{0}^{1}0dx + \int_{1}^{2}1dx$$
$$= -x]_{-1}^{0} + 0]_{0}^{1} + x]_{1}^{2} = 0$$

(b)由(a)

$$f(x) = \begin{cases} x，2>x\geq1 \\ 0，1>x\geq0 \\ -x，0>x\geq-1 \end{cases}$$

$$\therefore \int_{-1}^{2}[x]dx = \int_{1}^{2}xdx + \int_{0}^{1}0dx + \int_{-1}^{0}(-x)dx$$
$$= \frac{x^2}{2}]_{1}^{2} + 0 + -\frac{x^2}{2}]_{-1}^{0} = 1$$

(c)在$[0，2]$之$y=[x^2]$之圖形如右

$$\therefore \int_{0}^{2}[x^2]dx = \int_{0}^{1}0dx + \int_{1}^{\sqrt{2}}1dx$$
$$+ \int_{\sqrt{2}}^{\sqrt{3}}2dx + \int_{\sqrt{3}}^{2}3dx$$
$$= (\sqrt{2}-1) + 2(\sqrt{3}-\sqrt{2}) + 3(2-\sqrt{3})$$
$$= 5 - \sqrt{2} - \sqrt{3}$$

例 6　(a)$f(x) = \begin{cases} 3x，0\leq x\leq1 \\ 3+x^2，1<x\leq2 \end{cases}$，求 $\phi(x) = \int_{0}^{x}f(t)dt$，在$[0，2]$之表達式

$$(b)f(x) = \begin{cases} 0 \text{ , } x<0 \\ x \text{ , } 0\le x \le1 \\ 2-x \text{ , } 1<x \le2 \\ e^x \text{ , } x >2 \end{cases} \text{ , 求 } \phi(x) = \int_0^x f(t)dt \text{ 在} R \text{之表達式}$$

■ **解析**

這類問題看似容易，讀者在計算過程中極易出錯，以(a)

為例，在$0\le x \le1$時，$\phi(x) = \int_0^x 3t\,dt$，大致沒問題，但到了

$1<x\le 2$時，多數同學常只寫$\phi(x) = \int_1^x (3+t^2)dt$，而漏了

$\int_0^1 3t\,dt$。

■ **解**

(a)$0\le x \le1$時

$$\phi(x) = \int_0^x f(t)dt = \int_0^x 3t\,dt = \frac{3}{2}x^2$$

$1\le x \le2$時

$$\phi(x) = \int_0^x f(t)dt = \int_0^1 f(t)dt + \int_1^x f(t)dt$$
$$= \int_0^1 3t\,dt + \int_1^x (3+t^2)dt$$
$$= \frac{3}{2}x]_0^1 + (3t+\frac{t^3}{3})]_1^x$$
$$= \frac{3}{2}+(3x+\frac{x^3}{3}-3-\frac{1}{3}) = \frac{x^3}{3}+3x-\frac{11}{6}$$

(b) $x<0$時，$\phi(x) = 0$

$0\le x \le1$時

$$\phi(x) = \int_0^x f(t)dt = \int_0^x t\,dt = \frac{x^2}{2}$$

$1<x\le 2$時

$$\phi(x) = \int_0^x f(t)dt = \int_0^1 t\,dt + \int_1^x (2-t)dt = \frac{t^2}{2}]_0^1 + (2t-\frac{t^2}{2})]_1^x$$
$$= -\frac{x^2}{2}+2x-1$$

$x > 2$時

$$\phi(x) = \int_0^x f(t)dt = \int_0^1 t\,dt + \int_1^2 (2-t)dt + \int_2^x e^t dt$$
$$= \frac{t^2}{2}]_0^1 + (2t - \frac{t^2}{2})]_1^2 + e^t]_2^x = 1 + e^x - e^2$$

積分均值定理

定理

$f(x)$在$[a,b]$中為連續，則存在一個$\varepsilon \in [a,b]$使得

$\int_a^b f(x)\ dx = f(\varepsilon)(b-a)$

說明

  1. 均值定理可導之如下：若$f(x)$在$[a,b]$在$[a,b]$中之絕對

極大值、絕對極小值分別為M，m，則$m \leq \dfrac{1}{b-a}\int_a^b f(x)$

$dx \leq M$

由連續函數之介值定理知在$[a,b]$存在一個ε使得$f(\varepsilon)$

$= \dfrac{1}{b-a}\int_a^b f(x)dx$

2. $\dfrac{1}{b-a}\int_a^b f(x)dx$可視為$f(x)$在$[a,b]$間之平均值：

$$\left(\frac{\int_b^a f(x)dx}{b-a} = \frac{1}{b-a}(\lim_{n \to \infty} \sum_{i=1}^n f(\varepsilon_i)\frac{b-a}{n}) = \lim_{n \to \infty} \frac{1}{n}\sum_{i=1}^n f(\varepsilon_i) \right)$$

例 7 求(a) $\lim\limits_{n \to \infty} \int_n^{n+p} \dfrac{sinx}{x}dx$，$p > 0$，(b) $\lim\limits_{n \to \infty} \int_0^{\frac{1}{3}} \dfrac{x^n}{1+x}dx$

   (c) $\lim\limits_{n \to \infty} \int_n^{n+p} xsin\dfrac{1}{x}dx$

解

(a)$\lim\limits_{n\to\infty}\int_n^{n+p}\dfrac{sinx}{x}dx=\dfrac{sin\varepsilon}{\varepsilon}(p)$，$\varepsilon\in[n，n+p]$，當$n\to\infty$時

$\varepsilon\to\infty$

$\therefore\lim\limits_{n\to\infty}\int_n^{n+p}\dfrac{sinx}{x}dx=\lim\limits_{\varepsilon\to\infty}\dfrac{sin\varepsilon}{\varepsilon}(p)=p\lim\limits_{\varepsilon\to\infty}\dfrac{sin\varepsilon}{\varepsilon}=p\cdot0=0$

(b)由積分均值定理

$$\int_0^{\frac{1}{3}}\dfrac{x^n}{1+x}dx=\dfrac{\varepsilon^n}{1+\varepsilon}(\dfrac{1}{3}-0)=\dfrac{\varepsilon^n}{3(1+\varepsilon)}，\dfrac{1}{3}>\varepsilon>0$$

$\therefore\lim\limits_{n\to\infty}\int_0^{\frac{1}{3}}\dfrac{x^n}{1+x}dx=\lim\limits_{n\to\infty}\dfrac{\varepsilon^n}{3(1+\varepsilon)}=0$

(c)$\lim\limits_{n\to\infty}\int_n^{n+p}xsin\dfrac{1}{x}dx=[\varepsilon sin(\dfrac{1}{\varepsilon})]p$，$\varepsilon\in[n，n+p]$，當

$n\to\infty$時$p\to\infty$

$\therefore\lim\limits_{n\to\infty}\int_n^{n+p}xsin\dfrac{1}{x}dx=\lim\limits_{\varepsilon\to\infty}[\varepsilon sin(\dfrac{1}{\varepsilon})]\cdot p$

$\underline{\delta=\dfrac{1}{\varepsilon}}\quad p\lim\limits_{\delta\to0}\dfrac{sin(\delta)}{\delta}=p$

$f(x)$在$[a，b]$可積之條件

> **定理**
>
> (1)$f(x)$在$[a，b]$中為連續則$f(x)$在$[a，b]$為可積
>
> (2)$f(x)$在$[a，b]$中為有界，即$|f(x)|<M$，M為正的定值，
> $f(x)$在$[a，b]$只有有限個斷點則$f(x)$在$[a，b]$為可積。

例8 $f(x)$在$[0，1]$間為連續之增函數，試證

$$\int_0^q f(x)dx\le q\int_0^1 f(x)dx，q\in(0,1)$$

解

$$\int_0^q f(x)dx-q\int_0^1 f(x)dx$$

$$= \int_0^q f(x)dx - q[\int_0^q f(x)dx + \int_q^1 f(x)dx]$$

$$= (1-q)\int_0^q f(x)dx - q\int_q^1 f(x)dx$$

$$= (1-q)(q-0)f(\varepsilon_1) - q(1-q)f(\varepsilon_2) \text{ (積分均值定理)}$$

$$= q(1-g)[f(\varepsilon_1) - f(\varepsilon_2)] \leq 0$$

(其中$\varepsilon_1 \in [0,q]$，$\varepsilon_2 \in [q,1]$，$\varepsilon_2 > \varepsilon_1$，$f(x)$ 為增函數

$\therefore f(\varepsilon_2) > f(\varepsilon_1)$)

即 $\int_0^q f(x)dx \leq q\int_0^1 f(x)dx$

單元 28 $\dfrac{d}{dx}\displaystyle\int_a^x f(t)dt$ 問題及應用

定理

> $f(x)$ 在 $[a，b]$ 中為連續，且 $\phi(x)=\displaystyle\int_a^x f(t)dt$ 在 $[a，b]$ 中為可微，則 $\dfrac{d}{dx}\phi(x)=f(x)$

由上述定理可得下列結果：(設 $h(x)$，$g(x)$ 亦均為可微)

$$\frac{d}{dx}\int_a^{h(x)} f(t)dt = f(h(x))h'(x)$$

$$\frac{d}{dx}\int_{h(x)}^b f(t)dt = -f(h(x))h'(x)$$

$$\frac{d}{dx}\int_{h(x)}^{g(x)} f(t)dt = f(g(x))g'(x)-f(h(x))h'(x)$$

例 1 求 (a) $\displaystyle\lim_{h\to 0}\dfrac{\displaystyle\int_x^{x+h}\dfrac{du}{\sqrt{u^3+1}-u^2}}{h}$，(b) $\dfrac{d}{dx}\displaystyle\int_x^{x^2} e^{t^2}dt$

(c) $\dfrac{d}{dx}(\displaystyle\int_x^{x^2} e^{t^2}dt)^3$

解

(a) $\displaystyle\lim_{h\to 0}\dfrac{\displaystyle\int_x^{x+h}\dfrac{du}{\sqrt{u^3+1}-u^2}}{h}=\dfrac{1}{\sqrt{x^3+1}-x^2}$

(b) $\dfrac{d}{dx}\displaystyle\int_x^{x^2} e^{t^2}dt = 2xe^{x^4}-e^{x^2}$

(c) $\dfrac{d}{dx}(\displaystyle\int_x^{x^2} e^{t^2}dt)^3 = 3(\displaystyle\int_x^{x^2} e^{t^2}dt)^2\cdot(2xe^{x^4}-e^{x^2})$

例 2 (a) $f(x)=\displaystyle\int_0^{g(x)}\dfrac{dt}{\sqrt{1+t^5}}$，其中 $g(x)=\displaystyle\int_0^{cosx}[1+sin(t^3)]dt$

求 $f'(\dfrac{\pi}{2})$

(b)$f(x) = \int_0^x [\int_1^{cost} \sqrt{1+u^3}du]dt$，求$f''(x)$

◪ 解析

例 2 是在例 1 之進階應用

◪ 解

(a)$f'(x) = g'(x) \cdot \dfrac{1}{\sqrt{1+g^5(x)}}$

$\qquad g'(x) = \dfrac{d}{dx}\int_0^{cosx}[1+sin(t^3)]dt$

$\qquad\qquad = -sinx(1+sin(cos^3x))$

$\qquad \therefore f'(\dfrac{\pi}{2}) = -sinx(1+sin(cos^3x)) \cdot \dfrac{1}{\sqrt{1+g^5(x)}}\Big|_{x=\frac{\pi}{2}}$

$\qquad\qquad = -sin(\dfrac{\pi}{2})(1+sin(cos^3(\dfrac{\pi}{2})))\dfrac{1}{\sqrt{1+g^5(\dfrac{\pi}{2})}} = -1$

$\qquad (\because g(\dfrac{\pi}{2})=0)$

(b)$f'(x) = \dfrac{d}{dx}\int_0^x[\int_1^{cost}\sqrt{1+u^3}du]dt$

$\qquad\qquad = \int_1^{cosx}\sqrt{1+u^3}du$

$\qquad \therefore f''(x) = \dfrac{d}{dx}\int_1^{cosx}\sqrt{1+u^3}du$

$\qquad\qquad = -sinx\sqrt{1+cos^3x}$

例 3　若$\lim\limits_{x\to 0}\dfrac{1}{ax-sinx}\int_0^x\dfrac{u^2}{\sqrt{b+u^3}}du = 2$，求$a$、$b$

◪ 解

$\lim\limits_{x\to 0}\dfrac{\displaystyle\int_0^x\dfrac{u^2}{\sqrt{b+u^3}}du}{ax-sinx} = \lim\limits_{x\to 0}\dfrac{\dfrac{x^2}{\sqrt{b+x^3}}}{a-cosx} = 2$

$\because \lim\limits_{x\to 0}\dfrac{x^2}{\sqrt{b+x^3}} = 0$

$\therefore \lim\limits_{x\to 0}(a-cosx)=0$，得$a=1$

代入上式

$$= \lim_{x \to 0} \frac{\frac{x^2}{\sqrt{b+x^3}}}{1-\cos x}$$

$$= \lim_{x \to 0} \frac{x^2}{\sin^2 x} \cdot \frac{1+\cos x}{\sqrt{b+x^3}} = 1 \cdot \frac{2}{\sqrt{b}} = 2 \quad \therefore b = 1$$

例 4 求下列參數方程式之 $\frac{dy}{dx}$, $\frac{d^2y}{dx^2}$

(a) $\begin{cases} x = \int_1^{t^2} \sin(u^2)du \\ y = \cos(t^4) \end{cases}$

(b) $\begin{cases} x = \int_0^t (1-\cos u)du \\ y = \int_0^t \sin u\, du \end{cases}$

解

(a) $\dfrac{dy}{dx} = \dfrac{\frac{dy}{dt}}{\frac{dx}{dt}} = \dfrac{-4t^3 \sin t^4}{2t \sin t^4} = -2t^2$

$\dfrac{d^2y}{dx^2} = \dfrac{\frac{d}{dt}(\frac{dy}{dx})}{\frac{dx}{dt}} = \dfrac{\frac{d}{dt}(-2t^2)}{2t \sin t^4} = \dfrac{-4t}{2t \sin t^4} = \dfrac{-2}{\sin t^4}$

(b) $\dfrac{dy}{dx} = \dfrac{\frac{dy}{dt}}{\frac{dx}{dt}} = \dfrac{\sin t}{1-\cos t}$

$\dfrac{d^2y}{dx^2} = \dfrac{\frac{d}{dt}(\frac{dy}{dx})}{\frac{dx}{dt}} = \dfrac{\frac{d}{dt}(\frac{\sin t}{1-\cos t})}{1-\cos t} = \dfrac{\frac{\cos t - 1}{(1-\cos t)^2}}{1-\cos t}$

$\qquad = -\dfrac{1}{(1-\cos t)^2}$

例 5 說明下列各函數均有反函數，並求 $(f^{-1})'(0)$

(a) $f(x) = \int_2^x \dfrac{dt}{\sqrt{1+t^4}}$, $x \geq 0$ (b) $f(x) = \int_0^x (1+\sin(\sin t))dt$, $x \in R$

解析

1.$f(x)$在區間 I 有反函數只需證$f(x)$在 I 中為單調函數，

($f'(x) > 0$或$f'(x) < 0$)

2.$(f^{-1})'(0) = \dfrac{1}{\dfrac{dy}{dx}\big|_{x=a}}$，由視察法易知(a)$a = 2$及

(b)$f(0) = 0$，(積分之上下限同，定積分必為 0)

解

(a)$f'(x) = \dfrac{1}{\sqrt{1+x^4}} > 0$，$\forall x \geq 0$，知在$x \geq 0$時$f(x)$為單調，故

$f(x)$在$x \geq 0$時有反函數

$(f^{-1})'(0) = \dfrac{1}{\dfrac{dy}{dx}\big|_{x=2}} = \dfrac{1}{\dfrac{1}{\sqrt{1+x^4}}}\big|_{x=2} = \sqrt{17}$

(b) $f'(x) = 1 + sin(sinx) > 0$，知$f(x)$在$R$中為單調，故$f(x)$有反

函數

$(f^{-1})'(0) = \dfrac{1}{\dfrac{dy}{dx}\big|_{x=0}} = \dfrac{1}{1+sin(sinx)}\big|_{x=0} = 1$

例 6 求下列隱函數之$\dfrac{dy}{dx}$：

(a) $\displaystyle\int_0^{y^2} e^t dt + \int_x^0 cos t\, dt = 0$

(b) $\displaystyle\int_2^{e^x} \frac{lnt}{t}\, dt + \int_0^y (cost - 2)\, dt = x - y^2$

(c) $x^2 + y^2 = \displaystyle\int_0^{x+2y} cos^3 t\, dt$

解

(a)$2yy'e^{y^2} - cos x = 0$ $\therefore y' = \dfrac{cos\,x}{2ye^{y^2}}$，$y \neq 0$

(b) $\displaystyle\int_2^{e^x} \frac{lnt}{t}dt + \int_0^y (cost - 2)\, dt - x + y^2 = 0$

$\dfrac{ln e^x}{e^x}(e^x) + (cos y - 2) \cdot y' - 1 + 2yy' = 0$

或$x + (cos y - 2)y' - 1 + 2yy' = 0$

$$\therefore y' = \frac{1-x}{2y + (cos y - 2)}$$

(c)令$x^2 + y^2 - \int_0^{x+2y} cos^3 t \, dt = 0$

$$\therefore 2x + 2yy' - (1 + 2y')cos^3(x + 2y) = 0$$

得$y' = \frac{cos^3(x + 2y) - 2x}{2(y - cos^3(x + 2y))}$

積分方程式

積分方程式一般而言都較難，有些積分方程式兩邊同時對x微分，可變成一個微分方程式。當積分方程式中有$\int_a^b f(x)dx$時，可令$\int_a^b f(x)dx = c$，帶入積分方程式解出。

例7 解下列積分方程式，$f(x)$，$g(x)$均為連續函數：

(a) $\int_0^{x^2} t^2 g(t) dt = x^6(x^2 + 1)$

(b) $f(x) = \int_0^x f(t) dt + 1$

(c) $f(x) = x^2 - \int_0^1 f(x) dx$

(d) $f(x) = x^3 + 2\int_0^\pi f(x) dx$

(e) $f(x) = x^2 - x\int_0^2 f(x) dx + \int_0^1 f(x) dx$

(f) $2\int_1^x t f(t) dt = x^2(f(x) - \frac{1}{x})$

解

(a) $\frac{d}{dx}\int_0^{x^2} t^2 g(t) dt = \frac{d}{dx} x^6(x^2 + 1)$

$\Rightarrow 2x \cdot x^4 g(x^2) = 8x^7 + 6x^5$

$\therefore g(x^2) = 4x^2 + 3$，即$g(x) = 4x + 3$

(b) $\frac{d}{dx} f(x) = \frac{d}{dx}[\int_0^x f(t) dt + 1]$

$\therefore f'(x) = f(x) \Rightarrow \frac{f'(x)}{f(x)} = 1$

解之 $lnf(x)=x+c$ $\therefore f(x)=e^{x+c}=ke^x$

代 $f(x)=ke^x$ 入 $f(x)=\int_0^x f(t)dt+1$

$ke^x=\int_0^x ke^x dx+1=ke^x-k+1$ 解之 $k=1$

$\therefore f(x)=e^x$

(c) 解法一

令 $\int_0^1 f(x)dx=c$

$\therefore f(x)=x^2-c$，代入 $f(x)=x^2-\int_0^1 f(x)dx$：

$x^2-c=x^2-\int_0^1 (x^2-c)dx$

$\quad=x^2-(\dfrac{x^3}{3}-cx)]_0^1=x^2-(\dfrac{1}{3}-c)$，得 $c=\dfrac{1}{6}$

$\therefore f(x)=x^2-\dfrac{1}{6}$

解法二

$f(x)=x^2-\int_0^1 f(x)dx$

兩邊同時積分：

$\int_0^1 f(x)dx=\int_0^1 x^2 dx-\int_0^1 [\int_0^1 f(x)dx]dx$

$\quad=\dfrac{1}{3}-\int_0^1 f(x)dx\cdot\int_0^1 dx=\dfrac{1}{3}-\int_0^1 f(x)dx$

$\therefore \int_0^1 f(x)dx=\dfrac{1}{6}$，得 $f(x)=x^2-\dfrac{1}{6}$

(d) 解法一

令 $\int_0^\pi f(x)dx=c$

$\therefore f(x)=x^3+2c$

代入 $f(x)=x^3+2\int_0^\pi f(x)dx=x^3+2\int_0^\pi (x^3+2c)dx$

$\quad=x^3+2(\dfrac{x^4}{4}+2cx)]_0^\pi=x^3+2(\dfrac{\pi^4}{4}+2c\pi)$

$\therefore c=\dfrac{\pi^4}{4}+2c\pi$，得 $c=-\dfrac{\pi^4}{4(2\pi-1)}$

即$f(x) = x^3 + 2c = x^3 - \dfrac{\pi^4}{2(2\pi-1)}$

解法二

$f(x) = x^3 + 2\displaystyle\int_0^\pi f(x)dx$

兩邊同時積分：

$\displaystyle\int_0^\pi f(x)dx = \int_0^\pi x^3 dx + 2\int_0^\pi [\int_0^\pi f(x)dx]$

$\qquad = \dfrac{\pi^4}{4} + 2\displaystyle\int_0^\pi f(x)dx \cdot \int_0^\pi dx = \dfrac{\pi^4}{4} + 2\pi\int_0^\pi f(x)dx$

$\therefore \displaystyle\int_0^\pi f(x)dx = \dfrac{-\pi^4}{4(2\pi-1)}$

即$f(x) = x^3 - \dfrac{\pi^4}{2(2\pi-1)}$

(e) $\because f(x) = x^2 - x\displaystyle\int_0^2 f(x)dx + \int_0^1 f(x)dx$

$\therefore \displaystyle\int_0^2 f(x)dx = \int_0^2 x^2 dx - \int_0^2 x(\int_0^2 f(x)dx)dx +$

$\qquad \displaystyle\int_0^2 [\underbrace{\int_0^1 f(x)dx}_{常數}]dx \qquad \underbrace{}_{常數}$

$\qquad = \dfrac{8}{3} - \displaystyle\int_0^2 f(x)dx \cdot \int_0^2 x dx + \int_0^1 f(x)dx \int_0^2 dx$

$\qquad = \dfrac{8}{3} - 2\displaystyle\int_0^2 f(x)dx + 2\int_0^1 f(x)dx \qquad\qquad ①$

$\displaystyle\int_0^1 f(x)dx = \int_0^1 x^2 dx - \int_0^1 x(\int_0^2 f(x)dx)dx$

$+ \displaystyle\int_0^1 [\int_0^1 f(x)dx]dx = \dfrac{1}{3} - \int_0^2 f(x)dx \int_0^1 x dx$

$+ \displaystyle\int_0^1 f(x)dx \int_0^1 dx = \dfrac{1}{3} - \dfrac{1}{2}\int_0^2 f(x)dx + \int_0^1 f(x)dx \qquad ②$

$\therefore \begin{cases} 3\displaystyle\int_0^2 f(x)dx - 2\int_0^1 f(x)dx = \dfrac{8}{3} \\[2mm] \dfrac{1}{2}\displaystyle\int_0^2 f(x)dx = \dfrac{1}{3} \end{cases}$

$\therefore \displaystyle\int_0^2 f(x)dx = \dfrac{2}{3}, \quad \int_0^1 f(x)dx = \dfrac{-1}{3}$

即$f(x) = x^2 - \dfrac{2}{3}x - \dfrac{1}{3}$

(f)兩邊同時對x微分得

$$2xf(x) = 2x(f(x) - \dfrac{1}{x}) + x^2 (f'(x) + \dfrac{1}{x^2})$$

$$= 2xf(x) - 2 + x^2 f'(x) + 1$$

$$\therefore f'(x) = \dfrac{1}{x^2} \cdot f(x) = \int \dfrac{1}{x^2} dx = -\dfrac{1}{x} + c$$

代$x=1$入原方程式得：

$$2 \int_1^1 t f(t) dt = -1 + (-1)$$

$$0 = -1 + c - 1 \quad \therefore c = 2$$

即$f(x) = -\dfrac{1}{x} + 2$

極限問題

例 8　求(a) $\lim\limits_{x \to 0} \dfrac{1}{x} \int_0^x (1 + sin2t)^{\frac{1}{t}} dt$　(b) $\lim\limits_{x \to \infty} \dfrac{e^{-x^2}}{x} \int_0^x t^2 e^{t^2} dt$

(c) $\lim\limits_{x \to \infty} x \int_0^x e^{t^2 - x^2} dt$　　　　(d) $\lim\limits_{x \to 0} \dfrac{\int_{cosx}^1 e^{t^2} dt}{x^2}$

解

(a) $\lim\limits_{x \to 0} \dfrac{\int_0^x (1 + sin2t)^{\frac{1}{t}} dt}{x} = \lim\limits_{x \to 0} \dfrac{F(x) - F(0)}{x} = \lim\limits_{x \to 0} f(x)$

$$= \lim\limits_{x \to 0} (1 + sin2x)^{\frac{1}{x}} = e^{\lim\limits_{x \to 0} \frac{1}{x} [(1 + sin2x) - 1]} = e^{\lim\limits_{x \to 0} \frac{sin2x}{x}} = e^2$$

(b) $\lim\limits_{x \to \infty} \dfrac{\int_0^x t^2 e^{t^2} dt}{xe^{x^2}} \quad (\dfrac{\infty}{\infty})$

$$= \lim\limits_{x \to \infty} \dfrac{F(x) - F(0)}{xe^{x^2}} = \lim\limits_{x \to \infty} \dfrac{x^2 e^{x^2}}{e^{x^2} + x \cdot 2xe^{x^2}}$$

$$= \lim\limits_{x \to \infty} \dfrac{x^2}{1 + 2x^2} = \dfrac{1}{2}$$

(c) $\lim\limits_{x \to \infty} x \int_0^x e^{t^2 - x^2} dt = \lim\limits_{x \to \infty} xe^{-x^2} \int_0^x e^{t^2} dt = \lim\limits_{x \to \infty} \dfrac{x[F(x) - F(0)]}{e^{x^2}}$

$$= \lim_{x \to \infty} \frac{F(x) - F(0) + xf(x)}{2xe^{x^2}} = \lim_{x \to \infty} \frac{f(x) + xf'(x)}{2e^{x^2} + 4x^2 e^{x^2}} = \lim_{x \to \infty} \frac{e^{x^2} + 2x^2 e^{x^2}}{2(1 + 2x^2)e^{x^2}}$$

$$= \frac{1}{2}$$

(d) $\displaystyle \lim_{x \to 0} \frac{\int_{\cos x}^{1} e^{t^2} dt}{x^2} = \lim_{x \to 0} \frac{F(1) - F(\cos x)}{x^2} = \lim_{x \to 0} \frac{\sin x f(\cos 1)}{2x}$

$$= \frac{1}{2} \lim_{x \to 0} e^{\cos^2 x} dx = \frac{1}{2} e$$

例 9 若 $\displaystyle \lim_{x \to 0} \frac{ax - \sin x}{\int_b^x \ln(1 + t^2) dt} = c$，$c \neq 0$ 求 a，b，c

解

$\because \displaystyle \lim_{x \to 0} \frac{ax - \sin x}{\int_b^x (1 + t^2) dt} = c$，$c \neq 0$ 又 $\displaystyle \lim_{x \to 0} (ax - \sin x) = 0$

$\therefore \displaystyle \lim_{x \to 0} \int_b^x \ln(1 + t^2) dt = 0 \Rightarrow b = 0$

$\displaystyle \lim_{x \to 0} \frac{ax - \sin x}{\int_0^x \ln(1 + t^2) dt} = \lim_{x \to 0} \frac{ax - \sin x}{F(x) - F(0)} = \lim_{x \to 0} \frac{a - \cos x}{\ln(1 + x^2)} = c$

$\because \displaystyle \lim_{x \to 0} \ln(1 + x^2) = 0 \Rightarrow \lim_{x \to 0}(a - \cos x) = a - 1 = 0 \quad \therefore a = 1$

$\therefore a = 1$，$b = 0$，$c = \displaystyle \lim_{x \to 0} \frac{a - \cos x}{\ln(1 + x^2)} = \lim_{x \to 0} \frac{\sin x}{\dfrac{2x}{1 + x^2}}$

$$= \lim_{x \to 0} \frac{\sin t}{2x} \lim_{x \to 0} (1 + x^2) = \frac{1}{2}$$

例 10 $f(x)$ 在 $[a$，$b]$ 中為連續，$f(x) > 0$，$\forall x \in [a$，$b]$，試證

$$\int_a^x f(t) dt + \int_b^x \frac{dt}{f(t)} = 0 \text{ 在 } (a，b) \text{ 中恰有一個根。}$$

解析

取 $F(x) = \displaystyle \int_a^x f(t) dt + \int_b^x \frac{dt}{f(t)}$ 則

本例 $\begin{cases} \text{存在性：證 } F(a)F(b) < 0 \\ \text{惟一性：證 } F(x) \text{在} [a，b] \text{為單調函數} \end{cases}$

解

1. 先證存在性：

令 $F(x) = \int_a^x f(t)dt + \int_b^x \frac{1}{f(t)}dt$，則

$$F(b) = \int_a^b f(t)dt + \int_b^b \frac{dt}{f(t)} = \int_a^b f(t)dt + 0 = \int_a^b f(t)dt > 0$$

$f(t)$在$[a，b]$爲正函數，則$\frac{1}{f(t)}$在$[a，b]$亦爲正函數

$$F(a) = \int_a^a f(t)dt + \int_b^a \frac{dt}{f(t)} = \int_b^a \frac{dt}{f(t)} = -\int_a^b \frac{dt}{f(t)} < 0$$

$\therefore F(a)F(b) < 0$　$F(x)$在$(a，b)$存在有一根。

2.次證惟一性：

$$F(x) = \int_a^x f(t)dt + \int_b^x \frac{dt}{f(t)}$$

則$F'(x) = f(x) + \frac{1}{f(x)}$，$f(x)$，$\frac{1}{f(x)}$均爲正函數，

利用正數之算術平均數≧幾何平均數之性質

$$\frac{f(x) + \frac{1}{f(x)}}{2} \geq \sqrt{f(x) \cdot \frac{1}{f(x)}} = 1，\therefore f(x) + \frac{1}{f(x)} \geq 2$$

即$F'(x) \geq 2$，從而$F'(x) \geq 0$得知$F(x)$在$(a，b)$爲增函數，又$F(a) < 0$

$\therefore F(x)$與x軸至多交一點，即$F(x) = 0$在$(a，b)$之根爲惟一

例 11　$f(x) = \frac{1}{2}\int_0^x (x-t)^2 g(t)dt$，$g(t)$在$t \geq 0$時爲正值之連續函數，試判斷$y = f(x)$之圖形爲上凹或爲下凹？

解析

要判斷$y = f(x)$之圖形是上凹抑爲下凹，要作$y'' > 0$或$y'' < 0$著手，在本題例，讀者要記住，t才是積分變數，(在積分過程中視x爲常數，但在微分過程中x又變成微分變數)

解

$$f(x) = \frac{1}{2}\int_0^x (x-t)^2 g(t)dt = \frac{1}{2}\int_0^x (x^2 - 2tx + t^2)g(t)dt$$

$$= \frac{x^2}{2}\int_0^x g(t)dt - x\int_0^x tg(t)dt + \frac{1}{2}\int_0^x t^2 g(t)dt$$

$$\therefore f'(x) = x \int_0^x g(t)dt + \frac{x^2}{2}g(x) - \int_0^x tg(t)dt - x(xg(x))$$

$$+ \frac{x^2}{2}g(x) = x \int_0^x g(t)dt - \int_0^x tg(t)dt$$

$$f''(x) = \int_0^x g(t)dt + xg(x) - xg(x)$$

$$= \int_0^x g(t)dt \geq 0 \quad \because x \geq 0 \text{, } g(t) \geq 0 \quad \forall t \in [0 \text{, } x]$$

即$y = f(x)$之圖形為上凹。

例 12 若$f(x)$在$[a \text{, } b]$中為連續之正值函數試證

$$\int_a^b f(x)dx \int_a^b \frac{dx}{f(x)} \geq (b-a)^2$$

◼ **解析**

在本例，我們用一種新的證明方法－參數變異法(parameter-variation)。它是令a，b中的一個為x(如 $b = x$)如此我們便可用增函數性質來證明不等式，最後令$x = b$即得

◼ **解**

考慮$\int_a^b f(x)dx \int_a^b \frac{dx}{f(x)} - (b-a)^2$中令$b = x$，則可得輔助函數$g(x)$：

取$g(x) = \int_a^x f(t)dt \int_a^x \frac{1}{f(t)}dt - (x-a)^2$

則$g'(x) = f(x) \int_a^x \frac{dt}{f(t)} + \int_a^x f(t)dt \cdot \frac{1}{f(x)} - 2(x-a)$

$$= \int_a^x [\frac{f(x)}{f(t)} + \frac{f(t)}{f(x)} - 2]dt$$

$$= \int_a^x (\frac{f^2(x)+f^2(t)-2f(t)f(x)}{f(t)f(x)})dt$$

$$= \int_a^x \frac{(f(x)-f(t))^2}{f(t)f(x)}dt \geq 0$$

又$b \geq a$

$$\therefore g(b) \geq g(a) \text{，或} g(b) - g(a) \geq 0$$

得$\int_a^b f(x)dx \int_a^b \frac{dx}{f(x)} \geq (b-a)^2$

單元 29　定積分之變數變換

> **定理**
>
> 若函數g在$[a，b]$中為連續，且f在g之值域中為連續，取
> $u=g(x)$，則$\int_a^b f[g(x)]g'(x)dx = \int_{g(a)}^{g(b)} f(u)du$。

說明

1. 上述定理可圖析如下，以方便讀者記憶：

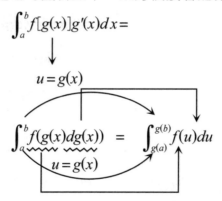

2. 讀者在做定積分變數變換時應把握下列原則：

> 換元必換限：即變數變換要改變積分界限
> 配元不換限：即配方法不要改變積分界限

例1　求(a) $\int_0^1 (x^3-2x)(x^4-4x^2+1)^5 dx = $? (b) $\int_0^2 xe^{x^2}dx$ (c) $\int_{e^2}^{e^4} \dfrac{dx}{x(lnx)}$

解

(a)

方法一 (換元法)：

(1)令 $u = x^4 - 4x^2 + 1$ 則 $du = (4x^3 - 8x)dx = 4(x^3 - 2x)dx$

即 $(x^3 - 2x)dx = \dfrac{1}{4}du$

(2) $\displaystyle\int_0^1 \xrightarrow{\ u = x^4 - 4x^2 + 1\ } \int_1^{-2}$

$\therefore \displaystyle\int_0^1 (x^3 - 2x)(x^4 - 4x^2 + 1)^5 dx$

$= \displaystyle\int_{-1}^2 \dfrac{1}{4}u^5 du = \dfrac{1}{4}\cdot\dfrac{1}{6}u^6\big]_1^2 = \dfrac{63}{24}$

方法二 (配元法)：

$\displaystyle\int_0^1 (x^3 - 2x)(x^4 - 4x^2 + 1)^5 dx$

$= \displaystyle\int_0^1 (x^4 - 4x^2 + 1)^5 d\dfrac{1}{4}(x^4 - 4x^2 + 1)^5$

$= \dfrac{1}{4}\cdot\dfrac{1}{6}(x^4 - 4x^2 + 1)^6\big]_0^1 = \dfrac{63}{24}$

註

方法一是換元($x \to u$)故須換限，方法二是配元(積分變數始終是x)故不換限。

(b)

方法一 (換元法)：取 $u = x^2$，$du = 2xdx$；$\displaystyle\int_1^2 \xrightarrow{\ u = x^2\ } \int_{11}^4$

$\displaystyle\int_1^2 xe^{x^2}dx = \int_1^4 \dfrac{1}{2}e^u du = \dfrac{1}{2}e^u\big]_1^4 = \dfrac{1}{2}(e^4 - e)$

方法二 (換元法)：取 $v = e^{x^2}$ 作變數變換

$dv = 2xe^{x^2}$，$\displaystyle\int_1^2 \xrightarrow{\ u = e^{x^2}\ } \int_e^{e^4}$

$\therefore \displaystyle\int_1^2 xe^{x^2}dx = \int_e^{e^4} \dfrac{1}{2}dv = \dfrac{1}{2}v\big]_e^{e^4} = \dfrac{1}{2}(e^4 - e)$

方法三 (配元法)：$\displaystyle\int_1^2 xe^{x^2}dx = \int_1^2 e^{x^2}d\dfrac{1}{2}(x^2) = \dfrac{1}{2}e^{x^2}\big]_1^2 = \dfrac{1}{2}(e^4 - e)$

(c)

方法一 (換元法)：令 $u = lnx$ 則 $du = \dfrac{dx}{x}$，$\displaystyle\int_{e^2}^{e^4} \xrightarrow{\ u = lnx\ } \int_2^4$

$$\therefore \int_{e^2}^{e^4} \frac{dx}{x(lnx)} = \int_2^4 \frac{du}{u} = ln|u|]_2^4 = ln4 - ln2 = ln2$$

方法二 (配元法)：$\int_e^{e^4} \frac{dx}{x(lnx)} = \int_e^{e^4} \frac{dlnx}{lnx} = lnlnx]_{e^2}^{e^4}$

$$= lnlne^4 - lnlne^2$$

$$= ln4 - ln2$$

$$= ln2$$

例 2 試證

(a) $\int_a^b f(-x)dx = \int_{-b}^{-a} f(x)dx$ 。

(b) $\int_0^1 x^m(1-x)^n dx = \int_0^1 x^n(1-x)^m dx$

(c) $\int_a^b f(x)dx = \int_a^b f(a+b-x)dx$

解析

我們需注意的是 $\int_a^b f(x)dx$ 中之 x 是一個啞變數(Dummy Variable)，因此 x 可被其他字母取代，而不會影響到定積分值，亦即 $\int_a^b f(x)dx = \int_a^b f(t)dt = \int_a^b f(u)du = \cdots\cdots$ 。

解

(a) 在 $\int_a^b f(-x)dx \underline{\underline{y=-x}} \int_{-a}^{-b} f(y)(-dy) = -\int_{-a}^{-b} f(y)dy$

$$= \int_{-b}^{-a} f(y)dy$$

$$\therefore \int_a^b f(-x)dx = \int_{-b}^{-a} f(x)dx$$

(b) $\int_0^1 x^m(1-x)^n dx \underline{\underline{y=1-x}} \int_1^0 (1-y)^m y^n(-dy)$

$$= \int_0^1 (1-y)^m y^n dy = \int_0^1 x^n(1-x)^m dx$$

(c) $\int_a^b f(x)dx \underline{\underline{y=a+b-x}} \int_b^a f(a+b-y)(-dy)$

$$= \int_a^b f(a+b-x)dx$$

例 3 自然對數之另一種定義是 $lnx = \int_1^x \frac{dt}{t}$，$x>0$，試證

$\quad$ (a)$ln\frac{1}{x} = -lnx$，(b)$lnxy = lnx + lny$ (c)$ln\frac{x}{y} = lnx - lny$

■ **解**

(a)$ln\frac{1}{x} = \int_1^{\frac{1}{x}} \frac{dt}{t}$ $\underline{\underline{y=\frac{1}{t}}}$ $\int_1^x \frac{-\frac{dy}{y^2}}{\frac{1}{y}} = -\int_1^x \frac{dy}{y} = -lnx$

(b)$lnxy = \int_1^{xy} \frac{dt}{t}$ $\underline{\underline{z=\frac{t}{y}}}$ $\int_{\frac{1}{y}}^x \frac{ydz}{yz} = \int_{\frac{1}{y}}^x \frac{dz}{z} = \int_1^x \frac{dz}{z}$

$\quad + \int_{\frac{1}{y}}^1 \frac{dz}{z} = \int_1^x \frac{dz}{z} - \int_1^{\frac{1}{y}} \frac{dz}{z}$

$\quad = lnx - (-lny)$ （由(a)）

$\quad = lnx + lny$

(c)$ln\frac{x}{y} = \int_1^{\frac{x}{y}} \frac{dt}{t}$ $\underline{\underline{z=yt}}$ $\int_y^x \frac{\frac{1}{y}dz}{\frac{z}{y}} = \int_y^x \frac{dz}{z}$

$\quad = \int_y^1 \frac{dz}{z} + \int_1^x \frac{dz}{z} = \int_1^x \frac{dz}{z} - \int_1^y \frac{dz}{z} = lnx - lny$

例 4 若$f(x)$在$(-\infty, \infty)$中為奇函數，試證$\int_0^x f(t)dt$為偶函數。

■ **解**

令$g(x) = \int_0^x f(t)dt$，現我們要證$g(-x) = g(x)$：

$g(-x) = \int_0^{-x} f(t)dt = \int_0^{-x} -f(-t)dt$ $\underline{\underline{y=-t}}$ $\int_0^x -f(y)(-dy)$

$\quad = \int_0^x f(y)dy = g(x)$

$\therefore f(x)$在$(-\infty, \infty)$為奇函數時$\int_0^x f(t)dt$為偶函數

例 5 若$f(x)$在$[0, n]$中為連續，試求$\int_0^1 (f(x) + f(2-x) + f(3-x) + \cdots + f(n-x))\,dx$

■ **解**

$$\int_0^1 f(2-x)dx \underline{\underline{y=2-x}} \int_2^1 f(y)(-dy) = \int_1^2 f(y)dy$$

$$\int_0^1 f(3-x)dx \underline{\underline{y=3-x}} \int_3^2 f(y)(-dy) = \int_2^3 f(y)dy$$

$$\cdots\cdots\cdots$$

$$\int_0^1 f(n-x)dx \underline{\underline{y=n-x}} \int_n^{n-1} f(y)(-dy) = \int_{n-1}^n f(y)dy$$

$$\therefore \int_0^1 (f(x)+f(2-x)+f(3-x)+\cdots+f(n-x))dx$$

$$= \int_0^1 f(x)dx + \int_1^2 f(x)dx + \cdots + \int_{n-1}^n f(x)dx$$

$$= \int_0^n f(x)dx$$

例 6 若 $f(x)$ 為連續函數，求下列各子題。

(a) $\int_0^x tf(x-t)dt = cosx$，求 $\int_0^{\frac{\pi}{2}} f(x)dx$

(b) $\dfrac{d}{dx}\int_0^x tf(x^2-t^2)dt$

(c) $\dfrac{d}{dx}\int_0^{sinx} t^2 f(x^3-t^3)dx$

(d) $f(x)$ 為可微分函數，$f(0)=0$，$F(x) = \int_0^x t^{n-1}f(x^n-t^n)dt$，求 $\lim\limits_{x\to 0}\dfrac{F(x)}{x^{2n}}$

解

(a) $\int_0^x tf(x-t)dt \underline{\underline{u=x-t}} \int_x^0 (x-u)f(u)(-du)$

$$= \int_0^x (x-u)f(u)du = x\int_0^x f(u)du - \int_0^x uf(u)du = cosx$$

兩邊同時對 x 微分：

$$\int_0^x f(u)du + xf(x) - xf(x) = -sinx$$

$$\therefore \int_0^x f(u)du = -sinx$$

$$\int_0^{\frac{\pi}{2}} f(x)dx = -sin\frac{\pi}{2} = -1$$

(b) $\int_0^x tf(x^2-t^2)dt \underline{\underline{u=x^2-t^2}} \int_{x^2}^0 f(u)(-\dfrac{du}{2}) = \dfrac{1}{2}\int_0^{x^2} f(u)du$

$$\therefore \frac{d}{dx} \int_0^x t f(t^2 - x^2) dt$$

$$= \frac{d}{dx} \left(\frac{1}{2} \int_0^{x^2} f(u) du \right) = \frac{1}{2} \cdot 2x f(x^2) = x f(x^2)$$

(c) $\displaystyle\int_0^{sinx} t^2 f(x^3 - t^3) dt \underline{\underline{\quad u = x^3 - t^3 \quad}} - \int_{x^3}^{x^3 - (sinx)^3} f(u) d\left(\frac{u}{3}\right)$

$$= \frac{-1}{3} \int_{x^3}^{x^3 - (sinx)^3} f(u) du$$

$$\therefore \frac{d}{dx} \int_0^{sinx} t^2 f(x^3 - t^3) dt$$

$$= \frac{d}{dx} [\frac{-1}{3} \int_{x^3}^{x^3 - (sinx)^3} f(u) du]$$

$$= \frac{-1}{3} (f(x^3 - sin^3 x) \cdot (3x^2 - 3sin^2 x cosx) - 3x^2 f(x^3))$$

$$= -(x^2 - sin^2 x cosx) f(x^3 - sin^3 x) + x^2 f(x^3)$$

(d) $\displaystyle\lim_{x \to 0} \frac{F(x)}{x^{2n}} \quad (\frac{0}{0})$

$$= \lim_{x \to 0} \frac{F'(x)}{2nx^{2n-1}} \cdots \cdots \cdots \cdots \cdots \cdots \cdots \cdots \cdots \cdots \cdots \cdots \cdots * $$

$$\text{又} F(x) = \int_0^x t^{n-1} f(x^n - t^n) dt \underline{\underline{\quad u = x^n - t^n \quad}} \int_{x^n}^0 f(u) du (-\frac{1}{n})$$

$$= \frac{1}{n} \int_0^{x^n} f(u) du$$

$$\therefore * = \lim_{x \to 0} \frac{\dfrac{1}{n} \cdot nx^{n-1} f(x^n)}{2nx^{2n-1}} = \lim_{x \to 0} \frac{f(x^n)}{2nx^n} \quad (\frac{0}{0})$$

$$= \lim_{x \to 0} \frac{f'(x^n) \cdot nx^{n-1}}{2n \cdot nx^{n-1}} = \frac{f'(0)}{2n}$$

$$\int_{-a}^a f(x) dx$$

定理

設 f 為一奇函數(即 f 滿足 $f(-x) = -f(x)$ 則

1. $\displaystyle\int_{-a}^a f(x) dx = 0$

2.設 f 為一偶函數(即 f 滿足 $f(-x) = -f(x)$，則

$$\int_{-a}^{a} f(x)dx = 2\int_{0}^{a} f(x)dx$$

說明

(1)之證明：

$$\int_{-a}^{a} f(x)dx = \int_{-a}^{0} f(x)dx + \int_{0}^{a} f(x)dx \cdots\cdots\cdots\cdots\cdots\cdots(1)$$

現在我們要證明 $\int_{-a}^{0} f(x)dx = -\int_{0}^{a} f(x)dx$：

$$\int_{-a}^{0} f(x)dx \underset{y=-x}{=\!=\!=} \int_{a}^{0} f(-y)(-dy)$$

$$= \int_{0}^{a} f(-y)dy = -\int_{0}^{a} f(y)dy$$

$$= -\int_{0}^{a} f(x)dx \cdots\cdots\cdots\cdots\cdots\cdots\cdots\cdots\cdots(2)$$

代(2)入(1)得 $\int_{-a}^{a} f(x)dx = 0$

例 7 (a) $\int_{-1}^{1} (1+x)(1+x^2)dx$　　　　(b) $\int_{-a}^{a} (x-a)\sqrt{a^2-x^2}dx$

(c) $\int_{-\frac{\pi}{2}}^{\frac{\pi}{2}} x^2[f(x)-f(-x)]dx$　　(d) $\int_{-a}^{a} (x+\sqrt{1+x^2})dx$

(e) $\int_{-\pi}^{\pi} \dfrac{x^4 tanx\, dx}{1+x^2(1+x^2)}$　　　　(f) $\int_{-a}^{a} |x| ln(x+\sqrt{1+x^2})dx$

■ 解析

(f) $y = ln(x+\sqrt{1+x^2})$ 為奇函數

■ 解

(a) $\int_{-1}^{1} (1+x)(1+x^2)dx = \int_{-1}^{1} [(1+x^2)+x(1+x^2)]dx$

$$= \int_{-1}^{1} (1+x^2)dx = 2\int_{0}^{1} (1+x^2)dx = 2(x+\frac{x^3}{3})]_{0}^{1} = \frac{8}{3}$$

(b) $\int_{-a}^{a} (x-a)\sqrt{a^2-x^2}dx$

$$= \int_{-a}^{a} \underbrace{x\sqrt{a^2-x^2}dx}_{\text{奇函數}} - a\int_{-a}^{a} \underbrace{\sqrt{a^2-x^2}dx}_{\text{偶函數}}$$

$$=-2a\int_0^a\sqrt{a^2-x^2}dx=-2a\cdot\frac{\pi}{4}a^2=-\frac{\pi}{2}a^3$$

(c)令$h(x)=x^2[f(x)-f(-x)]$則$h(-x)=(-x)^2[f(-x)-f(-(-x))]$

$$=x^2[f(-x)-f(x)]=-x^2[f(-x)-f(x)]$$

$\therefore h(x)=x^2[f(x)-f(-x)]$為奇函數，因此，

$$\int_{-\frac{\pi}{2}}^{\frac{\pi}{2}}x^2[f(x)-f(-x)]dx=0$$

(d)$\displaystyle\int_{-a}^a(x+\sqrt{1+x^2})^2dx=\int_{-a}^a(x^2+2x\sqrt{1+x^2}+(1+x^2)]dx$

$$=\int_{-a}^a(1+2x^2)dx+\int_{-a}^a(2x\sqrt{1+x^2})dx=\int_{-a}^a(1+2x^2)dx+0$$

$$=2\int_0^a(1+2x^2)dx=2(x+\frac{2}{3}x^3)]_0^a=2(a+\frac{2}{3}a^3)$$

(e)$\because f(x)=\dfrac{x^4tanx}{1+x^2(1+x^2)}$在$(-\pi，\pi)$中為奇函數

$$\therefore\int_{-\pi}^{\pi}\frac{x^4tanxdx}{1+x^2(1+x^2)}=0$$

(f)$g(x)=ln(x+\sqrt{1+x^2})$則$g(-x)=ln(-x+\sqrt{1+x^2})$

$$=ln(\frac{1}{x+\sqrt{1+x^2}})=-ln(x+\sqrt{1+x^2})=-g(x)\ \therefore g(x)$為奇函數

，又$|x|$為偶函數，偶函數×奇函數=奇函數

$$\therefore\int_{-a}^a|x|ln(x+\sqrt{1+x^2})dx=0$$

例 8 $f(x)$，$g(x)$在$[-a，a]$為連續函數，$g(x)$為偶函數，若$f(x)+$

$f(-x)=c$，(c為常數)(a)試證$\displaystyle\int_{-a}^af(x)g(x)dx=c\int_0^ag(x)dx$

(b)利用(a)之結果求$\displaystyle\int_{-a}^a|xe^{x^2}|tan^{-1}e^xdx$

■ 解

(a)$\displaystyle\int_{-a}^af(x)g(x)dx=\int_{-a}^0f(x)g(x)dx+\int_0^af(x)g(x)dx$：

$\displaystyle\int_{-a}^0f(x)g(x)dx\underline{\ y=-x\ }\int_a^0f(-y)g(-y)d(-y)$

$$=\int_0^af(-y)g(y)dy$$

$\displaystyle\therefore\int_{-a}^af(x)g(x)dx=\int_0^af(-x)g(x)dx+\int_0^af(x)g(x)dx$

$$= \int_0^a (f(-x)+f(x))g(x)dx = c\int_0^a g(x)dx$$

(b) $\int_{-a}^{a} |xe^{x^2}|tan^{-1}e^x dx$

取$f(x) = tan^{-1}e^x$，現要判斷$f(-x)+f(x) \overset{?}{=} c$

$$\frac{d}{dx}(f(x)+f(-x)) = (tan^{-1}e^x + tan^{-1}e^{-x})'$$

$$= \frac{e^x}{1+e^{2x}}+\frac{-e^{-x}}{1+e^{-2x}} = \frac{e^x}{1+e^{2x}}+\frac{-e^x}{1+e^{2x}}=0$$

$\therefore (f(x)+f(-x)) = c$

令$x=0$得$tan^{-1}e^x + tan^{-1}e^{-x}]_{x=0} = \frac{\pi}{2}$

即$f(x)+f(-x) = \frac{\pi}{2}$

$$\int_{-a}^{a}|xe^{x^2}|tan^{-1}e^x dx = \frac{\pi}{2}\int_{-a}^{a}|xe^{x^2}|dx$$

$$= \frac{\pi}{2}\cdot 2\int_0^a xe^{x^2}dx = \pi\cdot\frac{1}{2}[e^{x^2}]|_0^a = \frac{\pi}{2}e^{a^2}$$

週期函數

定理

f(x)是以T為週期之連續函數，則

(1) $\int_a^{a+T}f(x)dx = \int_0^T f(x)dx$ (a為常數)

(2) $\int_a^{a+nT}f(x)dx = n\int_0^T f(x)dx$

說明

1.(1)之證明：

$$\int_a^{a+T}f(x)dx = \int_a^0 f(x)dx + \int_0^T f(x)dx + \int_a^{a+T}f(x)dx \qquad (1)$$

現證$\int_T^{a+T}f(x)dx = \int_0^a f(x)dx$：

$$\int_0^a f(x)dx \xrightarrow{y=x+T} \int_T^{a+T} f(y-T)dy = \int_T^{a+T} f((y-T)+T)dy$$

$$= \int_T^{a+T} f(y)dy = \int_T^{a+T} f(x)dx \qquad\qquad (2)$$

代(2)入(1)得

$$\int_a^{a+T} f(x)dx = \int_0^T f(x)dx$$

2.(2)之證明：

$$\int_a^{a+nT} f(x)dx = \int_0^{nT} f(x)dx = \int_0^T f(x)dx + \int_T^{2T} f(x)dx$$

$$+ \cdots + \int_{(n-1)T}^{nT} f(x)dx = \int_0^T f(x)dx + \cdots + \int_0^T f(x)dx$$

$$= n\int_0^T f(x)dx$$

例 9 (a) $\int_0^{2\pi} |sinx|dx$ *(b) $\int_1^{1+\pi} sin^2 2x(tanx+1)dx$

     *(c)$\lim\limits_{x\to\infty} \dfrac{\int_0^x |siny|dy}{x}$ (d) $\int_0^{n\pi} x|sinx|dx$

解析

(b)$sin^2 2x$ 與 $tanx$ 都是週期為 π 之函數 $\therefore sin^2 2x(tanx+1)$ 是週

期為 π 之函數，又 $sin^2 2x tanx$ 為一奇函數，$\int_{-\frac{\pi}{2}}^{\frac{\pi}{2}} sin^2 2x \cdot tanx dx$

$=0$。

解

(a)$f(x)=|sinx|$，$T=\pi$

$$\therefore \int_0^{2\pi} |sinx|dx = \int_0^{\pi} |sinx|dx + \int_{\pi}^{2\pi} |sinx|dx$$

$$= 2\int_0^{\pi} |sinx|dx = 2\int_0^{\pi} sinxdx = 2(-cosx)]_0^{\pi} = 4$$

(b)$\int_1^{1+\pi} sin^2 2x(tanx+1) = \int_0^{\pi} sin^2 2x(tanx+1)dx =$

$$\int_{-\frac{\pi}{2}}^{\frac{\pi}{2}} (sin^2 2x tanx + sin^2 2x)dx = \int_{-\frac{\pi}{2}}^{\frac{\pi}{2}} sin^2 2x tanx dx + \int_{-\frac{\pi}{2}}^{\frac{\pi}{2}} sin^2 2x dx$$

$$= 0 + 4\int_{-\frac{\pi}{2}}^{\frac{\pi}{2}} sin^2 x cos^2 x dx = 2 \cdot 4\int_0^{\frac{\pi}{2}} sin^2 x cos^2 x dx$$

$$= 8 \frac{\Gamma\left(\frac{2+1}{2}\right)\Gamma\left(\frac{2+1}{2}\right)}{2\Gamma\left(\frac{2+2}{2}+1\right)} = 8 \cdot \frac{\frac{\sqrt{\pi}}{2} \cdot \frac{\sqrt{\pi}}{2}}{2 \cdot 2} = \frac{\pi}{2}(\text{用 beta 函數})$$

或 $\displaystyle\int_{-\frac{\pi}{2}}^{\frac{\pi}{2}} sin^2 2x dx = 2\int_0^{\frac{\pi}{2}} sin^2 2x dx = 2\int_0^{\frac{\pi}{2}} \frac{(1-cos4x)}{2}dx$

$$= \int_0^{\frac{\pi}{2}}(1-cos4x)dx = x - \frac{1}{4}sin4x\Big]_0^{\frac{\pi}{2}} = \frac{\pi}{2}$$

(c) $\displaystyle\lim_{x\to\infty}\frac{\int_0^x |siny|dy}{x}$ 不能用 L'Hospital 法則來直接求解,

但我們可注意到$|siny|$是以π為週期之函數,對任一x而

言,我們可找一個n,使得$(n+1)\pi \geq x \geq n\pi\cdots\cdots\cdots\cdots(1)$

$$\int_0^{n\pi}|siny|dy \leq \int_0^x |siny|dy \leq \int_0^{(n+1)\pi}|siny|dy$$

又 $\displaystyle\int_0^{n\pi}|siny|dy = n\int_0^{\pi}|siny|dy = n\int_0^{\pi}sinydy$

$$= n(-cosy)]_0^{\pi} = 2n\cdots\cdots\cdots\cdots\cdots\cdots\cdots\cdots\cdots\cdots\cdots(2)$$

同法

$$\int_0^{(n+1)\pi}|siny|dy = 2(n+1)$$

$$\therefore \begin{cases} 2n \leq \int_0^x |siny|dy \leq 2(n+1) \\ n\pi \leq x \leq (n+1)\pi \quad (\text{由}(1)) \end{cases}$$

$$\therefore \frac{2n}{(n+1)\pi} \leq \frac{\int_0^x |siny|dy}{x} \leq \frac{2(n+1)}{n\pi}$$

$$\lim_{n\to\infty}\frac{2n}{(n+1)\pi} = \lim_{n\to\infty}\frac{2(n+1)}{n\pi} = \frac{2}{\pi}$$

$$\therefore \lim_{x\to\infty}\frac{\int_0^x |siny|dy}{x} = \frac{2}{\pi}$$

(d)$f(x) = |sinx|$的週期是π但$g(x)=x|sinx|$則非週期函

數,我們可試從變數變換著手。

$$\int_0^{n\pi}x|sinx|dx \underline{\underline{\quad y=n\pi-x\quad}} \int_{n\pi}^0 (n\pi-y)|sin(n\pi-y)|(-dy)$$

$$= \int_0^{n\pi}(n\pi-y)|siny|dy$$

$$= n\pi \int_0^{n\pi} |siny|\,dy - \int_0^{n\pi} y|siny|\,dy$$

$$= n\pi \int_0^{n\pi} |sinx|\,dx - \int_0^{n\pi} x|sinx|\,dx$$

$$\therefore 2\int_0^{n\pi} x|sinx|\,dx = n\pi \int_0^{n\pi} |sinx|\,dx$$

$$= n\pi \cdot n \int_0^{\pi} sinx\,dx = n^2\pi(-cosx)]_0^{\pi} = 2n^2\pi$$

$$\therefore \int_0^{n\pi} x|sinx|\,dx = n^2\pi$$

變數變換法在特殊定積分問題上之應用

在本子單元，我們常用的變數變換方法有

$$1°\ \int_0^a f(x)dx = \int_0^{a-x} f(x)dx$$

特例：$\int_0^{\frac{\pi}{2}} f(sinx)dx = \int_0^{\frac{\pi}{2}} f(cosx)dx$

$$2°\ \int_{-a}^a f(x)dx = \int_0^a (f(x)+f(-x))dx$$

例 10　(a) $\int_{-a}^a \dfrac{x^2}{1+e^{-x}}dx$　　　　(b) $\int_{-a}^a \dfrac{cosx}{1+2^x}dx$

　　　　(c) $\int_{-\frac{\pi}{2}}^{\frac{\pi}{2}} \dfrac{1}{1+e^x}sin^4x\,dx$

■ 解析

碰到 $\int_{-a}^a f(x)dx$ 時，讀者應本能地反應 $f(x)$ 是否為奇(偶)函

數及 $\int_{-a}^a f(x)dx = \int_0^a (f(x)+f(-x))dx$

■ 解

(a) $\int_{-a}^a \dfrac{x^2}{1+e^{-x}}dx = \int_0^a \left(\dfrac{x^2}{1+e^{-x}}+\dfrac{(-x)^2}{1+e^{-(-x)}}\right)dx$

$= \int_0^a \left(\dfrac{x^2 e^x}{1+e^x}+\dfrac{x^2}{1+e^x}\right)dx$

$= \int_0^a x^2 dx = \dfrac{a^3}{3}$

(b) $\int_{-a}^a \dfrac{cosx}{1+2^x}dx = \int_0^a \left(\dfrac{cosx}{1+2^x}+\dfrac{cos(-x)}{1+2^{-x}}\right)dx$

$$= \int_0^a \frac{\cos x + 2^x \cos x}{1 + 2^x} dx = \int_0^a \cos x\, dx = \sin x]_0^a = \sin a$$

(c) $\displaystyle\int_{-\frac{\pi}{2}}^{\frac{\pi}{2}} \frac{1}{1+e^x} \sin^4 dx = \int_0^{\frac{\pi}{2}} \left(\frac{1}{1+e^x}\sin^4 x \right) + \left(\frac{1}{1+e^{-x}}\sin^4(-x) \right) dx$

$$= \int_0^{\frac{\pi}{2}} \frac{1+e^x}{1+e^x} \sin^4 dx$$

$$= \int_0^{\frac{\pi}{2}} \sin^4 x\, dx = \frac{1 \cdot 3}{4 \cdot 2} \cdot \frac{\pi}{2} = \frac{3}{16}\pi \text{(Wallis 公式)或用 beta 公式}$$

$$\int_0^{\frac{\pi}{2}} \sin^4 x\, dx = \frac{\Gamma\left(\frac{4+1}{2}\right)\Gamma\left(\frac{0+1}{2}\right)}{2\Gamma\left(\frac{4+0}{2}+1\right)} = \frac{\frac{3}{2} \cdot \frac{\sqrt{\pi}}{2} \cdot \sqrt{\pi}}{2 \cdot 2} = \frac{3}{16}\pi$$

例 11 求(a) $\displaystyle\int_0^{\infty} \frac{\ln x}{1+x^2}dx$ (b) $\displaystyle\int_0^{\frac{\pi}{2}} \frac{\sin^m x}{\sin^m x + \cos^m x}dx$

    (c) $\displaystyle\int_0^a \frac{e^x}{e^x + e^{a-x}}dx$

解

(a) $\displaystyle\int_0^{\infty} \frac{\ln x}{1+x^2}dx \xrightarrow{y=\frac{1}{x}} \int_{\infty}^0 \frac{\ln\frac{1}{y}}{1+(\frac{1}{y})^2}\left(\frac{-dy}{y^2}\right) = \int_{\infty}^0 \frac{\ln y}{1+y^2}dy$

$$= -\int_0^{\infty} \frac{\ln x}{1+x^2}dx \text{，移項得 } 2\int_0^{\infty} \frac{\ln x}{1+x^2}dx = 0 \text{，即 } \int_0^{\infty} \frac{\ln x}{1+x^2}dx$$

$$= 0$$

(b) $\displaystyle\int_0^{\frac{\pi}{2}} \frac{\sin^m x}{\sin^m x + \cos^m x}dx$

$$\xrightarrow{y=\frac{\pi}{2}-x} \int_{\frac{\pi}{2}}^0 \frac{\sin^m(\frac{\pi}{2}-y)(-dy)}{\sin^m(\frac{\pi}{2}-y) + \cos^m(\frac{\pi}{2}-y)}$$

$$= -\int_{\frac{\pi}{2}}^0 \frac{\cos^m y}{\cos^m y + \sin^m y}dy = \int_0^{\frac{\pi}{2}} \frac{\cos^m y}{\cos^m y + \sin^m y}dy$$

又 $\displaystyle\int_0^{\frac{\pi}{2}} \frac{\sin^m x}{\sin^m x + \cos^m x}dx + \int_0^{\frac{\pi}{2}} \frac{\cos^m x}{\cos^m x + \sin^m x}dx = \frac{\pi}{2}$

$$\therefore \int_0^{\frac{\pi}{2}} \frac{\sin^m x}{\sin^m x + \cos^m x} dx = \frac{\pi}{4}$$

(c) $\int_0^a \frac{e^x dx}{e^x + e^{a-x}}$ $\overline{\overline{y = a-x}}$ $\int_a^0 \frac{e^{a-y}(-dy)}{e^{a-y} + e^y} = \int_0^a \frac{e^{a-y}}{e^{a-y} + e^y} dy$

$$= \int_0^a \frac{e^{a-x}}{e^{a-x} + e^x} dx$$

$$\int_0^a \frac{e^x}{e^x + e^{a-x}} dx + \int_0^a \frac{e^{a-x}}{e^{a-x} + e^x} dx = \int_0^a dx = a$$

$$\therefore \int_0^a \frac{e^x}{e^x + e^{a-x}} dx = \frac{a}{2}$$

單元 30 　 積分變數變換法：三角代換

$$\int f(a^2 \pm x^2)dx \text{或} \int f(x^2 - a^2)dx$$

$$\int f(a^2 - x^2)dx ： 可令 x = a\sin y \Rightarrow \begin{cases} y = \sin^{-1}\dfrac{x}{a} \\ dx = a\cos y\,dy \end{cases}$$

$$\int f(a^2 + x^2)dx ： 可令 x = a\tan y \Rightarrow \begin{cases} y = \tan^{-1}\dfrac{x}{a} \\ dx = a\sec^2 y\,dy \end{cases}$$

$$\int f(x^2 - a^2)dx ： 可令 x = a\sec y \Rightarrow \begin{cases} y = \sec^{-1}\dfrac{x}{a} \\ dx = a\sec y\tan y\,dy \end{cases}$$

這類題型之積分問題，大抵可用上述代換底定，但如果能套用下列定理，在解題上有更大的簡化了。

定理

$$\int \frac{du}{\sqrt{u^2 \pm a^2}} = \ln|u + \sqrt{u^2 \pm a^2}| + c$$

$$\int \sqrt{u^2 \pm a^2}\,du = \frac{u}{2}\sqrt{u^2 \pm a^2} + \frac{a^2}{2}\ln|u + \sqrt{u^2 \pm a^2}| + c$$

$$\int \sqrt{a^2 - u^2}\,du = \frac{u}{2}\sqrt{a^2 - u^2} + \frac{a^2}{2}\sin^{-1}\frac{u}{a} + c$$

$$\int \frac{1}{\sqrt{a^2 - u^2}}\,du = \sin^{-1}\frac{u}{a} + c$$

$$\int \frac{du}{a^2 + u^2} = \frac{1}{a}\tan^{-1}\frac{u}{a} + c$$

說明

　　1. $\displaystyle\int \frac{du}{\sqrt{u^2 + a^2}}$ (取 $u = a\tan y$，$du = a\sec^2 y\,dy$)

$$= \int \frac{a\sec^2 y\, dy}{\sqrt{a^2\tan^2 y + a^2}} = \int \sec y\, dy$$

$$= ln|\sec y + \tan y| + c' \cdots\cdots\cdots\cdots\cdots\cdots\cdots\cdots ※$$

$$\sec y = \frac{\sqrt{a^2 + u^2}}{a}$$

代以上結果入 ※ 得

$$※ = ln|\sec y + \tan y| + c' = ln\left|\frac{\sqrt{a^2+u^2}}{a} + \frac{u}{a}\right| + c'$$

$$= ln|u + \sqrt{a^2+u^2}| + c$$

例 1 求下列積分

(a) $\int_0^1 x^2\sqrt{1-x^2}\,dx$

(b) $\int \frac{dx}{x^2\sqrt{1+x^2}}$

(c) $\int \frac{x-1}{x+1}dx$

(d) $\int_{-\frac{1}{2}}^{\frac{1}{2}} \sqrt{\frac{1+x}{1-x}}\sin^{-1}x\,dx$

(e) $\int \frac{x\,dx}{1-x^2+\sqrt{1-x^2}}$

(f) $\int \frac{\sqrt{x^2-9}}{x}dx$

(g) $\int \frac{x^3}{\sqrt[3]{x^2+1}}dx$

(h) $\int \frac{x^3}{(x^2+a^2)^{\frac{1}{2}}}\,dx$

▨ 解析

在解作三角代換時，可用一些簡單之示意圖以避免錯誤。

▨ 解

(a) $\int_0^1 x^2\sqrt{1-x^2}\,dx$ $\underline{\underline{x=\sin t}}$ $\int_0^{\frac{\pi}{2}} \sin^2 t\cos t\cos t\,dt$

$$= \int_0^{\frac{\pi}{2}} \sin^2 t\cos^2 t\,dt = \frac{\Gamma\left(\frac{2+1}{2}\right)\Gamma\left(\frac{2+1}{2}\right)}{2\Gamma\left(\frac{2+2}{2}+1\right)}$$

$$= \frac{\frac{\sqrt{\pi}}{2}\cdot\frac{\sqrt{\pi}}{2}}{2\cdot 2} = \frac{\pi}{16}（用 beta 函數）或$$

$$\int_0^{\frac{\pi}{2}} \sin^2 t\cos^2 t\,dt = \frac{1}{4}\int_0^{\frac{\pi}{2}} \sin^2 2t\,dt = \frac{1}{4}\int_0^{\frac{\pi}{2}} \frac{1-\cos 4t}{2}dt$$

$$= \frac{1}{8}\left(t - \frac{1}{4}sin4t\right)\Big|_0^{\frac{\pi}{2}} = \frac{1}{8} \cdot \frac{\pi}{2} = \frac{\pi}{16}$$

(b) $\displaystyle \int \frac{dx}{x^2\sqrt{1+x^2}} \xrightarrow{\ x=tant\ } \int \frac{sec^2tdt}{tan^2t \cdot sect}$

$$= \int \frac{cost}{sin^2t}dt$$

$$= \int \frac{dsint}{sin^2t} = -\frac{1}{sint} + c = -\frac{\sqrt{1+x^2}}{x} + c$$

(c) $\displaystyle \int \sqrt{\frac{x-1}{x+1}}dx = \int \frac{x-1}{\sqrt{x^2-1}}dx$ ，令 $x = sect$

$$= \int \frac{sect-1}{tant} \cdot sect\,tantdt$$

$$= \int (sec^2t - sect)dt$$

$$= \int sec^2t\,dt - \int sectdt$$

$$= tant - ln|sect + tant| + c$$

$$= \sqrt{x^2-1} - ln|x + \sqrt{x^2-1}| + c$$

(d) $\displaystyle \int_{-\frac{1}{2}}^{\frac{1}{2}} \sqrt{\frac{1+x}{1-x}}sin^{-1}cdx = \int_{-\frac{1}{2}}^{\frac{1}{2}} \frac{1+x}{\sqrt{1-x^2}}sin^{-1}xdx$

$$= \int_{-\frac{1}{2}}^{\frac{1}{2}} \frac{sin^{-1}x}{\sqrt{1-x^2}}dx + \int_{-\frac{1}{2}}^{\frac{1}{2}} \frac{x}{\sqrt{1-x^2}}sin^{-1}xdx$$

$$= 0 + 2\int_0^{\frac{1}{2}} \frac{x}{\sqrt{1-x^2}}sin^{-1}xdx$$

$\xrightarrow{\ x=sinx\ } 2\int_0^{\frac{\pi}{6}} \frac{sint}{cost} \cdot t \cdot costdt$

$$= 2\left[\int_0^{\frac{\pi}{6}} td(-cost)\right]$$

$$= 2[-tcost]\Big|_0^{\frac{\pi}{6}} + 2\int_0^{\frac{\pi}{6}} costdt \text{ (分部積分法)}$$

$$= -\frac{\sqrt{3}}{6}\pi + 2sint\Big]_0^{\frac{\pi}{6}} = 1 - \frac{\sqrt{3}}{6}\pi$$

(e) $\displaystyle \int \frac{xdx}{1-x^2+\sqrt{1-x^2}} \xrightarrow{\ x=sint\ } \int \frac{sintcostdt}{cos^2t + cost}$

$$= \int \frac{-dcost}{1+cost} = -ln(1+cost) + c$$

$$= -ln(1+\sqrt{1-x^2})+c$$

(f) $\int \dfrac{\sqrt{x^2-9}}{x}dx \quad \underline{x=3sect}$

$$\int \dfrac{3tant}{3sect} \cdot 3sect\,tant\,dt$$

$$= 3\int tan^2t\,dt = 3\int (sec^2t-1)dt$$

$$= 3(tant-t)+c$$

$$= 3\left(\dfrac{\dfrac{\sqrt{x^2-9}}{x}}{\dfrac{3}{x}} - cos^{-1}\dfrac{3}{|x|} \right) + c = \sqrt{x^2-9} - 3cos^{-1}\dfrac{3}{|x|}+c$$

(g)

$$\int \dfrac{x^3}{\sqrt[3]{x^2+1}}dx = \int \dfrac{(x^2+1-1)d\dfrac{1}{2}(x^2+1)}{\sqrt[3]{x^2+1}} \quad \underline{u=x^2+1} \quad \int \dfrac{(u-1)du}{2u^{\frac{1}{3}}}$$

$$= \dfrac{1}{2}\int (u^{\frac{2}{3}}-u^{-\frac{1}{3}})du = \dfrac{1}{2}(\dfrac{3}{5}u^{\frac{5}{3}}-\dfrac{3}{2}u^{\frac{2}{3}})+c$$

$$= \dfrac{3}{10}(x^2+1)^{\frac{5}{3}} - \dfrac{3}{4}(x^2+1)^{\frac{2}{3}}+c$$

註：若我們令 $x=tant$，則

$$\int \dfrac{tan^3t \cdot sec^2t\,dt}{\sqrt[3]{tan^2t+1}} = \int tan^3t \cdot sec^{\frac{4}{3}}t$$

便不容易演算下去。在積分式分母次數較分子根號內之次
數多 1 時，令 $u=x^2+a^2$ 可能比較好做。

(h) $\int \dfrac{x^3dx}{\sqrt{x^2+a^2}} = \int \dfrac{(x^2+a^2-a^2)d\dfrac{1}{2}(x^2+a^2)}{\sqrt{x^2+a^2}}$

$$= \dfrac{1}{2}\int \sqrt{x^2+a^2}d(x^2+a^2) - \dfrac{a^2}{2}\int \dfrac{d(x^2+a^2)}{\sqrt{x^2+a^2}}$$

$$= \dfrac{1}{2} \cdot \dfrac{2}{3}(x^2+a^2)^{\frac{3}{2}} - (x^2+a^2)^{\frac{1}{2}}+c$$

$$= \dfrac{1}{3}(x^2+a^2)^{\frac{3}{2}} - (x^2+a^2)^{\frac{1}{2}}+c$$

例 2 求(a) $\int \sqrt{4-x^2}dx$　　　　(b) $\int \dfrac{dx}{\sqrt{4-x^2}}$

(c) $\int x\sqrt{4-x^2}dx$　　　　(d) $\int \sqrt{x^2+2x+5}\,dx$

(e) $\int \dfrac{dx}{x^2+2x+2}$　　　　(f) $\int \dfrac{dx}{\sqrt{x^2+2x+2}}$

解

(a) $a=2$，$u=x$　$\therefore \int \sqrt{4-x^2}dx = \dfrac{x}{2}\sqrt{4-x^2}+\dfrac{4}{2}sin^{-1}\dfrac{x}{2}+c$

$$= \dfrac{x}{2}\sqrt{4-x^2}+2sin^{-1}\dfrac{x}{2}+c$$

(b) $a=2$，$u=x$　$\therefore \int \dfrac{dx}{\sqrt{4-x^2}} = sin^{-1}\dfrac{x}{2}+c$

(c) $\int x\sqrt{4-x^2}dx = \dfrac{-1}{2}\int (4-x^2)^{\frac{1}{2}}d(4-x^2)$

$$= -\dfrac{1}{2}\cdot\dfrac{2}{3}(4-x^2)^{\frac{3}{2}}+c = -\dfrac{1}{3}(4-x^2)^{\frac{3}{2}}+c$$

(d) $\int \sqrt{x^2+2x+5}\,dx = \int \sqrt{(x+1)^2+4}\,d(x+1)$

$$= \dfrac{x+1}{2}\sqrt{x^2+2x+5}+2ln|\sqrt{x^2+2x+5}+(x+1)|+c$$

(e) $\int \dfrac{dx}{x^2+2x+2} = \int \dfrac{d(x+1)}{(x+1)^2+1} = tan^{-1}(x+1)+c$

(f) $\int \dfrac{dx}{\sqrt{x^2+2x+2}} = \int \dfrac{d(x+1)}{\sqrt{(x+1)^2+1}}$

$$= ln|(x+1)+\sqrt{x^2+2x+2}|+c$$

$$\int \dfrac{dx}{(x-h)^n\sqrt{a+bx+cx^2}}$$

這類積分可令 $y = \dfrac{1}{(x-h)}$ 行變數變換而得解

例 3 求下列積分

(a) $\int \dfrac{dx}{x^2\sqrt{x^2+a^2}}$　　(b) $\int \dfrac{dx}{(x+1)\sqrt{1-x^2}}$　　(c) $\int \dfrac{dx}{x\sqrt{x^6-4}}$

■ 解

(a) $\displaystyle\int \frac{dx}{x^2\sqrt{x^2+a^2}} \underline{\underline{\quad y=\frac{1}{x}\quad}} -\int \frac{\dfrac{dy}{y^2}}{\dfrac{1}{y^2}\sqrt{\dfrac{1}{y^2}+a^2}} = -\int \frac{y\,dy}{\sqrt{a^2y^2+1}}$

$\displaystyle = \frac{-1}{2a^2}\int \frac{d(a^2y^2+1)}{\sqrt{a^2y^2+1}} = -\frac{1}{a^2}\sqrt{a^2y^2+1}+c$

$\displaystyle = -\frac{1}{a^2}\sqrt{a^2(\frac{1}{x})^2+1}+c$

$\displaystyle = -\frac{\sqrt{x^2+a^2}}{a^2x}+c$

(b) $y=\dfrac{1}{x+1}$, $x=\dfrac{1}{y}-1$, $dx=-\dfrac{dy}{y^2}$

$\displaystyle \therefore \int \frac{dx}{(x+1)\sqrt{1-x^2}}$

$\displaystyle = \int \frac{-\dfrac{dy}{y^2}}{y\sqrt{1-(\dfrac{1}{y}-1)^2}} = -\int \frac{dy}{\sqrt{2y-1}} = -\int \frac{d\dfrac{1}{2}(2y-1)}{\sqrt{2y-1}}$

$\displaystyle = -\frac{1}{2}\cdot(2\sqrt{2y-1})+c = -\sqrt{2y-1}+c = -\sqrt{\frac{2}{x+1}-1}+c$

$\displaystyle = -\sqrt{\frac{1-x}{x+1}}+c = \frac{x-1}{\sqrt{1-x^2}}+c$

(c) $\displaystyle\int \frac{dx}{x\sqrt{x^6-4}} \underline{\underline{\quad y=\frac{1}{x}\quad}} \int \frac{-\dfrac{dy}{y^2}}{\dfrac{1}{y}\sqrt{\dfrac{1}{y^6}-4}} = -\frac{1}{6}\int \frac{d(2y^3)}{\sqrt{1-4y^6}}$

$\displaystyle = -\frac{1}{6}\sin^{-1}(2y^3)+c$

$\displaystyle = -\frac{1}{6}\sin^{-1}\frac{2}{x^3}+c$

$z=\tan\dfrac{x}{2}$轉換

定理

計算 $\int f(sinx，cosx)dx$ 時，令 $z = tan\dfrac{x}{2}$，$-\dfrac{\pi}{2} < \dfrac{x}{2} < \dfrac{\pi}{2}$

有 $sinx = \dfrac{2z}{1+z^2}$，$cosx = \dfrac{1-z^2}{1+z^2}$，$dx = \dfrac{2dz}{1+z^2}$。

說明

1. 用 $z = tan\dfrac{x}{2}$，$-\dfrac{\pi}{2} < \dfrac{x}{2} < \dfrac{\pi}{2}$ 來變數變換時，

   $z = tan\dfrac{x}{2}$，由右圖易得：

   $sin\dfrac{x}{2} = \dfrac{z}{\sqrt{1+z^2}}$

   $cos\dfrac{x}{2} = \dfrac{1}{\sqrt{1+z^2}}$

   $\therefore (1)sinx = sin\left(2 \cdot \dfrac{x}{2}\right) = 2sin\dfrac{x}{2}cos\dfrac{x}{2}$

   $\qquad = 2 \cdot \dfrac{z}{\sqrt{1+z^2}} \cdot \dfrac{1}{\sqrt{1+z^2}} = \dfrac{2z}{1+z^2}$

   $(2)cosx = cos\left(2 \cdot \dfrac{x}{2}\right) = 2cos^2\dfrac{x}{2} - 1$

   $\qquad = 2\left(\dfrac{1}{\sqrt{1+z^2}}\right)^2 - 1 = \dfrac{1-z^2}{1+z^2}$

   $(3)z = tan\dfrac{x}{2}$，得 $x = 2tan^{-1}z$ $\quad \therefore dx = \dfrac{2}{1+z^2}dz$

2. 若積分式為含三角函數之有理函數時，在計算時，先行化簡並判斷是否可直接用三角恆等式或變數變換法即可解答。

例4 求(a) $\displaystyle\int \dfrac{dx}{1 + sinx + cosx}$ $\qquad$ (b) $\displaystyle\int \dfrac{dx}{1 - sinx}$

(c) $\displaystyle\int \dfrac{dx}{(1 - sinx)sinx}dx$ $\qquad$ (d) $\displaystyle\int \dfrac{1 + sinx}{2 + cosx}dx$

■ 解

(a)取 $z = tan\frac{x}{2}$，則 $sinx = \frac{2z}{1+z^2}$，$cosx = \frac{1-z^2}{1+z^2}$，$dx = \frac{2dz}{1+z^2}$則原

式 $= \int \frac{\frac{2dz}{1+z^2}}{1+\left(\frac{2z}{1+z^2}\right)+\left(\frac{1-z^2}{1+z^2}\right)} = \int \frac{dz}{1+z} = ln|1+z|+c$

$= ln|1 + tan\frac{x}{2}|+c$

(b)方法一：取 $z = tan\frac{x}{2}$，則

$$\int \frac{1}{1-sinx}dx = \int \frac{\frac{2}{1+z^2}dz}{1-\frac{2z}{1+z^2}} = \int \frac{2dz}{(1-z)^2}$$

$$= \frac{2}{1-z}+c = \frac{2}{1-tan\frac{x}{2}}+c$$

方法二：$\int \frac{dx}{1-sinx} = \int \frac{(1+sinx)dx}{(1-sinx)(1+sinx)}$

$$= \int \frac{1+sinx}{cos^2x}dx$$

$$= \int (sec^2x+secxtanx)dx$$

$$= tanx+secx+c$$

(c) $z = tan\frac{x}{2}$則

$$\int \frac{(1+sinx)dx}{(1+cosx)sinx} = \int \frac{\left(1+\frac{2z}{1+z^2}\right)\left(\frac{2}{1+z^2}dz\right)}{\left(1+\frac{1-z^2}{1+z^2}\right)\left(\frac{2z}{1+z^2}\right)}$$

$$= \int \frac{(1+z)^2dz}{2z}$$

$$= \frac{1}{2}\int (\frac{1}{z}+2+z)dz = \frac{1}{2}ln|z|+z+\frac{z^2}{4}+c$$

$$= \frac{1}{2}ln|tan\frac{x}{2}|+tan\frac{x}{2}+\frac{1}{4}(tan\frac{x}{2})^2+c$$

(d) $\int \dfrac{1+sinx}{(2+cosx)}dx \underset{=\!=\!=\!=}{z=tan\dfrac{x}{2}} \int \dfrac{1+\dfrac{2z}{1+z^2}}{2+\dfrac{1-z^2}{1+z^2}} \cdot \dfrac{2dz}{1+z^2}$

$= 2\int \dfrac{(1+z)^2dz}{(3+z^2)(1+z^2)}$ 接下去便不易處理，因此，換另一種

解法：

$\int \dfrac{1+sinx}{2+cosx}dx = \int \dfrac{dx}{2+cosx} + \int \dfrac{-d(2+cosx)}{2+cosx}$

$= -ln(2+cosx) + \int \dfrac{dx}{2+cosx}$ ，

$\int \dfrac{dx}{2+cosx} \underset{=\!=\!=\!=}{z=tan\dfrac{x}{2}} \int \dfrac{\dfrac{2dz}{1+z^2}}{2+\dfrac{1-z^2}{1+z^2}} = \int \dfrac{2dz}{3+z^2}$

$= \dfrac{2}{\sqrt{3}}tan^{-1}\dfrac{z}{\sqrt{3}} + c$

$= \dfrac{2}{\sqrt{3}}tan^{-1}\dfrac{tan\dfrac{x}{2}}{\sqrt{3}} + c$

$\therefore \int \dfrac{1+sinx}{2+cosx}dx = -ln(2+cosx) + \dfrac{2}{\sqrt{3}}tan^{-1}\dfrac{tan\dfrac{x}{2}}{\sqrt{3}} + c$

單元 31 分部積分法

分部積分之基本解法

由微分之乘法法則得知：若 u，v 為 x 之函數則有：

$$\frac{d}{dx}uv = u\frac{d}{dx}v + v\frac{d}{dx}u \quad \therefore u\frac{d}{dx}v = \frac{d}{dx}uv - v\frac{d}{dx}u$$

兩邊同時對 x 積分可得 $\int udv = uv - \int vdu$。

說明

1. $\int uv'dx = uv - \int vdu$

   選取 v 之原則

   a」 v 容易求得

   b」 $\int udv$ 比 $\int vdu$ 容易計算下去

2. 進行分部積分法有時須先作變數變換(若可以由變數變換法求得時，如 $\int xe^x dx$ 可直接由變數變換法求解)

3. 複雜之積分，有時可用漸化式(Reduction form)求算。

例1 求下列積分

(a) $\int x^2 e^x dx$ (b) $\int x^2 \sin x dx$

(c) $\int \cos\sqrt{x} dx$ (d) $\int x\sin x^2 dx$

(e) $\int x^3 \cos(x^2) dx$ (f) $\int_1^4 \sqrt{x}e^{\sqrt{x}} dx$

(g) $\int \ln(x+\sqrt{1+x^2})dx$ (h) $\int \frac{\sin^{-1}\sqrt{x}}{\sqrt{1-x}} dx$

解

(a) $\int x^2 e^x dx = \int x^2 de^x = x^2 e^x - \int e^x dx^2 = x^2 e^x - 2\int xe^x dx$

   $= x^2 e^x - 2\int xde^x = x^2 e^x - 2(xe^x - \int e^x dx) = x^2 e^x - 2xe^x + 2e^x + c$

(b) $\int x^2 sinxdx = \int x^2 d(-cosx) = -x^2 cosx + \int cosx dx^2$

$\quad = -x^2 cosx + 2\int xcosxdx = -x^2 cosx + 2\int xdsinx$

$\quad = -x^2 cosx + 2xsinx - 2\int sinxdx$

$\quad = -x^2 cosx + 2xsinx + 2cosx + c$

(c)令 $u = \sqrt{x}$，$u^2 = x$，$dx = 2udu$

$\quad \therefore \int cos\sqrt{x}dx = \int cosu(2udu)$

$\quad = 2\int ucosudu = 2\int udsinu = 2(usinu - \int sinudu)$

$\quad = 2usinu + 2cosu + c$

$\quad = 2\sqrt{x}sin\sqrt{x} + 2cos\sqrt{x} + c$

(d)令 $u = x^2$，$du = 2xdx$，由變換積分法求得

$\quad \int xsinx^2 dx = \frac{1}{2}\int sinudu = -\frac{1}{2}cosu + c = -\frac{1}{2}cosx^2 + c$

(e)令 $u = x^2$，$du = 2xdx$，$xdx = \frac{1}{2}du$

$\quad$則 $\int x^3 cosx^2 dx = \int x^2(cosx^2)xdx$

$\quad = \frac{1}{2}\int ucosudu = \frac{1}{2}\int udsinu = \frac{1}{2}usinu - \frac{1}{2}\int sinudu$

$\quad = \frac{1}{2}usinu + \frac{1}{2}cosu + c = \frac{x^2}{2}sinx^2 + \frac{1}{2}cosx^2 + c$

(f) $\int_1^4 \sqrt{x}e^{\sqrt{x}}dx \underset{u=\sqrt{x}}{=\!=\!=} 2\int_1^2 u^2 e^u du$

$\quad = 2(u^2 e^u)]_1^2 - 2\int_1^2 e^u du^2$

$\quad = 2(4e^2 - e) - 2\int_1^2 2ue^u du$

$\quad = 2(4e^2 - e) - 4\int_1^2 ude^u$

$\quad = 2(4e^2 - e) - 4((ue^u)_1^2 - \int_1^2 e^u du)$

$\quad = 2(4e^2 - e) - 4[(2e^2 - e) - (e^2 - e)] = 4e^2 - 2e$

(g) $\int ln(x + \sqrt{1 + x^2})dx$

$$= xln(x+\sqrt{1+x^2}) - \int xdln(x+\sqrt{1+x^2})$$

$$= xln(x+\sqrt{1+x^2}) - \int \frac{x}{\sqrt{1+x^2}}dx$$

$$= xln(x+\sqrt{1+x^2}) - \int \frac{d\frac{1}{2}(1+x^2)}{\sqrt{1+x^2}}$$

$$= xln(x+\sqrt{1+x^2}) - \sqrt{1+x^2} + c$$

(h) $\int \dfrac{sin^{-1}\sqrt{x}}{\sqrt{1-x}}dx = -2\int sin^{-1}\sqrt{x}d(\sqrt{1-x})$

$$= -2\sqrt{1-x}sin^{-1}\sqrt{x} + 2\int \sqrt{1-x}dsin^{-1}\sqrt{x}$$

$$= -2\sqrt{1-x}sin^{-1}\sqrt{x} + 2\int \frac{\sqrt{1-x}}{\sqrt{1-x}2\sqrt{x}}dx$$

$$= -2\sqrt{1-x}sin^{-1}\sqrt{x} + \int \frac{dx}{\sqrt{x}}$$

$$= -2\sqrt{1-x}sin^{-1}\sqrt{x} + 2\sqrt{x} + c$$

例2 求下列積分

(a) $\int xsin^2xcosxdx$ (b) $\int e^xcosxdx$

(c) $\int sec^3xdx$ (d) $\int sinlnxdx$

(e) $\int (sin^{-1}x)^2dx$ (f) $\int \dfrac{xe^{tan^{-1}x}dx}{(1+x^2)^{\frac{3}{2}}}$

(g) $\int \dfrac{xe^x}{\sqrt{e^x-1}}dx$

解

(a) $\int xsin^2xcosxdx = \int xd\dfrac{1}{3}sin^3x = \dfrac{x}{3}sin^3x - \dfrac{1}{3}\int sin^3xdx$

$$= \frac{x}{3}sin^3x - \frac{1}{3}\int \frac{1}{4}(3sinx - sin3x)dx$$

$$= \frac{x}{3}sin^3x - \frac{1}{4}\int sinxdx + \frac{1}{12}\int sin3xdx$$

$$= \frac{x}{3}sin^3x + \frac{1}{4}cosx - \frac{1}{36}cos3x + c$$

(b) 方法一： $\int e^x cosx dx = \int e^x dsinx$

$= e^x sinx - \int sinx de^x = e^x sinx - \int e^x sinx dx$

$= e^x sinx + \int e^x dcos x = e^x sinx + e^x cosx - \int cosx de^x$

$= e^x sinx + e^x cosx - \int e^x cosx dx$

∴ 由移項得 $\int e^x cosx dx = \frac{1}{2} e^x (sinx + cosx) + c$

在方法一，我們由 $\int e^x cosx dx = \int e^x dsinx$ 開始逐步推解，我們也可用 $\int e^x cosx dx = \int cosx de^x$ 開始，得到同樣的結果。

方法二： 在較高等的數學課程中，我們知道 $e^{x+yi} = e^x(cosy + isiny)$，$e^x cosx$ 為 $e^{(1+i)x}$ 之實部。

因此 $\int e^x cosx dx = Re\{ \int e^x e^{ix} dx\}$，$Re$ 表實部

$= Re\{ \int e^{(1+i)x} dx\}$

$= Re\{ \frac{1}{1+i} e^{(1+i)x}\}$

$= Re\{ \frac{1-i}{2} e^x (cosx + isinx)\}$

$= (\frac{1}{2} e^x cosx + \frac{1}{2} e^x sinx) + c$

(c) $\int sec^3 x dx = \int secx \cdot sec^2 x dx = \int secx dtanx$

$= secxtanx - \int tanx dsecx$

$= secxtanx - \int tanx secxtanx dx$

$= secxtanx - \int secx(sec^2 x - 1)dx$

$= secxtanx - \int sec^3 x dx + \int secx dx$

$= secxtanx - \int sec^3 x dx + ln|secx + tanx| + c$

∴ 由移項得 $\int sec^3 x dx = \frac{1}{2}(secxtanx + ln|secx + tanx|) + c'$

(d) $\int sinlnx\,dx = xsinlnx - \int x\,dsinlnx$

$= xsinlnx - \int x(coslnx)\dfrac{1}{x}dx = xsinlnx - \int coslnx\,dx$

$= xsinlnx - (xcoslnx - \int x\,dcoslnx)$

$= xsinlnx - xcoslnx + \int x(-sinlnx)\dfrac{1}{x}dx$

$\therefore$ 移項得 $\int sinlnx\,dx = \dfrac{x}{2}(sinlnx - coslnx) + c$

(e) $\int (sin^{-1}x)^2dx = x(sin^{-1}x)^2 - \int x\,d(sin^{-1}x)^2$

$= x(sin^{-1}x)^2 - 2\int \dfrac{x}{\sqrt{1-x^2}}sin^{-1}x\,dx$

$= x(sin^{-1}x)^2 + 2\int sin^{-1}x\,d\sqrt{1-x^2}$

$= x(sin^{-1}x)^2 + 2\sqrt{1-x^2}sin^{-1}x - 2\int \sqrt{1-x^2}\,dsin^{-1}x$

$= x(sin^{-1}x)^2 + 2\sqrt{1-x^2}sin^{-1}x - 2\int dx$

$= x(sin^{-1}x)^2 + 2\sqrt{1-x^2}sin^{-1}x - 2x + c$

(f) $\int \dfrac{xe^{tan^{-1}x}dx}{(1+x^2)^{\frac{3}{2}}} \underset{x=tant}{=\!=\!=} \int \dfrac{(tant)e^t}{sec^3t}\cdot sec^2t\,dt$ $\qquad \sqrt{1+x^2}$

$= \int (sint)e^t\,dt = \int sint\,de^t = sinte^t - \int e^t\,dsint$

$= (sint)e^t - \int (cost)\,e^t\,dt$

$= (sint)e^t - \int (cost)\,de^t = (sint)e^t - (cost)\,e^t + \int e^t\,dcost$

$= (sint - cost)e^t - \int (sint)\,e^t\,dt$

$\therefore \int (sint)e^t\,dt = \dfrac{1}{2}(sint - cost)e^t + c$

$\qquad = \dfrac{1}{2}(\dfrac{x-1}{\sqrt{1+x^2}})e^{tan^{-1}x} + c$

(g) 令 $u=\sqrt{e^x-1}$，則 $e^x = 1+u^2$ $\therefore x = ln(1+u^2)$

從而 $dx = \dfrac{2u}{1+u^2}du$

$$\int \frac{xe^x}{\sqrt{e^x-1}}dx = \int \frac{ln(1+u^2)\cdot(1+u^2)}{u}\cdot\frac{2u}{1+u^2}du$$

$$=2\int ln(1+u^2)du$$

$$=2\left[uln(1+u^2)-\int udln(1+u^2)\right]$$

$$=2uln(1+u^2)-\int \frac{4u^2}{1+u^2}du$$

$$=2uln(1+u^2)-4\int \frac{u^2+1-1}{1+u^2}du$$

$$=2uln(1+u^2)-4\int du+4\int \frac{du}{1+u^2}$$

$$=2uln(1+u^2)-4u+4tan^{-1}u+c$$

$$=2(\sqrt{e^x-1})e^x-4\sqrt{e^x-1}+4tan^{-1}\sqrt{e^x-1}+c$$

例 3　求下列積分

(a) $\int \dfrac{x+sinx}{1+cosx}dx$　　　　　(b) $\int e^x\dfrac{1+sinx}{1+cosx}dx$

(c) $\int \dfrac{sin^2x}{e^x}dx$

解

(a) $\int \dfrac{x+sinx}{1+cosx}dx = \int \dfrac{x+2sin\frac{x}{2}cos\frac{x}{2}}{2cos^2\frac{x}{2}}dx = \int \dfrac{x}{2cos^2\frac{x}{2}}dx$

$$+\int \frac{sin\frac{x}{2}}{cos\frac{x}{2}}dx = \int xdtan\frac{x}{2}+\int tan\frac{x}{2}dx$$

$$= xtan\frac{x}{2}-\int tan\frac{x}{2}dx+\int tan\frac{x}{2}dx = xtan\frac{x}{2}+c$$

(b) $\int e^x\dfrac{1+sinx}{1+cosx}dx = \int e^x\dfrac{(1+sinx)(1-cosx)}{(1+cosx)(1-cosx)}dx$

$$= \int e^x\frac{1+sinx-cosx-cosxsinx}{sin^2x}dx$$

$$= \int \frac{e^x}{sin^2x}dx+\int \frac{e^x}{sinx}dx-\int \frac{cosxe^x}{sin^2x}dx-\int cotxe^xdx$$

$$=-\int e^x dcotx + \int \frac{e^x}{sinx} dx - \int e^x cscxcotxdx - \int e^x cotxdx$$

$$=-\int e^x dcotx + \int e^x cscxdx + \int e^x dcscx - \int e^x cotxdx$$

$$=-e^x cotx + \int cotxde^x + \int e^x cscxdx + e^x cscx - \int cscxde^x$$

$$-\int e^x cotxdx$$

$$=-e^x cotx + \int e^x cotxdx + \int e^x cscxdx + e^x cscx - \int e^x cscxdx$$

$$-\int e^x cotxdx = -e^x cotx + e^x cscx + c$$

(c) $\int \frac{sin^2 x}{e^x} dx = -\int sin^2 x de^{-x} = -(sin^2 x)e^{-x} + \int e^{-x} dsin^2 x$

$$= -(sin^2 x)e^{-x} + \int e^{-x} sin2xdx$$

$$= -(sin^2 x)e^{-x} - \int sin2xde^{-x}$$

$$= -(sin^2 x)e^{-x} - (sin2x)e^{-x} + \int e^{-x} dsin2x$$

$$= -(sin^2 x)e^{-x} - (sin2x)e^{-x} + 2\int cos2xe^{-x}dx$$

$$= -(sin^2 x)e^{-x} - (sin2x)e^{-x} + 2\int (1-2sin^2 x)e^{-x}dx$$

$$= -(sin^2 x)e^{-x} - (sin2x)e^{-x} - 2e^{-x} - 4\int sin^2 xe^{-x}dx$$

$$\therefore \int \frac{sin^2 x}{e^x} dx = \frac{-e^{-x}}{5}(2 + sin2x + sin^2 x) + c$$

分部積分之速解法

　　一些特殊之積分式(如 $\int x^n e^{bx}dx$ ， $\int x^n sinbxdx$ ， $\int x^n cosbxdx$ ……)，我們便可用所謂的速解法。

　　給定一個積分題 $\int fgdx$ (暫時忘了 $\int udv$ 那個公式)，其積分表是由二個直欄組成，左欄是由 f ， f' ， f'' …… 直到 $f^{(k)}=0$ 為止 ($f^{(k-1)} \neq 0$)，右欄是由 g 開始不斷地積分， Ig 表示 $\int g$ 但積分常數不計， $I^2 g = I(Ig)$ …… $I^{k-1}g$ ， $I^k g$ 。如此，我們可由積分表讀出各項式(在下表之斜線部份表示相乘，連續之+，−號表示乘積之正負號，

由下表可看出是由+號開始正負相間)，同時由微分經驗可知，例如：

$$\int x^n e^{bx} (cosbx，sinbx)dx \quad n\in N，這類問題 f 一定是擺 x^n，g 擺$$

$e^{bx}，cosbx，sinbx。$

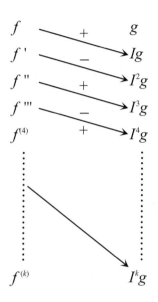

注意：此速解法特別適用於

$$\int P_n(x)\begin{Bmatrix} e^{ax} \\ cosax \\ sinax \end{Bmatrix}dx，P_n(x)為多項式 a_nx^n + a_{n-1}x^{n-1} + \cdots\cdots + a_1x + a_0$$

例 4 求

(a) $\int_0^1 x^2 sinxdx$ (b) $\int xe^{3x}dx$

(c) $\int x^3(lnx)^4dx$ (d) $\int_e^{e^2} (lnx)^2dx$

解

(a) $\int_0^1 x^2 sinxdx = ?$

$= -x^2cosx + 2xsinx + 2cosx]_0^1$

$= -1cos1 + 2sin1 + 2cos1 - 2$

$x^2 \quad\xrightarrow{+}\quad sinx$

$2x \quad\xrightarrow{-}\quad -cosx$

$2 \quad\xrightarrow{+}\quad -sinx$

$0 \quad\xrightarrow{}\quad cosx$

$$= cos1 + 2sin1 - 2$$

(b)

方法一 : $\int xe^{3x}dx = \int xd\frac{1}{3}e^{3x}$

$$= \frac{1}{3}xe^{3x} - \int \frac{1}{3}e^{3x}dx$$

$$= \frac{1}{3}xe^{3x} - \frac{1}{9}e^{3x} + c$$

$$
\begin{array}{ccc}
x & + & e^{3x} \\
1 & - & \frac{1}{3}e^{3x} \\
0 & & \frac{1}{9}e^{3x}
\end{array}
$$

方法二 : 我們可令 $u = 3x$，則 $\frac{1}{3}du = dx$

$$\therefore \int xe^{3x}dx = \int \frac{u}{3}e^{u} \cdot \frac{1}{3}du$$

$$= \frac{1}{9}\int ue^{u}du = \frac{1}{9}\int ude^{u} = \frac{1}{9}(ue^{u} - \int e^{u}du)$$

$$= \frac{1}{9}(ue^{u} - e^{u}) + c$$

$$= \frac{1}{9}(3xe^{3x} - e^{3x}) + c$$

$$
\begin{array}{ccc}
u & + & e^{u} \\
1 & - & e^{u} \\
0 & & e^{u}
\end{array}
$$

(c) $u = lnx$ 則 $x = e^{u}$，$dx = e^{u}du$

$$\int x^{3}(lnx)^{4}dx = \int e^{3u}u^{4}e^{u}du = \int u^{4}e^{4u}du$$

$$= (\frac{1}{4}u^{4} - \frac{4}{16}u^{3} + \frac{3}{16}u^{2} - \frac{3}{32}u$$

$$+ \frac{3}{128})e^{4u} + c$$

$$= (\frac{1}{4}(lnx)^{4} - \frac{1}{4}(lnx)^{3} + \frac{3}{16}(lnx)^{2}$$

$$- \frac{3}{32}(lnx) + \frac{3}{128})x^{4} + c$$

$$
\begin{array}{ccc}
u^{4} & + & e^{4u} \\
4u^{3} & - & \frac{1}{4}e^{4u} \\
12u^{2} & + & \frac{1}{16}e^{4u} \\
24u & - & \frac{1}{64}e^{4u} \\
24 & + & \frac{1}{256}e^{4u} \\
0 & & \frac{1}{1024}e^{4u}
\end{array}
$$

(d) 取 $y = lnx$，則 $x = e^{y}$，

$$dx = e^{y}dy，\int_{e}^{e^{2}} \xrightarrow{y = lnx} \int_{1}^{2}$$

$$\therefore \int_{e}^{e^{2}}(lnx)^{2}dx$$

$$= \int_{1}^{2}y^{2}e^{y}dy$$

$$= (y^{2} - 2y + 2)e^{y}]_{1}^{2} = 2e^{2} - e$$

$$
\begin{array}{ccc}
y^{2} & + & e^{y} \\
2y & - & e^{y} \\
2 & + & e^{y} \\
0 & & e^{y}
\end{array}
$$

雜例

例5 $f(x) = \int_0^x \frac{sint}{\pi-t}dt$ 求 $\int_0^\pi f(x)dx$

解

$$\int_0^\pi f(x)dx = xf(x)]_0^\pi - \int_0^\pi xdf(x)$$

$$= \pi f(\pi) - \int_0^\pi xf'(x)dx = \pi \int_0^\pi \frac{sint}{\pi-t}dt - \int_0^\pi x \cdot \frac{sinx}{\pi-x}dx$$

$$= \pi \int_0^\pi \frac{sint}{\pi-t}dt - \int_0^\pi x \cdot \frac{sinx}{\pi-x}dx = \int_0^\pi \frac{\pi-t}{\pi-t}sintdt$$

$$= \int_0^\pi sintdt = -cost]_0^\pi = -(-1-1) = 2$$

漸化式

例6 證 $\int cos^n xdx = \frac{1}{n}cos^{n-1}xsinx + \frac{n-1}{n}\int cos^{n-2}xdx$ ，並以此結

果求 $\int cos^2 xdx$ 及 $\int cos^3 xdx$

解

(a) $\int cos^n xdx = \int cos^{n-1}xdsinx$

$$= cos^{n-1}xsinx - \int sinxdcos^{n-1}x$$

$$= cos^{n-1}xsinx + \int sinx(n-1)cos^{n-2}x \cdot sinxdx$$

$$= cos^{n-1}xsinx + (n-1)\int (1-cos^2x)cos^{n-2}xdx$$

$$= cos^{n-1}xsinx + (n-1)\int cos^{n-2}xdx$$

$$-(n-1)\int cos^n xdx$$

$$\therefore n\int cos^n xdx = cos^{n-1}xsinx + (n-1)\int cos^{n-2}xdx$$

即 $\int cos^n xdx = \frac{1}{n}cos^{n-1}xsinx + \frac{n-1}{n}\int cos^{n-2}xdx$

(b) $\int \cos^2 x dx = \dfrac{1}{2} \cos x \sin x + \dfrac{1}{2} \int dx$

$\qquad = \dfrac{1}{2} \cos x \sin x + \dfrac{x}{2} + c$

$\int \cos^3 x dx = \dfrac{1}{3} \cos^2 x \sin x + \dfrac{2}{3} \int \cos x dx$

$\qquad = \dfrac{1}{3} \cos^2 x \sin x + \dfrac{2}{3} \sin x + c$

例 7 試證 $\int (x^2 + a^2)^n dx = \dfrac{x(x^2 + a^2)^n}{2n+1} + \dfrac{2na^2}{2n+1} \int (x^2 + a^2)^{n-1} dx$，但

$n \neq \dfrac{-1}{2}$。

解

$\int (x^2 + a^2)^n dx = x(x^2 + a^2)^n - \int x d(x^2 + a^2)^n$

$= x(x^2 + a^2)^n - \int x \cdot n(x^2 + a^2)^{n-1} 2x dx$

$= x(x^2 + a^2)^n - 2n \int (x^2 + a^2 - a^2)(x^2 + a^2)^{n-1} dx$

$= x(x^2 + a^2)^n - 2n \int (x^2 + a^2)^n dx + 2a^2 n \int (x^2 + a^2)^{n-1} dx$

移項即得：

$\therefore \int (x^2 + a^2)^n dx = \dfrac{x(x^2 + a^2)^n}{2n+1} + \dfrac{2na^2}{2n+1} \int (x^2 + a^2)^{n-1} dx$

單元 32　　有理分式積分法

有理分式可用兩個多項式之商來表達，即

$$f(x) = a_n x^n + a_{n-1} x^{n-1} + \cdots\cdots + a_1 x + a_0$$

$$g(x) = b_m x^m + b_{m-1} x^{m-1} + \cdots\cdots + b_1 x + b_0$$

則求 $\displaystyle\int \frac{f(x)}{g(x)} dx$ 時可將 $\dfrac{f(x)}{g(x)}$ 化為部份分式後再逐次積分，步驟大致如下：

(1)若 $f(x)$ 的次數較 $g(x)$ 為高，則化 $\dfrac{f(x)}{g(x)} = h(x) + \dfrac{t(x)}{g(x)}$

(2)將 $g(x)$ 化成一連串不可化約式(Irreducible Factors)之積：

‧分項之分母為 $(a+bx)^k$ 時

$$\frac{A_1}{a+bx} + \frac{A_2}{(a+bx)^2} + \cdots\cdots + \frac{A_k}{(a+bx)^k}$$

‧分項之分母為 $(a+bx+cx^2)^p$ 時

$$\frac{B_1 x + C_1}{a+bx+cx^2} + \frac{B_2 x + C_2}{(a+bx+cx^2)^2} + \cdots\cdots + \frac{B_p x + C_p}{(a+bx+cx^2)^p}$$

以此類推其餘

為了便於說明計算，我們假設 $\dfrac{f(x)}{(x-\alpha)(x-\beta)}$ 之情況，然後再看一些複雜之情形。

令 $\dfrac{f(x)}{(x-\alpha)(x-\beta)} = \dfrac{A}{x-\alpha} + \dfrac{B}{x-\beta}$

兩邊同乘 $(x-\alpha)(x-\beta)$ 得

$$f(x) = A(x-\beta) + B(x-\alpha)$$

令 $x = \alpha$ 得 $A = \dfrac{f(\alpha)}{\alpha-\beta}$

令 $x = \beta$ 得 $B = \dfrac{f(\beta)}{\beta-\alpha}$

上面的結果，我們可有下列之視察法：

$$\frac{f(x)}{(x-\alpha)(x-\beta)} = \frac{A}{x-\alpha} + \frac{B}{x-\beta}$$

$A = \dfrac{f(\alpha)}{\alpha-\beta}$ 相當於代 $x=\alpha$ 入 $\dfrac{f(x)}{\boxed{}(x-\beta)}$

$B = \dfrac{f(\beta)}{\beta-\alpha}$ 相當於代 $x=\beta$ 入 $\dfrac{f(x)}{(x-\alpha)\boxed{}}$

設

$$\frac{f(x)}{g(x)} = \frac{f(x)}{(x-\alpha)(x-\beta)(x-\gamma)} = \frac{A}{x-\alpha} + \frac{B}{x-\beta} + \frac{C}{x-\gamma}$$

$$A(x-\beta)(x-\gamma) + B(x-\alpha)(x-\gamma) + C(x-\alpha)(x-\beta) = f(x)$$

$$f(\alpha) = A(x-\beta)(x-\gamma)$$

$$\therefore A = \frac{f(\alpha)}{(\alpha-\beta)(\alpha-\gamma)}$$

$$f(\beta) = B(\beta-\alpha)(\beta-\gamma) \quad \therefore B = \frac{f(\beta)}{(\beta-\alpha)(\beta-\gamma)}$$

$$f(\gamma) = C(\gamma-\alpha)(\gamma-\beta) \quad \therefore C = \frac{f(\gamma)}{(\gamma-\alpha)(\gamma-\beta)}$$

因此我們可將 A，B，C 求法圖解如下：

A : $\dfrac{f(x)}{\boxed{}(x-\beta)(x-\gamma)}$ ← 代 $x=\alpha$

B : $\dfrac{f(x)}{(x-\alpha)\boxed{}(x-\gamma)}$ ← 代 $x=\beta$

C : $\dfrac{f(x)}{(x-\alpha)(x-\beta)\boxed{}}$ ← 代 $x=\gamma$

若 $\dfrac{f(x)}{(ax+b)(x-\beta)(x-c)} = \dfrac{A}{ax+b} + \cdots$ 時，代 $x = -\dfrac{b}{a}$ 入

$$\frac{f(x)}{\boxed{}(x-\beta)(x-c)}$$

例 1 求下列積分：

(a) $\displaystyle\int \frac{2x+1}{(x-2)(3x+1)}dx$

(b) $\displaystyle\int \frac{(3x+1)}{(x+1)(x^2+1)}dx$

(c) $\displaystyle\int \frac{2x^2+3x+1}{(x-1)^3}dx$

(d) $\displaystyle\int \frac{x^2}{1-x^6}dx$

(e) $\displaystyle\int_0^1 \frac{xdx}{(x+1)^2(x^2+1)}$

(f) $\displaystyle\int \frac{dx}{x(x^n+1)}$，$n \neq 0$

■ 解

(a) $\dfrac{2x+1}{(x-2)(3x+1)} = \dfrac{A}{x-2} + \dfrac{B}{3x+1}$

A：代$x=2$入 $\dfrac{2x+1}{\boxed{}(3x+1)}$ 得$A=\dfrac{5}{7}$

B：代$x=-\dfrac{1}{3}$入 $\dfrac{2x+1}{(x-2)\boxed{}}$ 得$B=-\dfrac{1}{7}$

$\therefore \displaystyle\int \dfrac{2x+1}{(x-2)(3x+1)}dx$

$= \dfrac{5}{7}\displaystyle\int \dfrac{dx}{x-2} - \dfrac{1}{7}\displaystyle\int \dfrac{dx}{3x+1}$

$= \dfrac{5}{7}ln|x-2| - \dfrac{1}{21}ln|3x+1| + C$

(b) $\dfrac{3x+1}{(x-1)(x^2+1)} = \dfrac{A}{x-1} + \dfrac{Bx+c}{x^2+1}$

A：代$x=1$入 $\dfrac{3x+1}{\boxed{}(x^2+1)}$

得$A=2$

$-2x^2-2+3x+1 = (Bx+C)(x-1)$，顯然

$B=-2$，$C=1$

$\displaystyle\int \dfrac{3x+1}{(x-1)(x^2+1)}dx = \int \dfrac{2}{x-1}dx + \int \dfrac{-2x+1}{x^2+1}dx$

$= 2ln|x-1| - \displaystyle\int \dfrac{2x}{x^2+1}dx + \int \dfrac{dx}{x^2+1}$

$= 2ln|x-1| - ln|1+x^2| + tan^{-1}x + C$

(c) 方法一：

利用長除法

$\dfrac{2x^2+3x+1}{(x-1)^3} = \dfrac{2}{x-1} + \dfrac{7}{(x-1)^2} + \dfrac{6}{(x-1)^3}$

$$
\begin{array}{rrr|l}
2 & 3 & 1 \\
 & 2 & 5 & 1 \\
\hline
2 & 5 & \multicolumn{1}{|l}{6} \\
 & 2 \\
\hline
2 & 7
\end{array}
$$

$\therefore \displaystyle\int \dfrac{2x^2+3x+1}{(x-1)^3}dx = 2\int \dfrac{dx}{x-1} + 7\int \dfrac{dx}{(x-1)^2} + 6\int \dfrac{dx}{(x-1)^3}$

$= 2ln|x-1| - \dfrac{7}{x-1} - \dfrac{3}{(x-1)^2} + C$

方法二：

$$\frac{2x^2+3x+1}{(x-1)^3} = \frac{A}{x-1} + \frac{B}{(x-1)^2} + \frac{C}{(x-1)^3}$$

$$\therefore 2x^2+3x+1 = A(x-1)^2 + B(x-1) + C$$

令 $x=1$ 得 $C=6$，代入上式移項

$2x^2+3x-5 = A(x-1)^2 + B(x-1)$，比較兩邊 x^2 之係數得

$A=2$，

移項可得 $B=7$

$$\int \frac{2x^2+3x+1}{(x-1)^3}dx = 2\int \frac{dx}{x-1} + 7\int \frac{dx}{(x-1)^2} + 6\int \frac{dx}{(x-1)^3}$$

$$= 2ln|x-1| - \frac{7}{x-1} - \frac{3}{(x-1)^2} + c$$

(d) $\displaystyle\int \frac{x^2}{1-x^6}dx = \int \frac{\frac{1}{3}d(x^3)}{1-(x^3)^2} \underline{\underline{\quad u=x^3 \quad}} \frac{1}{3}\int \frac{du}{1-u^2}$

$$= \frac{-1}{6}ln\left|\frac{u-1}{u+1}\right| + c = -\frac{1}{6}ln\left|\frac{x^3-1}{x^3+1}\right| + c$$

(e) $\displaystyle\frac{x}{(x+1)^2(x^2+1)} = \frac{1}{2}\left(\frac{1}{x^2+1} - \frac{1}{(x+1)^2}\right)$

$$\therefore \int \frac{x}{(x+1)^2(x^2+1)}dx$$

$$= \frac{1}{2}\int \frac{dx}{x^2+1} - \frac{1}{2}\int \frac{dx}{(1+x)^2}$$

$$= \frac{1}{2}tan^{-1}x + \frac{1}{2}\frac{1}{1+x} + c$$

(f) $\displaystyle\frac{1}{x(x^n+1)} = \frac{x^{n-1}}{x^n(x^n+1)}$

$$= x^{n-1}\left(\frac{1}{x^n} - \frac{1}{x^n+1}\right) = \frac{1}{x} - \frac{x^{n-1}}{x^n+1}$$

$$\therefore \int \frac{dx}{x(x^n+1)} = \int \left(\frac{1}{x} - \frac{x^{n-1}}{x^n+1}\right)dx$$

$$= ln|x| - \int \frac{d(x^n+1)}{x^n+1}\cdot\frac{1}{n}$$

$$= ln|x| - \frac{1}{n}ln(1+x^n) + c$$

有些積分式乍看一下可能要用部份分式，但如果用一點小

技巧便可四兩撥千金。

例2 求下列積分：

(a) $\int \dfrac{sin2x\sqrt{1+sin^2x}dx}{2+sin^2x}$ 　　(b) $\int \dfrac{x^2+1}{x^4+1}dx$

(c) $\int \dfrac{dx}{x^4+1}$ 　　(d) $\int \dfrac{dx}{x^4+x^2+1}$

(e) $\int \dfrac{dx}{(1+x^2)(1+x+x^2)}$ 　　(f) $\int \dfrac{dx}{(1+x)^2(x^2+1)}$

(g) $\int \dfrac{x^3}{(x-1)^{100}}dx$

解析

(a)取 $y=\sqrt{1+sin^2x}$ 行變數變換

(b)若按 $\dfrac{1}{x^4+1}=\dfrac{Ax+B}{x^2-\sqrt{2}x+1}+\dfrac{Cx+D}{x^2+\sqrt{2}x+1}$ 透過比較係數法求

$A，B，C，D$ 在計算上較麻煩，不妨

$$\int \dfrac{dx}{x^4+1}=\dfrac{1}{2}\int \dfrac{(x^2+1)-(x^2-1)}{x^4+1}dx$$

$$=\dfrac{1}{2}\int \dfrac{x^2+1}{x^4+1}dx-\dfrac{1}{2}\int \dfrac{x^2-1}{x^4+1}dx$$

$$=\dfrac{1}{2}\int \dfrac{1+\dfrac{1}{x^2}}{x^2+\dfrac{1}{x^2}}dx-\dfrac{1}{2}\int \dfrac{1-\dfrac{1}{x^2}}{x^2+\dfrac{1}{x^2}}dx\cdots\cdots$$

解

(a)令 $y=\sqrt{1+sin^2x}$，$dy=\dfrac{sin2xdx}{2\sqrt{1+sin^2x}}$

$$\therefore sin2xdx=2\sqrt{1+sin^2x}dy=2ydy$$

$$\int \dfrac{sin2x\sqrt{1+sin^2x}dx}{2+sin^2x}=\int \dfrac{y\cdot 2ydy}{1+y^2}$$

$$=2\int \dfrac{y^2+1-1}{1+y^2}dy=2\int dy-2\int \dfrac{dy}{1+y^2}=2y-2tan^{-1}y+c$$

$$=2(\sqrt{1+sin^2x}-tan^{-1}\sqrt{1+sin^2x})+c$$

(b) $\int \dfrac{x^2+1}{x^4+1}dx = \int \dfrac{(1+\frac{1}{x^2})\,dx}{x^2+\frac{1}{x^2}} = \int \dfrac{d(x-\frac{1}{x})}{(x-\frac{1}{x})^2+2}$

$= \dfrac{1}{\sqrt{2}}tan^{-1}\dfrac{x-\frac{1}{x}}{\sqrt{2}}+c = \dfrac{1}{\sqrt{2}}tan^{-1}\dfrac{x^2-1}{\sqrt{2}x}+c$

(c) $\int \dfrac{dx}{x^4+1} = \dfrac{1}{2}\int \dfrac{(x^2+1)-(x^2-1)}{x^4+1}dx$

$= \dfrac{1}{2}[\int \dfrac{x^2+1}{x^4+1}dx - \int \dfrac{x^2-1}{x^4+1}dx]$

$= \dfrac{1}{2}\int \dfrac{1+\frac{1}{x^2}}{x^2+\frac{1}{x^2}}dx - \int \dfrac{1-\frac{1}{x^2}}{x^2+\frac{1}{x^2}}dx$

$= \dfrac{1}{2}[\int \dfrac{d(x-\frac{1}{x})}{(x-\frac{1}{x})^2+2} - \int \dfrac{d(x+\frac{1}{x})}{(x+\frac{1}{x})^2-2}]$

$= \dfrac{1}{2}\left[\dfrac{1}{\sqrt{2}}tan^{-1}\dfrac{x-\frac{1}{x}}{\sqrt{2}} - \dfrac{1}{2\sqrt{2}}ln\left|\dfrac{x+\frac{1}{x}-\sqrt{2}}{x+\frac{1}{x}+\sqrt{2}}\right|\right]+c$

$= \dfrac{1}{2\sqrt{2}}tan^{-1}\dfrac{x^2-1}{\sqrt{2}x} - \dfrac{1}{4\sqrt{2}}ln\left|\dfrac{x^2-\sqrt{2}x+1}{x^2+\sqrt{2}x+1}\right|+c$

(d) $\int \dfrac{dx}{x^4+x^2+1} = \dfrac{1}{2}\int \dfrac{(x^2+1)-(x^2-1)}{x^4+x^2+1}dx$

$= \dfrac{1}{2}\int \dfrac{x^2+1}{x^4+x^2+1}dx - \dfrac{1}{2}\int \dfrac{x^2-1}{x^4+x^2+1}dx$

$= \dfrac{1}{2}\int \dfrac{1+\frac{1}{x^2}}{x^2+1+\frac{1}{x^2}}dx - \dfrac{1}{2}\int \dfrac{1-\frac{1}{x^2}}{x^2+1+\frac{1}{x^2}}dx$

$= \dfrac{1}{2}\int \dfrac{d(x-\frac{1}{x})}{(x-\frac{1}{x})^2+3} - \dfrac{1}{2}\int \dfrac{d(x+\frac{1}{x})}{(x+\frac{1}{x})^2-1}$

$$= \frac{1}{2\sqrt{3}}tan^{-1}\frac{x-\frac{1}{x}}{\sqrt{3}} - \frac{1}{4}ln\left|\frac{x+\frac{1}{x}-1}{x+\frac{1}{x}+1}\right| + c$$

$$= \frac{1}{2\sqrt{3}}tan^{-1}\frac{x^2-1}{\sqrt{3}x} - \frac{1}{4}ln\left|\frac{x^2-x+1}{x^2+x+1}\right| + c$$

(e)$\frac{1}{(x^2+1)(x^2+x+1)} = \frac{1}{x}[\frac{1}{x^2+1} - \frac{1}{x^2+x+1}]$

$$\therefore \int \frac{dx}{(1+x^2)(1+x+x^2)} = \int \frac{1}{x}(\frac{1}{x^2+1} - \frac{1}{x^2+x+1})dx$$

$$= \int \frac{dx}{x(1+x^2)} - \int \frac{dx}{x(1+x+x^2)} \quad ,$$

$$\underline{\underline{y=\frac{1}{x}}} \quad \int \frac{-\frac{dy}{y^2}}{\frac{1}{y}(1+\frac{1}{y^2})} - \int \frac{-\frac{dy}{y^2}}{\frac{1}{y}(1+\frac{1}{y}+\frac{1}{y^2})}$$

$$= \int \frac{-ydy}{1+y^2} + \int \frac{ydy}{1+y+y^2}$$

$$= -\frac{1}{2}ln(1+y^2) + \frac{1}{2}\int \frac{2y+1-1}{1+y+y^2}dy$$

$$= -\frac{1}{2}ln(1+y^2) + \frac{1}{2}ln(1+y+y^2) - \frac{1}{2}\int \frac{dy}{1+y+y^2}$$

$$= \frac{1}{2}ln(\frac{1+y+y^2}{1+y^2}) - \frac{1}{2}\int \frac{dy}{(y+\frac{1}{2})^2 + \frac{3}{4}}$$

$$= \frac{1}{2}ln(\frac{1+y+y^2}{1+y^2}) - \frac{1}{2}\cdot\frac{2}{\sqrt{3}}tan^{-1}\frac{2(y+\frac{1}{2})}{\sqrt{3}} + c$$

$$= \frac{1}{2}ln(\frac{1+x+x^2}{1+x^2}) - \frac{1}{\sqrt{3}}tan^{-1}\frac{x+2}{\sqrt{3}x} + c$$

(g)$\frac{x^3}{x-1} = \frac{x^3-1+1}{x-1} = 1+x+x^2+\frac{1}{x-1}$

$$\frac{x^3}{(x-1)^2} = \frac{(1+x+x^2)}{x-1} + \frac{1}{(x-1)^2} = x+2+\frac{3}{x-1}+\frac{1}{(x-1)^2}$$

$$\frac{x^3}{(x-1)^3} = \frac{x+2}{x-1} + \frac{3}{(x-1)^2} + \frac{1}{(x-1)^3}$$

$$= 1+\frac{3}{x-1} + \frac{3}{(x-1)^2} + \frac{1}{(x-1)^3}$$

… … …

$$\frac{x^3}{(x-1)^{100}} = \frac{1}{(x-1)^{97}} + \frac{3}{(x-1)^{98}} + \frac{3}{(x-1)^{99}} + \frac{1}{(x-1)^{100}}$$

$$\therefore \int \frac{x^3}{(x-1)^{100}} = \int \frac{dx}{(x-1)^{97}} + \int \frac{3dx}{(x-1)^{98}} + \int \frac{3dx}{(x-1)^{99}} + \int \frac{dx}{(x-1)^{100}}$$

$$= -\frac{1}{96}\frac{1}{(x-1)^{96}} - \frac{3}{97}\frac{1}{(x-1)^{97}} - \frac{3}{98}\frac{1}{(x-1)^{98}} - \frac{1}{99}\frac{1}{(x-1)^{99}} + c$$

簡單無理函數之積分

$$\int R\,(x,\sqrt[n]{\frac{ax+b}{cx+d}})dx，令y=\sqrt[n]{\frac{ax+b}{cx+d}}$$

$$\int R\,(x,\sqrt[n]{ax+b},\sqrt[m]{ax+b})dx，令u=\sqrt[p]{ax+b}，p為m，n之最$$
小公倍數

例3 求下列積分：

(a) $\int \sqrt{\frac{1-x}{1+x}} \cdot \frac{dx}{x}$ (b) $\int \frac{1}{x^2}\sqrt{\frac{1+x}{1-x}}dx$

(c) $\int \frac{1}{x}\sqrt{1+\frac{1}{x}}dx$

▩ 解

(a)取 $y=\sqrt{\frac{1-x}{1+x}}$ 則 $x=\frac{1-y^2}{1+y^2}$，$dx=\frac{-4y}{(1+y^2)^2}dy$

$$\therefore \int \sqrt{\frac{1-x}{1+x}}\frac{dx}{x} = \int y \cdot \frac{1+y^2}{1-y^2} \cdot \frac{-4y}{(1+y^2)^2}dy$$

$$= \int \frac{-4y^2}{(1-y^2)(1+y^2)}dy = -2\int (\frac{1}{1-y^2} - \frac{1}{1+y^2})dy$$

$$= ln|\frac{y-1}{y+1}| + 2tan^{-1}y + c$$

$$= ln\left|\frac{\sqrt{\frac{1-x}{1+x}}-1}{\sqrt{\frac{1-x}{1+x}}+1}\right| + 2tan^{-1}\sqrt{\frac{1-x}{1+x}} + c 或 ln\left|\frac{\sqrt{1-x}-\sqrt{1+x}}{\sqrt{1-x}+\sqrt{1+x}}\right|$$

$$+ 2tan^{-1}\sqrt{\frac{1-x}{1+x}} + c$$

(b)取$y=\sqrt{\dfrac{1+x}{1-x}}$，則$x=\dfrac{y^2-1}{y^2+1}$，$dx=\dfrac{4y}{(y^2+1)^2}dy$

$\therefore \displaystyle\int \frac{1}{x^2}\sqrt{\frac{1+x}{1-x}}dx = \int \left(\frac{y^2+1}{y^2-1}\right)^2 y\cdot\frac{4y}{(y^2+1)^2}dy$

$\displaystyle = \int \frac{4y^2}{(y^2-1)^2}dy$

$\displaystyle = \int y\cdot\left(\frac{1}{(y-1)^2}-\frac{1}{(y+1)^2}\right)dy$

$\displaystyle = \int \frac{y-1+1}{(y-1)^2}dy - \int\frac{y+1-1}{(y+1)^2}dy$

$\displaystyle = \int\frac{dy}{y-1}+\int\frac{dy}{(y-1)^2}-\int\frac{dy}{y+1}+\int\frac{dy}{(y+1)^2}$

$= ln\left|\dfrac{y-1}{y+1}\right|-\dfrac{1}{y-1}-\dfrac{1}{y+1}+c$

$= ln\left|\dfrac{\sqrt{\dfrac{1+x}{1-x}}-1}{\sqrt{\dfrac{1+x}{1-x}}+1}\right| -\dfrac{2y}{y^2-1}+c$

$= ln\left|\dfrac{\sqrt{1+x}-\sqrt{1-x}}{\sqrt{1+x}+\sqrt{1-x}}\right| - \dfrac{2\sqrt{\dfrac{1+x}{1-x}}}{\dfrac{1+x}{1-x}-1}+c$

$= ln\left|\dfrac{\sqrt{1+x}-\sqrt{1-x}}{\sqrt{1+x}+\sqrt{1-x}}\right| - \dfrac{\sqrt{1-x^2}}{x}+c$

(c)取$y=\sqrt{\dfrac{1+x}{x}}$，則$y^2=1+\dfrac{1}{x}$ $\therefore x=\dfrac{1}{y^2-1}$，$dx=\dfrac{-2ydy}{(y^2-1)^2}$

$\therefore \displaystyle\int\frac{1}{x}\sqrt{\frac{1+x}{x}}dx = \int (y^2-1)y\cdot\frac{-2y}{(y^2-1)^2}dy$

$\displaystyle = -2\int\frac{y^2}{y^2-1}dy = -2\int\frac{y^2-1+1}{y^2-1}dy$

$\displaystyle = -2\left[\int dy+\int\frac{dy}{y^2-1}\right] = -2y-ln\left|\frac{y-1}{y+1}\right|+c$

$= -2\sqrt{\dfrac{1+x}{x}}+ln\left|1+2x+2\sqrt{x^2+x}\right|+c$

例 4 求下列積分：

(a) $\displaystyle\int\frac{dx}{\sqrt[m]{(x-a)^{m-1}(x-b)^{m+1}}}$ 　　(b) $\displaystyle\int\frac{dx}{\sqrt[4]{(x-1)^3(x+2)^5}}$

■ **解**

(a) $\int \dfrac{dx}{\sqrt[m]{(x-a)^{m-1}(x-b)^{m+1}}} = \int \dfrac{dx}{(x-a)(x-b)\sqrt[m]{\dfrac{x-b}{x-a}}}$ (1)

取 $y = \sqrt[m]{\dfrac{x-b}{x-a}}$ 則 $y^m = \dfrac{x-b}{x-a}$, $my^{m-1}dy = \dfrac{(a-b)}{(x-a)^2}dx$

$\therefore \dfrac{my^{m-1}}{y^m}dy = \dfrac{(a-b)}{(x-a)^2} \cdot \dfrac{(x-a)}{(x-b)}dx = \dfrac{(a-b)}{(x-a)(x-b)}dx$

即 $\dfrac{(a-b)}{(x-a)(x-b)}dx = \dfrac{my^{m-1}}{(a-b)y^m}dy = \dfrac{m}{(a-b)y^2}dy$

$\therefore (1) = \int \dfrac{dx}{(x-a)(x-b)\sqrt[m]{\dfrac{x-b}{x-a}}} = \int \dfrac{mdy}{(a-b)y^2}$

$= \dfrac{m}{b-a}\sqrt[m]{\dfrac{x-a}{x-b}} + c$

(b) $\int \dfrac{dx}{\sqrt[4]{(x-1)^3(x+2)^5}} = \int \dfrac{dx}{(x-1)(x+2)\sqrt[4]{\dfrac{x+2}{x-1}}}$ (2)

取 $y = \sqrt[4]{\dfrac{x+2}{x-1}}$ 則 $y^4 = \dfrac{x+2}{x-1} = 1 + \dfrac{3}{x-1}$

$4y^3dy = \dfrac{-3}{(x-1)^2}dx$

$\dfrac{4y^3dy}{y^4} = \dfrac{\dfrac{-3}{(x-1)^2}dx}{\dfrac{x+2}{x-1}} = \dfrac{-3dx}{(x-1)(x+2)}$

代上述結果入(2)

$(2) = \int \dfrac{4y^3dy}{-3y^4 \cdot y} = -\dfrac{4}{3}\int \dfrac{dy}{y^2} = \dfrac{4}{3y} + c$

$= \dfrac{4}{3}\sqrt[4]{\dfrac{x-1}{x+2}} + c$

例 5 求下列積分：

(a) $\int \dfrac{dx}{\sqrt{x}+\sqrt[3]{x}}$ (b) $\int \dfrac{dx}{\sqrt{2x+1}+\sqrt[3]{2x+1}}$

■ **解**

(a)積分式分母$x^{\frac{1}{2}}$，$x^{\frac{1}{3}}$指冪部份 2，3 之最小公倍數 6，

取$x = y^6$則$dx = 6y^5 dy$

$$\therefore \int \frac{dx}{\sqrt{x} + \sqrt[3]{x}} = 6 \int \frac{y^5 dy}{y^3 + y^2} = 6 \int \frac{y^3}{y+1} dy$$

$$= 6 \left[\int (y^2 - y + 1 - \frac{1}{1+y}) dy \right]$$

$$= 2y^3 - 3y^2 + 6y - 6ln|1+y| + c$$

$$= 2\sqrt{x} - 3\sqrt[3]{x} + 6\sqrt[6]{x} - 6ln|1 + \sqrt[6]{x}| + c$$

(b)取$y = (2x+1)^{\frac{1}{6}}$，則$dx = 3y^5 dy$

$$\therefore \int \frac{dx}{\sqrt{2x+1} + \sqrt[3]{2x+1}} = \int \frac{3y^5}{y^3 + y^2} dy$$

$$= 3 \int \frac{y^3}{y+1} dy$$

$$= 3 \left[\int (y^2 - y + 1 - \frac{1}{1+y}) dy \right]$$

$$= 3(\frac{y^3}{3} - \frac{y^2}{2} + y - ln(1+y)) + c$$

$$= (2x+1)^{\frac{1}{2}} - \frac{3}{2}(2x+1)^{\frac{1}{3}} + 3(2x+1)^{\frac{1}{6}} - 3ln(1 + \sqrt[6]{2x+1}) + c$$

隱函數積分

碰到隱函數之積分問題時，可試$y = tx$行變數變換

例 6 求下列積分：

(a)$y^2(a-x) = x^3$，$a \neq 0$求$\int \frac{dx}{y}$

(b)$x^3 - 3axy + y^3 = 0$，$a \neq 0$求$\int \frac{dx}{y^2}$

解

(a)取$y = tx$

$t^2 x^2 (a-x) = x^3$

$t^2(a-x) = x$ $\therefore at^2 - xt^2 = x$，解之$x = \frac{at^2}{1+t^2}$，

$$y = tx = \frac{at^3}{1+t^2}, \quad dx = \frac{d}{dt}\frac{at^2}{1+t^2} = \frac{2at}{(1+t^2)^2}dt$$

$$\therefore \int \frac{dy}{y} = \int \frac{\frac{2at}{(1+t^2)^2}dt}{\frac{at^3}{1+t^2}} = 2\int \frac{dt}{t^2(1+t^2)}$$

$$= 2\int (\frac{1}{t^2} - \frac{1}{1+t^2})dt = -\frac{2}{t} - 2tan^{-1}t + c$$

$$= -\frac{2}{\frac{y}{x}} - 2tan^{-1}\frac{y}{x} + c = -\frac{2x}{y} - 2tan^{-1}\frac{y}{x} + c$$

(b)取$y = tx$

$$x^3 - 3axy + y^3 = x^3 - 3ax(tx) + (tx)^3 = 0 , \quad 解之x = \frac{3at}{1+t^3}$$

$$\therefore y = \frac{3at^2}{1+t^3}$$

$$dx = \frac{(1+t^3)3a - 3at \cdot 3t^2}{(1+t^3)^2}dt = \frac{3a(1-2t^3)dt}{(1+t^3)^2}$$

$$\int \frac{dx}{y^2} = \int \frac{\frac{3a(1-2t^3)}{(1+t^3)^2}dt}{\frac{9a^2t^4}{(1+t^3)^2}}$$

$$= \frac{1}{3a}\int (\frac{1}{t^4} - \frac{2}{t})dt$$

$$= \frac{1}{3a}[\frac{1}{(-3)t^3} - 2ln|t|] + c$$

$$= \frac{1}{3a}(\frac{x^3}{-3y^3}) - \frac{2}{3a}ln|\frac{y}{x}| + c$$

單元 33　瑕積分

> **定義**
>
> 若(1)積分函數(Integrand)$f(x)$在積分範圍$[a，b]$內有一點不連續或(2)至少有一個積分界限是無窮大，則稱$\int_a^b f(x)$為瑕積分(Improper Integral)，中國亦稱它為「反常積分」或「廣義積分」

以下均為瑕積分之例子：

(1) $\int_0^1 \dfrac{e^x}{\sqrt{x}} dx$：$x=0$時，$f(x)=\dfrac{e^x}{\sqrt{x}}$為不連續

(2) $\int_0^\infty \dfrac{1}{3-x} dx$：積分上限為無窮大

(3) $\int_{-1}^1 \dfrac{dx}{x^{\frac{4}{5}}}$：$x=0$時，$f(x)=x^{-\frac{4}{5}}$為不連續

(4) $\int_{-\infty}^\infty e^{-2x} dx$：兩個積分界限均為無窮大

> **定義**
>
> 瑕積分(形式 1)
>
> (i)若$\int_a^t f(x)dx$對所有$t\in(a，\infty)$都存在，則$\int_a^\infty f(x)dx$
>
> $= \lim_{t\to\infty} f(x)dx$
>
> 若極限存在，則我們稱此瑕積分收斂，否則就稱此瑕積分發散。
>
> (ii)若$\int_a^b f(x)dx$對所有$t\in(-\infty，b)$都存在，則$\int_{-\infty}^b f(x)dx$
>
> $= \lim_{t\to-\infty} \int_t^b f(x)dx$

若極限存在，則稱此瑕積分收斂，否則發散。

(iii)若 $\int_a^\infty f(x)dx$ 及 $\int_{-\infty}^a f(x)dx$ 都收斂，則稱 $\int_{-\infty}^\infty f(x)dx$ 收斂。

$$\int_{-\infty}^\infty f(x)dx = \int_{-\infty}^a f(x)dx + \int_a^\infty f(x)dx$$

$$= \lim_{r \to -\infty} \int_r^a f(x)dx + \lim_{s \to \infty} \int_a^s f(x)dx$$

定義(iii)是很重要而有用，通常a是$f(x)$在$(-\infty, \infty)$中之不連續點，我們可就其中一部份判斷。

如例 1(c)

例 1 判斷下列各題之斂散性，若收斂請求其值：

(a) $\int_0^\infty \dfrac{dx}{x^2+x+1}$ (b) $\int_{-\infty}^\infty \dfrac{dx}{1+x^2}$

(c) $\int_{-\infty}^\infty \dfrac{x}{1+x^2}dx$ (d) $\int_{-\infty}^\infty \dfrac{x^2}{4+x^6}dx$

(e) $\int_0^\infty e^{-ax}\cos bx$，$a>0$，$b>0$ (f) $\int_0^\infty \dfrac{dx}{(1+x^2)^2}$

(g) $\int_{-\infty}^\infty \cos x\, dx$ (h) $\int_1^\infty \dfrac{dx}{x\sqrt{1+x^5+x^{10}}}$

解

(a) $\int_0^\infty \dfrac{dx}{x^2+x+1} = \lim_{t \to \infty} \int_0^t \dfrac{dx}{x^2+x+1} = \lim_{t \to \infty} \int_0^t \dfrac{dx}{(x+\frac{1}{2})^2+\frac{3}{4}}$

$$= \lim_{t \to \infty} \dfrac{2}{\sqrt{3}} \tan^{-1} \dfrac{2(x+\frac{1}{2})}{\sqrt{3}} \Big]_0^t = \dfrac{2}{\sqrt{3}} \lim_{t \to \infty} \tan^{-1} \dfrac{(2t+1)}{\sqrt{3}} - \dfrac{2}{\sqrt{3}} \tan^{-1} \dfrac{1}{\sqrt{3}}$$

$$= \dfrac{2}{\sqrt{3}} \cdot \dfrac{\pi}{2} - \dfrac{2}{\sqrt{3}} \cdot \dfrac{\pi}{6} = \dfrac{2\sqrt{3}}{9}\pi$$

(b) $\int_{-\infty}^\infty \dfrac{dx}{1+x^2} = \lim_{s \to -\infty} \int_s^0 \dfrac{dx}{1+x^2} + \lim_{t \to \infty} \int_0^t \dfrac{dx}{1+x^2}$

$$= \lim_{s \to -\infty} \tan^{-1} x\Big]_s^0 + \lim_{t \to \infty} \tan^{-1} x\Big]_0^t$$

$$= 0 - \lim_{s \to -\infty} \tan^{-1} s + \lim_{t \to \infty} \tan^{-1} t = -(\dfrac{-\pi}{2}) + (\dfrac{\pi}{2}) = \pi$$

(c) $\int_{-\infty}^{\infty} \frac{x}{1+x^2}dx = \int_{-\infty}^{0} \frac{x}{1+x^2}dx + \int_{0}^{\infty} \frac{x}{1+x^2}dx$

因 $\int_{0}^{\infty} \frac{x}{1+x^2}dx = \lim_{t \to \infty} \int_{0}^{t} \frac{x}{1+x^2}dx$

$= \lim_{t \to \infty} \frac{1}{2}ln(1+x^2)]_0^t = \lim_{t \to \infty} \frac{1}{2}ln(1+t^2) = \infty$

$\therefore \int_{-\infty}^{\infty} \frac{x}{1+x^2}dx$ 發散

(d) $\int_{-\infty}^{\infty} \frac{x^2}{4+x^6}dx = \lim_{s \to -\infty} \int_{s}^{0} \frac{x^2}{4+x^6}dx + \lim_{t \to \infty} \int_{0}^{t} \frac{x^2 dx}{4+x^6}$

$= \lim_{s \to -\infty} \frac{1}{6}tan^{-1}\frac{x^3}{2}]_s^0 + \lim_{t \to \infty} \frac{1}{6}tan^{-1}\frac{x^3}{2}]_0^t$

$= \lim_{s \to -\infty} -\frac{1}{6}tan^{-1}\frac{s^3}{2} + \lim_{t \to \infty} \frac{1}{6}tan^{-1}\frac{t^3}{2}$

$= \frac{\pi}{12} + \frac{\pi}{12} = \frac{\pi}{6}$

(e)利用分部積分法

為了方便計，我們將 $\lim_{t \to \infty}F(x)]_a^t$ 表成 $F(x)]_a^\infty$：

$\int_{0}^{\infty} e^{-ax}cosbxdx = \int_{0}^{\infty} cosbxd(-\frac{1}{a}e^{-ax})$

$= -\frac{1}{a}e^{-ax}cosbx]_0^\infty + \int_{0}^{\infty} \frac{1}{a}e^{-ax}dcosbx$

$= \frac{1}{a} - \frac{b}{a}\int_{0}^{\infty} e^{-ax}sinbxdx$

$= \frac{1}{a} - \frac{b}{a}\int_{0}^{\infty} sinbxd(-\frac{1}{a}e^{-ax})$

$= \frac{1}{a} + \frac{b}{a}(\frac{1}{a}e^{-ax}sinbx)]_0^\infty - \frac{b}{a^2}\int_{0}^{\infty} e^{-ax}dsinbx$

$= \frac{1}{a} - \frac{b^2}{a^2}\int_{0}^{\infty} e^{-ax}cosbxdx$

移項：

$(1+\frac{b^2}{a^2})\int_{0}^{\infty} e^{-ax}cosbxdx = \frac{1}{a}$，

$\int_{0}^{\infty} e^{-ax}cosbxdx = \frac{a}{a^2+b^2}$，即 $\int_{0}^{\infty} e^{-ax}cosbxdx$ 收斂

註：

對熟悉 Laplace 轉換之讀者而言，其實(e)就是$cosbx$之 Laplace 轉換。

(f) $\dfrac{1}{(1+x^2)^2} = \dfrac{1+x^2-x^2}{(1+x^2)^2} = \dfrac{1}{1+x^2} - \dfrac{x^2}{(1+x^2)^2}$

$\therefore \displaystyle\int_0^\infty \dfrac{dx}{(1+x^2)^2} = \int_0^\infty (\dfrac{1}{1+x^2} - \dfrac{x^2}{(1+x^2)^2})dx$

$= tan^{-1}x\big]_0^\infty + \displaystyle\int_0^\infty \dfrac{x}{2}d(\dfrac{1}{1+x^2})$

$= \dfrac{\pi}{2} + \dfrac{x}{2(1+x^2)}\big]_0^\infty - \dfrac{1}{2}\displaystyle\int_0^\infty \dfrac{1}{1+x^2}dx$

$= \dfrac{\pi}{2} - \dfrac{1}{2}tan^{-1}x\big]_0^\infty = \dfrac{\pi}{2} - \dfrac{\pi}{4} = \dfrac{\pi}{4}$

(g) $\displaystyle\int_{-\infty}^\infty cosxdx = \int_0^{-\infty} cosxdx + \int_0^\infty cosxdx$

因 $\displaystyle\int_0^\infty cosxdx\big]_0^\infty = sinx\big]_0^\infty = \lim_{t\to\infty}sint$不存在

$\therefore \displaystyle\int_{-\infty}^\infty cosxdx$發散

(h) $\displaystyle\int_1^\infty \dfrac{dx}{x\sqrt{1+x^5+x^{10}}} = \int_1^\infty \dfrac{x^4dx}{x^5\sqrt{1+x^5+x^{10}}} \overset{y=x^5}{=\!=\!=} \int_1^\infty \dfrac{\frac{1}{5}dy}{y\sqrt{1+y+y^2}}$

$\overset{u=\frac{1}{y}}{=\!=\!=} \dfrac{1}{5}\displaystyle\int_1^0 \dfrac{-\frac{1}{u^2}du}{\frac{1}{u}\sqrt{1+\frac{1}{u}+\frac{1}{u^2}}} = \dfrac{1}{5}\int_0^1 \dfrac{du}{\sqrt{1+u+u^2}}$

$= \dfrac{1}{5}\displaystyle\int_0^1 \dfrac{d(u+\frac{1}{2})}{\sqrt{(u+\frac{1}{2})^2+\frac{3}{4}}} = \dfrac{1}{5}ln|(u+\dfrac{1}{2})+\sqrt{1+u+u^2}|\big]_0^1$

$= \dfrac{1}{5}ln\left(\dfrac{\frac{3}{2}+\sqrt{3}}{\frac{3}{2}}\right) = \dfrac{1}{5}ln(1+\dfrac{2}{\sqrt{3}})$

例 2　討論 $\displaystyle\int_0^\infty \dfrac{dx}{x^p}$的斂散性。

■ 解

$$p=1 \cdot \int_1^\infty \frac{1}{x}dx = \lim_{t\to\infty}\int_1^t \frac{1}{x}dx = \lim_{t\to\infty}ln|t| = \infty$$

$$p\neq 1 \cdot \int_1^\infty \frac{dx}{x^p} = \lim_{t\to\infty}\int_1^t \frac{1}{x^p}dx = \lim_{t\to\infty}\frac{x^{1-p}}{1-p}]_1^t$$

$$= \lim_{t\to\infty}\frac{t^{1-p}-1}{1-p} = \begin{cases} \infty & \text{若 } p<1 \\ \dfrac{1}{p-1} & \text{若 } p>1 \end{cases}$$

故 $\int_1^\infty \dfrac{dx}{x^p}$ 當 $p>1$ 時為收斂，當 $p\leq 1$ 時為發散。

例 3 試討論 $\int_2^\infty \dfrac{dx}{x(lnx)^p}$ 之斂散性。

解

$$p=1\text{時} \int_2^\infty \frac{dx}{x(lnx)^p} = \int_2^\infty \frac{dx}{xlnx} = \int_2^\infty \frac{dlnx}{lnx}$$

$$= \lim_{t\to\infty}lnlnt]_2^t = \infty$$

$$p\neq 1\text{時} \int_2^\infty \frac{dx}{x(lnx)^p} = \int_2^\infty \frac{dlnx}{(lnx)^p}$$

$$= \lim_{t\to\infty}\frac{(lnx)^{-p+1}}{1-p}]_2^t = \begin{cases} \dfrac{1}{p-1}(ln2)^{1-p} \cdot p>1 \\ \infty \cdot p<1 \end{cases}$$

綜上 $\int_2^\infty \dfrac{dx}{x(lnx)^p} = \begin{cases} \dfrac{1}{p-1}(ln2)^{1-p} \cdot p>1 \\ \infty(\text{發散}) \cdot p\leq 1 \end{cases}$

例 4 試判斷下列瑕積分之斂散性，若收斂求其值。

(a) $\int_0^1 lnxdx$ 　　(b) $\int_0^9 \dfrac{dx}{(x+9)\sqrt{x}}$

(c) $\int_{-1}^1 |x|^{-\frac{3}{2}}dx$ 　　(d) $\int_{-1}^1 \sqrt{\dfrac{1+x}{1-x}}dx$

解

(a) $\int_0^1 lnxdx = \lim_{t\to 0^+}\int_t^1 lnxdx = \lim_{t\to 0^+}[xlnx-x]|_t^1$

$$= \lim_{t\to 0^+}[-1-tlnt+t] = -1 - \lim_{t\to 0^+}tlnt + 0 \quad \begin{pmatrix} \int lnxdx = xlnx - \int xdlnx \\ = xlnx-x+c \end{pmatrix}$$

$$= -1 - \lim_{t \to 0^+} \frac{lnt}{\frac{1}{t}} = -1 - \lim_{t \to 0^+} \frac{\frac{1}{t}}{\frac{-1}{t^2}} = -1 - \lim_{t \to 0^+}(-t)$$

$$= -1 + 0 = -1$$

(b) $\displaystyle\int_0^9 \frac{dx}{(x+9)\sqrt{x}} \underset{u=\sqrt{x}}{=\!=\!=} \int_0^3 \frac{2udu}{(u^2+9)u} = 2\int_0^3 \frac{du}{u^2+9}$

$$= 2 \cdot \frac{1}{3}tan^{-1}\frac{u}{3}\Big]_0^3 = \frac{2}{3}(tan^{-1}1 - tan^{-1}0) = \frac{2}{3}\cdot\frac{\pi}{4} = \frac{\pi}{6}$$

(c) $\displaystyle\therefore \int_{-1}^1 |x|^{\frac{-3}{2}}dx = 2\int_0^1 x^{-\frac{3}{2}}dx$

$$\text{又 } \int_0^1 x^{-\frac{3}{2}}dx = \lim_{t \to 0^+}\int_t^1 x^{-\frac{3}{2}}dx$$

$$= \lim_{t \to 0^+}[-2x^{-\frac{1}{2}}]_t^1 = \lim_{t \to 0^+}(-2 + \frac{2}{\sqrt{t}}) = \infty$$

$$\therefore \int_{-1}^1 |x|^{\frac{-3}{2}}dx \text{發散}$$

(d) $\displaystyle\int\sqrt{\frac{1+x}{1-x}}dx = \int\frac{(\sqrt{1+x})^2}{\sqrt{1+x}\cdot\sqrt{1-x}} = \int\frac{1+x}{\sqrt{1-x^2}}dx = \int\frac{dx}{\sqrt{1-x^2}}$

$$-\frac{1}{2}\int\frac{d(1-x^2)}{(1-x^2)^{\frac{1}{2}}} = sin^{-1}x - \sqrt{1-x^2} + C$$

$$\therefore \int_{-1}^1\sqrt{\frac{1+x}{1-x}}dx = \lim_{t \to 1^-}\int_{-1}^1\sqrt{\frac{1+x}{1-x}}dx$$

$$= \lim_{t \to 1^-}[sin^{-1}x - \sqrt{1-x^2}]_{-1}^t = \lim_{t \to 1^-}[sin^{-1}x - \sqrt{1-x^2} + \frac{\pi}{2}]_{-1}^t$$

$$= \frac{\pi}{2} - \left(\frac{-\pi}{2}\right) = \pi$$

例 5 試討論 $\displaystyle\int_a^b\frac{dx}{(x-a)^p}$，$p > 1$之斂散性。

■ 解

1. $p = 1$時 $\displaystyle\int_a^b\frac{dx}{x-a} = ln|x-a|\Big]_a^b = \infty$

2. $p \neq 1$時 $\displaystyle\int_a^b\frac{dx}{(x-a)^p} = \int_a^b\frac{d(x-a)}{(x-a)^p}$

$$= \frac{1}{-p+1}(x-a)^{-p+1}\Big]_a^b = \begin{cases} \dfrac{1}{-p+1}(b-a)^{-p+1}，1 > p > 0 \\ \text{發散，} p \geq 1 \end{cases}$$

例 6 判斷下列瑕積分之斂散性，若收斂並求其值。

(a) $\int_a^b \dfrac{dx}{\sqrt{(x-a)(b-x)}}$ ， $b>a>0$　　(b) $\int_0^1 \sqrt{\dfrac{x}{1-x}}dx$

(c) $\int_{-\frac{\pi}{2}}^{\frac{\pi}{2}} \dfrac{dx}{\sqrt{1-cosx}}$　　　　　　(d) $\int_0^1 \dfrac{dx}{\sqrt{x(4+x)}}$

解

(a) $\int_a^b \dfrac{dx}{\sqrt{(x-a)(b-x)}} = \int_a^b \dfrac{dx}{\sqrt{-x^2+(a+b)x-ab}}$

$= \int_a^b \dfrac{dx}{\sqrt{\left(-ab+\dfrac{(a+b)^2}{4}\right)-\left(x-\dfrac{a+b}{2}\right)^2}}$

$= \int_a^b \dfrac{dx}{\sqrt{(\dfrac{b-a}{2})^2-(x-\dfrac{a+b}{2})^2}} = sin^{-1}(\dfrac{x-(a+b)/2}{(b-a)/2})]_a^b$

$= \dfrac{\pi}{2}-(-\dfrac{\pi}{2})=\pi$

(b) $\int_0^1 \sqrt{\dfrac{x}{1-x}}dx \underset{=\!=\!=}{y=\sqrt{\frac{x}{1-x}}} \int_0^\infty y\cdot\dfrac{-dy}{(1+y^2)} = -\int_0^\infty \dfrac{y+1-1}{(1+y)^2}dy$

$= -\left[\int_0^\infty \dfrac{-dy}{1+y} - \int_0^\infty \dfrac{-dy}{(1+y)^2}\right]$

但 $\int_0^\infty \dfrac{dy}{1+y} = ln(1+y)]_0^\infty$ 發散

$\therefore \int_0^1 \sqrt{\dfrac{x}{1-x}}dx$ 發散

(c) $f(x) = \dfrac{1}{1-cosx}$ ， $x\in[\dfrac{\pi}{2}$ ， $\dfrac{\pi}{2}]$ 為一偶函數

$\therefore \int_{-\frac{\pi}{2}}^{\frac{\pi}{2}} \dfrac{dx}{1-cosx} = 2\int_0^{\frac{\pi}{2}} \dfrac{dx}{1-cosx} = 2\int_0^{\frac{\pi}{2}} \dfrac{dx}{1-cos\frac{2}{2}x}$

$= 2\int_0^{\frac{\pi}{2}} \dfrac{dx}{1-(1-2sin^2\frac{x}{2})} = \int_0^{\frac{\pi}{2}} csc^2\dfrac{x}{2}dx = -2cot\dfrac{x}{2}]_0^{\frac{\pi}{2}} = -2$

(d) $\int_0^1 \dfrac{dx}{\sqrt{x(4+x)}} = \int_0^1 \dfrac{2d\sqrt{x}}{4+(\sqrt{x})^2}$

$$= 2 \cdot \frac{1}{2} tan^{-1} \frac{\sqrt{x}}{2}]_0^1 = tan^{-1} \frac{1}{2} \quad \therefore \int_0^1 \frac{dx}{\sqrt{x(4+x)}} \text{收斂}$$

例7 求 $\int_2^\infty \frac{1-lnx}{x^2} dx$

解

$$\int_2^b \frac{1-lnx}{x^2} dx = \int_2^b \frac{dx}{x^2} - \int_2^b \frac{lnx}{x^2} dx = \int_2^b \frac{dx}{x^2} + \int_2^b lnx d(\frac{1}{x})$$

$$= -\frac{1}{x}]_2^b + \frac{lnx}{x}]_2^b - \int_2^b \frac{1}{x} dlnx$$

$$= -\frac{1}{b} + \frac{1}{2} + \frac{lnb}{b} + \frac{1}{x}]_2^b$$

$$= -\frac{1}{b} + \frac{1}{2} + \frac{lnb}{b} + \frac{1}{b} - \frac{ln2}{2} - \frac{1}{2}$$

$$= \frac{lnb}{b} - \frac{ln2}{2}$$

$$\therefore \int_2^\infty \frac{1-lnx}{x^2} dx = \lim_{b \to \infty} (\frac{lnb}{b} - \frac{ln2}{2}) = -\frac{ln2}{2}$$

例8 試證 $\int_0^\infty \frac{dx}{1+x^4} = \int_0^\infty \frac{x^2}{1+x^4} dx$，並利用此結果求 $\int_0^\infty \frac{dx}{1+x^4} = ?$

解

(a) $\int_0^\infty \frac{dx}{1+x^4} \xlongequal{y = \frac{1}{x}} \int_\infty^0 \frac{-\frac{1}{y^2} dy}{1+(\frac{1}{y})^4} = \int_\infty^0 \frac{-y^2}{1+y^4} dy$

$$= \int_0^\infty \frac{y^2}{1+y^4} dy = \int_0^\infty \frac{x^2}{1+x^4} dx$$

(b) $\int_0^\infty \frac{dx}{1+x^4} = \frac{1}{2} [\int_0^\infty \frac{dx}{1+x^4} + \int_0^\infty \frac{x^2}{1+x^4} dx]$

$$= \frac{1}{2} \int_0^\infty \frac{1+x^2}{1+x^4} dx$$

$$= \frac{1}{2} \int_0^\infty \frac{\frac{1}{x^2} + 1}{\frac{1}{x^2} + x^2} dx$$

$$= \frac{1}{2} \int_0^\infty \frac{d(x-\frac{1}{x})}{(x-\frac{1}{x})^2 + 2}$$

$$= \frac{1}{2\sqrt{2}} tan^{-1} \left(\frac{(x-\frac{1}{x})}{\sqrt{2}} \right) \Big]_0^\infty = \frac{1}{2\sqrt{2}} (\frac{\pi}{2} - (-\frac{\pi}{2})) = \frac{\pi}{2\sqrt{2}}$$

瑕積分審斂定理

若$f(x)$，$g(x) \in [a$，$\infty)$，$f(x)$，$g(x)$均為非負函數

1. 若$g(x) \geq f(x) \geq 0$ 則

(1) $\int_a^\infty g(x)dx$收斂則 $\int_a^\infty f(x)dx$收斂

(2) $\int_a^\infty f(x)dx$發散則 $\int_a^\infty g(x)dx$發散

2.(極限審斂法)：$\lim\limits_{x \to \infty} x^p f(x) = l$，則

(1)$p > 1$，$0 \leq l < \infty$時則 $\int_a^\infty f(x)dx$收斂

(2)$p \leq 1$，$0 < l \leq \infty$時則 $\int_a^\infty f(x)dx$發散

3.若 $\int_a^\infty |f(x)|dx$收斂則 $\int_a^\infty f(x)dx$收斂

例 9 判斷下列瑕積分之斂散性。

(a) $\int_1^\infty \frac{\sqrt{x+1}}{x\sqrt{1+x+x^2}}dx$ (b) $\int_1^\infty \frac{\sqrt{x}}{1+x^3}dx$

(c) $\int_1^\infty \frac{x^n}{1+x^m}dx$ (d) $\int_1^\infty \frac{dx}{(1+x^p)(x^2+1)}$，$p$為正整數

解

(a)$\lim\limits_{x \to \infty} x^{\frac{3}{2}} \cdot \frac{\sqrt{x+1}}{x\sqrt{1+x+x^2}} = \lim\limits_{x \to \infty} \frac{\sqrt{x^2+x}}{\sqrt{x^2+x+1}} = 1$，$p = \frac{3}{2}$

$\therefore \int_1^\infty \frac{\sqrt{x+1}}{x\sqrt{1+x+x^2}}dx$收斂

(b)$\lim\limits_{x \to \infty} x^{\frac{5}{2}} \cdot \frac{\sqrt{x}}{1+x^3} = 1$，$p = \frac{5}{2}$ $\therefore \int_1^\infty \frac{\sqrt{x}}{1+x^3}dx$收斂

(c)$\lim\limits_{x \to \infty} x^{m-n} \cdot \dfrac{x^n}{1+x^m} = 1$，$p = m-n$ $\therefore m-n \leq 1$時發散，

$m-n > 1$收斂

(d) 方法一

$\dfrac{1}{(1+x^p)(1+x^2)} \leq \dfrac{1}{1+x^2}$，但 $\displaystyle\int_1^\infty \dfrac{dx}{1+x^2} = \dfrac{\pi}{4}$為收斂

$\therefore \displaystyle\int_1^\infty \dfrac{dx}{(1+x^p)(1+x^2)}$為收斂

方法二

$\because x^{p+2} \cdot \dfrac{1}{(1+x^p)(1+x^2)} = 1$

p為正整數 $\therefore p+2 > 1$

知 $\displaystyle\int_1^\infty \dfrac{dx}{(1+x^p)(1+x^2)}$收斂

單元 34　Gamma 函數、Beta 函數

Gamma 函數

> **定理**
>
> $\Gamma(n) = \int_0^\infty x^{n-1} e^{-x} dx$，$n > 0$，若$n$為正整數則
>
> $\Gamma(n) = (n-1)!$
>
> $[(n-1)! = (n-1)(n-2)\cdots\cdots 3 \cdot 2 \cdot 1]$

說明

$$\Gamma(n) = \int_0^\infty x^{n-1} e^{-x} dx = \int_0^\infty x^{n-1} d(-e^{-x})$$
$$= -x^{n-1} e^{-x}]_0^\infty + \int_0^\infty e^{-x} d(x^{n-1})$$
$$= \int_0^\infty (n-1) x^{n-2} e^{-x} dx = (n-1)\Gamma(n-1)$$
$$\therefore \Gamma(n) = (n-1)\Gamma(n-1)$$
$$= (n-1)(n-2)\Gamma(n-2)$$
$$= (n-1)(n-2)(n-3)\Gamma(n-3)$$
$$\cdots\cdots$$
$$= (n-1)!$$

例 1　求下列積分值。

(a) $\int_0^\infty x^3 e^{-x} dx$ 　　　　(b) $\int_0^\infty x^3 e^{-2x} dx$

(c) $\int_0^\infty x^2 e^{-x^3} dx$ 　　　　(d) $\int_0^\infty e^{-x^3} dx$

(e) $\int_0^1 (lnx)^3 dx$ 　　　　(f) $\int_0^1 (xlnx)^3 dx$

解析

(e)、(f)取 $y = ln\dfrac{1}{x}$，$\displaystyle\int_0^1 \to \int_0^\infty$，$x = e^{-y}$ $\therefore -dx = e^{-y}dy$

■ 解

(a) $\displaystyle\int_0^\infty x^3 e^{-x} dx = 3! = 6$

(b) $\displaystyle\int_0^\infty x^3 e^{-2x} dx \underline{\underline{y=2x}} \int_0^\infty (\dfrac{y}{2})^3 e^{-y}\dfrac{1}{2} dy$

$= \dfrac{1}{16}\displaystyle\int_0^\infty y^3 e^{-y} dy = \dfrac{6}{16} = \dfrac{3}{8}$

(c) $\displaystyle\int_0^\infty x^2 e^{-x} dx = \int_0^\infty e^{-x} d\dfrac{1}{3}x^3 = \dfrac{-1}{3}e^{-x}\Big]_0^\infty = \dfrac{1}{3}$

(d) $\displaystyle\int_0^\infty e^{-x^3} dx \underline{\underline{y=x^3}} \int_0^\infty e^{-y}\dfrac{1}{3}y^{-\frac{2}{3}} dy = \dfrac{1}{3}\int_0^\infty e^{-\frac{2}{3}}e^{-y} dy = \dfrac{1}{3}\Gamma(\dfrac{1}{3})$

(e) $\displaystyle\int_0^1 (lnx)^3 dx \underline{\underline{y=-lnx}} -\int_\infty^0 y^3 \cdot e^{-y} dy = \int_0^\infty y^3 e^{-y} dy = 6$

(f) $\displaystyle\int_0^1 (xlnx)^3 dx \underline{\underline{y=-lnx}} \int_\infty^0 (e^{-y}\cdot(-y))^3 (-e^{-y}dy)$

$= -\displaystyle\int_0^\infty y^3 e^{-4y} dy \underline{\underline{\omega=4y}} -\int_0^\infty (\dfrac{\omega}{4})^3 e^{-\omega}(\dfrac{1}{4}d\omega)$

$= \dfrac{-1}{256}\displaystyle\int_0^\infty \omega^3 e^{-\omega} d\omega = -\dfrac{6}{256} = -\dfrac{3}{128}$

$\underline{\Gamma(\dfrac{1}{2}) = \sqrt{\pi}}$

◆ 預備定理

$$\int_0^\infty e^{-x^2} dx = \dfrac{\sqrt{\pi}}{2}$$

證明

令 $I = \displaystyle\int_0^\infty e^{-x^2} dx$

則 $I^2 = \displaystyle\int_0^\infty \int_0^\infty e^{-x^2} \cdot e^{-y^2} dxdy$

$= \displaystyle\int_0^\infty \int_0^\infty e^{-(x^2+y^2)} dxdy$

取 $x = rcos\theta$，$y = rsin\theta$，$x^2 + y^2 = r^2$，則 $\infty > r \geq 0$，

$\dfrac{\pi}{2} \ge \theta \ge 0$；$|J| = r$

則$I^2 = \displaystyle\int_0^\infty \int_0^\infty e^{-(x^2+y^2)}dxdy$

$= \displaystyle\int_0^\infty \int_0^{\frac{\pi}{2}} r \cdot e^{-r^2}d\theta dr$

$= \dfrac{\pi}{2}\displaystyle\int_0^\infty re^{-r^2}d\theta dr = \dfrac{\pi}{4}[-e^{-r^2}]_0^\infty = \dfrac{\pi}{4}$

$\therefore I = \displaystyle\int_0^\infty e^{-x^2}dx = \dfrac{\sqrt{\pi}}{2}$

有了上述預備定理，我們便可證明 Gamma 函數中一個極為重要之結果

定理

$\Gamma(\dfrac{1}{2}) = \sqrt{\pi}$，即$\displaystyle\int_0^\infty x^{-\frac{1}{2}}e^{-x}dx = \sqrt{\pi}$

證

$I = \Gamma(\dfrac{1}{2}) = \displaystyle\int_0^\infty x^{-\frac{1}{2}}e^{-x}dx \xrightarrow{\ y=\sqrt{x}\ } 2\displaystyle\int_0^\infty e^{-y^2}dy$，因此，

$I^2 = \displaystyle\int_0^\infty \int_0^\infty x^{-\frac{1}{2}}e^{-x}y^{-\frac{1}{2}}e^{-y}dydx = 4\displaystyle\int_0^\infty \int_0^\infty e^{-(u^2+v^2)}dudv$

(在此，$u = \sqrt{x}$，$v = \sqrt{y}$)

$= \pi$(由預備定理)　　$\therefore I = \sqrt{\pi}$從而$\Gamma(\dfrac{1}{2}) = \sqrt{\pi}$

說明：

Gamma 函數中，當$x = \dfrac{1}{2}$時，$\Gamma(\dfrac{1}{2})$有特定值$\sqrt{\pi}$，若x為其他分數時，在解答時只需寫到$\Gamma(x)$即可，$1 > x > 0$，例如：

$\Gamma(\dfrac{7}{4}) = \dfrac{3}{4}\Gamma(\dfrac{3}{4})$，$\Gamma(\dfrac{17}{3}) = \dfrac{14}{3}\cdot\dfrac{11}{3}\cdot\dfrac{8}{3}\cdot\dfrac{5}{3}\cdot\dfrac{2}{3}\Gamma(\dfrac{2}{3})\cdots\cdots$

例 2　求下列定積分。

(a) $\displaystyle\int_0^\infty x^3 e^{-x}dx$　　　　　　(b) $\displaystyle\int_0^\infty \sqrt{x}e^{-x}dx$

▨ 解

(a) $\displaystyle\int_0^\infty x^3 e^{-x^2}dx = 2\int_0^\infty x^3 e^{-x^2}dx \quad \underline{\underline{y=x^2}} \quad 2\int_0^\infty ye^{-y}(\frac{1}{2}y^{-\frac{1}{2}})dy$

$\displaystyle = \int_0^\infty y^{\frac{1}{2}}e^{-y}dy = \Gamma(\frac{3}{2}) = \frac{1}{2}\Gamma(\frac{1}{2}) = \frac{\sqrt{\pi}}{2}$

(b) $\displaystyle\int_0^\infty \sqrt{x}e^{-x^3}dx \quad \underline{\underline{y=x^3}} \quad \int_0^\infty y^{\frac{1}{6}}e^{-y}\frac{1}{3}y^{-\frac{2}{3}}dy$

$\displaystyle = \frac{1}{3}\int_0^\infty y^{-\frac{1}{2}}e^{-y}dy = \frac{1}{3}\Gamma(\frac{1}{2}) = \frac{\sqrt{\pi}}{3}$

定義

常態機率密度函數是 $f(x) = \dfrac{1}{\sqrt{2\pi}\sigma}e^{\frac{(x-\mu)^2}{2\sigma^2}}$ ，$\infty > x > -\infty$ 。

讀者可驗證的是 $\displaystyle\int_{-\infty}^\infty f(x)dx = 1$ ，因此我們可將上述積分作

下述表達：$\displaystyle\int_{-\infty}^\infty e^{-\frac{(x-a)^2}{2b^2}}dx = \sqrt{2\pi}|b|$

例 3　求 $\displaystyle\int_{-\infty}^\infty e^{-2x^2-3x}dx$ 。

▨ 解

$\displaystyle\int_{-\infty}^\infty e^{-2x^2-3x}dx$

$\displaystyle = \int_{-\infty}^\infty e^{-2(x+\frac{3}{2})^2+2\cdot\frac{9}{4}}dx$

$\displaystyle = e^{\frac{9}{2}}\int_{-\infty}^\infty e^{-2(x+\frac{3}{2})^2}dx$

$\displaystyle = e^{\frac{9}{2}}\int_{-\infty}^\infty e^{\frac{-(x+\frac{3}{2})^2}{1/2}}dx$

$\displaystyle = e^{\frac{9}{2}}\int_{-\infty}^\infty e^{\frac{(x+\frac{3}{2})^2}{2\cdot\frac{1}{4}}}dx$

$\displaystyle = e^{\frac{9}{2}}\sqrt{2\pi}\cdot\frac{1}{2} = e^{\frac{9}{2}}\sqrt{\frac{\pi}{2}}$

Wallis 公式

證

$$\int sin^n x dx = \int sin^{n-1} x d(-cosx)$$

$$= -cosx sin^{n-1} x + \int cosx d sin^{n-1} x$$

$$= -cosx sin^{n-1} x + \int cos^2 x (n-1) sin^{n-2} x dx$$

$$= -cosx sin^{n-1} x + \int (1-sin^2 x)(n-1) sin^{n-2} x dx$$

$$= -cosx sin^{n-1} x + (n-1) \int sin^{n-2} x dx - (n-1) \int sin^n x dx$$

移項得

$$\int sin^n x dx = -\frac{1}{n} cosx sin^{n-1} x + \frac{n-1}{n} \int sin^{n-2} x dx$$

有了前述預備定理，我們可正式證明 Wallis 公式

定理 (wallis 公式)

$$\int_0^{\frac{\pi}{2}} cos^n x dx = \int_0^{\frac{\pi}{2}} sin^n x dx$$

$$= \begin{cases} \dfrac{2 \cdot 4 \cdot 6 \cdots (n-1)}{3 \cdot 5 \cdot 7 \cdots n} \text{，} n \text{ 爲奇數，} n \geq 3 \\ \dfrac{1 \cdot 3 \cdot 5 \cdots (n-1)}{2 \cdot 4 \cdot 6 \cdots n} \cdot \dfrac{\pi}{2} \text{，} n \text{ 爲偶數，} n \geq 2 \end{cases}$$

說明

Wallis 公式討論 $\int_0^{\frac{\pi}{2}} cos^n x dx$ 或 $\int_0^{\frac{\pi}{2}} sin^n x dx$，因此，它可視爲 Beta 函數之特例。

定理

$$\int sin^n x dx = -\frac{1}{n} cosx sin^{n-1} x + \frac{n-1}{n} \int sin^{n-2} x dx \text{，}$$

n爲正整數，$n \geq 2$

$$\int_0^{\frac{\pi}{2}} sin^n x dx = -\frac{1}{n} cos x sin^{n-1} x \Big|_0^{\frac{\pi}{2}} + \frac{n-1}{n} \int_0^{\frac{\pi}{2}} sin^{n-2} x dx$$

$$= \frac{n-1}{n} \int_0^{\frac{\pi}{2}} sin^{n-2} x dx \text{ , } n \geq 2$$

取 $I_n = \int_0^{\frac{\pi}{2}} sin^n x dx$，則有 $I_n = \frac{n-1}{n} I_{n-2}$；$n \geq 2$ 之關係式

$\therefore I_2 = \frac{2-1}{2} \int_0^{\frac{\pi}{2}} sin^0 x dx = \frac{\pi}{4}$ ， $I_3 = \int_0^{\frac{\pi}{2}} sin^3 x dx = \frac{2}{3}$ (讀者自證之)

利用 $I_n = \frac{n-1}{n} I_{n-2}$ 反復運算

$$I_4 = \frac{3}{4} I_2 = \frac{3}{4} \cdot \frac{\pi}{4} = \frac{3 \cdot 1}{4 \cdot 2} \frac{\pi}{2}$$

$$I_5 = \frac{4}{5} I_3 = \frac{4}{5} \cdot \frac{2}{3} = \frac{4 \cdot 2}{5 \cdot 3}$$

$$I_6 = \frac{5}{6} I_4 = \frac{5}{6} \cdot \frac{3 \cdot 1}{4 \cdot 2} \cdot \frac{\pi}{2} = \frac{5 \cdot 3 \cdot 1}{6 \cdot 2 \cdot 2} \frac{\pi}{2}$$

… …

可得

$$\int_0^{\frac{\pi}{2}} sin^n x dx = \begin{cases} \dfrac{1 \cdot 3 \cdot 5 \cdots (n-1)}{2 \cdot 4 \cdot 6 \cdots n} \dfrac{\pi}{2} \text{ , } n \text{ 爲偶數} \\ \dfrac{2 \cdot 4 \cdot 6 \cdots (n-1)}{1 \cdot 3 \cdot 5 \cdot 7 \cdots n} \text{ , } n \text{ 爲奇數} \end{cases}$$

令 $y = \frac{\pi}{2} - x$，則

$$\int_0^{\frac{\pi}{2}} cos^n x dx = \int_0^{\frac{\pi}{2}} sin^n x dx$$

Wallis 公式

例4　求下列積分值。

(a) $\int_0^{\frac{\pi}{2}} sin^3 x dx$ 　　　　　　(b) $\int_{-\frac{\pi}{2}}^{\frac{\pi}{2}} cos^4 x dx$

(c) $\int_0^{\frac{\pi}{2}} cos^8 x dx$ 　　　　　　(d) $\int_0^{\frac{\pi}{2}} sin^5 x dx$

解

(a) $\int_0^{\frac{\pi}{2}} \sin^3 x dx = \frac{2}{1 \cdot 3} = \frac{2}{3}$

(b) $\int_{-\frac{\pi}{2}}^{\frac{\pi}{2}} \cos^4 x dx = 2\int_0^{\frac{\pi}{2}} \cos^4 x dx = 2 \cdot \frac{1 \cdot 3}{2 \cdot 4} \frac{\pi}{2} = \frac{3}{8}\pi$

(c) $\int_0^{\frac{\pi}{2}} \cos^8 x dx = \frac{1 \cdot 3 \cdot 5 \cdot 7}{2 \cdot 4 \cdot 6 \cdot 8} \frac{\pi}{2} = \frac{35}{256}\pi$

(d) $\int_0^{\frac{\pi}{2}} \sin^5 x dx = \frac{2 \cdot 4}{1 \cdot 3 \cdot 5} = \frac{8}{15}$

Beta 函數

定義

積分 $\int_0^1 x^{m-1}(1-x)^{n-1}dx$ 是參數為 m，n 之 Beta 函數，以 $B(m，n)$ 表之

Beta 函數有以下性質

1. $B(m，n)$ 在 $m>0$ 且 $n>0$ 時收斂

2. $B(m，n) = \frac{\Gamma(m)\Gamma(n)}{\Gamma(m+n)}$；若 p，q 為大於 -1 之實數；

$\int_0^1 x^p(1-x)^q dx = \frac{\Gamma(p+1)\Gamma(q+1)}{\Gamma(p+q+2)} = \frac{\Gamma(p+1)\Gamma((q+1)}{\Gamma((p+1)(q+1))}$ 特別是

當 p，$q \in Z^+$ 時 $\int_0^1 x^p(1-x)^q dx = \frac{p! \, q!}{(p+q+1)!}$

3. $\int_0^{\frac{\pi}{2}} \sin^{2m-1}\theta \cos^{2n-1}\theta d\theta = \frac{1}{2}B(m，n) = \frac{\Gamma(m)\Gamma(n)}{\Gamma(m+n)}$

   換言之 $\int_0^{\frac{\pi}{2}} \sin^p\theta \cos^q\theta d\theta = \dfrac{\Gamma(\frac{p+1}{2})\Gamma(\frac{q+1}{2})}{2\Gamma(\frac{p+q}{2}+1)}$

4. $\int_0^{\infty} \frac{x^{p-1}}{1+x}dx = \Gamma(p)\Gamma(1-p) = \frac{\pi}{\sin p\pi}$，$1>p>0$

例4 求

(a) $\int_0^1 x^3(1-x)^2 dx$

(b) $\int_0^1 \sqrt{x(1-x)}dx$

(c) $\int_0^1 x^n\sqrt{1-x}dx$, $n \in N^+$

(d) $\int_0^{\frac{\pi}{2}} cos^6 x dx$

(e) $\int_0^{\frac{\pi}{2}} cos^3 x sin^4 x dx$

(f) $\int_0^\infty \frac{1}{\sqrt{x}(1+x)}dx$

解

(a) $\int_0^1 x^3(1-x)^2 dx = \frac{3! \, 2!}{(3+2+1)!} = \frac{3! \, 2!}{6!} = \frac{1}{60}$

(b) $\int_0^1 \sqrt{x(1-x)}dx = \int_0^1 x^{\frac{1}{2}}(1-x)^{\frac{1}{2}} = \frac{\Gamma(\frac{3}{2})\Gamma(\frac{3}{2})}{\Gamma(\frac{1}{2}+\frac{1}{2}+2)}$

$= \frac{\frac{\sqrt{\pi}}{2} \cdot \frac{\sqrt{\pi}}{2}}{2!} = \frac{\pi}{8}$

(c) $\int_0^1 x^n\sqrt{1-x}dx = \int_0^1 x^n(1-x)^{\frac{1}{2}}dx = \frac{n!\Gamma(\frac{3}{2})}{\Gamma(n+\frac{1}{2}+2)} = \frac{n!(\frac{\sqrt{\pi}}{2})}{\Gamma(n+\frac{5}{2})}$

$= \frac{\sqrt{\pi}(n!)}{2\Gamma(n+\frac{5}{2})}$

(d) 方法一：

$\int_0^{\frac{\pi}{2}} cos^6 x dx = \int_0^{\frac{\pi}{2}} cos^6 x sin^0 dx = \frac{\Gamma(\frac{7}{2})\Gamma(\frac{1}{2})}{2\Gamma(\frac{6}{2}+1)}$

$= \frac{\frac{5}{2} \cdot \frac{3}{2} \cdot \frac{\sqrt{\pi}}{2} \cdot \sqrt{\pi}}{2 \cdot 3 \cdot 2 \cdot 1} = \frac{5}{32}\pi$

方法二：用 Wallis 公式

$\int_0^{\frac{\pi}{2}} cos^6 x dx = \frac{5 \cdot 3}{6 \cdot 4 \cdot 2} \cdot \frac{\pi}{2} = \frac{5}{32}\pi$

(e) 方法一：

$$\int_0^{\frac{\pi}{2}} cos^3 x sin^4 x dx = \frac{\Gamma(\frac{3+1}{2})\Gamma(\frac{4+1}{2})}{2\Gamma(\frac{3+4}{2}+1)}$$

$$= \frac{1 \cdot \frac{3}{2} \cdot \frac{\sqrt{\pi}}{2}}{2 \cdot \frac{7}{2} \cdot \frac{5}{2} \cdot \frac{3}{2} \cdot \frac{\sqrt{\pi}}{2}} = \frac{2}{35}$$

方法二：

$$\int_0^{\frac{\pi}{2}} cos^3 x sin^4 x dx = \int_0^{\frac{\pi}{2}} (1-sin^2 x) sin^4 x dsinx$$

$$= \int_0^{\frac{\pi}{2}} sin^4 x dsinx - \int_0^{\frac{\pi}{2}} sin^6 x dsinx$$

$$= \frac{sin^5 x}{5}\Big]_0^{\frac{\pi}{2}} - \frac{sin^7 x}{7}\Big]_0^{\frac{\pi}{2}} = \frac{2}{35}$$

(f) $\int_0^{\infty} \frac{1}{\sqrt{x}(1+x)}dx = \int_0^{\infty} \frac{x^{\frac{1}{2}-1}}{1+x}dx = \Gamma(\frac{1}{2})\Gamma(1-\frac{1}{2}) = \frac{\pi}{sin\frac{\pi}{2}}$

$$= \pi$$

例 5　計算

(a) $\int_0^1 (1-\sqrt[3]{x})^2 dx$

(b) $\int_0^1 x^{\frac{3}{2}}(1-\sqrt{x})^{\frac{1}{2}} dx$

(c) $\int_0^b \frac{dx}{\sqrt{b^4-x^4}}$

(d) $\int_0^{\infty} \frac{x}{1+x^6}dx$

(e) $\int_0^{\frac{\pi}{2}} tan^k x dx$ ， $1>k>-1$

(f) $\int_0^1 \frac{x^{2a}}{\sqrt{1-x^2}}dx$ ， $a>-1$

(h) $\int_{-\frac{\pi}{2}}^{\frac{\pi}{2}} \sqrt{cosx-cos^3 x}dx$

解

(a)取 $y=x^{\frac{1}{3}}$ ， $dx=3y^2 dy$ ，

$$\int_0^1 (1-\sqrt[3]{x})^2 dx \xrightarrow{y=x^{\frac{1}{3}}} \int_0^1 (1-y)^2 \cdot 3y^2 dy = 3\int_0^1 y^2 (1-y)^2 dy$$

$$= 3\frac{2! \, 2!}{(5!)} = \frac{1}{10}$$

(b)取 $y = \sqrt{x}$，$dx = 2ydy$，

$$\int_0^1 x^{\frac{3}{2}}(1-\sqrt{x})^{\frac{1}{2}}dx = \int_0^1 y^3(1-y)^{\frac{1}{2}} \cdot 2ydy$$

$$= 2\int_0^1 y^4(1-y)^{\frac{1}{2}}dy$$

$$= 2 \cdot \frac{\Gamma(5)\Gamma(\frac{3}{2})}{\Gamma(5+\frac{3}{2})} = \frac{2 \cdot 4! \frac{\sqrt{\pi}}{2}}{\frac{11}{2} \cdot \frac{9}{2} \cdots \frac{1}{2}\sqrt{\pi}}$$

(c) $\int_0^b \dfrac{dx}{\sqrt{b^4-x^4}} \underset{\overline{\quad\quad}}{y=\frac{x}{b}} \int_0^1 \dfrac{bdy}{\sqrt{b^4-b^4y^4}}$

$$= \frac{1}{b}\int_0^1 \frac{dy}{\sqrt{1-y^4}}$$

$\underset{\overline{\quad\quad}}{\omega=y^4} \dfrac{1}{b}\int_0^1 (1-\omega)^{-\frac{1}{2}}\dfrac{1}{4}\omega^{-\frac{3}{4}}d\omega$

$$= \frac{1}{4b}\int_0^1 \omega^{-\frac{3}{4}}(1-\omega)^{-\frac{1}{2}}d\omega$$

$$= \frac{1}{4b}\frac{\Gamma(\frac{1}{4})\Gamma(\frac{1}{2})}{\Gamma(\frac{1}{4}+\frac{1}{2})} = \frac{1}{4b}\frac{\Gamma(\frac{1}{4})\sqrt{\pi}}{\Gamma(\frac{3}{4})} \quad \cdots\cdots\cdots\cdots\cdots\cdots\cdots(1)$$

又 $\Gamma(\frac{1}{4})\Gamma(\frac{3}{4}) = \dfrac{\pi}{sin\frac{\pi}{4}} = \dfrac{\pi}{\frac{\sqrt{2}}{2}} = \sqrt{2}\pi$

$$\therefore \Gamma(\frac{3}{4}) = \frac{\sqrt{2}\pi}{\Gamma(\frac{1}{4})} \cdots\cdots\cdots\cdots\cdots\cdots\cdots\cdots\cdots\cdots\cdots(2)$$

代(2)入(1)得：

$$\int_0^b \frac{dx}{\sqrt{b^4-x^4}} = \frac{1}{4b}\frac{\Gamma(\frac{1}{4})\sqrt{\pi}}{\frac{\sqrt{2}\pi}{\Gamma(\frac{1}{4})}} = \frac{\Gamma^2(\frac{1}{4})}{4b\sqrt{2\pi}}$$

(e) $\int_0^{\frac{\pi}{2}} tan^kxdx = \int_0^{\frac{\pi}{2}} \dfrac{sin^kx}{cos^kx}dx$

$$= \int_0^{\frac{\pi}{2}} sin^kxcos^{-k}xdx$$

$$= \frac{\Gamma(\frac{k+1}{4})\Gamma(\frac{-k+1}{2})}{2\Gamma(\frac{k+(-k)}{2}+1)} = \frac{1}{2}\Gamma(\frac{k+1}{2})\Gamma(\frac{-k+1}{2})$$

$$= \frac{1}{2}\Gamma(\frac{k+1}{2})\Gamma(\frac{-k+1}{2}) = \frac{\pi}{2sin(\frac{k+1}{2})\pi}$$

(f) $\int_0^1 \frac{x^{2a}}{\sqrt{1-x^2}}dx \underline{\quad x=siny \quad} \int_0^{\frac{\pi}{2}} \frac{sin^{2a}y}{\sqrt{1-sin^2y}}\cdot cosy dy$

$$= \int_0^{\frac{\pi}{2}} sin^{2a}y dy = \int_0^{\frac{\pi}{2}} sin^{2a}y cos^{\circ}y dy$$

$$= \frac{\Gamma(\frac{2a+1}{2})\Gamma(\frac{1}{2})}{2\Gamma(a+1)} = \frac{\Gamma(a+\frac{1}{2})\sqrt{\pi}}{2\Gamma(a+1)} \cdot a > -1$$

(h)$f(x)=\sqrt{cosx-cos^3x}$為偶函數

$$\therefore \int_{-\frac{\pi}{2}}^{\frac{\pi}{2}} \sqrt{cosx-cos^3x}dx = 2\int_0^{\frac{\pi}{2}} \sqrt{cosx(1-cos^2x)}dx$$

$$=2\int_0^{\frac{\pi}{2}} sinx cos^{\frac{1}{2}}x dx = 2\frac{\Gamma(1)\Gamma(\frac{3}{4})}{2\Gamma(\frac{7}{4})} = \frac{\Gamma(\frac{3}{4})}{\frac{3}{4}\Gamma(\frac{3}{4})} = \frac{4}{3}$$

例 6 試證 $\int_a^b (x-a)^m(b-x)^n dx = (b-a)^{m+n+1}B(m+1，n+1)$

■ **解析**

取$y=\frac{x-a}{b-a}$行變數變換

則$dx=(b-a)dy$，$x-a=(b-a)y$，$x=a+(b-a)y$

$\therefore b-x=b-a-(b-a)y=(b-a)(1-y)$；

■ **解**

$$\int_a^b (x-a)^m(b-x)^n dx$$

$$\underline{\quad y=\frac{x-a}{b-a} \quad} \int_0^1 ((b-a)y)^m((b-a)(1-y))^n(b-a)dy$$

$$= \int_0^1 (b-a)^{m+n+1}y^m(1-y)^n dy$$

$$= (b-a)^{m+n+1}B(m+1，n+1)$$

例 6 先用$y=sin^2x$再用$z=\dfrac{ay}{ay+b(1-y)}$行兩次變數變換

試證 $\displaystyle\int_0^{\frac{\pi}{2}}\dfrac{sin^{2m-1}xcos^{2n-1}x}{(asin^2x+bcos^2x)^{m+n}}dx=\dfrac{B(m，n)}{2a^nb^m}$，$m，n>0$

■ 解析

取$y=sin^2x$則$sin^{2m-1}x=(sin^2x)^{m-1}\cdot sinx=(sin^2x)^{m-1}\cdot(sin^2x)^{\frac{1}{2}}$

$=y^{m-1}\cdot y^{\frac{1}{2}}=y^{m-\frac{1}{2}}$，同理$cos^{2n-1}x=(1-y)^{n-\frac{1}{2}}$

$dy=2sinxcosxdx\Rightarrow dx=\dfrac{1}{2}y^{\frac{-1}{2}}(1-y)^{\frac{-1}{2}}dy$，

$(asin^2x+bcos^2x)^{m+n}=(ay+b(1-y))^{m+n}=\cdots\cdots\cdots$

■ 解

$\displaystyle\int_0^{\frac{\pi}{2}}\dfrac{sin^{2m-1}xcos^{2n-1}x}{(asin^2x+bcos^2x)^{m+n}}dx$

$\underline{\underline{y=sin^2x}}\quad\displaystyle\int_0^1\dfrac{y^{m-\frac{1}{2}}(1-y)^{n-\frac{1}{2}}\left(\dfrac{1}{2}y^{-\frac{1}{2}}(1-y)^{\frac{-1}{2}}\right)}{(ay+b(1-y))^{m+n}}dx$

$=\dfrac{1}{2}\displaystyle\int_0^1\dfrac{y^{m-1}(1-y)^{n-1}}{(ay+b(1-y))^{m+n}}dy$

$=\dfrac{1}{2}\displaystyle\int_0^1\dfrac{y^{m-1}(1-y)^{n-1}}{(ay+b(1-y))^{m+n-2}}\cdot\dfrac{dy}{(ay+b(1-y))^2}$

$\underline{\underline{z=\frac{ay}{ay+b(1-y)}}}\quad\dfrac{1}{2}\displaystyle\int_0^1\dfrac{z^{m-1}(1-z)^{n-1}}{a^{m-1}b^{n-1}}\cdot\dfrac{dz}{ab}\quad(\because\dfrac{ab}{(ay+b(1-y))^2}dy=dz)$

$=\dfrac{1}{2a^mb^n}\displaystyle\int_0^1 z^{m-1}(1-z)^{n-1}dz=\dfrac{B(m，n)}{2a^mb^n}$

CHAPTER 5

積分應用

$A \cdot B = 1 \cdot (-2) + 0 \cdot 1 + (-3) \cdot 1 = -5$
$A \cdot B = 1 \cdot (-2) + 0 \cdot 1 + (-3) \cdot 1 = -5$
$A \cdot B = 1 \cdot (-2) + 0 \cdot 1 + (-3) \cdot 1 = -5$

$A \cdot B = 1 \cdot (-2) + 0 \cdot 1 + (-3) \cdot 1 = -5$
$A \cdot B = 1 \cdot (-2) + 0 \cdot 1 + (-3) \cdot 1 = -5$
$A \cdot B = 1 \cdot (-2) + 0 \cdot 1 + (-3) \cdot 1 = -5$

$A \cdot B = 1 \cdot (-2) + 0 \cdot 1 + (-3) \cdot 1 = -5$
$A \cdot B = 1 \cdot (-2) + 0 \cdot 1 + (-3) \cdot 1 = -5$
$A \cdot B = 1 \cdot (-2) + 0 \cdot 1 + (-3) \cdot 1 = -5$

單元 35　面積：直角座標系

直角座標系

若$y=f(x)$在$[a，b]$中為一連續的非負函數，則$y=f(x)$在$[a，b]$中與x軸所夾區域的面積為$A(R)=\int_a^b f(x)dx$。

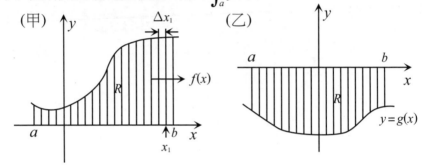

在圖乙中，因$y=g(x)$在$[a，b]$為連續之負函數，因此$y=f(x)$在$[a，b]$中與x軸所夾區域的面積為：

$$A(R)=-\int_a^b g(x)dx。$$

若我們要求$y=f(x)$與$y=g(x)$在$[a，b]$間所夾面積，假設在$[a，b]$間$f(x)\geq g(x)$，則

$y=f(x)$與$y=g(x)$在$[a，b]$間所夾之面積為：

$$A(R)=\int_a^b [f(x)-g(x)]dx$$

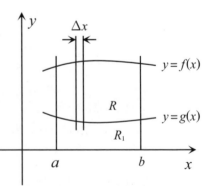

二曲線所夾之面積

說明：

1. 我們以「面積要素」法說
明：設 $f(x)$ 在 $[a，b]$ 中為正的
連續函數，我們要求 $f(x)$ 在
$x=a，x=b$ 與 x 軸圍成區域之
面積，於是我們在 $[a，b]$ 中取

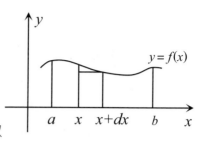

一個很小的區間 $[x，x+dx]$，則 $f(x)$ 在 $[x，x+dx]$ 間與 x 軸所
夾之面積 ΔA 可近似地視為底為 $(x+dx-x)=dx$，高為 $f(x)$
之矩形面積，從而得到面積要素 $dA=f(x)dx$

$$\therefore A=\int_a^b f(x)dx$$

2. 為了便於讀者學習，在此我們將廣泛應用筆者所稱之
「動線法」，顧名思義，「動線」是一條會移動的與 x 軸或
y 軸垂直之直線，用法如下：

如果我們要求 $y=f(x)$
與 $y=g(x)$ 在 $[a，d]$ 間與
x 軸所夾區域之面積：

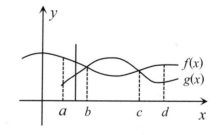

a」在 $a\leq x\leq b$，動線在
$[a，b]$ 游走，都有

$f(x)\geq g(x)$

$$\therefore A_1=\int_a^b (f(x)-g(x))dx$$

b」但動線過了 $x=b$ 後，在 $[b，c]$ 有 $g(x)\geq f(x)$

$$\therefore A_2=\int_b^c (g(x)-f(x))dx$$

……

3. 我們以下圖為例，說明「動線」在決定對 x 或對 y 積分及
積分式 $f(x)-g(x)$ 或 $g(x)-f(x)$ 是很方便的：

(i)對x積分：動線在$[a，b]$
游走均有$g(x)\geq f(x)$則
$A=\int_a^b(g(x)-f(x))dx$，不需
對積分區域作分割。

(ii)對y積分：假定$y=g(x)$
在$[a，b]$中有反函數，$x=h(y)$
在y於$[0，c]$，$A_1=\int_0^c h(y)dy$，
但動線過了$(0，c)$後，在
$[c，d]$，$h(y)\geq k(y)$則
$A_2=\int_c^d(h(y)-k(y))dy$，
$A=A_1+A_2$

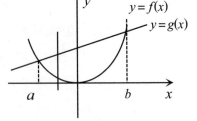

例 1 (a)$y=x^2$與$y=x+6$圍成區域之面積

(b)$y^2=4x$與$y^2=x+3$

(c)$y=x^2$將$(0，1)$，$(0，1)$，$(1，0)$，$(1，1)$爲頂點之正方形
分成 I，II兩區域，求 I，II之面積。

(d)$y=ln\,x$，y軸，$y=ln\,a$，$y=ln\,b$所圍成區域之面積

(e)$\sqrt{x}+\sqrt{y}=1$與兩軸圍成區域之面積

(f)$\dfrac{x^2}{a^2}+\dfrac{y^2}{b^2}=1$之面積。$a>0$，$b>0$

(g)$2y^2=x+4$與$y^2=x$圍成區域之面積

(h)$y=sin\,x$，$y=cos\,x$，$x=0$，$x=\dfrac{\pi}{2}$圍成區域之面積。

解

(a)方法一：對x積分

先繪出$y=x^2$無$y=x+6$之概圖，由此概圖我們要求以下有
用的訊息：

1.$y=x^2$與$y=x+6$交點之x座標:令$x^2=x+6$，$x^2-x-6=0$

$\therefore (x-3)(x+2)=0$，$x=3$，-2

2. $f(x)=x+6$，$g(x)=x^2$，

則在$[-2$，$3]$裡$f>g$

$\therefore A = \int_{-2}^{3}[(x+6)-x^2]dx$

$= -\dfrac{x^3}{3}+\dfrac{x^2}{2}+6x]_{-2}^{3}$

$= 20\dfrac{5}{6}$

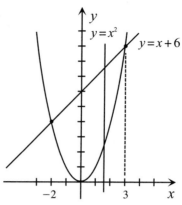

方法二：對y積分

以$y=4$將所圍區域分成R_1，

R_2二個區域

$A(R_1) = \int_{4}^{9}[\sqrt{y}-(y-6)]dy$

$= \dfrac{2}{3}y^{\frac{3}{2}}-\dfrac{y^2}{2}+6y]_{4}^{9} = \dfrac{61}{6}$

$A(R_2) = \int_{0}^{4}(4-\sqrt{y})dy$

$= 4y-\dfrac{2}{3}y^{\frac{3}{2}}]_{0}^{4} = \dfrac{32}{3}$

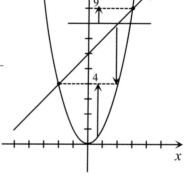

$A(R) = A(R_1)+A(R_2) = 20\dfrac{5}{6}$

在(a)中，對x軸進行垂直分割比以y軸行水平分割在解面積

上來得容易，但有時則相反，(b)就是一個例子。

(b) 方法一：

$A = 2\int_{0}^{2}\dfrac{y^2}{4}-(y^2-3)dy$

$= 2[\dfrac{-3y^3}{12}+3y]_{0}^{2} = 8$

方法二：

$A = 2\int_{-3}^{1}\sqrt{3+x}dx$

$-2\int_{0}^{1}\sqrt{x}dx$

$$= 2(3+x)^{\frac{3}{2}}\big|_{-3}^{1} - 4(\frac{2}{3}x^{\frac{3}{2}})\big|_{0}^{1}$$

$$= 8$$

(c)(1) I 之面積

$$A = \int_{0}^{1} x^{2}dx = \frac{x^{2}}{3}\big]_{0}^{1} = \frac{1}{3} - 0 = \frac{1}{3}$$

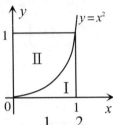

(2) II 之面積(有下列三種方法)

方法一：

II 之面積=正方形面積－ I 之面積 $= 1 - \frac{1}{3} = \frac{2}{3}$

方法二：

$$A = \int_{0}^{1} \sqrt{y}dy = \int_{0}^{1} y^{\frac{1}{2}}dy = \frac{2}{3}y^{\frac{3}{2}}\big]_{0}^{1} = \frac{2}{3} - 0 = \frac{2}{3}$$

方法三：

II 之面積相當於 $y=1$，$y=x^{2}$ 與 y 軸

$(x=0)$，$x=1$ 所圍成區域

$$A = \int_{0}^{1} (1-x^{2})dx = x - \frac{1}{3}x^{3}\big]_{0}^{1} = \frac{2}{3}$$

(d) 方法一：(對 y 積分)

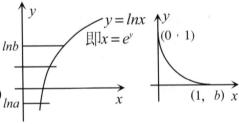

$$A = \int_{lna}^{lnb} e^{y}dy$$

$$= e^{y}\big]_{lna}^{lnb} = b - a$$

方法二：(對 x 積分)

$$A = a(lnb - lna)$$

$$+ \int_{a}^{b} (lnb - lnx)dx$$

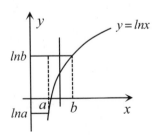

$$= a(lnb - lna) + (b-a)lnb$$

$$- xlnx\big]_{a}^{b} + \int_{a}^{b} dx$$

$$= a(lnb - lna) + (b-a)lnb$$

$$- (blnb - alna) + (b-a)$$

$$= b - a$$

(e)$\sqrt{x}+\sqrt{y}=1$

    $\therefore \sqrt{y}=1-\sqrt{x}$

    $y=(1-\sqrt{x})^2$

    $A=\int_0^1 (1-\sqrt{x})^2 dx=\int_0^1 (1+x-2\sqrt{x})dx$

    $=x+\dfrac{x^2}{2}-\dfrac{4}{3}x^{\frac{3}{2}}]_0^1=\dfrac{1}{6}$

(f)$A=4\int_0^a b\sqrt{1-\dfrac{x^2}{a^2}}dx$

    $\underline{\underline{y=(\dfrac{x}{a})^2}}\quad 4\int_0^1 b\sqrt{1-y}\cdot\dfrac{a\,dy}{2\sqrt{y}}$

    $=2ab\int_0^1 y^{-\frac{1}{2}}(1-y)^{\frac{1}{2}}dy=2ab\cdot\dfrac{\sqrt{\pi}\cdot\dfrac{\sqrt{\pi}}{2}}{1!}=ab\pi$ (用 beta 函數)

(g)$A=\int_{-2}^2 y^2-(2y^2-4)dy$

    $=\int_{-2}^2 (-y^2+4)dy=2\int_{-2}^2 (-y^2+4)dy=\dfrac{32}{3}$

(h)$A=\int_0^{\frac{\pi}{4}}(cosx-sinx)dx+$

    $\int_{\frac{\pi}{4}}^{\frac{\pi}{2}}(sinx-cosx)dx=$

    $sinx+cosx]_0^{\frac{\pi}{4}}+(-cosx-sinx)]_{\frac{\pi}{4}}^{\frac{\pi}{2}}$

    $=2\sqrt{2}-1$

例2 求下列區域之面積

(a)$y=sinx$，$\dfrac{3}{2}\pi\geq x\geq0$

(b)$x=y^2-1$，$y=1$，$x=\sqrt{y}$，圍成區域

(c)$y=\dfrac{1}{x^2+1}$與其漸近線圍成區域

(d)$a^2y^2=x^2(a^2-x^2)$

■ 解

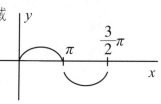

(a) $\int_0^\pi sindx+\int_\pi^{\frac{3}{2}\pi}-sinxdx$

$$= -cosx]_0^\pi + (-cosx)]_\pi^{\frac{3}{2}\pi} \mid = 2+1 = 3$$

(b) 方法一 ➡ 對 x 積分

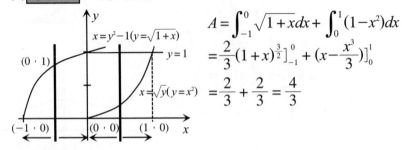

$$A = \int_{-1}^0 \sqrt{1+x}\,dx + \int_0^1 (1-x^2)\,dx$$
$$= \frac{2}{3}(1+x)^{\frac{3}{2}}]_{-1}^0 + (x-\frac{x^3}{3})]_0^1$$
$$= \frac{2}{3} + \frac{2}{3} = \frac{4}{3}$$

方法二 ➡ 對 y 積分

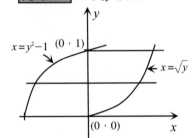

$$A = \int_0^1 (\sqrt{y}-(y^2-1))\,dy$$
$$= \frac{2}{3}y^{\frac{3}{2}} - \frac{1}{3}y^3 + y]_0^1 = \frac{4}{3}$$

(c)

$y = \dfrac{1}{x^2+1}$ 之漸近線為 x 軸 $(\because \lim\limits_{x\to\infty}\dfrac{1}{x^2+1} = 0)$

$$\therefore A = \int_{-\infty}^\infty \frac{dx}{x^2+1} = 2\int_0^\infty \frac{dx}{1+x^2}$$
$$= 2tan^{-1}x]_0^\infty = 2\cdot\frac{\pi}{2}$$

(d) $y = \dfrac{x}{a}\sqrt{a^2-x^2}$ 　　$\therefore A = 2\int_0^a \dfrac{x}{a}\sqrt{a^2-x^2}\,dx = \dfrac{4}{3}a^2$

例3 求下列各題之面積

(a) 求 $y = -x^2+4x-3$ 與過 $(0,-3)$ 與 $(4,-3)$ 兩點切線所圍成 之面積

(b) 求過 $(1,1)$，$(-1,1)$ 二點之拋物線 $y = ax^2+bx+c$，

$(a<0)$ 中與 x 軸所圍成區域，面積之最小值。

■ **解**

(a)先求二條切線方程式，

$y' = -2x + 4$

∴過(0，-3)之切線方程式為

$\dfrac{y+3}{x-0} = 4 \quad \therefore y = 4x - 3$

過(-4，3)之切線方程式為

$\dfrac{y+3}{x-4} = -4 \quad \therefore y = -4x + 13$

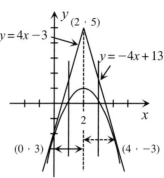

次求二條切線之交點：$\begin{cases} y = 4x - 3 \\ y = -4x + 13 \end{cases}$ 解之$x = 2$，$y = 5$，即

$(2，5) \therefore A = \displaystyle\int_0^2 \big((4x-3) - (-x^2 + 4x - 3)\big) dx + \int_2^4 \big((-4x+13) -$

$(-x^2 + 4x - 3)\big) dx = \displaystyle\int_0^2 x^2 dx + \int_2^4 (x^2 - 8x + 16) dx = \dfrac{16}{3}$

(b) $\because y = ax^2 + bx + c$ 過(1，1)，(-1，1)兩點

$\therefore \begin{cases} 1 = a + b + c \\ 1 = a - b + c \end{cases}$ 得$b = 0$，且$a + c = 1$又$a < 0$ $\therefore c > 0$

即$y = ax^2 + c$，$y = ax^2 + c$在x軸之交點為

$(-\sqrt{\dfrac{-c}{a}}，0)$，$(\sqrt{\dfrac{-c}{a}}，0)$，又$a + c = 1$

$\therefore (-\sqrt{\dfrac{-c}{1-c}}，0)$，$(\sqrt{\dfrac{-c}{1-c}}，0)$或

$(-\sqrt{\dfrac{c}{c-1}}，0)$，$(\sqrt{\dfrac{c}{c-1}}，0)$

設$\beta = \sqrt{\dfrac{c}{c-1}}$，則$c = \dfrac{\beta^2}{\beta^2 - 1}$，$1 - c = \dfrac{-1}{\beta^2 - 1}$

$\therefore A = \displaystyle\int_{-\beta}^{\beta} (ax^2 + c) dx = 2\int_0^{\beta} (ax^2 + c) dx = 2\int_0^{\beta} ((1-c)x^2 + c) dx$

$= 2\displaystyle\int_0^{\beta} (\dfrac{-1}{\beta^2 - 1} x^2 + \dfrac{\beta^2}{\beta^2 - 1}) dx = \dfrac{4\beta^3}{3(\beta^2 - 1)} = \dfrac{4c}{3}\sqrt{\dfrac{c}{c-1}}$

$\dfrac{dA}{dc} = \dfrac{d}{dc} \dfrac{4c}{3} \sqrt{\dfrac{c}{c-1}}$

$= \dfrac{4}{3} (\dfrac{c^3}{c-1})^{-\frac{1}{2}} (\dfrac{2c^3 - 3c^2}{(c-1)^2}) = 0$

β	1		$\dfrac{3}{2}$
A'		$-$	$-$

$$\therefore c = 0 \text{ 或 } \frac{3}{2} \cdot c = 0 \text{ 不合}$$

$$\text{即 } c = \frac{3}{2} \text{ 時有極小值} A = \frac{4c}{3}\sqrt{\frac{c}{c-1}}\Big|_{c=\frac{3}{2}} = 2\sqrt{3}$$

例4 $y = f(x)$ 在 $[a，b]$ 間為一連續曲線，試求 $\varepsilon \in [a，b]$ 使得當 $x = \varepsilon$ 時 $y = f(x)$ 之兩側陰影面積相等。(如下圖)

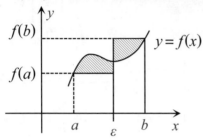

解

依題意：

$$\int_a^\varepsilon (f(x) - f(a))dx = \int_\varepsilon^b (f(b) - f(x))dx$$

$$\therefore \int_a^\varepsilon f(x)dx - (\varepsilon - a)f(a) = f(b)(b - \varepsilon) - \int_\varepsilon^b f(x)dx$$

移項

$$\int_a^\varepsilon f(x)dx + \int_\varepsilon^b f(x)dx = (-af(a) + bf(b)) + \varepsilon(f(a) - f(b))$$

$$\therefore \varepsilon = \frac{\int_a^b f(x)dx + (af(a) - bf(b))}{f(a) - f(b)}$$

例5 (a)求 $x^2 = ay，y^2 = bx(a>0，b>0)$ 圍成區域之面積 (b)由(a)求 $x^2 = a_1y，x^2 = a_2y，y^2 = b_1y，y^2 = b_2y(a_2 > a_1 > 0，b_2 > b_1 > 0)$ 所夾區域之面積。

解析

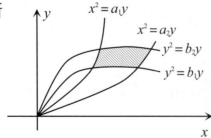

■ 解

(a)$x^2 = ay$與$y^2 = bx$之交點為$(0,0)$與$(\sqrt[3]{a^2b}, \sqrt[3]{ab^2})$

$\therefore A = \int_0^{\sqrt[3]{a^2b}} (\sqrt{bx} - \frac{x^2}{a})dx = \frac{ab}{3}$

(b)斜線部份面積

$= A(y^2 = b_2x$與$x^2 = a_2y) - A(x^2 = a_1y$與$y^2 = b_2x)$

$\quad - A(x^2 = a_2y$與$y^2 = b_1x) + A(x^2 = a_1y$與$y^2 = b_1x)$

($A(\cdot)$表示所夾區域之面積)

$= \frac{a_2b_2}{3} - \frac{a_1b_2}{3} - \frac{a_2b_1}{3} + \frac{a_1b_1}{3}$

$= \frac{1}{3}(a_2 - a_1)(b_2 - b_1)$

例 6 求$y = |x^2 + 2x - 1|$在$x = 1$兩軸圍成區域

■ 解

$f(x) = \begin{cases} -x^2 - 2x + 1, & \sqrt{2} - 1 \geq x \geq 0 \\ x^2 + 2x - 1, & 1 \geq x \geq \sqrt{2} - 1 \end{cases}$

令$\alpha = \sqrt{2} - 1$則

$A = \int_0^\alpha (-x^2 - 2x + 1)dx + \int_\alpha^1 (x^2 + 2x - 1)dx$

$\quad = -\frac{2}{3}(\alpha^3 + 3\alpha^2 - 3\alpha) + \frac{1}{3}$

$\because \alpha = \sqrt{2} - 1 \quad \therefore (\alpha + 1) = \sqrt{2}$，平方得$\alpha^2 + 2\alpha - 1 = 0$

$\alpha^3 + 3\alpha^2 - 3\alpha = (\alpha^2 + 2\alpha - 1)(\alpha + 1) - 4\alpha + 1 = -4\alpha + 1$

$\therefore A = -\frac{2}{3}(-4\alpha + 1) + \frac{1}{3} = \frac{8}{3}\alpha - \frac{1}{3} = \frac{8(\sqrt{2} - 1)}{3} - \frac{1}{3}$

$\quad = \frac{8\sqrt{2}}{3} - 3$

例 7 求下列面積

(a)$y^2 = 4x^2 - x^4$所圍區域

(b)$\frac{x^2}{a^2} + \frac{y^2}{b^2} \leq 1$與$\frac{x^2}{b^2} + \frac{y^2}{a^2} \leq 1$相交部份

(c)$Ax^2 - Bxy + Cy^2 = 1$，$B^2 - 4AC < 0$，$B > 0$

▨ 解析

(a)

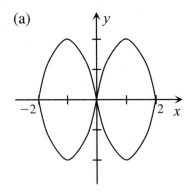

▨ 解

(a)$y^2 = 4x^2 - x^4$ 與 x 軸之交點為 $(-2，0)$，$(0，0)$，$(2，0)$

$$\therefore A = 2\int_0^2 (\sqrt{4x^2 - x^4} - (-\sqrt{4x^2 - x^4}))dx$$

$$= 2\int_0^2 x\sqrt{4 - x^2}\,dx = -\frac{4}{3}(4 - x^2)^{\frac{3}{2}}\Big]_0^2 = \frac{32}{3}$$

(b)

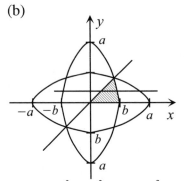

$\dfrac{x^2}{a^2} + \dfrac{y^2}{b^2} \le 1$ 與 $\dfrac{x^2}{b^2} + \dfrac{y^2}{a^2} \le 1$ 交集區域，對稱 $y = \pm x$ 與 x，y 軸，故斜線部份之面積為所求面積之 $\dfrac{1}{8}$，現要求斜線部份之面積。

先求：$\dfrac{x^2}{a^2} + \dfrac{y^2}{b^2} = 1$ 與 $\dfrac{x^2}{b^2} + \dfrac{y^2}{a^2} = 1$ 在第一象限之交點：因交點在 $y = x$ 上

$\dfrac{x^2}{a^2} + \dfrac{y^2}{b^2} = 1$ 相當於 $b^2x^2 + a^2y^2 = a^2b^2$

$$\therefore b^2x^2 + a^2x^2 = (a^2 + b^2)x^2 = a^2b^2$$

$$\therefore x = \frac{ab}{\sqrt{a^2 + b^2}} \text{又} y = x \quad \therefore y = \frac{ab}{\sqrt{a^2 + b^2}}$$

$$A = 8\int_0^\alpha (b\sqrt{1-\frac{y^2}{a^2}}-y)dy \, , \quad \alpha = \frac{ab}{\sqrt{a^2+b^2}}$$

$$= 8\int_0^\alpha (\frac{b}{a}\sqrt{a^2-y^2}-y)dy$$

$$= \frac{8b}{a}(\frac{y}{2}\sqrt{a^2-y^2}+\frac{a^2}{2}sin^{-1}\frac{y}{a})-\frac{8y^2}{2})]_0^\alpha$$

$$= \frac{4b\alpha}{a}\sqrt{a^2-\alpha^2}+4ab\,sin^{-1}\frac{\alpha}{a}-\frac{4\alpha^2b}{a}$$

$$= \frac{4b}{a}\frac{ab}{\sqrt{a^2+b^2}}\sqrt{a^2-\frac{a^2b^2}{a^2+b^2}}+4ab\,sin^{-1}\frac{b}{\sqrt{a^2+b^2}}$$

$$-\frac{4a^2b^2}{(a^2+b^2)} = 4ab\,sin^{-1}\frac{b}{\sqrt{a^2+b^2}}$$

(c) $Ax^2-Bxy+Cy^2=1$ ， 即 $Cy^2-Bxy+(Ax^2-1)=0$

$$y = \frac{Bx\pm\sqrt{B^2x^2-4C(Ax^2-1)}}{2C}$$

$$= \frac{Bx\pm\sqrt{(B^2-4AC)x^2+4C}}{2C}$$

$$\therefore A = \int_{-\alpha}^{\alpha}[(\frac{Bx+\sqrt{(B^2-4AC)x^2+4C}}{2C})-$$

$$\frac{Bx-\sqrt{(B^2-4AC)x^2+4C}}{2C}]dx \, , \quad \alpha = \sqrt{\frac{4C}{4AC-B^2}}$$

$$= \frac{4}{C}\int_o^\alpha \sqrt{(B^2-4AC)x^2+4C}\,dx$$

$$= \frac{4}{C}\sqrt{4AC-B^2}\int_o^\alpha \sqrt{\frac{4C}{4AC-B^2}-x^2}dx$$

$$= \frac{4}{C}\sqrt{4AC-B^2}\int_o^\alpha \sqrt{\alpha^2-x^2}\,dx$$

$$= \frac{4}{C}\sqrt{4AC-B^2}\,[\frac{x}{2}\sqrt{\alpha^2-x^2}+\frac{\alpha^2}{2}sin^{-1}\frac{x}{\alpha}]\,|_0^\alpha$$

$$= \frac{4}{C}\sqrt{4AC-B^2}\cdot\frac{\alpha^2}{2}sin^{-1}1 = \frac{2\pi}{\sqrt{4AC-B^2}}$$

例 8　直線L過$(1,2)$，若L與$y=x^2$所夾之面積爲最小，求L之直線方程式

解析

　　在求面積時，必要時需應用方程式之根與係數的關係。

■ 解

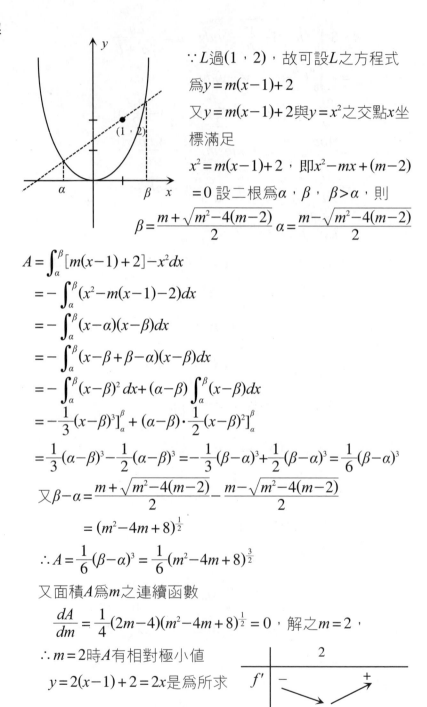

$\because L$過$(1，2)$，故可設L之方程式

為$y = m(x-1)+2$

又$y = m(x-1)+2$與$y = x^2$之交點x坐

標滿足

$x^2 = m(x-1)+2$，即$x^2 - mx + (m-2)$

$= 0$ 設二根為$\alpha，\beta，\beta > \alpha$，則

$$\beta = \frac{m + \sqrt{m^2 - 4(m-2)}}{2} \quad \alpha = \frac{m - \sqrt{m^2 - 4(m-2)}}{2}$$

$$A = \int_\alpha^\beta [m(x-1)+2] - x^2 dx$$

$$= -\int_\alpha^\beta (x^2 - m(x-1) - 2) dx$$

$$= -\int_\alpha^\beta (x-\alpha)(x-\beta) dx$$

$$= -\int_\alpha^\beta (x-\beta+\beta-\alpha)(x-\beta) dx$$

$$= -\int_\alpha^\beta (x-\beta)^2 dx + (\alpha-\beta)\int_\alpha^\beta (x-\beta) dx$$

$$= -\frac{1}{3}(x-\beta)^3\Big]_\alpha^\beta + (\alpha-\beta)\cdot\frac{1}{2}(x-\beta)^2\Big]_\alpha^\beta$$

$$= \frac{1}{3}(\alpha-\beta)^3 - \frac{1}{2}(\alpha-\beta)^3 = -\frac{1}{3}(\beta-\alpha)^3 + \frac{1}{2}(\beta-\alpha)^3 = \frac{1}{6}(\beta-\alpha)^3$$

又$\beta-\alpha = \dfrac{m + \sqrt{m^2 - 4m}}{2}$...

又$\beta-\alpha = \dfrac{m + \sqrt{m^2 - 4(m-2)}}{2} - \dfrac{m - \sqrt{m^2 - 4(m-2)}}{2}$

$$= (m^2 - 4m + 8)^{\frac{1}{2}}$$

$$\therefore A = \frac{1}{6}(\beta-\alpha)^3 = \frac{1}{6}(m^2 - 4m + 8)^{\frac{3}{2}}$$

又面積A為m之連續函數

$$\frac{dA}{dm} = \frac{1}{4}(2m-4)(m^2 - 4m + 8)^{\frac{1}{2}} = 0，解之 m = 2，$$

$\therefore m = 2$時A有相對極小值

$y = 2(x-1)+2 = 2x$是為所求

f'	$-$	2	$+$

★例 9　$y = x^3 + ax^2 + bx + c$ 如下圖與 x 軸只交 2 點$(\alpha, 0)$、$(\beta, 0)$，

　　　　$\alpha > \beta$，若$(\alpha, 0)$為$y = f(x)$之切點，求$y = f(x)$與$x = \alpha$，

　　　　$x = \beta$，x軸所夾之面積

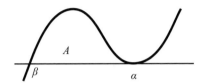

解

設$x^3 + ax^2 + bx + c = (x - \alpha)^2(x - \beta)$，則

$x^3 + ax^2 + bx + c = x^3 - (2\alpha + \beta)x^2 + (\alpha^2 + 2\alpha\beta)x - \alpha^2\beta$

$\therefore a = -(2\alpha + \beta)$，$b = \alpha^2 + 2\alpha\beta$，$c = -\alpha^2\beta$

$\therefore A = \int_{\beta}^{\alpha} (x^3 + ax^2 + bx + c)dx$

$\quad = \int_{\beta}^{\alpha} (x - \alpha)^2 (x - \beta)dx$

$\quad = \int_{\beta}^{\alpha} (x - \alpha)^2 (x - \alpha + \alpha - \beta)dx$

$\quad = \int_{\beta}^{\alpha} (x - \alpha)^3 dx + (\alpha - \beta)\int_{\beta}^{\alpha} (x - \alpha)^2 dx$

$\quad = \frac{1}{4}(x - \alpha)^4 \Big]_{\beta}^{\alpha} + (\alpha - \beta) \cdot \frac{1}{3}(x - \alpha)^3 \Big]_{\beta}^{\alpha}$

$\quad = \frac{-1}{4}(\alpha - \beta)^4 + \frac{1}{3}(\alpha - \beta)^4 = \frac{1}{12}(\alpha - \beta)^4$

但$(\alpha - \beta)^2 = (2\alpha + \beta)^2 - 3(\alpha^2 + 2\alpha\beta) = (-a)^2 - 3b = a^2 - 3b$

$\therefore A = \frac{1}{12}(\alpha - \beta)^4 = \frac{1}{12}(a^2 - 3b)^2$

單元 36　參數式與極座標系面積

設曲線 C 由下列參數方程式所定義

$$\begin{cases} x=\phi(t) \\ y=\psi(t) \end{cases}$$

則 C 在 $t_2 \ge t \ge t_1$ 在時之面積為

$$A=\int_{t_1}^{t_2} y\,dx = \int_{t_1}^{t_2} \psi(t)\phi'(t)\,dt$$

例 1　求下列參式式表方圖形圍成區域之面積

(a) $\begin{cases} x=a\cos t \\ y=b\sin t \end{cases}$，$2\pi \ge t \ge 0$

(b) $\begin{cases} x=a(t-\sin t) \\ y=a(1-\cos t) \end{cases}$，$a>0$，之一個拱與 x 軸所圍成區域

(c) $\begin{cases} x=a\cos^3 t \\ y=a\sin^3 t \end{cases}$

解

(a) 這是一個橢圓 $\left(\dfrac{x^2}{a^2}+\dfrac{y^2}{b^2}=1\right)$

$$A=4\left|\int_0^{\frac{\pi}{2}} y\,dx\right| = 4\left|\int_0^{\frac{\pi}{2}} b\sin t\, d\, a\cos t\right|$$

$$=4\left|\int_0^{\frac{\pi}{2}} ab\sin^2 t\,dt\right| = 4ab\int_0^{\frac{\pi}{2}}\sin^2 t\,dt$$

$$=4ab\cdot\frac{1}{2}\cdot\frac{\pi}{2} = ab\pi \;(\text{Wallis 公式})$$

(b) $A=\displaystyle\int_0^{2\pi} y\,dx$

$$=\int_0^{2\pi} a(1-\cos t)\,d(a(t-\sin t))$$

$$=\int_0^{2\pi} a^2(1-\cos t)^2\,dt = a^2\int_0^{2\pi} 4\sin^4\frac{t}{2}\,dt$$

$$\underline{u=\frac{t}{2}}\quad 8a^2\int_0^{\pi}\sin^4 u\,du = 16a^2\int_0^{\frac{\pi}{2}}\sin^4 u\,du$$

$$=16a^2\cdot\frac{3}{4}\cdot\frac{1}{2}\frac{\pi}{2} = 3a^2\pi$$

$(c) A = \int_0^{\frac{\pi}{2}} ydx = 4|\int_0^{\frac{\pi}{2}} asin^3 tdacos^3 t|$

$= 4|-\int_0^{\frac{\pi}{2}} a^2 sin^3 t3cos^2 tsintdt|$

$= 12a^2 \int_0^{\frac{\pi}{2}} sin^4 tcos^2 tdt$

$= 12a^2 \cdot \frac{\Gamma(\frac{5}{2})\Gamma(\frac{3}{2})}{2\Gamma(4)}$

$= \frac{3}{8}a^2\pi (\text{beta 函數})$

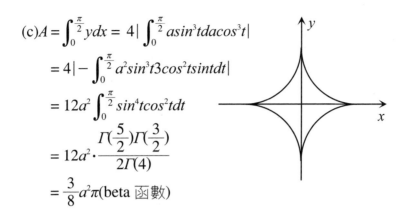

極座標

設極座標方程式$r=\phi(\theta)$在$[\alpha,\beta]$中爲連續，$\phi(\theta) \geq 0$，現在我們要求$r=\phi(\theta)$及射線$\theta=\alpha$，$\theta=\beta$圍成扇形區域之面積。在$[\alpha,\beta]$上取一小區間$[\theta,\theta+d\theta]$則對應之面積元素dA爲

$dA = \frac{1}{2}(\phi(\theta))^2 d\theta$

$\therefore A = \frac{1}{2}\int_\alpha^\beta \phi^2(\theta)d\theta$

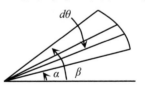

說明

極座標係之積分應用問題最重要的是如何繪出概圖，在此將常見之圖形列在下面，可供解題參考：

1. 螺線(spiral)：$r=\theta$，$0 \leq \theta \leq 2\pi$

其直角座標系之方程式爲

$\sqrt{x^2+y^2} = tan\frac{y}{x}$，$x>0$，$y>0$

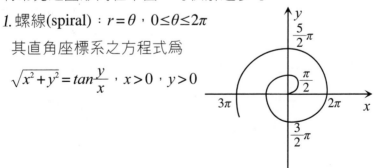

2. 圓：有$r=a$，$r=\pm 2acos\theta$，$r=\pm 2asin\theta$之圖形如下：

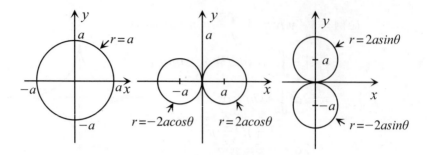

說明：$r=a$ ∴$r^2=a^2$得$\sqrt{x^2+y^2}=a^2$

$r=2a\cos\theta$ ∴$r^2=2ar\cos\theta$得$\sqrt{x^2+y^2}=2ax$或

$(x-a)^2+y^2=a^2$

3.玫瑰線(rose)：$r=a\cos n\theta$，$r=a\sin n\theta$，n為奇數時為n瓣玫瑰線，n為偶數時為$2n$瓣玫瑰線(2n−petalrose)

例：

$r=\sin2\theta$為 4 瓣玫瑰線 $r=\cos2\theta$為 4 瓣玫瑰線

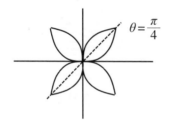

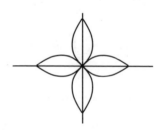

$r=\sin3\theta$為 3 瓣玫瑰線 $r=\cos3\theta$為 3 瓣玫瑰線

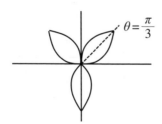

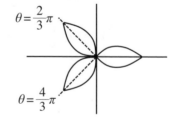

4. 心臟線：$r = a(1 \pm cos\theta)$或 $a(1 \pm sin\theta)$

$r = a(1 - cos\theta)$

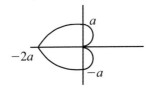

$r = a(1 + cos\theta)$

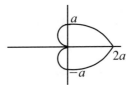

$r = a(1 - sin\theta)$

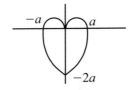

$r = a(1 + sin\theta)$

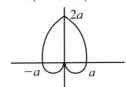

5. 蚶線(Limacon)$r = a \pm bcos\theta$，$r = a \pm bsin\theta$。

(i) $|a| = |b|$時為心臟線

(ii) $|a| < |b|$時帶有環狀(Loop)

$r = 3 + 2cos\theta$

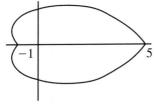

$r = 1 + 2cos\theta$

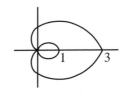

6. 蔓葉線(Lemmiscat)：$r^2 = \pm a^2cos2\theta$或$r^2 = \pm a^2sin2\theta$

$r^2 = a^2cos2\theta$

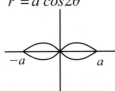

$r^2 = -a^2cos2\theta$

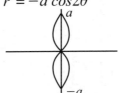

$r^2 = a^2sin2\theta$

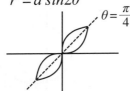

$r^2 = -a^2sin2\theta$

例 2 求下列極座標方程式面積

(a)$r = 2(1 + cos\theta)$

(b)$r = a\theta$，$a > 0$，$2\pi \geq \theta \geq 0$

(c)$r = 2 + cos\theta$

(d)$r = 4sin2\theta$一瓣

(e)$r^2 = a^2 cos\, 2\theta$

※(f)用極座標方法求 $\dfrac{x^2}{a^2} + \dfrac{y^2}{b^2} = 1$ 面積

說明

請特別注意(f)：$\dfrac{x^2}{a^2} + \dfrac{y^2}{b^2} = 1$ 為一橢圓，為了用極座標，我們令 $x = arcos\theta$，$y = brsin\theta$ 而變成 $r^2 = 1$ 這是一個圓，它的面積 π 為而原先之橢圓的面積為 $ab\pi$，顯然轉換後面積為原先之 $\dfrac{1}{ab}$，此即 Jacobian 之觀念，即面積比的概念，因此轉換後之面積要乘 ab 才是我們要的面積。

解

(a)$A = 2\displaystyle\int_0^\pi \frac{1}{2} r^2 d\theta$

$= 2\displaystyle\int_0^\pi \frac{1}{2}(2(1 + cos\theta))^2 d\theta$

$= 4\displaystyle\int_0^\pi (1 + 2cos\theta + cos^2\theta) d\theta$

$= 4\displaystyle\int_0^\pi [1 + 2cos\theta + \frac{1}{2}(cos2\theta + 1)] d\theta$

$= 4\displaystyle\int_0^\pi (\frac{3}{2} + 2cos\theta + \frac{1}{2}cos2\theta) d\theta$

$= 4[\frac{3}{2}\theta + 2sin\theta + \frac{1}{4}sin2\theta]_0^\pi$

$= 6\pi$

(b)$A = \dfrac{1}{2}\displaystyle\int_0^{2\pi} (a\theta)^2 d\theta = \dfrac{4}{3}\pi^3 a^2$

(c)$A = \dfrac{1}{2} \displaystyle\int_0^{2\pi} (2 + cos\theta)^2$

$= \dfrac{1}{2} \displaystyle\int_0^{2\pi} (4 + 4cos\theta + cos^2\theta)d\theta$

$= \dfrac{1}{2} [\displaystyle\int_0^{2\pi} (4 + 4cos\theta + \dfrac{1 + cos2\theta}{2})d\theta$

$= \dfrac{1}{2} [\dfrac{9}{2}\theta + 4sin\theta + \dfrac{sin2\theta}{4}] \Big|_0^{2\pi} = \dfrac{9}{2}\pi$

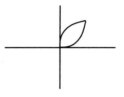

(d)$A = \dfrac{1}{2} \displaystyle\int_0^{2\pi} (4sin\theta)^2 d\theta$

$= 5 \displaystyle\int_0^{\frac{\pi}{2}} sin^2\theta d\theta = 8 \cdot \dfrac{1}{2} \cdot \dfrac{\pi}{2} = 2\pi$

　　　(Wallis 公式)

(e)利用對稱性

$A = 4 \displaystyle\int_0^{\frac{\pi}{4}} \dfrac{1}{2} r^2 d\theta$

$= 2 \displaystyle\int_0^{\frac{\pi}{4}} a^2 cos2\theta d\theta$

$= 2a^2 \cdot \dfrac{1}{2} sin2\theta]_0^{\frac{\pi}{4}} = a^2$

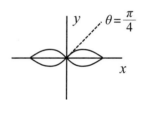

(f)$\dfrac{x^2}{a^2} + \dfrac{y^2}{b^2} = 1$，取$x = arcos\theta$，$y = brsin\theta$，則$r^2 = 1$

$\therefore A' = 4 \displaystyle\int_0^{\frac{\pi}{2}} \dfrac{r^2}{2}d\theta = \displaystyle\int_0^{\frac{\pi}{2}} d\theta = \pi$

$A = ab\pi$

例 3　求下列曲圍成區域之面積

(a)$(x^2 + y^2)^3 = 4x^2y^2$

(b)$(x^2 + y^2)^2 = 4a^2x^2 + 4b^2y^2$

※(c)$(\dfrac{x^2}{a^2} + \dfrac{y^2}{b^2})^2 = c^2(\dfrac{x^2}{a^4} + \dfrac{y^2}{b^4})$

說明：

(c)是一個要特別小心的問題，請參考例 2(f)

■ 解

(a)$x = r\cos\theta$，$y = r\sin\theta$，$x^2 + y^2 = r^2$

$\therefore (x^2 + y^2)^3 = 4x^2y^2$化成

$r^6 = 4r^2\cos^2\theta r^2\sin^2\theta$

$r^2 = \sin^2 2\theta$

$A = 2 \cdot \dfrac{1}{2} \int_0^{\frac{\pi}{2}} r^2 d\theta$

$= \int_0^{\frac{\pi}{2}} \sin^2 2\theta d\theta = 4 \int_0^{\frac{\pi}{2}} \sin^2\theta\cos^2\theta d\theta$

$= 4 \cdot \dfrac{\Gamma(\frac{3}{2})\Gamma(\frac{3}{2})}{2\Gamma(\frac{2+2}{2}+1)} = 4 \cdot \dfrac{\frac{\sqrt{\pi}}{2} \cdot \frac{\sqrt{\pi}}{2}}{2 \cdot 2} = \dfrac{\pi}{4}$

(b)$x = r\cos\theta$，$y = r\sin\theta$

$\therefore (x^2 + y^2)^2 = 4a^2x^2 + 4b^2y^2$可化為

$r^4 = 4a^2r^2\cos^2\theta + 4b^2r^2\sin^2\theta$

$r^2 = 4a^2\cos^2\theta + 4b^2\sin^2\theta$

$A = 2 \cdot \dfrac{1}{2}\int_0^{\frac{\pi}{2}} r^2 d\theta = \int_0^{\frac{\pi}{2}} (4a^2\cos^2\theta + 4b^2\sin^2\theta)d\theta$

$= 4a^2 \cdot \dfrac{1}{2}\dfrac{\pi}{2} + 4b^2 \cdot \dfrac{1}{2}\dfrac{\pi}{2} = (a^2 + b^2)\pi$

(c)$x = ar\cos\theta$，$y = br\sin\theta$

$\therefore (\dfrac{x^2}{a^2} + \dfrac{y^2}{b^2})^2 = c^2(\dfrac{x^2}{a^4} + \dfrac{y^2}{b^4})$可化成

$r^4 = c^2 (\dfrac{r^2\cos^2\theta}{a^2} + \dfrac{r^2\sin^2\theta}{b^2})$

$r^2 = c^2 (\dfrac{\cos^2\theta}{a^2} + \dfrac{\sin^2\theta}{b^2})$

$A_1 = 4 \cdot \dfrac{1}{2}\int_0^{\frac{\pi}{2}} r^2 d\theta$

$= 2\int_0^{\frac{\pi}{2}} (\dfrac{c^2}{a^2}\cos^2\theta + \dfrac{c^2}{b^2}\sin^2\theta)d\theta$

$= 2\dfrac{c^2}{a^2} \cdot \dfrac{1}{2}(\dfrac{\pi}{2}) + 2\dfrac{c^2}{b^2} \cdot \dfrac{1}{2}(\dfrac{\pi}{2})$

$$= \frac{1}{2}(\frac{1}{a^2} + \frac{1}{b^2})\pi c^2$$

$$\therefore 所求面積爲 abA_1 = \left(\frac{a^2 + b^2}{2ab}\right)\pi c^2$$

極座標系二曲線所夾之面積

極座標係下二曲線 $r_1 = f(\theta)$，$r_2 = g(\theta)$ 在 $\theta = \alpha$，$\theta = \beta$ 所圍成區域之面積 A 爲

$$A = \frac{1}{2} \int_\alpha^\beta (r_1^2 - r_2^2)d\theta$$

例 4　求下列極座標所圍成區域之面積

(a) $r = 2 + cos\theta$，$r = -3cos\theta$

(b) $r = 1 + cos\theta$，$r = \sqrt{3}sin\theta$

(c) $r = 4cos\theta$ 與 $r = 2$ 所夾斜線部份面積

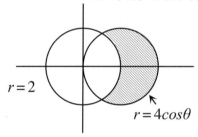

解

(a) $r = 2 + cos\theta$ 與 $r = -3cos\theta$ 之交點：

$$2 + cos\theta = -3cos\theta \quad \therefore cos\theta = -\frac{1}{2} 即 \theta = \pm\frac{2\pi}{3}$$

$$\therefore A = 圓面積 - 2\int_{\frac{2}{3}\pi}^{\pi} \frac{1}{2}[(-3cos\theta)^2 - (2 + cos\theta)^2]d\theta$$

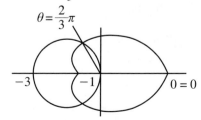

$$= \frac{9}{4}\pi - \int_{\frac{2}{3}\pi}^{\pi} [4(1+cos2\theta) - 4cos\theta - 4]d\theta$$

$$= \frac{9}{4}\pi - \int_{\frac{2}{3}\pi}^{\pi} (4cos2\theta - 4cos\theta)d\theta$$

$$= \frac{9}{4}\pi - 3\sqrt{3}$$

(b)$r_1 = 1 + cos\theta$，$r_2 = \sqrt{3}sin\theta$ 之交

點為 $1 + cos\theta = \sqrt{3}sin\theta$，兩邊平方

$$\therefore 1 + 2cos\theta + cos^2\theta = 3sin^2\theta = 3(1-cos^2\theta)$$

$$4cos^2\theta + 2cos\theta - 2 = 0$$

$$(2cos\theta - 1)(cos + 1) = 0$$

$$\therefore cos\theta = \frac{1}{2}，-1，即 \theta = \frac{\pi}{3} \cdot \pi$$

$$A = \frac{1}{2}\int_{\frac{\pi}{3}}^{\pi}(r_2^2 - r_1^2)d\theta = \frac{1}{2}\int_{\frac{\pi}{3}}^{\pi}(3sin^2\theta - (1+cos\theta)^2)d\theta$$

$$= \frac{1}{2}\int_{\frac{\pi}{3}}^{\pi}(2 - 2cos\theta - 4cos^2\theta)d\theta$$

$$= \int_{\frac{\pi}{3}}^{\pi}(1 - 2cos^2\theta - cos\theta)d\theta$$

$$= -\frac{1}{2}sin2\theta - sin\theta]_{\frac{\pi}{3}}^{\pi} = \frac{3\sqrt{3}}{4}$$

(c)$r_1 = 2$ 與 $r_2 = 4cos\theta$ 之交點：

$$4cos\theta = 2 \quad \therefore cos\theta = \frac{1}{2}，$$

即 $\theta = \frac{\pi}{3}$

$$A = 2 \cdot \frac{1}{2}\int_{0}^{\frac{\pi}{3}}((4cos\theta)^2 - 2^2)d\theta \quad r_1 = 2 \qquad r_2 = 4cos\theta$$

$$= 4\int_{0}^{\frac{\pi}{3}}(4cos^2\theta - 1)d\theta$$

$$= 4\int_{0}^{\frac{\pi}{3}}(4 \cdot \frac{cos2\theta + 1}{2} - 1)d\theta = 4\int_{0}^{\frac{\pi}{3}}(2cos2\theta + 1)d\theta$$

$$= 4(sin2\theta + \theta)]_{0}^{\frac{\pi}{3}} = 2\sqrt{3} + \frac{4}{3}\pi$$

例 5 求下列面積

(a)$r = 2a\sin\theta$，$r = 2b\cos\theta$ 所圍區域之面積

(b)$r = 1 + 2\cos\theta$ 之小環面積及兩環間之面積

(c)$r = a(1 + \cos\theta)$ 與 $r = \dfrac{2}{1 + \cos\theta}$ 所圍區域之面積

解

(a)$r_1 = 2a\sin\theta$ 與 $r_2 = 2b\cos\theta$

之交點為 $2a\sin\theta = 2b\cos\theta$

$\therefore \theta = \tan^{-1}\dfrac{b}{a}$，令 $\alpha = \tan^{-1}\dfrac{b}{a}$

$$A = \frac{1}{2}\pi b^2 - \frac{1}{2}\int_o^\alpha (r_2^2 - r_1^2)\, d\theta$$

$$= \frac{1}{2}\pi b^2 - \frac{1}{2}\int_o^\alpha ((2b\cos\theta)^2 - (2a\sin\theta)^2)\, d\theta$$

$$= \frac{1}{2}\pi b^2 - 2\int_o^\alpha (b^2\cos^2\theta - a^2\sin^2\theta)\, d\theta$$

$$= \frac{1}{2}\pi b^2 - 2\int_o^\alpha (b^2(1 - \sin^2\theta) - a^2\sin^2\theta)\, d\theta$$

$$= \frac{1}{2}\pi b^2 - \int_o^\alpha \left(b^2 - (a^2 + b^2)\frac{1 - \cos 2\theta}{2}\right) d\theta$$

$$= \frac{1}{2}\pi b^2 - 2\int_o^\alpha \left(\frac{(b^2 - a^2)}{2} + \frac{(a^2 + b^2)}{2}\cos 2\theta\right) d\theta$$

$$= \frac{1}{2}\pi b^2 - (b^2 - a^2)\theta\big]_0^\alpha - \frac{(a^2 + b^2)}{2}\sin 2\theta\big]_0^\alpha$$

$$= \frac{1}{2}\pi b^2 - (b^2 - a^2)\tan^{-1}\frac{b}{a} - \frac{(a^2 + b^2)}{2}\cdot 2\cdot\frac{a}{\sqrt{a^2 + b^2}}\cdot\frac{b}{\sqrt{a^2 + b^2}}$$

$$= \frac{1}{2}\pi b^2 - ab + (a^2 - b^2)\tan^{-1}\frac{b}{a}$$

(b)令 $r = 0$，$1 + 2\cos\theta = 0$ 得 $\theta = \pm\dfrac{2}{3}\pi$

$\therefore$ 大環面積 A

$$A = \int_0^{\frac{2}{3}\pi}\frac{1}{2}(1 + 2\cos\theta)^2 d\theta$$

$$= \int_0^{\frac{2}{3}\pi} (1 + 2\cos\theta + 4\cos^2\theta) d\theta$$

$$= \int_0^{\frac{2}{3}\pi} \left(1 + 4\cos^2\theta + 4 \cdot \frac{1 + \cos2\theta}{2}\right) d\theta$$

$$= \int_0^{\frac{2}{3}\pi} (3 + 4\cos\theta + 2\cos2\theta) d\theta$$

$$= 3\theta + 4\sin\theta + \sin2\theta \Big]_0^{\frac{2}{3}\pi}$$

$$= 2\pi + 4 \cdot \frac{\sqrt{3}}{2} - \frac{\sqrt{3}}{2} = 2\pi + \frac{3}{2}\sqrt{3}$$

小環面積

$$A = \int_{\frac{2}{3}\pi}^{\pi} \frac{1}{2}(1 + 2\cos\theta)^2 d\theta$$

$$= \int_{\frac{2}{3}\pi}^{\pi} (1 + 4\cos\theta + 4\cos^2\theta) d\theta$$

$$= \int_{\frac{2}{3}\pi}^{\pi} \left(1 + 4\cos\theta + 4 \cdot \frac{1 + \cos2\theta}{2}\right) d\theta$$

$$= \int_{\frac{2}{3}\pi}^{\pi} (3 + 4\cos\theta + 2\cos\theta) d\theta$$

$$= 3\theta + 4\sin\theta + \sin2\theta \Big]_{\frac{2}{3}\pi}^{\pi}$$

$$= 3\pi - (2\pi + 4 \cdot \frac{\sqrt{3}}{2} - \frac{\sqrt{3}}{2}) = \pi - \frac{3}{2}\sqrt{3}$$

大小環間所圍區域之面積

$$= 大環面積 - 小環面積 = (2\pi + \frac{3}{2}\sqrt{3}) - (\pi - \frac{3}{2}\sqrt{3})$$

$$= \pi + 3\sqrt{3}$$

(c)$r_1 = 2(1 + \cos\theta)$，$r_2 = \dfrac{2}{1 + \cos\theta}$之交點為

$$2(1 + \cos\theta) = \frac{2}{1 + \cos\theta}，(1 + \cos\theta)^2 = 1得\theta = \frac{\pi}{2}，-\frac{\pi}{2}$$

又$r_1 > r_2$

$$\therefore A = 2 \int_0^{\frac{\pi}{2}} \frac{1}{2}[(2 + 2\cos\theta)^2 - (\frac{2}{1 + \cos\theta})^2] d\theta$$

$$= 4 \int_0^{\frac{\pi}{2}} [(1 + \cos\theta)^2 - \frac{1}{(1 + \cos\theta)^2}] d\theta$$

(i)$4\int_0^{\frac{\pi}{2}}(1+cos\theta)^2d\theta$

$\quad=4\int_0^{\frac{\pi}{2}}(1+2cos\theta+cos^2\theta)d\theta=4[\frac{\pi}{2}+2\cdot1+\frac{1}{2}-\frac{\pi}{2}]$

$\quad=3\pi+8$

(ii)$4\int_0^{\frac{\pi}{2}}\frac{d\theta}{(1+cos\theta)^2}\underset{\displaystyle z=tan\frac{x}{2}}{=\!=\!=\!=}4\int_0^1\frac{\dfrac{2dz}{1+z^2}}{(1+\dfrac{1-z^2}{1+z^2})^2}$

$\quad=4\int_0^1(1+z^2)dz=\frac{8}{3}$

$\quad\therefore A=3\pi+8-\frac{8}{3}=3\pi+\frac{16}{3}$

單元 37　曲線之弧長

直角座標系曲線之弧長

給定$y = f(x)$在$[a，b]$為連續函數，現要求$y = f(x)$在$[a，b]$間之弧長。

我們還是用分割→加總→求極限之老辦法：

1. 將$[a，b]$分割成n等份：

$$[a，x_1]，[x_1，x_2]\cdots\cdots[x_{i-1}，x_i]\cdots\cdots[x_{n-1}，b]$$

2. 取第i個區間之線段$(x_{i-1}，x_i)$之長度元素為：

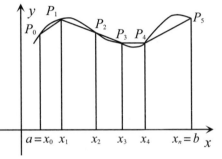

$$\sqrt{(x_i - x_{i-1})^2 + (y_i - y_{i-1})^2}$$
$$= \sqrt{(\Delta x_i)^2 + (\Delta y_i)^2}$$
$$= \sqrt{1 + (\frac{\Delta y_i}{\Delta x_i})^2} \cdot \Delta x_i$$

$\therefore y = f(x)$在$[a，b]$之

長度L為：

$$L \approx \sum_{i=1}^{n} \sqrt{1 + (\frac{\Delta y_i}{\Delta x_i})^2} \cdot \Delta x_i$$

但$\Delta y_i = f(x_i) - f(x_{i-1}) = f'(u_i)f(x_i - x_{i-1}) = f'(u_i)\Delta x_i$(均值定理)

$\therefore \dfrac{\Delta y_i}{\Delta x_i} = f'(u_i)$，代入$L$後取 Riemann 和，得

$$L \approx \int_a^b \sqrt{1 + (y')^2} dx$$

因此我們可有下列定理：

定理

$y = f(x)$在$[a，b]$為連續之函數，則$y = f(x)$在$[a，b]$之弧長

L為$L = \displaystyle\int_a^b \sqrt{1 + (y')^2} dx$

例 1　(a)求直線$y=2x+3$在$1\geq x\geq-1$間之長度。

(b)$x^2+y^2=1$在$(1，0)$至$(0，1)$間之弧長

(c)$y=x^{\frac{3}{2}}$自$x=0$到$x=1$之弧長

(d)$y=\ln\cos x$在$0\leq x\leq\dfrac{\pi}{4}$間之弧長

(e)$y=\displaystyle\int_{-\frac{\pi}{2}}^{x}\sqrt{\cos t}\,dt$

解

(a)方法一：

此相當於求$(-1，1)$至$(1，5)$間之線段長度

$L=\sqrt{(1-(-1)^2+(5-1)^2}=2\sqrt{5}$

方法二：

我們用本單元方法：

$L=\displaystyle\int_{-1}^{1}\sqrt{1+(y')^2}\,dx=\int_{-1}^{1}\sqrt{1+(2)^2}\,dx=2\sqrt{5}$

(b)方法一：

此相當於以原點為圓心，半徑為 1 之圓在第一象限之周

長(即$\dfrac{1}{4}$標準圓之周長)

$\therefore L=\dfrac{1}{4}，(2\pi)=\dfrac{\pi}{2}$

方法二：

用本單元方法：

$L=\displaystyle\int_{0}^{1}\sqrt{1+(y')^2}\,dx=\int_{0}^{1}\sqrt{1+(\dfrac{-x}{\sqrt{1-x}})^2}\,dx$

$\quad=\displaystyle\int_{0}^{1}\dfrac{dx}{\sqrt{1-x^2}}=\sin^{-1}x\big]_{0}^{1}=\dfrac{\pi}{2}$

(c)$L=\displaystyle\int_{0}^{1}\sqrt{1+(y')^2}\,dx=\int_{0}^{1}\sqrt{1+(\dfrac{3}{2}x^{\frac{1}{2}})^2}\,dx=\int_{0}^{1}\sqrt{1+\dfrac{9}{4}x}\,dx$

$\quad=\dfrac{4}{9}\cdot\dfrac{2}{3}(1+\dfrac{9}{4}x)^{\frac{3}{2}}\big|_{0}^{1}=\dfrac{8}{27}((\dfrac{13}{4})^{\frac{3}{2}}-1)=\dfrac{13\sqrt{13}-8}{27}$

(d)$L = \int_0^{\frac{\pi}{4}} \sqrt{1+(y')^2}\,dx = \int_0^{\frac{\pi}{4}} \sqrt{1+(\frac{-\sin x}{\cos x})^2}\,dx$

$\quad = \int_0^{\frac{\pi}{4}} \sec x\,dx = \ln|\sec x + \tan x\,|_0^{\frac{\pi}{4}} = \ln(1+\sqrt{2})$

(e)$y = \int_{-\frac{\pi}{2}}^x \sqrt{\cos t}\,dt$ 要有意義需 $\cos t \geq 0$，即 $\frac{\pi}{2} \geq t \geq -\frac{\pi}{2}$

$\quad \therefore L = \int_{-\frac{\pi}{2}}^{\frac{\pi}{2}} \sqrt{1+(y')^2}\,dx = 2\int_0^{\frac{\pi}{2}} \sqrt{1+(y')^2}\,dx$

$\quad = 2\int_0^{\frac{\pi}{2}} \sqrt{1+\cos x}\,dx = 2\int_0^{\frac{\pi}{2}} \sqrt{2}\cos\frac{x}{2}\,dx$

$\quad = 2\sqrt{2}(2\sin\frac{x}{2})]_0^{\frac{\pi}{2}} = 4$

例 2 求下列弧長。

(a)$y = x^{\frac{2}{3}}$，$x = -1$ 到 $x = 8$

(b)$y = \sin^{-1} e^x$，$1 \geq x \geq 0$

(c)$9ay^2 = x(x-3a)^2$，$3a \geq x \geq 0$ 之一拱長

解析

(a)$y = x^{\frac{2}{3}}$ 在 $x = 0$ 處不可微分，因此不能對 x 積分以求出弧長，但可用 $x = y^{\frac{3}{2}}$，$4 > y > 0$，對 y 積分(須分段積)

解

$L = 2\int_0^1 \sqrt{1+[(y^{\frac{3}{2}})']^2}\,dy$

$\quad + \int_1^4 \sqrt{1+[(y^{\frac{3}{2}})']^2}\,dy$

$= 2\int_0^1 \sqrt{1+\frac{9}{4}y}\,dy + \int_1^4 \sqrt{1+\frac{9}{4}y}\,dy$

$= 2\cdot\frac{8}{27}(1+\frac{9}{4}y)^{\frac{3}{2}}]_0^1 + \frac{8}{27}(1+\frac{9}{4}y)^{\frac{3}{2}}]_1^4$

$= \frac{16}{27}[(\frac{13}{4})^{\frac{3}{2}}-1)] + \frac{8}{27}(10^{\frac{3}{2}}-(\frac{13}{4})^{\frac{3}{2}})$

$= \frac{1}{27}(80\sqrt{10}+13\sqrt{13}-16)$

(b)$f'(x) = \dfrac{e^{-x}}{\sqrt{1-e^{-2x}}}$

$$L = \int_0^1 \sqrt{1+(f'(x))^2}\,dx = \int_0^1 \sqrt{\left(1+\left(\dfrac{e^{-x}}{\sqrt{1+e^{-2x}}}\right)^2\right)}\,dx$$

$$= \int_0^1 \dfrac{dx}{\sqrt{1-e^{-2x}}} = \int_0^1 \dfrac{e^x}{\sqrt{e^{2x}-1}}\,dx$$

$$= \int_0^1 \dfrac{de^x}{\sqrt{e^{2x}-1}} = ln|\sqrt{e^{2x}-1}+e^x|]_0^1$$

$$= ln(e+\sqrt{e^2-1}-1)$$

(c)$y^2 = \dfrac{x}{9a}(x-3a)^2 = \dfrac{x}{a}(a-\dfrac{x}{3})^2$

$$y = \pm\sqrt{\dfrac{x}{a}}\,(a-3x) \quad \therefore \dfrac{dy}{dx} = \pm\dfrac{a-x}{2\sqrt{ax}}$$

$$L = 2\int_0^{3a} \sqrt{1+(\dfrac{dy}{dx})^2}\,dx$$

$$= 2\int_0^{3a} \sqrt{1+\dfrac{(a-x)^2}{4ax}}\,dx$$

$$= \int_0^{3a} \dfrac{(a+x)}{\sqrt{ax}}\,dx = \sqrt{a}\int_0^{3a}\dfrac{dx}{\sqrt{x}} + \dfrac{1}{\sqrt{a}}\int_0^{3a}\sqrt{x}\,dx = 4\sqrt{3}a$$

參數式曲線弧長

設曲線弧由參數方程式

$$\begin{cases} x = f(x) \\ y = g(x) \end{cases}, \; \alpha \le t \le \beta$$

則弧長元素$ds = \sqrt{(dx)^2+(dy)^2}$

$$= \sqrt{(f'(t))^2+(g'(t))^2}dt$$

$\therefore x = f(t)$，$y = g(t)$，$\alpha \le t \le \beta$之長度L為

$$L = \int_\alpha^\beta \sqrt{(f'(t)^2+(g'(t))^2}\,dt$$

例 3 　求下列參數式之長度

(a)擺線$x = a(t-sint)$，$y = a(1-cost)$，$a>0$，之一拱，

$(2\pi \ge t \ge 0)$之長度

(b)星形線$x=cos^3t$，$y=sin^3t$之全長

(c)單位圓$x=cost$，$y=sint$之全長

(d)橢圓$x=acost$，$y=bsint$之全長

■ 解析

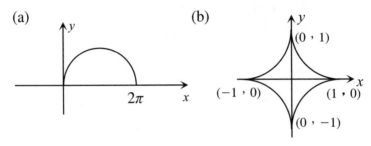

(a)   (b)

■ 解

(a)$L=\int_0^{2\pi}\sqrt{(\frac{dx}{dt})^2+(\frac{dy}{dt})^2}dt=\int_0^{2\pi}\sqrt{a^2(1-cost)^2+(asint)^2}dt$

$=a\int_0^{2\pi}\sqrt{2(1-cost)}dt=a\int_0^{2\pi}2sin\frac{t}{2}dt$

$=2a\int_0^{2\pi}sin\frac{t}{2}dt=4a(-cos\frac{t}{2})]_0^{2\pi}=8a$

(b)$L=4\int_0^{\frac{\pi}{2}}\sqrt{(\frac{dx}{dt})^2+(\frac{dy}{dt})^2}dt$

$=4\int_0^{\frac{\pi}{2}}\sqrt{(-3cos^2tsint^2)+(3sin^2tcost)^2}$

$=4\int_0^{\frac{\pi}{2}}3sintcostdt=12\int_0^{\frac{\pi}{2}}sintdsint$

$=12\cdot\left(\frac{sin^2t}{2}\right)]_0^{\frac{\pi}{2}}=6$

(c)$L=4\int_0^{\frac{\pi}{2}}\sqrt{(\frac{dx}{dt})^2+(\frac{dy}{dt})^2}dt=4\int_0^{\frac{\pi}{2}}\sqrt{(-sint)^2+(cost)^2}dt$

$=4\cdot\frac{\pi}{2}=2\pi$

(d)此可轉爲參數式$x=asint$，$y=bcost$，$2\pi\geq t\geq0$

$\therefore L=4\int_0^{\frac{\pi}{2}}\sqrt{(\frac{dx}{dt})^2+(\frac{dy}{dt})^2}dt$

$$= 4 \int_0^{\frac{\pi}{2}} \sqrt{a^2 cos^2 t + b^2 sin^2 t} dt$$

$$= 4 \int_0^{\frac{\pi}{2}} \sqrt{(1-sin^2 t) + \frac{b^2}{a^2} sin^2 t} dt$$

$$= 4 \int_0^{\frac{\pi}{2}} \sqrt{1 - \epsilon^2 sin^2 t} dt , \ \epsilon = \frac{\sqrt{a^2 - b^2}}{a} , \ 為橢圓 \frac{x^2}{a^2} + \frac{y^2}{b^2} = 1$$

之離心率。

例4 求 $y^2 = \frac{2}{3}(x-1)^3$ 被 $y^2 = \frac{x}{3}$ 所截之弧長

■ **解析**

$y^2 = ax^3$，$a > 0$ 稱為半立方拋物線，本例解題重點是

$y^2 = \frac{2}{3}(x-1)^3$ 之圖形是什麼？

$y^2 = ax^3$ 之標準圖形是

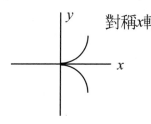

對稱 x 軸

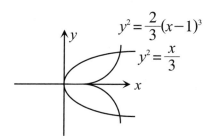

■ **解**

$y^2 = \frac{2}{3}(x-1)^3$ 與 $y^2 = \frac{x}{3}$ 之交點在 $x = 2$ 處

$$\because y^2 = \frac{2}{3}(x-1)^3 \ \therefore 2yy' = 2(x-1)^2 得 y' = \frac{(x-1)^2}{y}$$

$$L = 2 \int_1^2 \sqrt{1 + (y')^2} dx = 2 \int_1^2 \sqrt{1 + \left(\frac{(x-1)^2}{y}\right)^2} dx$$

$$= 2 \int_1^2 \sqrt{1 + \frac{(x-1)^4}{y^2}} dx = 2 \int_1^2 \sqrt{1 + \frac{(x-1)^4}{\frac{2}{3}(x-1)^3}} dx$$

$$= 2 \int_1^2 \sqrt{1 + \frac{3}{2}(x-1)} dx = 2 \int_1^2 \sqrt{\frac{1}{2}(3x-1)} dx$$

$$= \int_1^2 \sqrt{6x-2} dx = \frac{1}{9}(6x-2)^{\frac{3}{2}}]_1^2 = \frac{1}{9}(10^{\frac{3}{2}} - 4^{\frac{3}{2}})$$

例 5   求下列曲線之長度

(a) $\begin{cases} x = e^{-t}cost \\ y = e^{-t}sint \end{cases}$, $a \le t \le b$

(b) $\begin{cases} x = f''(t)cost + f'(t)sint \\ y = -f''(x)sint + f'(t)cost \end{cases}$, $a \le t \le b$

解

(a) $L = \int_a^b \sqrt{(\frac{dx}{dt})^2 + (\frac{dy}{dt})^2} dt$

$= \int_a^b \sqrt{(-e^{-t}cost - e^{-t}sint)^2 + (-e^{-t}sint + e^{-t}cost)^2} dt$

$= \int_a^b e^{-t}\sqrt{(cost + sint)^2 + (-sint + cost)^2} dt$

$= \sqrt{2} \int_a^b e^{-t} dt = \sqrt{2}(e^{-a} - e^{-b})$

(b) $L = \int_a^b \sqrt{(\frac{dx}{dt})^2 + (\frac{dy}{dt})^2} dt$

$= \int_a^b \sqrt{(f'''(t)cost - f''(t)sint)^2 + (f''(t)sint + f'(t)cost)^2}$

$\quad + \sqrt{(-f'''(t)sint - f''(t)cost)^2 + (f''(t)cost - f'(t)sint)^2} dt$

$= \int_a^b \sqrt{(f'''(t) + f'(t))^2 cos^2 t + (f'''(t) + f'(t))^2 sin^2 t} dt$

$= \int_a^b (f'''(t) + f'(t)) dt = f'''(b) + f'(b) - f'''(a) - f'(a)$

例 6   求擺線

$\begin{cases} x = a(t - sint) \\ y = a(1 - cost) \end{cases}$, $a > 0$, 一拱$(2\pi \ge t \ge 0)$上分擺線 $1 : 3$ 之

點座標

解析

由例 3(a)知擺線在$2\pi \ge t \ge 0$之長度為$8a$，因此，我們要求

點的座標相當於求擺線在原點到何點之長度為$2a$。

解

設擺長在$\theta \ge t \ge 0$時擺長為$2a$

$2a = \int_0^\theta \sqrt{(\frac{dx}{dt})^2 + (\frac{dy}{dt})^2} dt$

$$= \int_0^\theta \sqrt{2(1-cost)}dt = \int_0^\theta \sqrt{2 \cdot 2sin^2\frac{t}{2}}dt$$

$$= \int_0^\theta 2sin\frac{t}{2}dt = -4cos\frac{t}{2}\Big]_0^\theta = 4(1-cos\frac{\theta}{2}) = 2$$

得 $\theta = \frac{2}{3}\pi$ $\therefore x = a(t-sint)|_{t=\frac{2}{3}\pi} = a(\frac{2}{3}\pi - \frac{\sqrt{3}}{2})$

$$y = a(1-cost)|_{t=\frac{2}{3}\pi} = \frac{3}{2}a$$

$\therefore (a(\frac{2}{3}\pi - \frac{\sqrt{3}}{2}), \frac{3}{2}a)$ 是為所求。

例 7 求(a)$(\frac{x}{a})^{\frac{2}{3}} + (\frac{y}{b})^{\frac{2}{3}} = 1$，$a>0$，$b>0$之全長

(b)$\sqrt{x} + \sqrt{y} = 1$ 之全長

解析

這類問題可將化成參數方程式求解，在(b)可能用到

$$\int \sqrt{a^2+u^2}du = \frac{u}{2}\sqrt{u^2+a^2} + \frac{a^2}{2}ln|u+\sqrt{u^2+a^2}|+c$$

解

(a)取$x = acos^3\theta$，$y = asin^3\theta$，$2\pi \geq \theta \geq 0$

$$L = \int_0^{2\pi} \sqrt{(\frac{dx}{d\theta})^2 + (\frac{dy}{d\theta})^2}dt$$

$$\underline{對稱性} \quad 4\int_0^{\frac{\pi}{2}} \sqrt{(-3acos^2\theta sin\theta)^2 + (3b^2sin^2\theta cos\theta)^2}d\theta$$

$$= 12\int_0^{\frac{\pi}{2}} cos\theta sin\theta\sqrt{a^2cos^2\theta + b^2sin^2\theta}d\theta$$

$$= 6\int_0^{\frac{\pi}{2}} \sqrt{a^2(1-sin^2\theta) + b^2sin^2\theta}dsin^2\theta$$

$$= 6\int_0^{\frac{\pi}{2}} \sqrt{a^2 + (b^2-a^2)sin^2\theta}dsin^2\theta$$

$$= 6 \cdot \frac{2}{3(b^2-a^2)}[a^2+(b^2-a^2)sin^2\theta]^{\frac{3}{2}}|_0^{\frac{\pi}{2}}$$

$$= \frac{4}{b^2-a^2}((b^2)^{\frac{3}{2}} - (a^2)^{\frac{3}{2}})$$

$$= \frac{4(a^2+ab+b^2)}{b+a}$$

(b) 取 $x = cos^4\theta$，$y = sin^4\theta$，$\dfrac{\pi}{2} \geq \theta \geq 0$

$$L = \int_0^{\frac{\pi}{2}} \sqrt{(\dfrac{dx}{d\theta})^2 + (\dfrac{dy}{d\theta})^2}\, d\theta$$

$$= \int_0^{\frac{\pi}{2}} \sqrt{(-4cos^3\theta sin\theta)^2 + (4sin^3\theta cos\theta)^2}\, d\theta$$

$$= 4 \int_0^{\frac{\pi}{2}} sin\theta cos\theta \sqrt{sin^4\theta + cos^4\theta}\, d\theta$$

$$= 2 \int_0^{\frac{\pi}{2}} \sqrt{sin^4\theta + (1-sin^2\theta)^2}\, dsin^2\theta$$

$$= 2 \int_0^{\frac{\pi}{2}} \sqrt{2sin^4\theta - 2sin^2\theta + 1}\, dsin^2\theta$$

$$\underline{y = sin^2\theta} \quad 2 \int_0^1 \sqrt{2y^2 - 2y + 1}\, dy = 2\sqrt{2} \int_0^1 \sqrt{y^2 - y + \dfrac{1}{2}}\, dy$$

$$= 2\sqrt{2} \int_0^1 \sqrt{(y - \dfrac{1}{2})^2 + \dfrac{1}{4}}\, dy$$

$$= 2\sqrt{2} \left[\dfrac{(y - \dfrac{1}{2})}{2} \sqrt{(y - \dfrac{1}{2})^2 + \dfrac{1}{4}} \right.$$

$$\left. + \dfrac{1}{8} ln\, |\, (y - \dfrac{1}{2}) + \sqrt{(y - \dfrac{1}{2})^2 + \dfrac{1}{4}}\, |\, \right]_0^1$$

$$= 1 + \dfrac{\sqrt{2}}{2} ln(1 + \sqrt{2})$$

極座標下弧長

$r = r(\theta)$，$\alpha \leq \theta \leq \beta$

令 $x = r(\theta) cos\theta$，$y = r(\theta)sin\theta$ 得弧長元素：

$$ds = \sqrt{(x'(\theta))^2 + (y'(\theta))^2}\, d\theta$$

$$= \sqrt{(r'(\theta)cos\theta - r(\theta)sin^2 + (r'(\theta)sin\theta + r(\theta)cos\theta)^2}\, d\theta$$

$$= \sqrt{r^2(\theta) + (r'(\theta))^2}\, d\theta$$

$$\therefore s = \int_\alpha^\beta \sqrt{r^2(\theta) + (r'(\theta))^2}\, d\theta$$

例 8　求下列曲線之長度

(a) $r = a\theta$，$a > 0$，在 $2\pi \geq \theta \geq 0$ 之弧長。($r = a\theta$ 爲阿基米德

螺線)

(b)$r=a(1-cos\theta)$，$a>0$之全長

(c)$r=a$

(d)$r=\dfrac{p}{1+cos\theta}$，$p>0$，$\dfrac{\pi}{2}\geq\theta\geq-\dfrac{\pi}{2}$

(e)$r=a(1-sin\theta)$，$a>0$之全長

解

(a)$r=a\theta$之弧長

$$L=\int_0^{2\pi}\sqrt{r^2(\theta)+(r'(\theta))^2}d\theta$$

$$=\int_0^{2\pi}\sqrt{a^2\theta^2+a^2}d\theta=a\int_0^{2\pi}\sqrt{\theta^2+1}d\theta$$

$$=a[\frac{\theta}{2}\sqrt{1+\theta^2}+\frac{1}{2}ln|\theta+\sqrt{1+\theta^2}|]_0^{2\pi}$$

$$=a\pi\sqrt{1+4\pi^2}+\frac{a}{2}ln(2\pi+\sqrt{1+4\pi^2})$$

(b)利用對稱性

$$L=2\int_0^{\pi}\sqrt{r^2(\theta)+(r'(\theta))^2}d\theta$$

$$=2\int_0^{\pi}\sqrt{a^2(1-cos\theta)^2+a^2sin^2\theta}d\theta$$

$$=2a\int_0^{\pi}2sin\frac{\theta}{2}d\theta=4a\cdot(-2cos\frac{\theta}{2})]_0^{\pi}=8a$$

(c)$L=\int_0^{2\pi}\sqrt{r^2(\theta)+(r'(\theta))^2}d\theta$

$$=4\int_0^{\frac{\pi}{2}}\sqrt{a^2+0}d\theta=4\cdot\frac{\pi}{2}\cdot a=2\pi$$

(d)$L=\int_{-\frac{\pi}{2}}^{\frac{\pi}{2}}\sqrt{r^2(\theta)+(\frac{dr}{d\theta})^2}$

$$=\int_{-\frac{\pi}{2}}^{\frac{\pi}{2}}\sqrt{(\frac{p}{1+cos\theta})^2+(\frac{d}{d\theta}\frac{p}{1+cos\theta})^2}d\theta$$

$$=\int_{-\frac{\pi}{2}}^{\frac{\pi}{2}}\sqrt{(\frac{p}{1+cos\theta})^2+(\frac{-psin\theta}{(1+cos\theta)^2})^2}d\theta$$

$$=p\int_{-\frac{\pi}{2}}^{\frac{\pi}{2}}\sqrt{\frac{(1+cos\theta)^2+sin^2\theta}{(1+cos\theta)^4}}d\theta$$

$$= \sqrt{2}p \int_{-\frac{\pi}{2}}^{\frac{\pi}{2}} \sqrt{(1+\cos\theta)^{-3}}\,d\theta$$

$$= 2\sqrt{2}p \int_{0}^{\frac{\pi}{2}} \sqrt{(1+\cos\theta)^{-3}}\,d\theta \quad (\sqrt{(1+\cos\theta)^{3}} 爲偶函數)$$

$$= 2\sqrt{2}p \int_{0}^{\frac{\pi}{2}} (2\cos^{2}\frac{\theta}{2})^{-\frac{3}{2}}\,d\theta = 2p \int_{0}^{\frac{\pi}{2}} \sec^{3}\frac{\theta}{2}\,d\frac{\theta}{2}$$

$$= p[\sec\frac{\theta}{2}\tan\frac{\theta}{2} + \ln|\sec\frac{\theta}{2} + \tan\frac{\theta}{2}|]_{0}^{\frac{\pi}{2}}$$

$$= p[\sqrt{2} + \ln(1+\sqrt{2})]$$

(e)$L = 2\int_{\frac{\pi}{2}}^{\frac{3}{2}\pi} \sqrt{r^{2} + (\frac{d}{d\theta}r)^{2}}\,d\theta$

$$= 2\int_{\frac{\pi}{2}}^{\frac{3}{2}\pi} \sqrt{a^{2}(1-\sin\theta)^{2} + (-a\cos\theta)^{2}}\,d\theta$$

$$= 2\int_{\frac{\pi}{2}}^{\frac{3}{2}\pi} \sqrt{2}(\sin\frac{\theta}{2} - \cos\frac{\theta}{2})\,d\theta$$

$$= 2\sqrt{2}a[-2\cos\frac{\theta}{2} - 2\sin\frac{\theta}{2}]\Big|_{\frac{\pi}{2}}^{\frac{3}{2}\pi}$$

$$= 8a$$

單元 38 旋轉固體的體積

切面法

若S為一固體(solid)平面π是一與x軸垂直之平面，S與平面π之交集所成區域之面積為$A(x)$，A為一連續函數，則S之體積(volume)V為

$$V = \lim_{n \to \infty} \sum_{i=1}^{n} A(x_i) \Delta x = \int_a^b A(x)dx$$

說明

    1. 切面法之基本想法是很直覺的：

        我們用熟知之長方體體積公式說明之：

        設長方體底部長寬分別為a，b，且設高為c，則底面積

        $A(x) = ab$

        $\therefore V = \int_0^c A(x)dx = \int_0^c ab\,dx = abc$

    2. 切面法是求旋轉固體體積之圓柱法與剝殼法之基礎。

例 1   導出半徑為r之球體積公式

解

    在不失一般性下，設球心在原點，x之範圍為$r \geq x \geq -r$

    ，若在$[r, -r]$中任一x，其對應之垂直截面面積為

    半徑是$\sqrt{r^2 - x^2}$之圓

    則$A(x) = \pi(\sqrt{r^2 - x^2})^2 = \pi(r^2 - x^2)$

    得

    $V = \int_{-r}^{r} A(x)dx = \int_{-r}^{r} \pi(r^2 - x^2)dx$

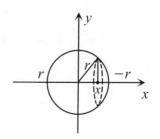

$$= 2\pi \int_0^r \pi(r^2 - x^2)dx = \frac{4}{3}\pi r^3$$

例2 導出(a)底爲邊長a之正方形高爲h之正三角錐或稱爲金字塔型(pyramid)之體積

(b)若底爲長方形，其長寬分別爲a，$2a$，高仍爲h，求此正三角錐之體積

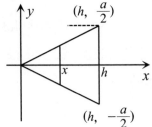

■ **解析**

將原點選在正三角錐之頂點，其切面如右，

■ **解**

(a)$x \in [0，h]$，則過x之垂直截面仍爲一正方形，由畢氏定理：

$\dfrac{x}{h} = \dfrac{y}{a}$，$y$爲切剖面之邊長

$\therefore y = \dfrac{ax}{h}$，$A(x) = y^2 = (\dfrac{ax}{h})^2 = \dfrac{a^2x^2}{h^2}$

得

$$V = \int_0^h A(x)dx = \int_0^h \frac{a^2x^2}{h^2}dx = \frac{a^2h}{3}$$

(b)由(a)不難知與x軸垂直截面爲長方形，其長底爲$l = \dfrac{ax}{h}$，寬爲

$\omega = \dfrac{2a^2x^2}{h^2}$

$\therefore A(x) = l\omega = \dfrac{2a^2x^2}{h^2}$

$$V = \int_0^h A(x)dx = \int_0^h \frac{2a^2x^2}{h^2} = \frac{2a^2h}{3}$$

例3 求右邊金字塔平台(frustum)之體積設平台之上下底分別爲邊長b，a之正方形，且高爲h

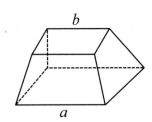

解析

> 最簡單而直覺的想法是由一個正三角錐作一切割，使得二底平行，上、下底分別為邊長b，a之正方形，此時的問題是從何處切割(即上底離錐頂之距離)

解

> 設錐頂至平台之上底距離為x，則由畢氏定理
>
> $\dfrac{x+h}{x}=\dfrac{b}{a}$，$x=\dfrac{a}{b-a}h$，
>
> $x+h=\dfrac{b}{b-a}h$，由例 2 之結果：
>
> $\therefore V=\dfrac{1}{3}b^2\cdot(\dfrac{b}{b-a}h)-\dfrac{1}{3}a^2\cdot(\dfrac{a}{b-a})h=\dfrac{h(a^2+ab+b^2)}{3}$
>
> 註：若上底、下底分別為半徑a，b之圓之平台，其體積為
>
> $\dfrac{h(a^2+ab+b^2)}{3}\pi$

例 4 半徑為r之球體，求高為h之球冠(如右圖)

解析

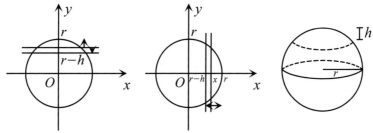

解

> 由(b)圖，若$x\in[r-h，h]$則過x之切剖面為半徑$\sqrt{r^2-x^2}$之圓
>
> $\therefore A(x)=\pi(\sqrt{r^2-x^2})^2=\pi(r^2-x^2)$
>
> $V=\displaystyle\int_{r-h}^{r}A(x)dx=\int_{r-h}^{r}\pi(r^2-x^2)dx$
>
> $\qquad=\pi(r^2x-\dfrac{x^3}{3})]_{r-h}^{r}=\pi h^2(r-\dfrac{h}{3})$

例5 求橢球 $\dfrac{x^2}{a^2} + \dfrac{y^2}{b^2} + \dfrac{z^2}{c^2} = 1$ 之體積

解

$$\dfrac{x^2}{a^2} + \dfrac{y^2}{b^2} + \dfrac{z^2}{c^2} = 1 \text{ 垂直 } x \text{ 軸之截面為一橢圓}$$

$$\dfrac{y^2}{b^2(1-\dfrac{x^2}{a^2})} + \dfrac{z^2}{c^2(1-\dfrac{x^2}{a^2})} = 1$$

又橢圓 $\dfrac{x^2}{A^2} + \dfrac{y^2}{B^2} = 1$ 之面積為 $AB\pi$

$$\therefore \dfrac{y^2}{b^2(1-\dfrac{x^2}{a^2})} + \dfrac{z^2}{c^2(1-\dfrac{x^2}{a^2})} = 1 \text{ 之面積為 } A(x) = bc(1-\dfrac{x^2}{a^2})\pi$$

$$V = \int_{-a}^{a} bc(1-\dfrac{x^2}{a^2})\pi\, dx = 2\pi \int_{0}^{a} bc\,(1-\dfrac{x^2}{a^2})\, dx = \dfrac{4}{3} abc\pi$$

旋轉體之體積

　　$y = f(x)$ 繞著平面上之一條直線(最簡單也最常見的就是 x 軸、y 軸旋轉一周所成之立體稱或固體(Slild)。其基本算法有二：一是圓盤法(Disk Method)；一是剝殼法(Shell Method)。

圓盤法

　　$f(x)$ 在 $[a，b]$ 中任取一區間 $[x，x+dx]$，繞 x 軸旋轉，可得一個以 $|f(x)|$ 為半徑，dx 為高之圓柱體，故可得體積元素 dV 為：

$$dV = \pi[f(x)]^2 dx$$

$$\therefore V = \int_{b}^{a} \pi(f(x))^2 dx$$

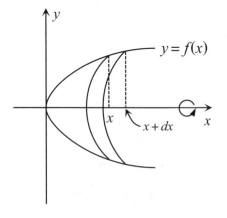

若我們$y=f(x)$在$[a，b]$為一連續之可微分函數，則$y=f(x)$繞x軸旋轉一周所成之旋轉體體積V為：

$$V=\pi\int_b^a f^2(x)dx$$

若$y=f(x)$在$c\leq y\leq d$在繞y軸旋轉一周所成之旋轉體體積V為：

$$V=\int_c^d \pi(h(y))^2 dy\,；其中x=h(y)$$

剝殼法

現在我們要研究的是求旋轉體體積之第二種方法 —— 剝殼法，在$y=f(x)$對y軸旋轉之旋轉體體積有時很難用前述方法求算時，可考慮用剝殼法。剝殼法公式，導出如下：

第一步：

考慮兩個同心圓柱體，若它們的半徑分別為r_1，$r_2\,(r_1>r_1)$，高為h，則此二圓柱體所夾之體積V為：

$$V=\pi r_2^2-\pi r_1^2 h$$
$$=2\pi h(\frac{r_2^2-r_1^2}{2})=2\pi h(\frac{r_1+r_2}{2})\,(r_2-r_1)$$

上式之$\frac{r_1+r_2}{2}$為半徑之平均值，

r_2-r_1為厚度。

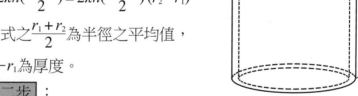

第二步：

將$[a，b]$分割成n個小區間$[a，x_1]$，$[x_1，x_2]$，……$[x_{n-1}，b]$，

那麼第i個子區將間$[x_i-1，x_i]$之$\Delta x_i=x_i-x_{i-1}$，

$$u_i=\frac{1}{2}(x_{i-1}+x_i)$$

$$\therefore V_i=2u_i g(u_i)\Delta x_i$$

$$V=\lim_{||p||\to 0}\sum_{i=1}^n 2\pi u_i g(u_i)\Delta x_i$$

$$= \int_a^b 2\pi x g(x)\,dx \,,\, g(x)=f_1(x)-f_2(x)\,,\, f_1(x)>f_2(x)$$

上述公式是 $y=f(x)$ 在 $a\le x\le b$ 間繞 y 軸旋轉之體積，若是繞 x 軸在 $c\le y\le d$ 間旋轉之體積便為 $\int_c^d 2\pi y g(y)\,dy$

讀者應注意的是：不論是用剝殼法或圓盤法所得之旋轉固體之積應是相同的，同時請注意剝殼法之特性。

(1)對 y 軸旋轉要對 x 積分，對 x 軸旋轉時要對 y 積分。

(2)用剝殼法時它的 $g(x)$，一定可用兩個函數之差，(一個可能是 0，或某個上、下限)

例 6　求下列旋轉體體積(a) $y=\sqrt{x}$ ，$0\le x\le 1$ 繞 x 軸旋轉所成之體積。

(b) $y=x$ 與 $y=\sqrt{x}$ 圍成區域然繞 x 軸旋轉體積

(c) $y=x^3$ ，y 軸與 $y=3$ 圍成區域繞 y 軸旋轉體積

(d) $x^2+y^2=4$ ，$y=1$ ，$y=3$ ，$x=0$ 圍成區域繞 y 軸旋轉所得旋轉體體積

解

(a) 方法一 ➡圓盤法

$$V=\int_0^1 \pi(\sqrt{x})^2 dx$$
$$=\int_0^1 \pi x dx = \frac{\pi}{2}$$

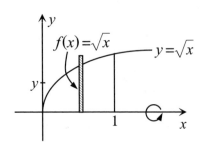

方法二 ➡剝殼法

$$V=\int_0^1 2\pi y(1-y^2)dx$$
$$=2\pi(\frac{y^2}{2}-\frac{y^4}{4})]_0^1 = \frac{\pi}{2}$$

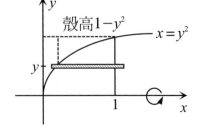

(b) 方法一：

$$V = \int_0^1 \pi((\sqrt{x})^2 - x^2)dx$$
$$= \int_0^1 \pi(x - x^2)dx = \frac{\pi}{6}$$

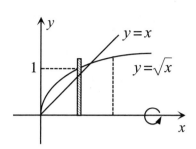

方法二：

$$V = \int_0^1 2\pi y(y - y^2)dy$$
$$= 2\pi(\frac{y^3}{3} - \frac{y^4}{4})]_0^1 = \frac{\pi}{6}$$

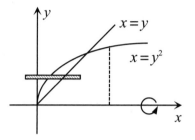

(c) 方法一 ➡ 圓盤法：

$$V = \pi \int_0^3 x^2 dy$$
$$= \pi \int_0^3 (y^{\frac{1}{3}})^2 dy$$
$$= \pi \cdot \frac{3}{5} y^{\frac{5}{3}}]_0^3$$
$$= \frac{3}{5}\pi(3)^{\frac{5}{3}}$$

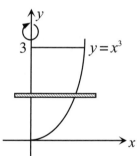

方法二 ➡ 剝殼法：

$$V = 2\pi \int_0^{\sqrt[3]{3}} x(3 - x^3)dx$$
$$= \frac{3}{5}\pi(3)^{\frac{5}{3}}$$

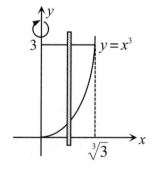

(d) 方法一 ➡ 圓盤法：

$$V = \pi \int_0^3 \pi(9-y^2)dx$$
$$= \pi \cdot (9y - \frac{1}{3}y^3)]_1^3$$
$$= \frac{28}{3}\pi$$

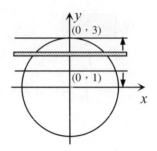

方法二 ➡ 剝殼法：

$$V = 2\pi \int_0^{\sqrt{8}} x(\sqrt{9-x^2}-1)dx$$
$$= 2\pi[-\frac{1}{3}(9-x^2)^{\frac{3}{2}} - \frac{1}{2}x^2]|_0^{\sqrt{8}}$$
$$= \frac{28}{3}\pi$$

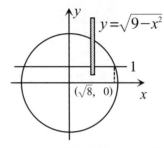

例7 (a)$y = sin(x^2)$，$y = cos(x^2)$，$x = 0$圍成區域繞y軸旋轉之體積

(b)$y^2 = 4x$與$x = 1$圍成區域繞x軸旋轉所得之體積

(c)$y = sinx$，$\pi \geq x \geq 0$與x軸圍成之區域繞x軸、y軸旋轉所得之體積

(d)$y = cosx$，$\frac{\pi}{2} \geq x \geq -\frac{\pi}{2}$與$x$軸圍成區域繞$x$軸、$y$軸旋轉所得之體積

(e)以$(1，1)$，$(4，1)$與$(3，2)$為頂點之三角形區域，繞x軸旋轉

▣ **解**

(a)$V = 2\pi \int_0^{\frac{\sqrt{\pi}}{2}} x(cos(x^2) - sin(x^2))dx$
$$= \pi[sin(x^2) + cos(x^2)]|_0^{\frac{\sqrt{\pi}}{2}}$$
$$= (\sqrt{2}-1)\pi$$

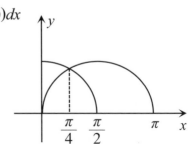

(b)$V = \pi \int_0^1 (2\sqrt{x})^2 dx = 2\pi$

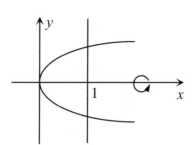

(c) (1) 對x軸旋轉：

圓盤法：

$V_x = \pi \int_0^\pi (sinx)^2 dx$

$\quad = \pi \int_0^\pi (\frac{1-cos2x}{2}) dx$

$\quad = \frac{\pi}{2}[x - \frac{1}{2}sin2x]\Big|_0^\pi = \frac{\pi^2}{2}$

(2) 對y軸旋轉：

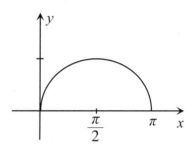

剝殼法：

$V_y = 2\pi \int_0^\pi x sinx dx = 2\pi \int_0^\pi x d(-cosx)$

$\quad = 2\pi[(-xcosx)_0^\pi + \int_0^\pi cosx dx] = 2\pi(\pi + sinx)\Big|_0^\pi = 2\pi^2$

圓盤法：

$V_y = \pi \int_0^1 [(\pi - sin^{-1}y)^2 - (sin^{-1}y)^2] dy$

$\quad = \pi \int_0^1 (\pi^2 - 2\pi sin^{-1}y) dy$

$\quad = \pi^3 - 2\pi \int_0^1 sin^{-1}y dy$

$\quad = \pi^3 - 2\pi^2(ysin^{-1}y]_0^1 - \int_0^1 yd)$

$\quad = \pi^3 - 2\pi^2(\frac{\pi}{2} - \int_0^1 \frac{y}{\sqrt{1-y^2}} dy)$

$\quad = 2\pi^2(-\sqrt{1-y^2})]_0^1 = 2\pi^2$

(d) (1) 繞x軸旋轉：

(圓盤法)

$V_x = \pi \int_{-\frac{\pi}{2}}^{\frac{\pi}{2}} cos^2 x dx$

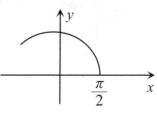

$$= 2\pi \int_0^{\frac{\pi}{2}} x\cos^2 x dx = 2\pi \int_0^{\frac{\pi}{2}} \frac{1}{2}\cos 2x dx$$

$$= \pi[x + \frac{1}{2}\sin 2x]\Big|_0^{\frac{\pi}{2}} = 2\pi^2$$

(2)繞y軸旋轉(剝殼法)

$$V_y = 2\pi \int_0^{\frac{\pi}{2}} x\cos x dx = 2\pi[\int_0^{\frac{\pi}{2}} x d\sin x]$$

$$= 2\pi(x\sin x)\Big|_0^{\frac{\sqrt{\pi}}{2}} - 2\pi \int_0^{\frac{\pi}{2}} x d\sin x$$

$$= 2\pi(\frac{\pi}{2}) + 2\pi(\cos x)]\Big|_0^{\frac{\pi}{2}} = 2 - 2\pi = \pi(\pi-2)$$

(e)$\overleftrightarrow{AC}$: $\dfrac{y-1}{x-1} = \dfrac{2-1}{3-1}$ $\quad \therefore x = 2y \cdot 1$

$\overleftrightarrow{BC}$: $\dfrac{y-2}{x-3} = \dfrac{1-2}{4-3}$ $\quad \therefore x = 5-y$

$$\therefore V = 2\pi \int_1^2 y((5-y)-(2y-1))dy$$

$$= 2\pi \int_1^2 y(6-3y)dy = 4\pi$$

例 8 (a)自一個半徑為b之球，若我們從通過球心鑽一個半徑a之圓洞後，求球剩下來之體積為何？

(b)從半徑為r之球體挖出半徑為$\dfrac{r}{2}$而中心軸貫穿球心的圓柱孔。

■ 解析

試求其所餘部份之體積。

■ 解

(a) 方法一 ➡先求挖洞之體積

$$V = 2\pi \int_0^b \sqrt{a^2-y^2}dy$$

$$= -2\pi\frac{2}{3}(a^2-y^2)^{\frac{3}{2}}]_0^b$$

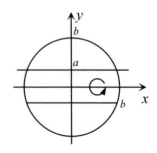

$$= \frac{-4\pi}{3}(b^2-a^2)^{\frac{3}{2}} + \frac{4}{3}\pi a^3$$

∴挖洞後之剩下體積爲

$$V' = \frac{4}{3}\pi a^3 - [-\frac{4}{3}\pi(b^2-a^2)^{\frac{3}{2}} + \frac{4}{3}\pi a^3]$$

$$= \frac{4}{3}\pi(b^2-a^2)^{\frac{3}{2}}$$

方法二 :

$$V = 2\pi \int_a^b y\sqrt{a^2-y^2}\,dy$$

$$= 2\pi[-\frac{2}{3}(a^2-y^2)^{\frac{3}{2}}]\big|_a^b = \frac{4}{3}(b^2-a^2)^{\frac{3}{2}}\pi$$

(b) $V = 2[2\pi \int_{\frac{r}{2}}^r y\sqrt{r^2-y^2}\,dy]$

$$= 4\pi[-\frac{2}{3}(r^2-y^2)^{\frac{3}{2}}]\big|_{\frac{r}{2}}^r = \frac{\sqrt{3}}{2}r^3$$

例9　將半徑爲a之半球注滿水,然後傾斜 30°,求流出水之體積爲何?

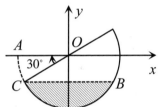

解

$$\overline{OT} = \overline{OC}\cdot sin30° = a\cdot\frac{1}{2} = \frac{a}{2}$$

∴T之座標$(0,-\frac{a}{2})$

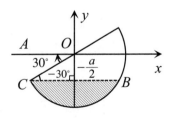

$$V_1 = \pi \int_{-a}^{-\frac{a}{2}} x^2\,dy$$

$$= \pi \int_{-a}^{-\frac{a}{2}} (a^2-y^2)\,dy$$

$$= \pi[a^2y - \frac{1}{3}y^3]\big|_{-a}^{-\frac{a}{2}}$$

$$= \frac{5}{24}a^3\pi$$

∴流出的水為半球體積減去$\frac{5}{24}a^3\pi$

$$=\frac{1}{2}\cdot\frac{4}{3}\pi a^3-\frac{5}{24}a^3\pi=\frac{11}{24}a^3\pi$$

例 10 $y=x^2$(單位長為cm)繞y軸旋轉,形成一容器,現將水以
vcm^3/秒速度將水注入此容器,求t秒後之水深及水面面積

■ **解析**

我們先求水深為y時之
體積與表面積。

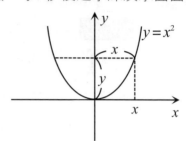

■ **解**

1°水深為y時水面之面積為$A=\pi x^2=\pi y$,此時體積V。

$$V=\pi\int_0^y x^2dy=\pi\int_0^y ydy=\frac{1}{2}\pi y^2(cm^3)$$

2°現每秒注入vcm^3則t秒後注入了$vtcm^3$,

∴t秒後之水深為$\frac{1}{2}\pi y^2=vt$得$y=\sqrt{\frac{2}{\pi}vt}cm$

對應之水面面積為$\pi y=\pi\sqrt{\frac{2}{\pi}vt}=\sqrt{2\pi tv}(cm^2)$

例 11 (a) $x^2+y^2=25$與$y^2=3(x-1)$所圍成區域繞x軸旋轉所成固體
之體積。

(b)半徑為r,中心角為 60°之扇形OAB繞半徑OA旋轉所得
固體之體積。

■ **解**

(a)由右圖,本題要求
之體積可分二部份:
V_1:$y^2=3(x-1)$,
$4\geq x\geq 1$繞x軸旋轉

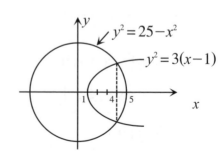

$V_2 : y^2 = 25 - x^2$, $5 \geq x \geq 4$ 繞 x 軸旋轉

$$V = V_1 + V_2 = \pi \int_1^4 3(x-1)dx + \pi \int_4^5 (25-x^2)dx$$

$$= \frac{109}{6}\pi$$

(b)B 之座標為 $r\sin 60° = \frac{\sqrt{3}}{2}r$

x 座標為 $r\cos 60° = \frac{r}{2}$

$\therefore B$ 之座標為 $(\frac{r}{2} , \frac{\sqrt{3}}{2}r)$,

$\overleftrightarrow{OB}$ 方程式 $y = \sqrt{3}x$

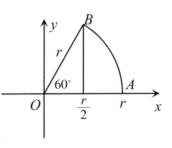

$$\therefore V = \pi \int_0^{\frac{r}{2}} (\sqrt{3}x)^2 dx + \int_{\frac{r}{2}}^r (r^2 - x^2)dx$$

$$= \pi x^3]_0^{\frac{r}{2}} + \pi (r^2 x - \frac{x^3}{3})]_{\frac{r}{2}}^r = \frac{\pi}{3}r^3$$

上面的例子都是對 x 軸或 y 軸旋轉，例 12、13 則是繞 $x = a$ 或 $y = b$ 旋轉。

例 12 用剝殼法求(a)~(c)之計算式(a)繞 y 軸旋轉。

(只需列式即可)

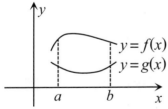

(b)繞 $x = a$ 旋轉

(c)繞 $x = b$ 旋轉

解

(a)$V = 2\pi \int_a^b x(f(x) - g(x))dx$

(b)$V = 2\pi \int_a^b (x-a)(f(x) - g(x))dx$

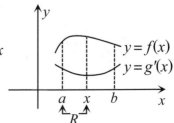

$$(c)V=2\pi\int_a^b(b-x)(f(x)-g(x))dx$$

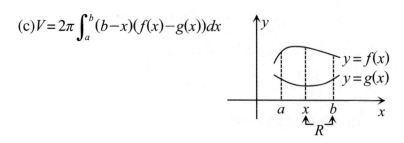

例 13　(a)$y=x^2$，$y=0$，$x=1$，$x=2$圍成區域繞$x=1$旋轉。

(b)$ay^2=x^3$，$a>0$，$x=0$，$y=a$圍成區域繞$y=a$旋轉

解

$$(a)V=2\pi\int_1^2(x-1)x^2dx=\frac{17}{6}\pi$$

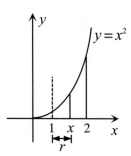

$$(b)ay^2=x^3\quad\therefore x=a^{\frac{1}{3}}y^{\frac{2}{3}}$$

用

$$V=2\pi\int_0^a(a-y)a^{\frac{1}{3}}y^{\frac{2}{3}}dy$$
$$=\frac{9}{20}\pi a^3$$

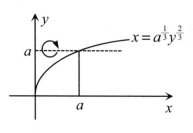

例 14　$x^2+y^2\le2x$，$y\ge x$所圍成區域繞$x=2$旋轉所得固體體積。

解

$$V=2\pi\int_0^1(2-x)(\sqrt{2x-x^2}-x)dx$$
$$=\frac{\pi^2}{2}-\frac{2}{3}\pi$$

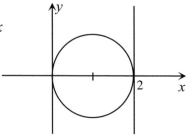

參數式曲線旋轉之固體體積

例 15 求(a)$\begin{cases} x = a\cos t \\ y = b\sin t \end{cases}$，繞$x$軸之旋轉

(b)$\begin{cases} x = a(t - \sin t) \\ y = b(1 - \cos t) \end{cases}$，$(a > 0)$之一拱與$x$軸圍成區域，繞$x$軸之旋轉

解

(a) 方法一 ➡ 圓盤法

$$V = \pi \int_{-a}^{a} y^2 dx = 2\pi \int_{0}^{a} y^2 dx$$

$$= 2\left| \int_{0}^{\frac{\pi}{2}} (b\sin t)^2 a\sin t \, dt \right|$$

$$= 2\left| \int_{0}^{\frac{\pi}{2}} ab^2 \sin^3 t \, dt \right|$$

$$= 2ab^2\pi \int_{0}^{\frac{\pi}{2}} \sin^3 t \, dt = 2ab^2\pi \cdot \frac{2}{3} \cdot 1 = \frac{4}{3}\pi ab^2$$

方法二 ➡ 剝殼法

$$V = 2\pi \int_{-b}^{b} xy \, dy = 4\pi \int_{0}^{\frac{\pi}{2}} (a\cos t)(b\sin t)(b\cos t) dt$$

$$= 4\pi \int_{0}^{\frac{\pi}{2}} ab^2 \cos^2 t \sin t \, dt$$

$$= 4ab^2\pi \cdot \frac{\Gamma(\frac{3}{2})\Gamma(\frac{2}{2})}{2\Gamma(\frac{3}{2} + 1)}$$

$$= 4ab^2\pi \cdot \frac{\frac{\sqrt{\pi}}{2} \cdot 1}{2 \cdot \frac{3}{2} \cdot \frac{\sqrt{\pi}}{2}} = \frac{4}{3}ab^2\pi$$

(b) 繞x軸旋轉

圓盤法

$$V_x = \pi \int_{0}^{2\pi a} y^2 dx = \pi \int_{0}^{2\pi} [a(1 - \cos t)]^2 [a(1 - \cos t)] dt$$

$$= \pi \int_{0}^{2\pi} a^3 (1 - \cos t)^3 dt$$

$$= 2\pi a^3 \int_0^\pi (1-cost)^3 dt = 2\pi a^3 [8 \int_0^\pi sin^6\frac{t}{2} dt]$$

$$= 16\pi a^3 \cdot 2 \int_0^\pi sin^6\frac{t}{2} d\frac{t}{2}$$

$$\underline{\underline{y=\frac{t}{2}}} \ 32\pi a^3 \int_0^{\frac{\pi}{2}} sin^6 y dy = 32\pi a^3 \cdot \frac{5}{6} \cdot \frac{3}{4} \cdot \frac{1}{2} \cdot \frac{\pi}{2} = 5\pi^2 a^3$$

單元 39 旋轉體之表面積

設平面光滑曲線 $y = f(x)$，在 $[a，b]$，$f(x) \geq 0$，則 $y = f(x)$ 繞 x 軸旋轉所得之表面積 S 為

$$S = 2\pi \int_a^b f(x)\sqrt{1 + (f'(x))^2}\,dx = 2\pi \int_a^b f(x)\,ds$$

繞 y 軸旋轉所得之表面積為

$$S = 2\pi \int_a^d g(y)\,ds = \int_a^d g(y)\sqrt{1 + (g'(y))^2}\,dy，\text{其中} x = g^{-1}(y)$$

例 1 求下列旋轉體積之表面積：

(a) $x^2 + y^2 = a^2$，$a > 0$，繞 x 軸旋轉所得一球之表面積

(b) $x^2 + y^2 = a^2$，取 $x \in [x_1 \cdot x_2] \subset [-a，a]$ 繞 x 軸旋轉得一球台之表面積。

(c) $y = e^{-x}$，$x \geq 0$ 繞 x 軸旋轉得一固體之表面積。

解

(a) 取 $y = \sqrt{a^2 - x^2}$，$a \geq x \geq -a$，$y' = -x(a^2 - x^2)^{-\frac{1}{2}}$

$$S = 2\pi \int_{-a}^a \sqrt{a^2 - x^2}\sqrt{1 + (-x(a^2 - x^2)^{-\frac{1}{2}})^2}\,dx$$

$$= 4\pi \int_0^a \sqrt{a^2 - x^2}\sqrt{\frac{a^2}{a^2 - x^2}}\,dx = 4a^2\pi$$

註：這就是半徑 r 為之球表面積公式

(b) 取 $y = \sqrt{a^2 - x^2}$，$a \geq x \geq -a$，$y' = -x(a^2 - x^2)^{-\frac{1}{2}}$

$$S = 2\pi \int_{x_1}^{x_2} \sqrt{a^2 - x^2}\sqrt{1 + (-x(a^2 - x^2)^{-\frac{1}{2}})^2}\,dx$$

$$= 2\pi \int_{x_1}^{x_2} \sqrt{a^2 - x^2}\sqrt{\frac{a^2}{a^2 - x^2}}\,dx$$

$$= 2\pi a x \Big]_{x_1}^{x_2} = 2a\pi(x_2 - x_1)$$

(c) $y = e^{-x}$，$y' = -e^{-x}$

$$\therefore S = 2\pi \int_0^\infty e^{-x}\sqrt{1 + (-e^{-x})^2}\,dx$$

$$\underline{y=e^{-x}} \quad 2\pi \int_1^0 \sqrt{1+y^2}\,d(-y) = 2\pi \int_0^1 \sqrt{1+y^2}\,dy$$

$$= 2\pi[\frac{y}{2}\sqrt{1+y^2} + \frac{1}{2}ln|y+\sqrt{1+y^2}|]_0^1$$

$$= 2\pi[\frac{1}{2}\sqrt{2} + \frac{1}{2}ln(1+\sqrt{2})]$$

$$= (\sqrt{2} + ln(1+\sqrt{2}))\pi$$

參數式

若平滑曲線由c由下列參數方程式給出

$$\begin{cases} x=x(t) \\ y=y(t) \end{cases}, \quad a \le t \le b$$

則曲線c繞x軸旋轉一周所得旋轉體體表面積S

$$S = \int_a^b 2\pi y(t)\sqrt{(x'(t))^2+(y'(t)^2)}\,dt$$

例2　(a)用本單元方法求上例(a)：

(b)用本單元方法求$x^{\frac{2}{3}}+y^{\frac{2}{3}}=a^{\frac{2}{3}}$，$a>0$繞$x$軸旋

轉所得固體之表面積

(c)$\begin{cases} x=cost \\ y=1+sint \end{cases}$，$2\pi \ge t \ge 0$繞$x$軸旋轉所得固體之表面積

解

(a)取$\begin{cases} x=acost \\ y=asint \end{cases}$，$\pi \ge t \ge 0$，則

$$S = \int_0^\pi 2\pi \cdot asint\sqrt{(-asint)^2+(acost)^2}\,dt$$

$$= 2\pi a^2 \int_0^\pi sint\,dt = 4\pi a^2$$

(b)由對稱性

$$S = 2 \cdot 2\pi \int_0^{\frac{\pi}{2}} (asin^3t)\sqrt{(-3acos^2tsint)^2+(3asin^2tcost)^2}\,dt$$

$$= 12a^2\pi \int_0^{\frac{\pi}{2}} sin^4tcost\,dt = 12a^2\pi \int_0^{\frac{\pi}{2}} sin^4t\,dsint$$

$$= 12a^2\pi \cdot (\frac{1}{5}sin^5t)]_0^{\frac{\pi}{2}} = \frac{12}{5}a^2\pi$$

$$(c)S = 2\pi \int_0^{2\pi} (1 + sint)\sqrt{(-sint)^2 + (cost)^2}dt$$

$$= 2\pi \int_0^{2\pi} (1 + sint)dt = 4\pi^2$$

例 3 求下列旋轉固體之表面積：

$$\frac{x^2}{a^2} + \frac{y^2}{b^2} = 1 \cdot b > a > 0$$

解

取$x = acost$，$y = bsint$，$\pi \geq t \geq 0$

$$A = 2\pi \int_0^{\pi} y(t)\sqrt{[x'(t)]^2 + [y'(t)]^2}dt$$

$$= 2\pi \int_0^{\pi} bsint\sqrt{a^2sin^2t + b^2cos^2t}dt$$

$$= 2\pi b \int_0^{\pi} sint\sqrt{a^2(1 - cos^2t) + b^2cos^2t}dt$$

$$= \frac{-2\pi b}{\sqrt{a^2 - b^2}} \int_0^{\pi} \sqrt{a^2 - (a^2 - b^2)cos^2t}d(\sqrt{a^2 - b^2}cost)$$

$$\underline{\underline{u = \sqrt{a^2 - b^2}cost}} \quad \int_{\sqrt{a^2 - b^2}}^{-\sqrt{a^2 - b^2}} \sqrt{a^2 - u^2}du \cdot \frac{-2\pi b}{\sqrt{a^2 - b^2}}$$

$$= \frac{4\pi b}{\sqrt{a^2 - b^2}} \int_0^{\sqrt{a^2 - b^2}} \sqrt{a^2 - u^2}du$$

$$= \frac{4\pi b}{\sqrt{a^2 - b^2}} [\frac{u}{2}\sqrt{a^2 - u^2} + \frac{a^2}{2}sin^{-1}\frac{u}{a}]|_0^{\sqrt{a^2 - b^2}}$$

$$= \frac{4\pi b}{\sqrt{a^2 - b^2}} [\frac{\sqrt{a^2 - b^2}}{2} \cdot b + \frac{a^2}{2}sin^{-1}\frac{\sqrt{a^2 - b^2}}{a}]$$

$$= 2\pi[b^2 + \frac{a^2b}{\sqrt{a^2 - b^2}}sin^{-1}\frac{\sqrt{a^2 - b^2}}{a}]$$

CHAPTER 6

$A \cdot B = 1 \cdot (-2) + 0 \cdot 1 + (-3) \cdot 1 = -5$
$A \cdot B = 1 \cdot (-2) + 0 \cdot 1 + (-3) \cdot 1 = -5$
$A \cdot B = 1 \cdot (-2) + 0 \cdot 1 + (-3) \cdot 1 = -5$

無窮級數

$A \cdot B = 1 \cdot (-2) + 0 \cdot 1 + (-3) \cdot 1 = -5$
$A \cdot B = 1 \cdot (-2) + 0 \cdot 1 + (-3) \cdot 1 = -5$
$A \cdot B = 1 \cdot (-2) + 0 \cdot 1 + (-3) \cdot 1 = -5$

$A \cdot B = 1 \cdot (-2) + 0 \cdot 1 + (-3) \cdot 1 = -5$
$A \cdot B = 1 \cdot (-2) + 0 \cdot 1 + (-3) \cdot 1 = -5$
$A \cdot B = 1 \cdot (-2) + 0 \cdot 1 + (-3) \cdot 1 = -5$

單元 40　求和

$\sum\limits_{n=1}^{\infty} a_n$ 這類無窮級數求和問題一向為人感到興趣，其方法亦多變化，本單元就針對這類問題作一介紹，一般而言，有下列三種作法：

1. 拆項法，即將一個式子分成若干小項，以便於「兩兩對消」。

2. 利用 $\dfrac{1}{1-x} = 1 + x + x^2 + \cdots + x^n + \cdots$ 透過同時微分或積分後代特殊值而得到我們所要的結果。

3. 湊項法，即針對某一通項「加個數再減該數」或「減個數再加該數」以便拆項法。

大凡這類問題都暗藏某些解題密碼，一旦找到這些密碼，問題便可迎刃而解。

例1　求(a) $\sum\limits_{k=1}^{\infty} \dfrac{1}{k(k+1)} = ?$

(b) $\dfrac{1}{1 \cdot 4} + \dfrac{1}{4 \cdot 7} + \dfrac{1}{7 \cdot 10} + \cdots\cdots$

解

(a) $\because S_n = \sum\limits_{k=1}^{n} \dfrac{1}{k(k+1)}$

$\qquad = \sum\limits_{k=1}^{n} \dfrac{1}{k} - \dfrac{1}{k+1}$

$\qquad = (1 - \dfrac{1}{2}) + (\dfrac{1}{2} - \dfrac{1}{3}) +$

$\qquad \cdots\cdots (\dfrac{1}{n} - \dfrac{1}{n+1})$

$$
\begin{array}{cc}
\dfrac{1}{k} & \dfrac{1}{k+1} \\
k=1 \rightarrow 1 & \\
\dfrac{1}{2} & \dfrac{1}{2} \quad \rightarrow k=1 \\
\dfrac{1}{3} \;\text{對} & \dfrac{1}{3} \\
\vdots \quad \text{消} & \vdots \\
\vdots & \vdots \\
\dfrac{1}{n-1} & \vdots \\
k=n \rightarrow \dfrac{1}{n} & \dfrac{1}{n} \\
& \dfrac{1}{n+1} \rightarrow k=n
\end{array}
$$

$$=1-\frac{1}{n+1}=\frac{n}{n+1}$$

$$\therefore \sum_{k=1}^{\infty}\frac{1}{k(k+1)}=\lim_{n\to\infty}S_n=\lim_{n\to\infty}\frac{n}{n+1}=1$$

(b) 方法一：$\dfrac{1}{1\cdot4}+\dfrac{1}{4\cdot7}+\dfrac{1}{7\cdot10}+\cdots\cdots$

$$=\sum_{k=1}^{n}\frac{1}{(3-2)(3+1)}$$

$$S_n=\sum_{k=1}^{n}\left(\frac{1}{3k-2}-\frac{1}{3k+1}\right)\frac{1}{3}$$

$$=\frac{1}{3}(1-\frac{1}{3n+1})=\frac{n}{3n+1}$$

$$\frac{1}{1-4}+\frac{1}{4-7}+\cdots=\lim_{n\to\infty}S_n=\frac{1}{3}$$

方法二：

$$\frac{1}{1\cdot4}+\frac{1}{4\cdot7}+\frac{1}{7\cdot10}+\cdots\cdots$$

$$=\frac{1}{3}[(1-\frac{1}{4})+(\frac{1}{4}-\frac{1}{7})+(\frac{1}{7}-\frac{1}{10})+\cdots]$$

$$=\frac{1}{3}$$

方法二看起來比較簡單，但在理論上似乎欠週延，讀者在考試時除非時間不足或其它原因，以方法一為妥，即先求 S_n，再求 $\lim\limits_{n\to\infty}S_n=?$

例 2　若 $\sum\limits_{n=1}^{\infty}a_{2n-1}=\alpha$，$\sum\limits_{n=1}^{\infty}(-1)^{n-1}a_n=\beta$，求 $\sum\limits_{n=1}^{\infty}a_n=?$

解

$$\sum_{n=1}^{\infty}a_{2n-1}=a_1+a_3+a_5+a_7+\cdots+a_{2n-1}+\cdots=\alpha\cdots\cdots\cdots\cdots\cdots\cdots(1)$$

$$\sum_{n=1}^{\infty}(-1)^{n-1}a_n=a_1-a_2+a_3-a_4+\cdots+(-1)^{n-1}a_n+\cdots=\beta\cdots\cdots\cdots(2)$$

由 (1)−(2)：

$$a_2+a_4+\cdots+a_{2n}+\cdots=\alpha-\beta\cdots\cdots\cdots\cdots\cdots\cdots\cdots\cdots(3)$$

從而 $\sum\limits_{n=1}^{\infty}a_n=\alpha+(\alpha-\beta)=2\alpha-\beta$　　((3)與(1)之和)

例3 求 $\sum\limits_{n=1}^{\infty}\dfrac{1}{n(n+1)(n+2)}$ 及 $\sum\limits_{n=1}^{\infty}\dfrac{n}{(n+1)(n+2)(n+3)}$

解析

勿求 $\dfrac{1}{n(n+1)(n+2)}$ 之部份分式，因 $\dfrac{1}{n(n+1)(n+2)}$

$=\dfrac{\frac{1}{2}}{n}-\dfrac{1}{n+1}+\dfrac{\frac{1}{2}}{n+2}$，在求和上並未提供方便之處，現我

們把 $\dfrac{1}{n(n+1)(n+2)}$ 折成 $\dfrac{1}{2}[\dfrac{1}{n(n+1)}-\dfrac{1}{(n+1)(n+2)}]$，以便兩

兩對消。

解

(a) $\dfrac{1}{n(n+1)(n+2)}=\dfrac{1}{2}[\dfrac{1}{n(n+1)}-\dfrac{1}{(n+1)(n+2)}]$

$=\dfrac{1}{2}[(\dfrac{1}{n}-\dfrac{1}{n+1})-(\dfrac{1}{n+1}-\dfrac{1}{n+2})]$

$S_n=\sum\limits_{k=1}^{n}\dfrac{1}{k(k+1)(k+2)}=\dfrac{1}{2}[\sum\limits_{k=1}^{n}(\dfrac{1}{k}-\dfrac{1}{k+1})-\sum\limits_{k=1}^{n}(\dfrac{1}{k+1}-\dfrac{1}{k+2})]$

$\sum\limits_{k=1}^{n}(\dfrac{1}{k}-\dfrac{1}{k+1})=\dfrac{n}{n+1}$ (由例 1(a))，現在只需再求

$\sum\limits_{k=1}^{n}(\dfrac{1}{k+1}-\dfrac{1}{k+2})$

$\sum\limits_{k=1}^{n}(\dfrac{1}{k+1}-\dfrac{1}{k+2})=(\dfrac{1}{2}-\dfrac{1}{3})+$

$(\dfrac{1}{3}-\dfrac{1}{4})+\cdots(\dfrac{1}{n+1}-\dfrac{1}{n+2})$

$=\dfrac{1}{2}-\dfrac{1}{n+2}=\dfrac{n}{2(n+2)}$

$\therefore S_n=\dfrac{n}{n+1}-\dfrac{n}{2(n+2)}=\dfrac{n(n+3)}{2(n+1)(n+2)}$

$\sum\limits_{k=1}^{\infty}\dfrac{1}{n(n+1)(n+2)}=\lim\limits_{n\to\infty}S_n=\dfrac{1}{2}$

	$\dfrac{1}{k+1}$	$\dfrac{1}{k+2}$
$k=1\to$	$\dfrac{1}{2}$	
	$\dfrac{1}{3}$	$\dfrac{1}{3}\to k=1$
	$\vdots$ 對$\vdots$	
	$\vdots$ 消$\vdots$	
$k=n\to$	$\dfrac{1}{n+1}$	$\dfrac{1}{n+1}$
		$\dfrac{1}{n+2}\to k=n$

(b) $\dfrac{n}{(n+1)(n+2)(n+3)}=\dfrac{1}{(n+2)(n+3)}-\dfrac{1}{(n+1)(n+2)(n+3)}$

$=(\dfrac{1}{n+2}-\dfrac{1}{n+3})-\dfrac{1}{2}[\dfrac{1}{(n+1)(n+2)}-\dfrac{1}{(n+2)(n+3)}]$

$$= (\frac{1}{n+2} - \frac{1}{n+3}) - \frac{1}{2}[(\frac{1}{n+1} - \frac{1}{n+2}) - (\frac{1}{n+2} - \frac{1}{n+3})]$$

$$= \frac{3}{2}(\frac{1}{n+2} - \frac{1}{n+3}) - \frac{1}{2}(\frac{1}{n+1} - \frac{1}{n+2})$$

$$\therefore S_n = \sum_{k=1}^{\infty} [\frac{3}{2}(\frac{1}{n+2} - \frac{1}{n+3}) - \frac{1}{2}(\frac{1}{n+1} - \frac{1}{n+2})]$$

$$= \frac{3}{2}(\frac{1}{3} - \frac{1}{n+3}) - \frac{1}{2}(\frac{1}{2} - \frac{1}{n+2})$$

$$= \frac{1}{4} - \frac{3}{2}\frac{1}{n+3} + \frac{1}{2}\frac{1}{n+2}$$

$$\sum_{k=1}^{\infty} \frac{n}{(n+1)(n+2)(n+3)} = \lim_{n\to\infty} S_n = \lim_{n\to\infty}(\frac{1}{4} - \frac{3}{2}\frac{1}{n+3} + \frac{1}{2}\frac{1}{n+2})$$

$$= \frac{1}{4}$$

一些較複雜之求和技術

例 4　求 (a) $\sum_{n=1}^{\infty} n(\frac{1}{2})^n = ?$　　(b) $\sum_{n=1}^{\infty} n(\frac{1}{2})^{n-1}$

解

(a) 方法一 令 $S = \sum_{n=1}^{\infty} n(\frac{1}{2})^n$ 則

$$S = (\frac{1}{2}) + 2(\frac{1}{2})^2 + 3(\frac{1}{2})^3 + 4(\frac{1}{2})^4 + \cdots\cdots\cdots\cdots\cdots\cdots\cdots(1)$$

$$\therefore \frac{1}{2}S = (\frac{1}{2})^2 + 2(\frac{1}{2})^3 + 3(\frac{1}{2})^4 + \cdots\cdots\cdots\cdots\cdots\cdots\cdots(2)$$

(1)−(2) 得

$$S - \frac{S}{2} = (\frac{1}{2}) + (\frac{1}{2})^2 + (\frac{1}{2})^3 + (\frac{1}{2})^4 + \cdots\cdots$$

$$= \frac{\frac{1}{2}}{1 - \frac{1}{2}} = 1$$

即 $\frac{S}{2} = 1$　$\therefore S = 2$

方法二:

$$令 S(x) = \sum_{n=1}^{\infty} (\frac{x}{2})^n = \frac{\frac{x}{2}}{1-(\frac{x}{2})} = \frac{x}{2-x}$$

兩邊同時對x微分

$$S'(x) = \sum_{n=0}^{\infty} \frac{nx^{n-1}}{2^n} = \frac{2}{(2-x)^2} \quad \therefore S'(1) = \sum_{n=1}^{\infty} \frac{n}{2^n} = 2$$

(b)$\sum_{n=1}^{\infty} n(\frac{1}{2})^{n-1}$

$$= 2\sum_{n=1}^{\infty} n(\frac{1}{2})^n \quad (由(a))$$

$$= 2 \cdot 2 = 4$$

例 5 求(a)$\sum_{n=1}^{\infty} \frac{1}{n2^n}$ 及 (b)$\sum_{n=1}^{\infty} \frac{n^2}{2^n}$

■ **解析**

我們利用上例方法二之解法，因此，要決定適當之和函數 $S(x)$

■ **解**

(a)令$S(x) = \sum_{n=1}^{\infty} \frac{x^n}{n2^n} = \sum_{n=1}^{\infty} \frac{1}{n}(\frac{x}{2})^n$

兩邊同時對x微分：

$$S'(x) = \sum_{n=1}^{\infty} \frac{1}{n} \cdot \frac{n}{2}(\frac{x}{2})^{n-1} = \sum_{n=1}^{\infty} \frac{1}{2}(\frac{x}{2})^{n-1}$$

$$= \frac{1}{2}\sum_{n=0}^{\infty} (\frac{x}{2})^n = \frac{1}{2} \cdot \frac{1}{1-\frac{x}{2}} = \frac{1}{2-x}$$

$$\therefore S(x) = \int_0^x \frac{dx}{2-x} = -ln(2-x)]_0^x = ln2 - ln(2-x)$$

取$x = 1$

$$S(1) = ln2$$

(b)令$S(x) = \sum_{n=1}^{\infty} \frac{n^2}{2^n} = \sum_{n=1}^{\infty} (\frac{x}{2})^n = \frac{\frac{x}{2}}{1-\frac{x}{2}} = \frac{x}{2-x}$

兩邊對x微分：

$$\sum_{n=1}^{\infty}\frac{nx^{n-1}}{2^n}=\frac{2}{(2-x)^2}$$

再對x微分：

$$\sum_{n=2}^{\infty}\frac{n(n-1)x^{n-2}}{2^n}=\frac{4}{(2-x)^3}$$

在上式令$x=1$得

$$\sum_{n=2}^{\infty}\frac{n(n-1)}{2^n}=4$$

$$\sum_{n=1}^{\infty}\frac{(n+1)n}{2^{n+1}}=4 \text{ 即} \sum_{n=1}^{\infty}\frac{(n+1)n}{2^n}=8$$

$$\therefore \sum_{n=1}^{\infty}\frac{n^2}{2^n}=\sum_{n=1}^{\infty}\frac{(n+1)n}{2^n}-\sum_{n=1}^{\infty}\frac{n}{2^n}=8-2=6$$

例6 求 $\displaystyle\sum_{n=1}^{\infty}\frac{1}{(n^2-1)2^n}$

解

令 $\displaystyle S(x)=\sum_{n=2}^{\infty}\frac{x^n}{n^2-1}$

$$=\sum_{n=2}^{\infty}\frac{1}{2}\left(\frac{1}{n-1}-\frac{1}{n+1}\right)x^n$$

(1) $\displaystyle\sum_{n=2}^{\infty}\frac{1}{2}\left(\frac{x^n}{n-1}\right)=\frac{x}{2}\sum_{n=2}^{\infty}\frac{x^{n-1}}{n-1}=\frac{x}{2}\sum_{n=1}^{\infty}\frac{x^n}{n}$

又 $\displaystyle\left(\sum_{n=1}^{\infty}\frac{x^n}{n}\right)'=\sum_{n=1}^{\infty}\left(\frac{x^n}{n}\right)'=\sum_{n=1}^{\infty}x^{n-1}=\frac{1}{1-x}$

$$\therefore \sum_{n=1}^{\infty}\frac{x^n}{n}=\int\frac{dx}{1-x}=-ln(1-x)$$

得 $\displaystyle\sum_{n=2}^{\infty}\frac{1}{2}\left(\frac{x^n}{n-1}\right)=-\frac{x}{2}ln(1-x)$ ， $1>x>-1$ ①

(2) $\displaystyle\sum_{n=2}^{\infty}\frac{1}{2}\left(\frac{x^n}{n+1}\right)=\frac{1}{2x}\sum_{n=2}^{\infty}\frac{x^{n+1}}{n+1}=\frac{1}{2x}\sum_{n=3}^{\infty}\frac{x^n}{n}$

$$=\frac{1}{2x}\left(\sum_{n=1}^{\infty}\frac{x^n}{n}-x-\frac{x^2}{2}\right)$$

$$=\frac{1}{2x}\left(-ln(1-x)-x-\frac{x^2}{2}\right)，1>x>-1 \quad\quad ②$$

$$\therefore S(x)=①-②=-\frac{x}{2}ln(1-x)-\frac{1}{2x}\left(-ln(1-x)-x-\frac{x^2}{2}\right)$$

$$= \frac{1}{2} + \frac{x}{4} + \frac{1-x^2}{2x} ln(1-x) \qquad 1 > x > -1$$

取 $x = \frac{1}{2}$ 得

$$\sum_{n=2}^{\infty} \frac{1}{(n^2-1)2^n} = \frac{1}{2} + \frac{x}{4} + \frac{1-x^2}{2x} ln(1-x)\big|_{x=\frac{1}{2}}$$

$$= \frac{5}{8} + \frac{3}{4} ln\frac{1}{2} = \frac{5}{8} - \frac{3}{4} ln2$$

我們將在後單元繼續研究和函數之進一步技巧。

無窮等比級數求和

> **定理**
>
> $$1 + r + r^2 + \cdots \cdots + r^n + \cdots \cdots = \frac{1}{1-r} , \quad |r| < 1 。$$

證

$$S_n = a + ar + ar^2 + \cdots \cdots + ar^{n-2}$$

$$-)rS_n = ar + ar^2 + \cdots \cdots + ar^{n-1} + ar^n$$

$$\overline{(1-r)S_n = a \qquad\qquad\qquad -ar^n}$$

$$\therefore S_n = \frac{a(1-r^n)}{1-r}$$

(i) $|r| < 1$ 時 $\lim_{n \to \infty} S_n = \lim_{n \to \infty} \frac{a(1-r^n)}{1-r} = \frac{a}{1-r}$

(ii) $|r| > 1$ 時 $\lim_{n \to \infty} S_n$ 不存在

例 7 求 (1) $0.\overline{023}$ (2) $0.0\overline{23}$ 之分數表示 = ?

解

(1) 循環小數 $0.\overline{023} = 0.023023023 \cdots \cdots$

$$0.\overline{023} = \frac{23}{1000} + \frac{23}{1000^2} + \frac{23}{1000^3} + \cdots \cdots$$

$$= \frac{23}{1000} [1 + \frac{1}{1000} + \frac{1}{1000^2} + \cdots \cdots]$$

$$= \frac{23}{1000} \cdot \frac{1}{1 - \frac{1}{1000}}$$

$$= \frac{23}{1000} \cdot \frac{1}{\frac{999}{1000}} = \frac{23}{999}$$

(2) $0.0\overline{23} = 0.0232323\cdots\cdots$

令$X = 0.0\overline{23}$ 則$10X = 0.\overline{23} = \frac{23}{100} + \frac{23}{100^2} + \frac{23}{100^3} + \cdots$

$$= \frac{\frac{23}{100}}{1 - \frac{1}{100}} = \frac{23}{99}$$

$$\therefore X = \frac{23}{990}$$

單元 41　數列極限

本單元我們討論數列(sequence)之極限問題，單元 9 所述之定義，定理及計算技巧本單元都適用。

定義

給定一數列 $\{a_n , n \geq 1\}$，若對任一 $a \in R$，我們都能找到一個 $n_0 \geq 1$ 使得 $n \geq n_0$ 時，$|a_n - a| < \varepsilon$，則稱 $\lim\limits_{n \to \infty} a_n = a$

數列定理

若 $\lim\limits_{n \to \infty} a_n = A$，$\lim\limits_{n \to \infty} b_n = B$ 則

1. $\lim\limits_{n \to \infty} (a_n \pm b_n) = \lim\limits_{n \to \infty} a_n \pm \lim\limits_{n \to \infty} b_n = A \pm B$

2. $\lim\limits_{n \to \infty} (a_n \cdot b_n) = \lim\limits_{n \to \infty} a_n \cdot \lim\limits_{n \to \infty} b_n = AB$

3. $\lim\limits_{n \to \infty} \dfrac{a_n}{b_n} = \dfrac{\lim\limits_{n \to \infty} a_n}{\lim\limits_{n \to \infty} b_n} = \dfrac{A}{B}$

   $1'$：若 $B = 0$，$A \neq 0$ 則 $\lim\limits_{n \to \infty} \dfrac{a_n}{b_n}$ 不存在

   $2'$：若 $B = 0$，$A = 0$ 則 $\lim\limits_{n \to \infty} \dfrac{a_n}{b_n}$ 為不定式(可能不存在)

4. $\lim\limits_{n \to \infty} a_n^p = (\lim\limits_{n \to \infty} a_n)^p = A^p$，若 A^p 存在，$p \in R$

5. $\lim\limits_{n \to \infty} P^{a_n} = P^{\lim\limits_{n \to \infty} a_n} = p^A$，若 p^A 存在，$p \in R$

例 1　$\lim\limits_{n \to \infty} \dfrac{2n^3 + n + 1}{5n^3 + 3n + 1} = \dfrac{2}{5}$；$\lim\limits_{n \to \infty} (1 + \dfrac{1}{n+1})^n = e$；

$\lim\limits_{n \to \infty} (\sqrt{n+1} - \sqrt{n}) = 0$

例 2 若 $\lim\limits_{n\to\infty}a_n=\lim\limits_{n\to\infty}b_n=0$，求 $\lim\limits_{n\to\infty}(a_n cos n\theta + b_n sin n\theta)$，$\theta$ 與 n 無關。

解析

利用 Cauchy 不等式

解

$(a_n cos n\theta + b_n sin n\theta)^2 \leq (a_n^2+b_n^2)(cos^2 n\theta + sin^2 n\theta) \leq (a_n^2+b_n^2)$

即 $|a_n cos n\theta + b_n sin n\theta| \leq \sqrt{a_n^2+b_n^2}$

$\lim\limits_{n\to\infty}|a_n cos n\theta + b_n sin n\theta| \leq \lim\limits_{n\to\infty}\sqrt{a_n^2+b_n^2} = \sqrt{\lim\limits_{n\to\infty}(a_n^2+b_n^2)} = 0$

$\therefore \lim\limits_{n\to\infty}(a_n cos n\theta + b_n sin n\theta)=0$

例 3 試證 $\lim\limits_{n\to\infty}(1+n+n^2)^{\frac{1}{n}}=1$

解

令 $(1+n+n^2)^{\frac{1}{n}}=1+a_n$ $\therefore 1+n+n^2=(1+a_n)^n$

即

$1+n+n^2 = 1+na_n+\dfrac{n(n-1)}{2!}a_n^2+\dfrac{n(n-1)(n-2)}{3!}a_n^3+\cdots\cdots$

$\geq 1+\dfrac{n(n-1)(n-2)}{6}a_n^3$

$\therefore n(n+1) > \dfrac{n(n-1)(n-2)}{6}a_n^3$

$a_n \leq \sqrt[3]{\dfrac{6(n+1)}{(n-1)(n-2)}}$

即 $0 \leq a_n \leq \sqrt[3]{\dfrac{6(n+1)}{(n-1)(n-2)}}$ 又 $\lim\limits_{n\to\infty}\sqrt[3]{\dfrac{6(n+1)}{(n-1)(n-2)}}=0$ $\therefore \lim\limits_{n\to\infty}a_n=0$

或 $\lim\limits_{n\to\infty}(1+n+n^2)^{\frac{1}{n}}=\lim\limits_{n\to\infty}(1+a_n)^{\frac{1}{n}}=1$

數列極限存在條件

數列 $\{a_n\}$ 其極限存在之 2 個條件： 1.單調性(單調增加/減少)，通常可用 $\dfrac{a_{n+1}}{a_n}\geq 1$(或$\leq 1$)或 $a_{n+1}-a_n\geq(\leq 0)$

(2)有界性，即存在一個上界或下界M，使得$a_n \leq M$或$a_n \geq M$

定理

$\{a_n\}$為一有界單調(不論遞增或遞減)，其極限值必存在。

例4 試證數列$\sqrt{2}$，$\sqrt{2+\sqrt{2}}$，$\sqrt{2+\sqrt{2+\sqrt{2}}}$…之極限存在，並求此極限。

■ 解析

一般而言，有些題目先討論單調性後才討論有界性，但有時則相反，在導證單調性或有界性時，往往要將不等式作適當放大或應用一些基本不等式，如：算術平均數$\geq$幾何平均數、Cauchy 不等式。

■ 解

1. 存在

　(1)單調性

$$a_1 = \sqrt{2} \text{，} a_2 = \sqrt{2+\sqrt{2}} \text{，} \cdots a_{n+1} = \sqrt{2+a_n} \text{，} n = 1 \text{，} 2 \cdots$$

由數學歸納法：

　(1)$n = 2$時$a_1 \leq a_2$顯然成立

　(2)$n = k$時，令$a_k \geq a_{k-1}$

　(3)$n = k+1$時$a_{k+1} = \sqrt{2+a_k} \geq \sqrt{2+a_{k-1}} = a_n$

　$\therefore$數列$\{a_n\}$為單調增加

　(2)有界性

$$a_1 = \sqrt{2} \leq 2 \text{，} a_2 = \sqrt{2+\sqrt{2}} \leq \sqrt{2+2} = 2 \text{，} \cdots\cdots$$

設$n = k$時$a_k \leq 2$

$n = k+1$時，$a_{k+1} = \sqrt{2+a_k} \leq \sqrt{2+2} = 2$

∴數列$\{a_n\}$為有界，即上界$M=2$

2.求極限

令$\lim_{n\to\infty}a_{n+1}=\lim_{n\to\infty}\sqrt{2+a_n}=\alpha$，$\alpha=\sqrt{2+\alpha}$

∴$2+\alpha=\alpha^2$，$(\alpha-2)(\alpha+1)=0$

∴$\alpha=2$，$(\alpha=-1$不合$)$

即$\lim_{n\to\infty}a_n=2$

例5 若數列$\{a_n\}$滿足$a_1=2$，$a_{n+1}=\dfrac{1}{2}(a_n+\dfrac{1}{a_n})$，$n=1$，$2\cdots$

試證$\lim_{n\to\infty}a_n$存在並求之。

解

1. 存在

(1)有界性

$\{a_n\}$顯然為正項數列

∴$a_{n+1}=\dfrac{1}{2}(a_n+\dfrac{1}{a_n})\geq\sqrt{a_n\cdot\dfrac{1}{a_n}}=1$，$\forall n$

∴$\{a_n\}$具有下界$M=1$。

(2)單調性

$a_{n+1}=\dfrac{1}{2}(a_n+\dfrac{1}{a_n})$ ∴$\dfrac{a_{n+1}}{a_n}=\dfrac{1}{2}(1+\dfrac{1}{a_n^2})\leq\dfrac{1}{2}(1+\dfrac{1}{1})=1$

即$a_{n+1}\leq a_n$即$\{a_n\}$為單調減少，即$\{a_n\}$滿足單調性，

由 1、2 知$\{a_n\}$之極限存在。

2. 求極限

令$\lim_{n\to\infty}a_n=\alpha$，$(\alpha\neq0$，若$\alpha=0$則與$a_n\geq1$ 矛盾$)$

$\lim_{n\to\infty}a_{n+1}=\lim_{n\to\infty}\dfrac{1}{2}(a_n+\dfrac{1}{a_n})$，即

$\alpha=\dfrac{1}{2}(\alpha+\dfrac{1}{\alpha})$，$\alpha^2-2\alpha+1=(\alpha-1)^2=0$ 得$\alpha=1$

即$\lim_{n\to\infty}a_n=1$

例 6　數列 $\{a_n\}$ 滿足 $0 < a_1 < 2$，$a_{n+1} = \sqrt{a_n(2-a_n)}$，$n = 1$，$2 \cdots$ 試問此數列之極限是否存在？若存在極限爲何？

解

1. 存在

(1) 有界性 $a_{n+1} = \sqrt{a_n(2-a_n)} \le \dfrac{a_n + (2-a_n)}{2} = 1$

即 $\{a_n\}$ 之上界爲 1

(2) 單調性

$$a_{n+1} - a_n = \sqrt{a_n(2-a_n)} - a_n = \frac{2a_n - 2a_n^2}{\sqrt{a_n(2-a_n)} + a_n}$$

$$= \frac{2a_n(1-a_n)}{\sqrt{a_n(2-a_n)} + a_n} \ge 0$$

即 $\{a_n\}$ 爲單調增加，由(1)，(2)知 $\{a_n\}$ 之極限存在。

2. 求極限

$\lim\limits_{n \to \infty} a_{n+1} = \lim\limits_{n \to \infty} \sqrt{a_n(2-a_n)}$，即

$\alpha = \sqrt{\alpha(2-\alpha)}$，得 $2\alpha(\alpha-1) = 0$，$\alpha = 0$，1 $(\alpha = 0$ 不合$)$

$\therefore \lim\limits_{n \to \infty} a_n = 1$

例 7　若 $a_{n+1} = \sin a_n$，$\alpha_1 = 1$，試證 $\{a_n\}$ 收斂，並求其值。

解析

利用之 $\sin x \le x$ 性質

解

1. 收斂

(1) 單調性

$a_{n+1} = \sin a_n \le a_n$　$\therefore \{a_n\}$ 爲單調減少

(2) 有界性

$\sin a_{n+1} \le 1$　$\therefore \{a_n\}$ 爲有上界 $M = 1$

$\because \{a_n\}$ 具有單調性及有界性 $\therefore \{a_n\}$ 收斂

2. 求極限

$$\lim_{n\to\infty}a_{n+1}=\lim_{n\to\infty}\sin a_n=\sin\lim_{n\to\infty}a_n$$

令 $\lim_{n\to\infty}a_{n+1}=\lim_{n\to\infty}a_n=\alpha$

$\alpha=\sin\alpha$　現要解$\alpha=\sin\alpha$

令$f(x)=x-\sin x$，$f'(x)=1-\cos x\geq 0$ 故$f(x)=x-\sin x$為單調

遞增 $\therefore f(x)=0$只有一個解$x=0$

即$\lim_{n\to\infty}a_n=0$

例 8　若二個數列$\{x_n\}$，$\{y_n\}$之x_n，y_n間有下列關係：

① $x_1=a>0$，$y_1=b>0$，$a<b$，0

② $x_{n+1}=\sqrt{x_n y_n}$

③ $y_{n+1}=\dfrac{1}{2}(x_n+y_n)$

試證$\lim_{n\to\infty}x_n=\lim_{n\to\infty}y_n$

解

1. 先證$\{x_n\}$，$\{y_n\}$都收斂

(1) 單調性：

$$y_{n+1}=\frac{1}{2}(x_n+y_n)\geq\sqrt{x_n y_n}=x_{n+1}\quad\therefore y_n\geq x_n$$

$$x_{n+1}=\sqrt{x_n y_n}\geq\sqrt{x_n x_n}=x_n\quad\therefore\{x_n\}為單調增加$$

$$y_{n+1}=\frac{1}{2}(x_n+y_n)\leq\frac{1}{2}(y_n+y_n)=y_n\quad\therefore\{y_n\}為單調減少$$

即$\{x_n\}$與$\{y_n\}$均滿足單調性。

(2) 有界性

$$a\leq x_1\leq x_2\cdots\leq x_n\leq y_n\leq y_{n-1}\cdots\leq y_1\leq b$$

$\therefore\{x_n\}$有下界a，$\{y_n\}$有上界b。

2. 求極限

設$\lim_{n\to\infty}x_n=\alpha$，$\lim_{n\to\infty}y_n=\beta$，則$\lim_{n\to\infty}y_{n+1}=\lim_{n\to\infty}\dfrac{1}{2}(x_n+y_n)$

$$\therefore \alpha = \frac{1}{2}(\alpha+\beta)\text{得}\alpha=\beta$$

$$\text{即}\lim_{n\to\infty}x_n = \lim_{n\to\infty}y_n$$

例 9 若數列 $\{a_n\}$ 之 $a_n = \dfrac{1\cdot 3\cdot 5\cdots(2n-1)}{2\cdot 4\cdot 6\cdots 2n}$，試證：

$\dfrac{1}{\sqrt{4n}} < a_n < \dfrac{1}{\sqrt{2n+1}}$，從而求 $\lim\limits_{n\to\infty}a_n = \underline{\quad?\quad}$

■ **解析**

$$\text{若}b>a>0\text{時}\frac{a}{b}<\frac{a+1}{b+1}\text{即}\frac{b}{a}>\frac{b+1}{a+1}$$

$$\therefore a_n = \frac{1\cdot 3\cdot 5\cdots(2n-1)}{2\cdot 4\cdot 6\cdots 2n} = \frac{1}{2}\cdot\frac{3}{4}\cdot\frac{5}{6}\cdots\frac{2n-1}{2n}$$

$$< \frac{2}{3}\cdot\frac{4}{5}\cdot\frac{6}{7}\cdots\frac{2n}{2n+1}\cdot\frac{1}{2n+1} = \frac{1}{a_n}\cdot\frac{1}{2n+1}$$

■ **解**

$$\text{①} a_n = \frac{1\cdot 3\cdot 5\cdots(2n-1)}{2\cdot 4\cdot 6\cdots 2n} = \frac{1}{2}\cdot\frac{3}{4}\cdot\frac{5}{6}\cdots\frac{2n-1}{2n}$$

$$< \frac{2}{3}\cdot\frac{4}{5}\cdot\frac{6}{7}\cdots\frac{2n}{2n+1} = \frac{1}{a_n}\cdot\frac{1}{2n+1}$$

$$\text{即}a_n^2 < \frac{1}{2n+1}\quad \therefore a_n < \frac{1}{\sqrt{2n+1}}$$

$$\text{②} a_n = \frac{1\cdot 3\cdot 5\cdots(2n-1)}{2\cdot 4\cdot 6\cdots 2n} = \frac{3}{2}\cdot\frac{5}{4}\cdots\frac{2n-1}{2n-2}\cdot\frac{1}{2n}$$

$$> \frac{4}{3}\cdot\frac{6}{5}\cdots\frac{2n}{2n-1}\cdot\frac{1}{2n}$$

$$= 2\cdot\frac{4}{3}\cdot\frac{6}{5}\cdots\frac{2n}{2n-1}\cdot\frac{1}{4n}$$

$$= \frac{2}{1}\cdot\frac{4}{3}\cdot\frac{6}{5}\cdots\frac{2n}{2n-1}\cdot\frac{1}{4n}$$

$$= \frac{1}{a_n}\cdot\frac{1}{4n}$$

$$\text{即}a_n^2 > \frac{1}{4n}\quad \therefore a_n > \frac{1}{\sqrt{4n}}\text{，即}\frac{1}{\sqrt{4n}} < a_n < \frac{1}{\sqrt{2n+1}}$$

$$\text{又}\lim_{n\to\infty}\frac{1}{\sqrt{4n}} = \lim_{n\to\infty}\frac{1}{\sqrt{2n+1}} = 0\quad \therefore \lim_{n\to\infty}a_n = 0$$

單元 42 無窮級數定義

若$\{a_k\}$為一無窮數列(Infinite Sequence)，$\{a_n\}=\{a_1，a_2，$
……，$a_k，$……$\}k\in Z^+$，a_n為其第n項，則$\sum\limits_{n=1}^{\infty}a_n = a_1+a_2+\cdots\cdots+a_n+$
……稱為一無窮級數(Infinite Series)。

無窮級數之收斂與發散：$S_n =\sum\limits_{k=1}^{n}a_k = a_1+a_2+\cdots\cdots+a_n$，$n = 1$，
2，3……，為該無窮級數的部份和(Partial Sum)。若$\sum\limits_{n=1}^{\infty}a_k = A$(常
數)，則稱無窮級數$\sum\limits_{k=1}^{\infty}a_k$收斂(Convergent)，稱$A$為無窮級數的和，
即$\sum\limits_{n=\infty}^{\infty}a_k = A$。

無窮級數若不收斂即為發散(Divergent)。

若無窮級數$\sum\limits_{n=1}^{\infty}a_n$去掉前面$k$項，而得到一級數

$$\sum\limits_{n=k}^{\infty}a_n = a_k+a_{k+1}+\cdots\cdots$$

則上述級數為原級數$\sum\limits_{n=1}^{\infty}a_n$之$k$項後之餘項。

例 1 求無窮級數(a)$\sum\limits_{n=1}^{\infty}ln\dfrac{n+1}{n}$ (b)$\sum\limits_{n=2}^{\infty}ln(1-\dfrac{1}{n^2})$ (c)$\sum\limits_{n=1}^{\infty}\dfrac{1}{(n+2)n!}$之部

份之和S_n，然後判斷其斂散性：

解

(a)$S_n = \sum\limits_{k=1}^{n}ln\dfrac{k+1}{k} = ln\dfrac{2}{1}+ln\dfrac{3}{2}+\cdots+ln\dfrac{n+1}{n} = ln(n+1)$

$\lim\limits_{n\to\infty}S_n = \lim\limits_{n\to\infty}ln(n+1) = \infty$ $\therefore \sum\limits_{n=1}^{\infty}ln\dfrac{n+1}{n}$發散

(b)$S_n = \sum\limits_{k=2}^{n}ln(1-\dfrac{1}{k^2}) = \sum\limits_{k=2}^{n}ln\dfrac{k^2-1}{k^2} = \sum\limits_{k=2}^{n}ln\dfrac{(k-1)(k+1)}{k^2}$

$= \sum\limits_{k=2}^{n}(1-\dfrac{1}{k})(1+\dfrac{1}{k})$

$$= ln\,(\frac{1}{2}\cdot\frac{3}{2})(\frac{2}{3}\cdot\frac{4}{3})\cdots(\frac{n-1}{n}\cdot\frac{n+1}{n})$$

$$= -ln2 + ln\frac{n+1}{n}$$

$$\lim_{n\to\infty}S_n = \lim_{n\to\infty}(-ln2 + ln\frac{n+1}{n}) = -ln2$$

$$\therefore \lim_{n\to\infty}ln(1-\frac{1}{n^2})\text{收斂}$$

$$(c)S_n = \sum_{k=1}^{n}\frac{1}{(k+2)k!} = \sum_{k=1}^{n}\frac{k+1}{(k+1)(k+2)k!} = \sum_{k=1}^{n}\frac{(k+2)-1}{(k+2)(k+1)k!}$$

$$= \sum_{k=1}^{n}[\frac{1}{(k+1)!} - \frac{1}{(k+2)!}]$$

$$= (\frac{1}{2!} - \frac{1}{3!}) + (\frac{1}{3!} - \frac{1}{4!}) + \cdots(\frac{1}{(n+1)!} - \frac{1}{(n+2)!})$$

$$= \frac{1}{2} - \frac{1}{(n+2)!}$$

$$\lim_{n\to\infty}S_n = \lim_{n\to\infty}(\frac{1}{2} - \frac{1}{(n+2)!}) = \frac{1}{2}$$

$$\therefore \sum_{n=1}^{\infty}\frac{1}{(n+2)n!}\text{收斂於}\frac{1}{2}$$

例 2 求下列無窮級數之部份和,然後判斷其斂散性。

$$(a)\sum_{n=1}^{\infty}\int_0^1 x^2(1-x)^n dx$$

$$(b)\sum_{n=1}^{\infty}(\sqrt{n+2}-2\sqrt{n+1}+\sqrt{n})$$

$$(c)\sum_{n=1}^{\infty}\frac{1}{\sqrt{n+1}+\sqrt{n}}$$

解

$$(a)a_n = \int_0^1 x^2(1-x)^n dx = \frac{2!\,\Gamma(n+1)}{\Gamma(n+4)} = \frac{2}{(n+3)(n+2)(n+1)}\text{ (Beta}$$

函數)

$$S_n = \sum_{k=1}^{n}\frac{2}{(k+1)(k+2)(k+3)}$$

$$= \sum_{k=1}^{n}[\frac{1}{(k+1)(k+2)} - \frac{1}{(k+2)(k+3)}]$$

$$= [\sum_{k=1}^{n}(\frac{1}{k+1} - \frac{1}{k+2})] - [\sum_{k=1}^{n}(\frac{1}{k+2} - \frac{1}{k+3})]$$

$$= (\frac{1}{2} - \frac{1}{n+2}) - (\frac{1}{3} - \frac{1}{n+3}) = \frac{1}{6} - \frac{1}{n+2} - \frac{1}{n+3}$$

$$\therefore \sum_{n=1}^{\infty} a_n = \lim_{n\to\infty} S_n = \lim_{n\to\infty} (\frac{1}{6} - \frac{1}{n+2} - \frac{1}{n+3}) = \frac{1}{6}$$

(b) $\sum_{n=1}^{\infty} (\sqrt{n+2} - 2\sqrt{n+1} + \sqrt{n})$

$$= \sum_{n=1}^{\infty} [(\sqrt{n+2} - \sqrt{n+1}) - (\sqrt{n+1} - \sqrt{n})]$$

$$S_n = \sum_{k=1}^{n} [(\sqrt{k+2} - \sqrt{k+1}) - (\sqrt{k+1} - \sqrt{k})]$$

$$= (\sqrt{n+2} - \sqrt{2}) - (\sqrt{n+1} - \sqrt{1})$$

$$= (-\sqrt{2} + 1) + \sqrt{n+2} - \sqrt{n+1}$$

$$\therefore \sum_{n=1}^{\infty} (\sqrt{n+2} - 2\sqrt{n+1} + \sqrt{n})$$

$$= \lim_{n\to\infty} S_n = \lim_{n\to\infty} (-\sqrt{2} + 1) + (\sqrt{n+2} - \sqrt{n+1})$$

$$= -\sqrt{2} + 1 + \lim_{n\to\infty} (\sqrt{n+2} - \sqrt{n+1})$$

$$= -\sqrt{2} + 1 + \lim_{n\to\infty} \frac{1}{\sqrt{n+2} + \sqrt{n+1}}$$

$$= 1 - \sqrt{2}$$

(c) $a_n = \frac{1}{\sqrt{n} + \sqrt{n+1}} = \sqrt{n+1} - \sqrt{n}$

$$\therefore S_n = \sum_{k=1}^{n} a_k = \sum_{k=1}^{n} (\sqrt{k+1} - \sqrt{k})$$

$$= (\sqrt{n+1} - 1)$$

$$\sum_{n=1}^{\infty} \frac{1}{\sqrt{n} + \sqrt{n+1}} = \lim_{n\to\infty} S_n = \lim_{n\to\infty} (\sqrt{n+1} - 1) = \infty$$

$\therefore$ 發散

無窮級數之性質

1. 在級數前增加或減少有限個項次，不影響原級數之斂散性。

2. $c \neq 0$ 則 $\sum_{n=1}^{\infty} a_n$ 與 $\sum_{n=1}^{\infty} ca_n$ 具有相同之斂散性。

3.若$\sum\limits_{n=1}^{\infty}a_n$與$\sum\limits_{n=1}^{\infty}b_n$均收斂，$cd\neq0$則$\sum\limits_{n=1}^{\infty}c\cdot a_n\pm\sum\limits_{n=1}^{\infty}d\cdot b_n$亦收斂。

($\sum\limits_{n=1}^{\infty}a_n$與$\sum\limits_{n=1}^{\infty}b_n$均發散，$\sum\limits_{n=1}^{\infty}ca_n\pm\sum\limits_{n=1}^{\infty}db_n\,(cd\neq0)$不一定斂散)

4.若$\sum\limits_{n=1}^{\infty}a_n$為收斂，並收斂於$S$(即$\sum\limits_{n=1}^{\infty}a_n=S$)，則對級數之項任意加括號，則新的級數仍收斂於$S$，但其逆不恆成立。

5.$\sum\limits_{n=1}^{\infty}a_n$添加括號後之級數發散，則原級數發散。

性質 4，5 稱為無窮級數之重組(Rearrangement)。

例 3 試證調級數 $1+\dfrac{1}{2}+\dfrac{1}{3}+\cdots+\dfrac{1}{n}+\cdots$ 為發散。

解析

例 3 是無窮級數重組之一個好例子。

解

$$1+\frac{1}{2}+\frac{1}{3}+\frac{1}{4}+\frac{1}{5}+\frac{1}{6}+\frac{1}{7}+\frac{1}{8}+\cdots\cdots+\frac{1}{16}+\frac{1}{17}\cdots\cdots *$$

2^0 項 2^1 項　　2^2 項　　　　　2^3 項　　　　　$\cdots\cdots$

$$1\geq\frac{1}{2}$$

$$\frac{1}{2}+\frac{1}{3}\geq\frac{1}{4}+\frac{1}{4}=\frac{1}{2}$$

$$\frac{1}{4}+\frac{1}{5}+\frac{1}{6}+\frac{1}{7}\geq\frac{1}{8}+\frac{1}{8}+\frac{1}{8}+\frac{1}{8}+\frac{1}{8}=\frac{1}{2}$$

$$\frac{1}{8}+\frac{1}{9}+\cdots\cdots+\frac{1}{15}\geq\frac{1}{16}+\cdots\cdots+\frac{1}{16}=\frac{1}{2}$$

$$\therefore *\geq1+\frac{1}{2}+\frac{1}{2}+\frac{1}{2}+\cdots\cdots\to\infty\ 即\sum\limits_{n=1}^{\infty}\frac{1}{n}為發散$$

單元 43　正項級數審斂法

定義

設 $\sum\limits_{n=1}^{\infty} a_n$ 為一無窮級數，若所有的 n，$a_n > 0$，則稱 $\sum\limits_{n=1}^{\infty} a_n$ 為一正項級數(Positive Series)。

定理

若級數 $\sum\limits_{n=1}^{\infty} a_n$ 收斂則 $\lim\limits_{n \to \infty} a_n = 0$

證明

令 $S_n = a_1 + a_2 + \cdots \cdots + a_n$，則 $a_n = S_n - S_{n-1}$，且令 $\lim\limits_{n \to \infty} S_n = l$，則

$$\lim_{n \to \infty} a_n = \lim_{n \to \infty}(S_n - S_{n-1}) = \lim_{n \to \infty} S_n - \lim_{n \to \infty} S_{n-1} = l - l = 0 。$$

說明

1. 這個定理看似簡單，事實上如果用另一種等值敘述：若 $\lim\limits_{n \to \infty} a_n \neq 0$ 則級數 $\sum\limits_{k=1}^{\infty} a_n$ 發散，那它的功能便很突出。只要判斷正項級數斂散性時，第一關便是要經過這個定理之檢驗。

2. 當我們求 $\lim\limits_{n \to \infty} a_n$ 時 n 為自然數，因此，無法直接用 L'Hospital 法則，但我們通常都引用以下結果：若 $\lim\limits_{x \to \infty} f(x) = l$ 則 $\lim\limits_{n \to \infty} f(n) = l$。

例 1　判斷下列級數之斂散性。

$(a)\dfrac{1}{2}-\dfrac{2}{3}+\dfrac{3}{4}-\dfrac{4}{5}+\cdots$ $(c)sin1-2sin\dfrac{1}{2}+2sin\dfrac{1}{3}-4sin\dfrac{1}{4}+\cdots$

$(b)\displaystyle\sum_{n=1}^{\infty}\dfrac{1}{(1+\dfrac{2}{n})^{n}}$

▪ **解析**

「$\displaystyle\lim_{k\to\infty}a_k\neq 0$發散」之性質運用範圍不限於正項級數。

▪ **解**

$(a)a_n=(-1)^n\dfrac{n}{n+1}$，$\displaystyle\lim_{n\to\infty}(-1)^n\dfrac{n}{n+1}=\lim_{n\to\infty}(-1)^n\neq 0\therefore$ 發散

$(b)\displaystyle\lim_{n\to\infty}\dfrac{1}{(1+\dfrac{2}{n})^{n}}=\dfrac{1}{e^2}\neq 0\therefore$ 發散

$(c)\displaystyle\lim_{n\to\infty}(-1)^{n-1}nsin\dfrac{1}{n}$ $\underline{\underline{m=\dfrac{1}{n}}}$ $\displaystyle\lim_{m\to 0}(-1)^{\frac{1}{m}-1}\dfrac{sinm}{m}\neq 0\therefore$ 發散

正項級數審斂定理

1.(P一級數審斂法)

$\displaystyle\sum_{n=1}^{\infty}\dfrac{1}{n^p}=1+\dfrac{1}{2^p}+\dfrac{1}{3^p}+\cdots\cdots$

若$(1)p>1$則$\displaystyle\sum_{n=1}^{\infty}\dfrac{1}{n^p}$收斂；

$(2)p\leq 1$則$\displaystyle\sum_{k=1}^{\infty}\dfrac{1}{n^p}$發散。

2.(比較審斂法)

$\displaystyle\sum_{n=1}^{\infty}a_n$，$\displaystyle\sum_{n=1}^{\infty}b_n$為正項級數，且$b_n\geq a_n>0$，$\forall n\geq N$，則

$(1)\displaystyle\sum_{n=1}^{\infty}b_n$收斂則$\displaystyle\sum_{n=1}^{\infty}a_n$收斂；

$(2)\displaystyle\sum_{n=1}^{\infty}a_n$發散則$\displaystyle\sum_{n=1}^{\infty}b_n$發散。

3.(極限審斂法) $a_n>0$，$b_n>0$ 且$\displaystyle\lim_{n\to\infty}\dfrac{a_n}{b_n}=l$，若 $0<l<$

∞，則Σa_n與Σb_n同為收斂或發散，若$l=0$且Σb_n為收斂，

則 Σa_n 為收斂。若 $l=\infty$ 且 Σb_n 發散，則 Σa_n 發散。

4.若 Σa_n 為正項級數，若 $\lim\limits_{n\to\infty}\dfrac{a_n}{\dfrac{1}{n^p}}=\lim\limits_{n\to\infty}n^p a_n=l\neq 0$

(1) $1\geqq p>0$ 則 Σa_n 為發散；(2) $p>1$ 則 Σa_n 為收斂。

5.(比值檢定法)

設 Σa_n 為一正項級數，且 $\lim\limits_{n\to\infty}\dfrac{a_{n+1}}{a_n}=l<1\ (l>1)$，則 $\sum\limits_{n=1}^{\infty}a_n$ 收斂

(發散)；若 $l=0$，無法用比值檢定性檢定。

6.(積分審斂法)

設 $f(x)$ 在 $[1,\infty]$ 中為連續的正項非遞增函數，$a_n=f(n)$，

$\forall n\in Z^+$，則 $\sum\limits_{n=1}^{\infty}a_n$ 收斂之充要條件為 $\int_1^{\infty}f(x)dx$ 收斂(即

$\int_1^{\infty}f(x)dx<\infty$)。

7.(根審斂法) 設 Σa_n 為一正項級數，且 $\lim\limits_{n\to\infty}\sqrt[n]{a_n}=l$，若

$l<1$，則 $\sum\limits_{n=1}^{\infty}a_n$ 收斂，

若 $1<l<\infty$ 則 $\sum\limits_{n=1}^{\infty}a_n$ 發散；若 $l=1$，無法用根審斂法檢定。

例 2 判斷下列正項級數之斂散性。

(a) $\sum\limits_{n=1}^{\infty}\dfrac{n^{1.8}+1}{n^3+n+1}$ (b) $\sum\limits_{n=1}^{\infty}\dfrac{\sqrt{n}}{n^2+1}$ (c) $\sum\limits_{n=1}^{\infty}\dfrac{1}{\sqrt[3]{n^2+1}}$

(d) $\sum\limits_{n=1}^{\infty}\dfrac{n}{\sqrt{3n^3+n-1}}$ (e) $\sum\limits_{n=1}^{\infty}\dfrac{1}{n}sin\dfrac{1}{n}$ (c) $\sum\limits_{n=1}^{\infty}sin\dfrac{1}{n}$

解

(a) $\lim\limits_{n\to\infty}n^{1.2}\cdot\dfrac{n^{1.8}+1}{n^3+n+1}=1$，$p=1.2>1$ $\therefore\sum\limits_{n=1}^{\infty}\dfrac{n^{1.8}+1}{n^3+n+1}$ 收斂

(b) $\because\lim\limits_{n\to\infty}n^{\frac{3}{2}}\cdot\dfrac{\sqrt{n}}{n^2+1}=1$，$p=\dfrac{3}{2}<1$

$\therefore\sum\limits_{n=1}^{\infty}\dfrac{\sqrt{n}}{n^2+1}$ 收斂

(c) $\because \sum\limits_{n=1}^{\infty} n^{\frac{2}{3}} \cdot \dfrac{1}{\sqrt[3]{n^2+1}} = 1$，$p = \dfrac{2}{3} < 1$

$\therefore \sum\limits_{n=1}^{\infty} \dfrac{1}{\sqrt[3]{n^2+1}}$發散

(d) $\because \lim\limits_{n \to \infty} n^{\frac{1}{2}} \cdot \dfrac{n}{\sqrt{3n^3+n-1}} = \dfrac{1}{\sqrt{3}}$，$p = \dfrac{1}{2} < 1$

$\therefore \sum\limits_{n=1}^{\infty} \dfrac{n}{\sqrt{3n^3+n-1}}$發散

(e) 方法一：

$\lim\limits_{n \to \infty} n^2 \cdot (\dfrac{1}{n} sin \dfrac{1}{n}) = \lim\limits_{n \to \infty} n sin \dfrac{1}{n} \underset{y = \frac{1}{n}}{=\!=\!=} \lim\limits_{m \to 0} \dfrac{sim}{m} = 1$，$p = 2$

（p一級審斂法）

$\therefore \sum\limits_{n=1}^{\infty} \dfrac{1}{n} sin \dfrac{1}{n}$收斂

方法二：

$\because sin \dfrac{1}{n} \le \dfrac{1}{n} \therefore \dfrac{1}{n} sin \dfrac{1}{n} \le \dfrac{1}{n^2}$，$\sum\limits_{n=1}^{\infty} \dfrac{1}{n^2}$收斂（比較審斂法）

知 $\sum\limits_{n=1}^{\infty} \dfrac{1}{n} sin \dfrac{1}{n}$收斂

(f) $\lim\limits_{n \to \infty} n sin \dfrac{1}{n} \underset{m = \frac{1}{n}}{=\!=\!=} \lim\limits_{n \to \infty} \dfrac{sinm}{m} = 0$，$p = 1$ $\therefore \sum\limits_{n=1}^{\infty} sin \dfrac{1}{n}$發散

例3 判斷下列正項級數之斂散性。

(a) $\sum\limits_{n=1}^{\infty} \dfrac{sin(\frac{1}{n})}{n^2}$ 　　(b) $\sum\limits_{n=1}^{\infty} \dfrac{e^{-n}}{n^2}$ 　　(c) $\sum\limits_{n=1}^{\infty} ln(1+\dfrac{1}{n^2})$

(d) $\sum\limits_{n=1}^{\infty} (1-cos\dfrac{\pi}{n})$ 　　(e) $\sum\limits_{n=1}^{\infty} tan^{-1} \dfrac{1}{1+n+n^2}$

▦ **解析**

$x \ge (sinx，cosx，tan^{-1}x，cos^{-1})$，$x \ge ln(1+x)$，$x \ge 0$，$\sqrt{1+x^2}$
$> x$，$x \ge 0$ 都是在比較審斂法中常被用到的一些基本之微積
分不等式

▦ **解**

(a)$\frac{1}{n^2}sin\frac{1}{n}<\frac{1}{n^2}$ $(\because sin\frac{1}{n}<1)$

$\because \sum\limits_{n=1}^{\infty}\frac{1}{n^2}$收斂

$\therefore \sum\limits_{n=1}^{\infty}\frac{1}{n^2}sin\frac{1}{n}$ 收斂

(b)方法一:

$\frac{1}{n^2}e^{-n}<\frac{1}{n^2}(\because e^{-n}<1)$

$\sum\limits_{n=1}^{\infty}\frac{1}{n^2}$收斂 $\therefore \sum\limits_{n=1}^{\infty}\frac{1}{n^2}e^{-n}$ 收斂

方法二:

$a_n=\frac{e^{-n}}{n^2}$, $a_{n+1}=\frac{e^{-(n+1)}}{(n+1)^2}$

$\lim\limits_{n\to\infty}\frac{a_{n+1}}{a_n}=\lim\limits_{n\to\infty}\frac{\dfrac{e^{-(n+1)}}{(n+1)^2}}{\dfrac{e^{-n}}{n^2}}=\lim\limits_{n\to\infty}\frac{e^{-(n+1)}}{(n+1)^2}\cdot\frac{n^2}{e^{-n}}$

$=\lim\limits_{n\to\infty}\frac{e^{-1}\cdot n^2}{(n+1)^2}=e^{-1}<1$

$\therefore \sum\limits_{n=1}^{\infty}\frac{e^{-n}}{n^2}$收斂

(c)$a_n=ln(1+\frac{1}{n^2})\leq\frac{1}{n^2}$, $\sum\limits_{n=1}^{\infty}\frac{1}{n^2}$收斂

$\therefore \sum\limits_{n=1}^{\infty}ln(1+\frac{1}{n^2})$收斂

(d)方法一: $1-cos\frac{\pi}{n}=2sin^2\frac{\pi}{2n}\leq2\cdot(\frac{\pi}{2n})^2=\frac{\pi^2}{2}\frac{1}{n^2}$

又$\sum\limits_{n=1}^{\infty}\frac{1}{n^2}$收斂$\therefore \sum\limits_{n=1}^{\infty}(1-cos\frac{\pi}{n})$收斂

方法二:

$\lim\limits_{n\to\infty}n^2\cdot(1-cos\frac{\pi}{n})=\lim\limits_{n\to\infty}n^2(2sin^2\frac{\pi}{2n})$

$\underline{\underline{m=\frac{\pi}{2n}}}$ $\lim\limits_{n\to0}\frac{\pi^2}{2}(\frac{sin^2(m)}{m^2})=\frac{\pi^2}{2}$, $p=2$

$\therefore \sum\limits_{n=1}^{\infty}(1-cos\frac{\pi}{n})$收斂

(e)$tan^{-1}\dfrac{1}{1+n+n^2} \leq \dfrac{1}{1+n+n^2} \leq \dfrac{1}{n^2}$ $\therefore \displaystyle\sum_{n=1}^{\infty} tan^{-1}\dfrac{1}{1+n+n^2}$收斂

例4 判斷下列各題之斂散性。

(a)$\displaystyle\sum_{n=1}^{\infty}\dfrac{2^n}{n!}$ (b)$\displaystyle\sum_{n=1}^{\infty}\dfrac{n}{3^n(n+1)}$

(c)$\displaystyle\sum_{n=1}^{\infty}\dfrac{2}{1+a^n}$，$a>0$ (b)$\displaystyle\sum_{n=1}^{\infty}\dfrac{(n+1)(n+2)}{n^2 3^n}$

(e)$\displaystyle\sum_{n=1}^{\infty}\dfrac{n}{(n+1)2^n}$

■ 解

(a)$\because \displaystyle\lim_{n\to\infty}\dfrac{a_{n+1}}{a_n} = \lim_{n\to\infty}\dfrac{\dfrac{2^{n+1}}{(n+1)!}}{\dfrac{2^n}{n!}} = \lim_{n\to\infty}\dfrac{2^{n+1}}{(n+1)!}\cdot\dfrac{n!}{2^n}$

$\qquad\qquad = \displaystyle\lim_{n\to\infty}\dfrac{2}{n+1} = 0 < 1$

$\therefore \displaystyle\sum_{n=1}^{\infty}\dfrac{n!}{2^n}$收斂

(b)方法一：

$a_n = \dfrac{n}{3^n(n+1)}$，$a_{n+1} = \dfrac{n+1}{3^{n+1}(n+2)}$

$\because \displaystyle\lim_{n\to\infty}\dfrac{a_{n+1}}{a_n} = \lim_{n\to\infty}\left[\dfrac{n+1}{3^{n+1}(n+2)}\bigg/\dfrac{n}{3^n(n+1)}\right]$

$= \displaystyle\lim_{n\to\infty}\dfrac{n+1}{3^{n+1}(n+2)}\cdot\dfrac{3^n(n+1)}{n} = \lim_{n\to\infty}\dfrac{(n+1)^2}{3n(n+2)} = \dfrac{1}{3} < 1$

$\therefore \displaystyle\sum_{n=1}^{\infty}\dfrac{n}{3^n(n+1)}$收斂

方法二：

$\dfrac{n}{3^n(n+1)} = \dfrac{1}{3^n}\left(\dfrac{n}{n+1}\right) < \dfrac{1}{3^n}$ $\qquad\left(\dfrac{n}{n+1} < 1\right)$

$\because \displaystyle\sum_{n=1}^{\infty}\dfrac{1}{3^n}$收斂$\left(\displaystyle\sum_{n=1}^{\infty}\dfrac{1}{3^n}\text{為}r = \dfrac{1}{3}\text{之無窮等比級數}\right)$

$\therefore \displaystyle\sum_{n=1}^{\infty}\dfrac{n}{3^n(n+1)}$收斂

(c)$a_n = \dfrac{2}{1+a^n}$，$a_{n+1} = \dfrac{2}{1+a^{n+1}}$

$$\because \lim_{n\to\infty}\frac{a_{n+1}}{a_n}=\lim_{n\to\infty}\frac{\dfrac{2}{1+a^{n+1}}}{\dfrac{2}{1+a^n}}=\lim_{n\to\infty}\frac{1+a^n}{1+a^{n+1}} \qquad *$$

$$=\lim_{n\to\infty}\frac{1+a^n}{1+a^{n+1}}=\lim_{n\to\infty}\frac{\dfrac{1}{a^{n+1}}+\dfrac{1}{a}}{\dfrac{1}{a^{n+1}}+1}$$

(i)$a>1$時 $*=\displaystyle\lim_{n\to\infty}\frac{\dfrac{1}{1+a^{n+1}}+\dfrac{1}{a}}{\dfrac{1}{1+a^{n+1}}+1}=\frac{1}{a}<1$ ， $\displaystyle\sum_{n=1}^{\infty}\frac{2}{1+a^n}$收斂

(ii)$1\geq a>0$時$\displaystyle\lim_{n\to\infty}\frac{2}{1+a^n}\neq 0$ $\therefore \displaystyle\sum_{n=1}^{\infty}\frac{2}{1+a^n}$發散

(d) 方法一

$$a_n=\frac{(n+1)(n+2)}{n^2\cdot 3^n}$$

$$\lim_{n\to\infty}\frac{a_{n+1}}{a_n}=\lim_{n\to\infty}\frac{\dfrac{(n+2)(n+3)}{(n+1)^2\cdot 3^{n+1}}}{\dfrac{(n+1)(n+2)}{n^2\cdot 3^n}}$$

$$=\lim_{n\to\infty}\frac{n^2(n+3)}{(n+1)^3}\cdot\frac{1}{3}=\frac{1}{3}<1 \quad \therefore \sum_{n=1}^{\infty}\frac{(n+1)(n+2)}{n^2\cdot 3^n}$$收斂

方法二

(e)$a_n=\dfrac{n}{(n+1)2^n}$ ， $\displaystyle\lim_{n\to\infty}\frac{a_{n+1}}{a_n}=\lim_{n\to\infty}\frac{\dfrac{n+1}{(n+2)2^{n+1}}}{\dfrac{n}{(n+1)2^n}}=\lim_{n\to\infty}\frac{(n+1)^2}{n(n+2)}\cdot\frac{1}{2}$

$$=\frac{1}{2} \quad \therefore \sum_{n=1}^{\infty}\frac{n}{(n+1)2^n}$$收斂

例5 $a_n>0$ 。

若$\dfrac{a_{n+1}}{a_n}\leq 1-\dfrac{2}{n}+\dfrac{1}{n^2}$ ， 試證$\displaystyle\sum_{n=1}^{\infty}a_n$為收斂 。

解

$$\frac{a_{n+1}}{a_n}\leq 1-\frac{2}{n}+\frac{1}{n^2}=\frac{(n^2-2n+1)}{n^2}=\frac{(n-1)^2}{n^2}<1 \quad ，\forall n>1$$

$$\therefore \sum_{n=1}^{\infty} a_n \text{為收斂}$$

例 6 若正項級數 $\sum_{n=1}^{\infty} a_n$ 為收斂，試證：

(a) $\sum_{n=1}^{\infty} a_n^2$ 為收斂

(b) $\sum_{n=1}^{\infty} \frac{a_n}{1+a_n}$ 為收斂

(c) $\sum_{n=1}^{\infty} \frac{\sqrt{a_n}}{n}$ 為收斂

(d) $\sum_{n=1}^{\infty} \sqrt{a_n a_{n+1}}$ 為收斂

■ **解**

(a) $\because \sum_{n=1}^{\infty} a_n$ 為收斂，$\therefore$ 當 n 充分大時，$a_n < 1$，此時 $a_n^2 \leq a_n$，又

$\sum_{n=1}^{\infty} a_n$ 收斂　　$\therefore \sum_{n=1}^{\infty} a_n^2$ 為收斂

(b) $1 + a_n \geq 1$，又 $\sum_{n=1}^{\infty} a_n$ 為正項級數 $\therefore \frac{a_n}{1+a_n} \leq a_n$，$\sum_{n=1}^{\infty} a_n$ 收斂

$\therefore \sum_{n=1}^{\infty} \frac{a_n}{1+a_n}$ 為收斂

(c) $\frac{\sqrt{a_n}}{n} = \sqrt{\frac{a_n}{n^2}} \leq \frac{1}{2}(a_n + \frac{1}{n^2})$，但 $\sum_{n=1}^{\infty} a_n$，$\sum_{n=1}^{\infty} \frac{1}{n^2}$ 均為收斂

$\therefore \frac{1}{2}\sum_{n=1}^{\infty}(a_n + \frac{1}{n^2})$ 為收斂從而 $\sum_{n=1}^{\infty} \frac{\sqrt{a_n}}{n}$ 為收斂

(d) $0 \leq \sqrt{a_n a_{n+1}} \leq \frac{1}{2}(a_n + a_{n+1})$

$\because \sum_{n=1}^{\infty} a_n$ 收斂 $\therefore \sum_{n=1}^{\infty} \frac{1}{2}(a_n + a_{n+1})$ 為收斂

由比較審斂法知 $\sum_{n=1}^{\infty} \sqrt{a_n a_{n+1}}$ 收斂

例 7 (a) $\sum_{n=2}^{\infty} \frac{n^{lnn}}{(ln^n)^n}$

(b) $\sum_{n=2}^{\infty} \frac{1}{(lnn)^{lnn}}$

(c) $\sum_{n=1}^{\infty} \int_0^{\frac{1}{n}} \frac{\sqrt{x}}{1+x^2}dx$

■ **解**

(a) 由根式檢定法

取 $a_n = \frac{n^{lnn}}{(ln^n)^n}$

$$\lim_{n\to\infty}\sqrt[n]{a_n} = \lim_{n\to\infty}\frac{n^{\frac{1}{n}lnn}}{lnn} = \lim_{n\to\infty}\frac{e^{\frac{1}{n}(lnn)^2}}{lnn}$$

$$但\lim_{n\to\infty}e^{\frac{1}{n}(lnn)^2} = \lim_{n\to\infty}e^{\frac{2lnn}{n}} = \lim_{n\to\infty}e^{\frac{2}{n}} = 0$$

$$得\lim_{n\to\infty}\sqrt[n]{a_n} = 0 < 1 \quad \therefore \sum_{n=2}^{\infty}\frac{n^{lnn}}{(ln^n)^n}收斂$$

(b)$\dfrac{1}{(lnn)^{lnn}} = \dfrac{1}{e^{(lnn)(lnlnn)}}$

$$e^{ln(lnn)} = (lnn)^{lnn} > n^2 , \ (n>e^{e^2}時)$$

$$\therefore \frac{1}{(lnn)^{lnn}} \le \frac{1}{e^{(lnn)(lnlnn)}} \le \frac{1}{n^2}$$

$$但\sum_{n=2}^{\infty}\frac{1}{n^2}收斂 \quad \therefore \sum_{n=2}^{\infty}\frac{1}{(lnn)^{lnn}}收斂$$

(c)$\displaystyle\int_0^{\frac{1}{n}}\frac{\sqrt{x}}{1+x^2}dx \le \int_0^{\frac{1}{n}}\sqrt{x}dx = \frac{2}{3}x^{\frac{3}{2}}]_0^{\frac{1}{n}} = \frac{2}{3}n^{-\frac{3}{2}}$

$$< \frac{1}{n^{\frac{3}{2}}}$$

$$又\sum_{n=1}^{\infty}\frac{1}{n^{\frac{3}{2}}}收斂 \therefore \sum_{n=1}^{\infty}\int_0^{\frac{1}{n}}\frac{\sqrt{x}}{1+x^2}dx收斂 。$$

例 8 試判斷下列無窮級數之斂散性？

(a)$\displaystyle\sum_{n=2}^{\infty}(\frac{1}{lnn})^n$　　(b)$\displaystyle\sum_{n=1}^{\infty}(\frac{3n}{4n-3})^n$　　(c)$\displaystyle\sum_{n=2}^{\infty}(\frac{5n}{4n-3})^n$

解

(a)$a_n = (\dfrac{1}{lnn})^n$

$$\lim_{n\to\infty}\sqrt[n]{a_n} = \lim_{n\to\infty}\sqrt[n]{(\frac{1}{lnn})^n}$$

$$= \lim_{n\to\infty}\frac{1}{lnn} = 0 < 1$$

$$\therefore \sum_{n=2}^{\infty}(\frac{1}{lnn})^n收斂$$

(b)$a_n = (\dfrac{3n}{4n-3})^n$

$$\lim_{n\to\infty}\sqrt[n]{a_n} = \lim_{n\to\infty}\sqrt[n]{(\frac{3n}{4n-3})^n}$$

$$= \lim_{n \to \infty} \frac{3n}{4n-3} = \frac{3}{4} < 1$$

$$\therefore \sum_{n=2}^{\infty} (\frac{3n}{4n-3})^n 收斂$$

(c) $\lim_{n \to \infty} (\frac{5n}{4n-3})^n \to \infty$ $\therefore \sum_{n=2}^{\infty} (\frac{5n}{4n-3})^n 發散$

例 9 (a) $\sum_{n=2}^{\infty} \frac{lnn}{n}$ (b) $\sum_{n=2}^{\infty} \frac{1}{n(lnn)^4}$ (c) $\sum_{n=1}^{\infty} \frac{lnn}{n^3+3}$

■ 解析

應用積分審斂法時應先證明 a_n 為遞減，但一般都先求

$\int_1^{\infty} f(x)dx$，存在則收斂。

■ 解

(a) 取 $f(x) = \frac{lnx}{x}$，$\int_1^{\infty} \frac{lnx}{x} dx = \int_1^{\infty} lnx \, d(lnx) = \frac{(lnx)^2}{2}]_1^{\infty} \to \infty$

  $\therefore$ 發散

(b) $\int_2^{\infty} \frac{dx}{x(lnx)^4} = \int_2^{\infty} \frac{d lnx}{(lnx)^4} = -\frac{1}{3}(lnx)^{-3}]_2^{\infty} = \frac{1}{3}(ln2)^{-3}$

  $\therefore$ 收斂

(c) $\frac{lnn}{n^3+3} \le \frac{n}{n^3+3} \le \frac{n}{n^3} \le \frac{1}{n^2}$

  $\sum_{n=1}^{\infty} \frac{1}{n^2} 收斂$ $\therefore \sum_{n=1}^{\infty} \frac{lnn}{n^3+3} 收斂$

單元 44　交錯級數

定義

若無窮級數之連續項為正負交錯時便稱為交錯級數(Alternating Series)。

例如$a_n = (-\frac{1}{2})^n$，則$\sum_{n=1}^{\infty} a_n = (-\frac{1}{2}) + \frac{1}{4} + (-\frac{1}{8}) + (\frac{1}{16}) + \cdots\cdots$為一交錯級數。

定義

設Σa_k為交錯級數，若$\Sigma|a_n|$收斂，則稱Σa_n為絕對收斂(Absolutely Convergent)；若Σa_k收斂而$\Sigma|a_n|$發散，則稱Σa_n為條件收斂(Conditionally Convergent)。

定理

1. 若(1)$|a_{n+1}| \leq |a_n|$(即a_n遞減)，$\forall n$，且(2)$\lim_{n \to \infty} a_n = 0$

   或$\lim_{n \to \infty}|a_n| = 0$則交錯級數$\Sigma(-1)^{n-1} a_n$收斂。

2. 比值審斂法

   $\lim_{n \to \infty}|\frac{a_{n+1}}{a_n}| = l$

   (1)若$l > 1$則交錯級數發散，

   (2)$l < 1$則交錯級數絕對收斂，

   (3)若$l = 1$無法判定斂散性。

3.極值審斂法

若$\lim_{n\to\infty}\sqrt[n]{|a_n|}=l$

(1)若$l>1$則交錯級數發散，

(2)若$l<1$則交錯級數絕對收斂，

(3)若$l=1$無法判定斂散性。

4.極限審斂法

若$\lim_{n\to\infty}n^p|a_n|=A$(常數)，$p>1$，則交錯級數絕對收斂。

例1 試判斷級數(a)$\sum_{n=1}^{\infty}(-1)^n\frac{n}{(n+1)3^n}$

(b)$\sum_{n=1}^{\infty}(-1)^{n+1}\frac{2n^2+1}{n^3+3n+1}$ (c)$\sum_{n=1}^{\infty}(-1)^{n+1}\frac{2n^{1.5}+1}{n^3+3n+1}$之斂散性？

解

(a)$\lim_{n\to\infty}\left|\frac{a_{n+1}}{a_n}\right|$

$=\lim_{n\to\infty}\left|\frac{(-1)^{n+1}\frac{n+1}{(n+2)3^{n+1}}}{(-1)^n\frac{n}{(n+1)3^n}}\right|$

$=\lim_{n\to\infty}\frac{1}{3}\cdot\frac{(n+1)^2}{n(n+2)}=\frac{1}{3}\lim_{n\to\infty}\frac{(n+1)^2}{n(n+2)}=\frac{1}{3}<1$

$\therefore\sum_{n=1}^{\infty}(-1)^{n+1}\frac{n}{(n+1)3^n}$為絕對收斂。

(b)$\because\lim_{n\to\infty}n|a_n|=\lim_{n\to\infty}n\cdot\frac{2n^2+1}{n^3+3n+1}=2$，$p=1$

$\therefore\sum_{n=1}^{\infty}(-1)^{n+1}\frac{2n^2+1}{n^3+3n+1}$發散

(c)$\because\lim_{n\to\infty}n^{1.5}|a_n|=\lim_{n\to\infty}n^{1.5}\cdot\frac{2n^{1.5}+1}{n^3+3n+1}=2$，$p=1.5>1$

$\therefore\sum_{n=1}^{\infty}(-1)^{n+1}\frac{2n^{1.5}+1}{n^3+3n+1}$絕對收斂

例2 (a)若$\sum_{n=1}^{\infty}a_n^2$與$\sum_{n=1}^{\infty}b_n^2$均為收斂，試證$\sum_{n=1}^{\infty}a_nb_n$為絕對收斂。

(b)若$\sum\limits_{n=1}^{\infty} a_n^2$收斂，$c>0$試證$\sum\limits_{n=1}^{\infty}(-1)^n\dfrac{|a_n|}{\sqrt{n^2+c}}$為絕對收斂。

(c)若$0\leq a_n<\dfrac{1}{n}$，$n=1$，$2\cdots\cdots$，試證$\sum\limits_{n=1}^{\infty}(-1)^n a_n^2$為絕對收斂。

解

(a)$\because a_n^2+b_n^2\geq 2\sqrt{a_n^2 b_n^2}\geq|a_n b_n|$

又$\sum\limits_{n=1}^{\infty} a_n^2$與$\sum\limits_{n=1}^{\infty} b_n^2$均為收斂

$\therefore \sum\limits_{n=1}^{\infty}(a_n^2+b_n^2)$收斂，$\dfrac{1}{2}(a_n^2+b_n^2)\geq\sqrt{a_n^2 b_n^2}=|a_n b_n|$，

$\therefore(a_n^2+b_n^2)\geq 2|a_n b_n|\geq|a_n b_n|$

得$\sum\limits_{n=1}^{\infty}|a_n b_n|$收斂，從而$\sum\limits_{n=1}^{\infty} a_n b_n$為絕對收斂

(b)$\left|(-1)^n\dfrac{a_n^2}{\sqrt{n^2+c}}\right|=\dfrac{|a_n^2|}{\sqrt{n^2+c}}=\sqrt{a_n^2(\dfrac{1}{n^2+c})}$

$\leq\dfrac{1}{2}(a_n^2+\dfrac{1}{n^2+c})\leq\dfrac{1}{2}(a_n^2+\dfrac{1}{n^2})$ $\because \sum\limits_{n=1}^{\infty} a_n^2$與$\sum\limits_{n=1}^{\infty}\dfrac{1}{n^2}$均為收斂

$\therefore \sum\limits_{n=1}^{\infty}(a_n^2+\dfrac{1}{n^2})$亦為收斂。

得$\sum\limits_{n=1}^{\infty}(-1)^n\dfrac{|a_n^2|}{\sqrt{n^2+c}}$為絕對收斂。

(c)$0\leq a_n<\dfrac{1}{n}$ $\therefore 0\leq a_n^2<\dfrac{1}{n^2}$，$\sum\limits_{n=1}^{\infty}\dfrac{1}{n^2}$收斂。

從而$\sum\limits_{n=1}^{\infty}|(-1)^n a_n^2|$為收斂得$\sum\limits_{n=1}^{\infty}(-1)^n a_n^2$為絕對收斂。

單元 45 　冪級數

定義

設 $\{a_n : n \geq 0\}$ 為一實數數列，則

$$\sum_{n=1}^{\infty} a_n x^n = a_0 + a_1 x + a_2 x^2 + a_3 x^3 + \cdots\cdots$$

稱為 x 的冪級數(Power Series in x)；

$$\sum_{n=1}^{\infty} a_n (x-c)^n = a_0 + a_1 (x-c) + a_2 (x-c)^2 + \cdots\cdots$$ 的無窮級數，

稱為 $(x-c)$ 的冪級數(Power Series in $x-c$)。

定理

$\sum\limits_{n=0}^{\infty} a_n x^n$ 為一冪級數，$\lim\limits_{n \to \infty} \left| \dfrac{a_n}{a_{n+1}} \right| = R$，則

1. $|x| < R$ 時 $\sum\limits_{n=0}^{\infty} a_n x^n$ 收斂

2. $|x| > R$ 時 $\sum\limits_{n=0}^{\infty} a_n x^n$ 發散

3. $|x| = R$ 時 $\sum\limits_{n=0}^{\infty} a_n x^n$ 斂散性未定

說明

當 $|x| = R$ 即 $x = R$ 或 $x = -R$ 時，要分別令 $x = R$，$-R$，然後決定之冪級數是收斂還是發散。

冪級數之收斂區間與收斂半徑

一般而言，冪級數在 $|x-c| < R$ 時收斂，$|x-c| > R$ 時為發散，我們稱此常數 R 為收斂半徑，$|x-c| = R$ 時冪級數未必收

斂，因此還必須對$x-c=R$，$-R$逐一考查其斂散性。規定

$a\leq x\leq b$，$a\leq x<b$，$a<x<b$與$a<x\leq b$之收斂半徑相同。

例 1　求(a)$\sum\limits_{n=1}^{\infty}\dfrac{(x-3)^n}{n}$之收斂區間與收斂半徑？

(b)$\sum\limits_{n=1}^{\infty}(-1)^n\dfrac{n!}{n^n}x^n$之收斂區間與收斂半徑？

解

(a)我們令$\rho=\lim\limits_{n\to\infty}\left|\dfrac{\dfrac{(x-3)^{n+1}}{n+1}}{\dfrac{(x-3)^n}{n}}\right|=\lim\limits_{n\to\infty}\dfrac{n}{n+1}\cdot|x-3|<1$　　　　①

∴ 收斂半徑為 1

由①$|x-3|<1$時即$2<x<4$時級數收斂，收斂半徑為 1

其次考慮端點之斂散性：

(1)$x=2$時

$\sum\limits_{n=1}^{\infty}\dfrac{(2-3)^n}{n}=\sum\limits_{n=1}^{\infty}\dfrac{(-1)^n}{n}$為收斂

(2)$x=4$時

$\sum\limits_{n=1}^{\infty}\dfrac{(4-2)^n}{n}=\sum\limits_{n=1}^{\infty}\dfrac{(2)^n}{n}$為發散

∴ 收斂區間為$2\leq x<4$

(b)我們令$\rho=\lim\limits_{n\to\infty}\left|\dfrac{(n+1)!\,x^{n+1}}{(n+1)^{n+1}}\bigg/\dfrac{n!\,x^n}{n^n}\right|$

$=\lim\limits_{n\to\infty}|x|\cdot\dfrac{n^n}{(n+1)^n}$

$=|x|\lim\limits_{n\to\infty}\dfrac{1}{(1+\dfrac{1}{n})^n}=\dfrac{|x|}{e}<1$　　　$(\because\lim\limits_{n\to\infty}(1+\dfrac{1}{n})^n=e)$

∴ $-e<x<e$時級數收斂，收斂半徑為e

其次考察端點之斂散性；

(1)$x=e$時，$a_n=\dfrac{n!\,e^n}{n^n}$

$$\therefore \frac{a_{n+1}}{a_n} = \frac{e}{(1+\frac{1}{n})^n} > 1 \quad \forall n \in N$$

$$\therefore \sum_{n=1}^{\infty} \frac{n!\, e^n}{n^n} \text{發散}$$

(2)$x = -e$時，可證$\sum_{n=1}^{\infty} \frac{(-1)^n n!\, e^n}{n^n}$發散

$$\therefore \text{收斂區間爲} -e < x < e$$

冪級數之分析上的性質

> **定理**
>
> 若冪級數$\sum_{n=0}^{\infty} a_n x^n$之收斂半徑爲$R$，則在$R \geq c \geq -R$中有下列
>
> 性質：
>
> 1. $\sum_{n=0}^{\infty} a_n x^n$之和函數爲連續
>
> 2. $\dfrac{d}{dx}[\sum_{n=0}^{\infty} a_n x^n] = \sum_{n=0}^{\infty} (a_n x^n)' = \sum_{n=1}^{\infty} n a_n x^{n-1}$，其收斂半徑仍爲$R$。
>
> 3. $\displaystyle\int_0^x (\sum_{n=0}^{\infty} a_n x^n)dx = \sum_{n=0}^{\infty} \int_0^{\infty} a_n x^n dx = \sum_{n=0}^{\infty} \frac{a_n}{n+1} x^{n+1}$
>   ，其收斂半徑仍爲R

例2 若冪級數$\sum_{n=0}^{\infty} a_n x^n$之收斂區間爲$(-a, a)$，$a > 0$，求

$$\sum_{n=0}^{\infty} n a_n (x-c)^{n-1} \text{之收斂區間，} c \in (-a, a)$$

解

$\sum_{n=0}^{\infty} a_n x^n$之收斂半徑爲$a$，$\therefore \sum_{n=1}^{\infty} n a_n x^{n-1}$之收斂半徑亦爲$a$，

$\therefore \sum_{n=1}^{\infty} n a_n (x-c)^{n-1}$僅在$-a < x-c < a$，即$c-a < x < c+a$內收

斂即收斂區間爲$c-a < x < c+a$

例 3 試判斷下列級數之斂散性。

$$\frac{1}{\sqrt{2}-1}-\frac{1}{\sqrt{2}+1}+\frac{1}{\sqrt{3}-1}-\frac{1}{\sqrt{3}+1}+\cdots+\frac{1}{\sqrt{n}-1}-\frac{1}{\sqrt{n}+1}+\cdots$$

解析

若交錯級數 $\sum\limits_{n=1}^{\infty} a_n$ 有 $\lim\limits_{n\to\infty} a_n = 0$ 但 $a_n \not> a_{n+1}$ 時，可改慮加括弧來協助判斷。

解

(a) $\dfrac{1}{\sqrt{2}-1}-\dfrac{1}{\sqrt{2}+1}+\dfrac{1}{\sqrt{3}-1}-\dfrac{1}{\sqrt{3}+1}+\cdots$

$= (\dfrac{1}{\sqrt{2}-1}-\dfrac{1}{\sqrt{2}+1})+(\dfrac{1}{\sqrt{3}-1}-\dfrac{1}{\sqrt{3}+1})+\cdots+(\dfrac{1}{\sqrt{n}-1}-\dfrac{1}{\sqrt{n}+1})$

$+\cdots$

$= \sum\limits_{n=2}^{\infty} \dfrac{2}{n-1}$ 為發散 ∴ 原級數發散

單元 46　Taylor 展開式

若$f^{(n)}(x)$在$[a，b]$內為連續在$(a，b)$中可微分，則存在一個$\varepsilon \in$ $(a，b)$使得

$$f(x)=f(c)+f'(c)(x-c)+\frac{f''(c)}{2!}(x-c)^2+\cdots+\frac{f^{(n)}(c)}{n!}(x-c)^n+R_n$$

上式中之R_n為餘式(remainder)

$$R_n=\frac{f^{n+1}(\varepsilon)(x-c)^{(n+1)}}{(n+1)!}$$

茲列舉幾個常用之馬克勞林級數如下：

1. $e^x=1+x+\dfrac{x^2}{2!}+\dfrac{x^3}{3!}+\cdots\cdots+\dfrac{x^{n-1}}{(n-1)!}+\cdots\cdots$ $x\in R$

2. $sinx=x-\dfrac{x^3}{3!}+\dfrac{x^5}{5!}-\dfrac{x^7}{7!}+\cdots\cdots+(-1)^{n-1}\dfrac{x^{2n-1}}{(2n-1)!}+\cdots\cdots$ $x\in R$

3. $cosx=1-\dfrac{x^2}{2!}+\dfrac{x^4}{4!}-\dfrac{x^6}{6!}+\cdots\cdots+(-1)^{n-1}\dfrac{x^{2n-2}}{(2n-2)!}+\cdots\cdots$ $x\in R$

4. $(1+x)^n=1+nx+\dfrac{n(n-1)}{2!}x^2+\cdots\cdots+$
$$\dfrac{n(n-1)\cdots\cdots(n-k+1)}{k!}x^k+\cdots\cdots$$

5. $ln(1+x)=x-\dfrac{x^2}{2}+\dfrac{x^3}{3}-\dfrac{x^4}{4}+\cdots\cdots$ $1\geq x>-1$

6. $\dfrac{1}{1+x}=1-x+x^2-x^3+x^4\cdots\cdots$ $|x|<1$

7. $(1+x)^m=1+\binom{m}{1}x+\binom{m}{2}x^2+\cdots$

說明

1. $f(x)=e^x$ $\therefore f(0)=1$

    $f'(x)=e^x$ $f'(0)=1$

    $f''(x)=e^x$ $f''(0)=1$

     $\vdots$ $\vdots$

     $\vdots$ $\vdots$

$$\therefore f(x) = f(0) + f'(0) + \frac{f''(0)}{2!}x^2 + \frac{'f'''(0)}{3!}x^3 + \cdots\cdots$$

$$= 1 + 1\cdot x + \frac{1}{2!}x^2 + \frac{x^3}{3!} + \cdots\cdots$$

定理

若 $f(x) = \sum\limits_{n=0}^{\infty} a_n x^n$，$|x| < R$ 則

$$f(g(x)) = \sum\limits_{n=0}^{\infty} a_n (g(x))^n，|g(x)| < R$$

上面這個定理在計算上很有用。

例 1　求下之馬克勞林級數 (a)$sin\dfrac{x}{2}$　(b)$coshx$　(c)$e^{-x^2}cosx$

(d)$tan^{-1}x$　　(e)$\dfrac{x}{e^x-1}$　　(f)$\dfrac{1}{\sqrt{1-x^2}}$

解

(a) $\because sinx = x - \dfrac{x^3}{3!} + \dfrac{x^5}{5!} - \dfrac{x^7}{7!} + \cdots\cdots$

$\therefore sin\dfrac{x}{2} = \dfrac{x}{2} - \dfrac{(\dfrac{x}{2})^3}{3!} + \dfrac{(\dfrac{x}{2})^5}{5!} - \dfrac{(\dfrac{x}{2})^7}{7!} + \cdots\cdots$

$= \dfrac{x}{2} - \dfrac{x^3}{2^3\cdot 3!} + \dfrac{x^5}{2^5\cdot 5!} - \dfrac{x^7}{2^7\cdot 7!} + \cdots\cdots$

(b) $coshx = \dfrac{1}{2}(e^x + e^{-x})$

$= \dfrac{1}{2}[(1 + x + \dfrac{x^2}{2!} + \dfrac{x^3}{3!} + \cdots\cdots)$

$+ (1 + (-x) + \dfrac{(-x)^2}{2!} + \dfrac{(-x)^3}{3!} + \cdots\cdots)$

$= \dfrac{1}{2}[(1 + x + \dfrac{x^2}{2!} + \dfrac{x^3}{3!} + \cdots\cdots)$

$+ (1 - x + \dfrac{x^2}{2!} - \dfrac{x^3}{3!} + \cdots\cdots)]$

$= 1 + \dfrac{x^2}{2!} + \dfrac{x^4}{4!} + \dfrac{x^6}{6!} + \cdots\cdots$

(c)$e^{-x^2}\cos x$

$$1-\ x^2+\dfrac{x^4}{2!}+\cdots\cdots$$

$$\times)\ 1-\dfrac{x^2}{2!}+\dfrac{x^4}{4!}\cdots\cdots$$

$$1-x^2\ +\dfrac{x^4}{2}$$

$$-\dfrac{x^2}{2}\ +\dfrac{x^4}{2}+\cdots\cdots$$

$$\dfrac{x^4}{24}+\cdots\cdots$$

$$1-\dfrac{3}{2}x^2+\dfrac{25}{24}x^4\cdots\cdots$$

(d) $\because \dfrac{1}{1+x}=1-x+x^2-x^3+x^4-\cdots\cdots$

$\therefore \dfrac{1}{1+x^2}=1-(x^2)+(x^2)^2-(x^2)^3+(x^2)^4\cdots\cdots$

$\qquad =1-x^2+x^4-x^6+x^8\cdots\cdots$

又 $\dfrac{d}{dx}\tan^{-1}x=\dfrac{1}{1+x^2}$

$\therefore \tan^{-1}x=\displaystyle\int_0^x\dfrac{dt}{1+t^2}=\int_0^x(1-t^2+t^4-t^6+t^8\cdots\cdots)dt$

$\qquad =x-\dfrac{x^3}{3}+\dfrac{x^5}{5}-\dfrac{x^7}{7}+\dfrac{x^9}{9}\cdots\cdots$

(e)$\dfrac{x}{e^x-1}=\dfrac{x}{(1+x+\dfrac{x^2}{2!}+\dfrac{x^3}{3!}+\cdots)-1}=\dfrac{1}{1+\dfrac{x}{2}+\dfrac{x^2}{6}+\cdots}$

$$1-\dfrac{x}{2}+\dfrac{x^2}{12}-0\cdots$$

$$1+\dfrac{x}{2}+\dfrac{x^2}{6}+\cdots\sqrt{1}$$

$$1+\dfrac{x}{2}+\dfrac{x^3}{6}+\dfrac{x^3}{24}$$

$$-\dfrac{x}{2}-\dfrac{x^2}{6}-\dfrac{x^3}{24}$$

$$-\dfrac{x}{2}-\dfrac{x^2}{4}-\dfrac{x^3}{12}$$

$$\dfrac{x^2}{12}+\dfrac{x^3}{24}$$

$$\dfrac{x^2}{12}+\dfrac{x^3}{24}$$

$$\cdots\cdots\cdots$$

$$\therefore \frac{x}{e^x-1} = 1 - \frac{x}{2} + \frac{x^2}{12} + \cdots$$

(f)$f(x) = \dfrac{1}{\sqrt{1-x^2}} = (1-x^2)^{-\frac{1}{2}}$

$$= 1 + (-\frac{1}{2})(-x^2) + \frac{(-\frac{1}{2})(-\frac{1}{2}-1)}{2!}(-x^2)^2 +$$

$$\frac{(-\frac{1}{2})(-\frac{1}{2}-1)(-\frac{1}{2}-2)}{3!}(-x^2)^3 +$$

$$= 1 + \frac{x^2}{2} + \frac{3}{8}x^4 + \frac{5}{16}x^6 + \cdots\cdots$$

以下我們將用兩個例子說明，如何用定函數之馬克林級數透過某種變數變換，以求出該函數之冪級數。

例 2　將下列函數展成指定之冪級數

(a)$f(x) = lnx$，$(x-1)$　　(b)$f(x) = e^{-x}$，$(x-3)$

(c)$f(x) = \dfrac{1}{x}$，$x-3$

■ 解

(a) 方法一：

$f(x) = lnx$

$f(1) = 0$

$f'(1) = \dfrac{1}{x}\big|_{x=1} = 1$

$f''(1) = -\dfrac{1}{x^2}\big|_{x=1} = -1$

$f'''(1) = \dfrac{2}{x^3}\big|_{x=1} = 2$

$$\therefore lnx = 0 + 1(x-1) + \frac{(-1)}{2!}(x-1)^2 + \frac{2}{3!}(x-1)^3 + \cdots\cdots$$

$$= (x-1) - \frac{1}{2}(x-1)^2 + \frac{1}{3}(x-1)^3 - \cdots\cdots$$

方法二：

$$lnx = ln[1+(x-1)] = ln(1+y) \qquad (取 \, y = x-1)$$

$$= y - \frac{y^2}{2} + \frac{y^3}{3} - \frac{y^4}{4} + \cdots\cdots$$

$$= (x-1) - \frac{(x-1)^2}{2} + \frac{(x-1)^3}{3} - \frac{(x-1)^4}{4} + \cdots\cdots$$

(b) $e^{-(x-3)-3} = e^{-3-(x-3)}$

但 $e^y = 1 + y + \frac{y^2}{2!} + \frac{y^3}{3!} + \cdots\cdots$ 取 $y = -(x-3)$

$$= 1 + [-(x-3) + \frac{[-(x-3)]^2}{2!} + \frac{[-(x-3)]^3}{3!} + \cdots\cdots]$$

$$= 1 - (x-3) + \frac{(x-3)^2}{2!} - \frac{(x-3)^3}{3!} + \cdots\cdots$$

$$\therefore e^{-x} = e^{-3}[1 - (x-3) + \frac{(x-3)^2}{2!} - \frac{(x-3)^3}{3!} + \cdots\cdots]$$

(c) $\dfrac{1}{x} = \dfrac{1}{3+(x-3)} = \dfrac{1}{3}\left(\dfrac{1}{1+\dfrac{x-3}{3}}\right) = \dfrac{1}{3}\sum_{n=0}^{\infty}(-\dfrac{x-3}{3})^n$

$$= \frac{1}{3}\sum_{n=0}^{\infty}(-1)^n\frac{(x-3)^n}{3^n} = \sum_{n=0}^{\infty}(-1)^n\frac{(x-3)^n}{3^{n+1}}$$

泰勒均值定理應用

例 3 試證 $\displaystyle\int_0^1 x^{-x}dx = 1 + \frac{1}{2^2} + \frac{1}{3^3} + \cdots\cdots\frac{1}{n^n} + \cdots\cdots$

解

$$x^{-x} = e^{-xlnx} = \sum_{n=0}^{\infty}\frac{(-1)^n(xlnx)^n}{n!} = \sum_{n=0}^{\infty}(-1)^n\frac{x^n(lnx)^n}{n!}$$

現在我們求 $\displaystyle\int_{0^+}^1 x^{-x}dx = \int_{0^+}^1 \sum_{n=0}^{\infty}(-1)^n\frac{x^n(xlnx)^n}{n!}dx$

$$= \sum_{n=0}^{\infty}\int_{0^+}^1(-1)^n\frac{x^n(xlnx)^n}{n!}dx$$

，其中 $\displaystyle\int_0^1 x^n(lnx)^n$ 為

由 Gamma 函數

取 $y = -lnx$，則 $x = e^{-y}$，$dx = -e^{-y}$

$$\therefore \int_0^1 x^n(lnx)^n dx = \int_{\infty}^0 e^{-ny}(-y)^n d(-y)$$

$$= \int_0^\infty (-1)^n y^n e^{-ny} dy = (-1)^n \cdot \frac{n!}{n^n}$$

故 $\int_0^1 (-1)^n \frac{x^n (lnx)^n}{n!} dx = \frac{(-1)^n \cdot (-1)^n}{n!} \frac{n!}{n^n} = \frac{1}{n^n}$

$\therefore \int_0^1 x^x dx \to 1 + \frac{1}{2^2} + \frac{1}{3^3} + \cdots \cdots \frac{1}{n^n} + \cdots \cdots$

例 4 $f(x)$在$(a \cdot b)$是二次可微分，$f'(a) = f'(b) = 0$，試證$(a \cdot b)$

中至少有一個ε使得$|f''(\varepsilon)| \geq \frac{4}{(b-a)^2} |f(b) - f(a)|$

解

由泰勒均值定理

$$f(x) = f(c) + f'(c)(x-c) + \frac{f''(\varepsilon)}{2}(x-c)^2 \cdot x > \varepsilon > c$$

$$\therefore f(\frac{a+b}{2}) = f(a) + f'(a)(\frac{a+b}{2} - a) + \frac{f''(\varepsilon_1)}{2}(\frac{a+b}{2} - a)^2$$

$$= f(a) + \frac{1}{2} f''(\varepsilon_1) \cdot (\frac{b-a}{2})^2 \cdot b > \varepsilon_1 > \frac{a+b}{2}$$

同理

$$f(\frac{a+b}{2}) = f(b) + \frac{1}{2} f''(\varepsilon_2) \cdot (\frac{b-a}{2})^2 \cdot b > \varepsilon_2 > \frac{a+b}{2}$$

$$\therefore f(b) - f(a) = \frac{1}{2} (\frac{b-a}{2})^2 [f''(\varepsilon_2) - f''(\varepsilon_1)]$$

$$= \frac{(b-a)^2}{4} [\frac{1}{2} f''(\varepsilon_2) - f''(\varepsilon_1)]$$

$$\frac{4}{(b-a)^2} \{f(b) - f(a)\} = \frac{1}{2} [f''(\varepsilon_2) - f''(\varepsilon_1)]$$

$$\leq \frac{1}{2} (|f''(\varepsilon_2)| + |f''(\varepsilon_1)|)$$

$$= |f''(\varepsilon)| \cdot 取 |f''(\varepsilon)| = max(|f''(\varepsilon_1)| \cdot |f''(\varepsilon_2)|)$$

例 5 試證(a)$|\frac{sinx - siny}{x-y} - cosy| \leq \frac{1}{2} |x-y| \cdot \forall x \cdot y \in R$

(b)$\left| \frac{ln\frac{x}{y}}{x-y} - \frac{1}{y} \right| \leq \frac{1}{2} |x-y| \cdot \forall x \cdot y \geq 1$

解

(a)由泰勒均值定理

$$\sin x = \sin y + (x-y)\cos y - \frac{(x-y)^2}{2}\sin\varepsilon \cdot x > \varepsilon > y$$

$$\therefore \left| \frac{\sin x - \sin y}{x-y} - \cos y \right|$$

$$= \left| \frac{\sin y + (x-y)\cos y - \frac{(x-y)^2}{2}\sin\varepsilon - \sin y}{x-y} - \cos y \right|$$

$$= \left| \cos y - \frac{(x-y)}{2}\sin\varepsilon - \cos y \right|$$

$$= \left| \frac{(x-y)}{2}\sin\varepsilon \right| \le \frac{1}{2}|x-y|$$

(b)由 Taylor 展開式

$$\ln x = \ln y + (x-y)\frac{1}{y} + \frac{(x-y)^2}{2!}(-\frac{1}{\varepsilon^2}) \cdot x > \varepsilon > y > 1$$

$$= \ln y + \frac{(x-y)}{y} - \frac{(x-y)^2}{2\varepsilon^2}$$

$$\therefore \left| \frac{\ln x - \ln y}{x-y} - \frac{1}{y} \right| = \left| \frac{(\ln y + \frac{(x-y)}{y} - \frac{(x-y)^2}{2\varepsilon^2}) - \ln y}{x-y} - \frac{1}{y} \right|$$

$$= \left| \frac{x-y}{2\varepsilon^2} \right| \le \frac{1}{2}|x-y|$$

誤差問題

> 定理
>
> 已知交錯級數$a_1 - a_2 + a_3 - a_4 + \cdots$，若滿足(1)$0 \le a_{n+1} \le a_n$及(2) $\lim\limits_{n\to\infty} a_n = 0$則此級數為收斂，且任何終止所造成之誤差不大於次一項之絕對值。

例 6　估計(a)$\int_0^1 e^{-x^2}dx$，準確度到小數點後第 2 位(b)$\int_0^1 \cos\sqrt{x}dx$，準確度到$\frac{1}{1000}$

解

(a) $\int_0^1 e^{-x^2}dx = \int_0^1 (1 - x^2 + \frac{x^4}{2!} - \frac{x^6}{3!} + \frac{x^8}{4!} - \frac{x^{10}}{5!} + \cdots)dx$

$\qquad = x - \frac{x^3}{3!} + \frac{x^5}{10} - \frac{x^7}{42} + \frac{x^8}{216} - \frac{x^{11}}{1200} + \cdots\Big]_0^1$

$\qquad = 1 - \frac{1}{3} + \frac{1}{10} - \frac{1}{42} - \frac{1}{216} - \frac{1}{1200} + \cdots$

$\qquad\qquad\qquad\qquad\qquad$ <0.01 故此項及其以下捨之

$\qquad \doteqdot 0.74$

(b) $\int_0^1 cos\sqrt{x}\,dx = \int_0^1 (1 - \frac{(\sqrt{x})^2}{2!} + \frac{(\sqrt{x})^4}{4!} - \frac{(\sqrt{x})^6}{6!} + \cdots)dx$

$\qquad = \int_0^1 (1 - \frac{x}{2} + \frac{x^2}{24} - \frac{x^3}{720} + \cdots)dx$

$\qquad = 1 - \frac{1}{4} + \frac{1}{72} - \frac{1}{2880}$

$\qquad\qquad\qquad\qquad$ ↑
$\qquad\qquad\qquad$ 小於 0.001

$\qquad = 1 - 0.25 + 0.0139 - 0.0000 \doteqdot 0.764$

CHAPTER 7

偏導數

A·B=1·(−2)+0·1+(−3)·1=−5
A·B=1·(−2)+0·1+(−3)·1=−5
A·B=1·(−2)+0·1+(−3)·1=−5

A·B=1·(−2)+0·1+(−3)·1=−5
A·B=1·(−2)+0·1+(−3)·1=−5
A·B=1·(−2)+0·1+(−3)·1=−5

A·B=1·(−2)+0·1+(−3)·1=−5
A·B=1·(−2)+0·1+(−3)·1=−5
A·B=1·(−2)+0·1+(−3)·1=−5

單元 47　多變數函數之極限與連續

二變數函數

設D為xy平面上之一集合，對D中之所有有序配對(Ordered Pair)$(x，y)$而言，都能在集合R中找到元素與之對應，這種對應元素所成之集合為像(Image)。

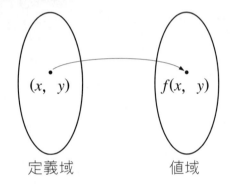

定義域　　　　　　　　值域

例 1　求下列函數之定義域。

　　(a)$f(x，y) = \dfrac{2x^2 + 3y^2}{x-y}$，　　　(b)$f(x，y) = \sqrt{xy}$

　　(c)$f(x，y) = \sqrt{x}\sqrt{y}$，　　　(d)$f(x，y) = sin^{-1}(x+y)$

解

　　(a)當$y=x$時$f(x，y)$之分母為 0，故除了$y=x$外之所有實數對$(x，y)$對f均有意義　∴f有定義域為

　　　　$\{(x，y)|x \neq y，x \in R，y \in R\}$

　　(b)$f(x，y) = \sqrt{xy}$之定義域為 $\{(x，y)|xy \geq 0\}$

　　(c)$f(x，y) = \sqrt{x}\sqrt{y}$之定義域為$\{(x，y)|x \geq 0，y \geq 0\}$

　　(d)$f(x，y) = sin^{-1}(x+y)$之定義域為$-1 \leq x+y \leq 1$

$$\therefore -1-x \le y \le 1-x$$

例 2 (a)若$f(x+y , \frac{y}{x})=x^2-y^2$，求$f(2 , 3)$。

(b)若$f(x+y , x-y)=\frac{x^2-y^2}{2xy}$，求$f(x , y)$

解

(a) 方法一：

令 $\begin{cases} x+y=u \text{ ①} \\ \dfrac{y}{x}=v \text{ ②} \end{cases}$ 由②$y=vx$，代入得①$x=\dfrac{u}{1+v}$，$y=\dfrac{uv}{1+v}$

$$\therefore f(u , v)=(\frac{u}{1+v})^2-(\frac{uv}{1+v})^2=\frac{u^2(1-v^2)}{(1+v)^2}=\frac{u^2(1-v)}{1+v}$$

即$f(x , y)=\dfrac{x^2(1-y)}{1+y}$ $\therefore f(2 , -3)=\dfrac{2^2 \cdot 4}{-2}=-8$

方法二：

$$f(x+y , \frac{y}{x})=x^2-y^2=(x+y)(x-y)=(x+y)^2\frac{x-y}{x+y}$$

$$=(x+y)^2\frac{1-\dfrac{y}{x}}{1+\dfrac{y}{x}}$$

$$\therefore f(x , y)=x^2 \cdot \frac{1-y}{1+y} , f(2 , -3)=-8$$

(b) 方法一：

令 $\begin{cases} x+y=u \\ x-y=v \end{cases}$，得$x=\dfrac{u+v}{2}$，$y=\dfrac{u-v}{2}$

$$\therefore f(u , v)=\frac{[(\dfrac{u+v}{2})^2-(\dfrac{u-v}{2})^2]}{2(\dfrac{u+v}{2})(\dfrac{u-v}{2})}$$

$$=\frac{2uv}{u^2-v^2}$$

即$f(x , y)=\dfrac{2xy}{x^2-y^2}$

方法二 :

$$f(x+y \cdot x-y) = \frac{x^2-y^2}{2xy} = \frac{(x+y)(x-y)}{\frac{[(x+y)^2-(x-y)^2]}{2}}$$

$$= \frac{2(x+y)(x-y)}{(x+y)^2-(x-y)^2}$$

$$\therefore f(x \cdot y) = \frac{2xy}{x^2-y^2}$$

k 階齊次函數

定義

若$f(\lambda x \cdot \lambda y) = \lambda^k f(x \cdot y)$，$\lambda$為異於 0 之實數，則稱$f(x \cdot y)$為$k$階齊次函數。

例 3   1. $f(x \cdot y) = x^2+y^2$。

$\because f(\lambda x \cdot \lambda y) = \lambda^2 x^2 + \lambda^2 y^2 = \lambda^2(x^2+y^2) = \lambda^2 f(x \cdot y)$

$\therefore$為 2 階齊次函數

2. $f(x \cdot y) = tan^{-1}\frac{x^2+y^2}{x+y}$

$\because f(\lambda x \cdot \lambda y) = tan^{-1}\frac{\lambda^2 x^2+\lambda^2 y^2}{\lambda x+\lambda y}$

$$= tan^{-1}\frac{\lambda^2(x^2+y^2)}{x+y} \neq \lambda tan^{-1}\frac{x^2+y^2}{x+y}$$

$\therefore$不為齊次函數

3. $f(x \cdot y \cdot z) = (x^2+y^2+z^2)^{\frac{3}{2}}$:

$\because f(\lambda x \cdot \lambda y \cdot \lambda z) = (\lambda^2 x^2 + \lambda^2 y^2 + \lambda^2 z^2)^{\frac{3}{2}}$

$= \lambda^3 [(x^2+y^2+z^2)^{\frac{3}{2}}]$

$\therefore$為 3 階齊次函數

4. $f(x \cdot y) = \sqrt{x+y^2}$:

$\because f(\lambda x, \lambda y) = \sqrt{\lambda x + (\lambda y)^2}$，不存在一個常數$k$使得

$f(\lambda x, \lambda y) = \lambda^k \sqrt{x + y^2}$

$\therefore f(x, y)$不為齊次函數

5.$f(x, y) = sin(x^2 + y^2)$

$\because f(\lambda x, \lambda y) = sin(\lambda^2 x^2 + \lambda^2 y^2)$，不存在一個常數$k$使得

$f(\lambda x, \lambda y) = \lambda^k sin(x^2 + y^2)$

$\therefore f(x, y)$ 不為齊次函數

多變數函數之極限

定義

($\lim\limits_{(x,y)\to(a,b)} f(x, y) = l$定義)對每一個$\varepsilon > 0$，當

$0 < \sqrt{(x-a)^2 + (y-b)^2} < \delta$時均有$|f(x, y) - l| < \varepsilon$，則稱

$\lim\limits_{(x,y)\to(a,b)} f(x, y) = l$。

說明：

1.單一變數函數$f(x)$，當$x \to a$時$f(x)$時極限$\lim\limits_{x\to a} f(x) = l$存在之

條件是$\lim\limits_{x\to a^+} f(x) = l_1$，　$\lim\limits_{x\to a^-} f(x) = l_2$，$l_1$，$l_2$存在且相等，但在

二變數函數時

$(x, y) \to (x_0, y_0)$之途徑有無限多條，因此

$\lim\limits_{(x,y)\to(x_0,y_0)} f(x, y) = l$成立之條件是$(x, y)$循各種途徑到

(x_0, y_0)之極限均需為l，有一條途徑之極限不為l則，

$\lim\limits_{(x,y)\to(x_0,y_0)} f(x, y) = l$便不成立。

2.本子單元之難度較高。

例 4 (a) $\lim\limits_{\substack{x\to 0 \\ y\to 0}} \dfrac{sinxy}{y}$ (b) $\lim\limits_{\substack{x\to\infty \\ y\to\infty}} (\dfrac{xy^2}{x^2+y^4})^{y^2}$ (c) $\lim\limits_{\substack{x\to a \\ y\to\infty}} (1+\dfrac{b}{xy})^{\frac{y^2}{x+y}}$, $\begin{array}{l} a>0 \\ b>0 \end{array}$

(d) $\lim\limits_{\substack{x\to 0 \\ y\to 0}} \dfrac{x^2 y}{x^2+y^2}$

解

(a) $\lim\limits_{\substack{x\to 0 \\ y\to 0}} \dfrac{sinxy}{y} = \lim\limits_{\substack{x\to 0 \\ y\to 0}} x\cdot\dfrac{sinxy}{xy} = \lim\limits_{\substack{x\to 0 \\ y\to 0}} x \lim\limits_{\substack{x\to 0 \\ y\to 0}} \dfrac{sinxy}{xy} = 0\cdot 1 = 0$

(b) $\because (x-y^2)^2 \geq 0$, $x^2+y^4 \geq 2xy^2$ $\therefore \dfrac{1}{2} \geq \dfrac{xy^2}{x^2+y^4} \geq 0$ 從而 $(\dfrac{1}{2})^{y^2} \geq$

$(\dfrac{xy^2}{x^2+y^4})^{y^2} \geq 0$ 但 $\lim\limits_{\substack{x\to\infty \\ y\to\infty}} (\dfrac{1}{2})^{y^2} = 0$ $\therefore \lim\limits_{\substack{x\to\infty \\ y\to\infty}} (\dfrac{xy^2}{x^2+y^4})^{y^2} = 0$

(c) $\lim\limits_{\substack{x\to a \\ y\to\infty}} (1+\dfrac{b}{xy})^{\frac{y^2}{x+y}} = \lim\limits_{\substack{x\to a \\ y\to\infty}} [(1+\dfrac{b}{xy})^{xy}]^{\frac{y}{(x+y)x}} = \lim\limits_{\substack{x\to a \\ y\to\infty}} e^{b(\frac{y}{(x+y)x})} = e^{\frac{b}{a}}$

(d) $|\dfrac{x^2 y}{x^2+y^2}| = |x||\dfrac{xy}{x^2+y^2}|$ 但 $x^2+y^2 \geq 2\sqrt{x^2 y^2} = 2|xy| \Rightarrow |\dfrac{xy}{x^2+y^2}| \leq \dfrac{1}{2}$

$\therefore |\dfrac{x^2 y}{x^2+y^2}| = |x||\dfrac{xy}{x^2+y^2}| \leq \dfrac{1}{2}|x|$

或 $-\dfrac{|x|}{2} \leq |\dfrac{x^2 y}{x^2+y^2}| \leq \dfrac{|x|}{2}$

$\lim\limits_{\substack{x\to 0 \\ y\to 0}} \dfrac{|x|}{2} = \lim\limits_{\substack{x\to 0 \\ y\to 0}} \dfrac{|y|}{2} = 0$, $\lim\limits_{\substack{x\to 0 \\ y\to 0}} \dfrac{x^2 y}{x^2+y^2} = 0$

例 5 求下列各題之極限

(a) $\lim\limits_{\substack{x\to 0 \\ y\to 0}} \dfrac{sin(x^2+y^2)}{x^2+y^2}$ (b) $\lim\limits_{\substack{x\to 0 \\ y\to 0}} \dfrac{x^2+y^2}{\sqrt{x^2+y^2+1}-1}$

(c) $\lim\limits_{\substack{x\to 0 \\ y\to 0}} \dfrac{1-cos(x^2+y^2)}{(x^2+y^2)x^2 y^2}$ (d) $\lim\limits_{\substack{x\to 0 \\ y\to 0}} \dfrac{(a+x)sin(x^2+y^2)}{x^2+y^2}$

(e) $\lim\limits_{\substack{x\to 0 \\ y\to 0}} \dfrac{(y+x)y}{\sqrt{x^2+y^2}}$

解析

涉及 $h(x^2+y^2)$ 的極限問題，極坐標是可考慮的方向，即設

$x=rcos\theta$, $y=rsin\theta$ 。

▣ **解**

(a)取$x = r\cos\theta$，$y = r\sin\theta$

則$\lim\limits_{\substack{x\to 0 \\ y\to 0}} \dfrac{\sin(x^2+y^2)}{x^2+y^2} = \lim\limits_{r\to 0} \dfrac{\sin(r^2)}{r^2} = 1$

(b)取$x = r\cos\theta$，$y = r\sin\theta$

$$\lim\limits_{\substack{x\to 0 \\ y\to 0}} \dfrac{x^2+y^2}{\sqrt{x^2+y^2+1}-1} = \lim\limits_{r\to 0} \dfrac{r^2}{\sqrt{r^2+1}-1}$$

$$= \lim\limits_{r\to 0} \dfrac{r^2(\sqrt{r^2+1}+1)}{(\sqrt{r^2+1}-1)(\sqrt{r^2+1}+1)}$$

$$= \lim\limits_{r\to 0} \dfrac{r^2(\sqrt{r^2+1}+1)}{r^2} = \lim\limits_{r\to 0}(\sqrt{r^2+1}+1) = 2$$

(c)$x^2+y^2 \ge 2|xy|$　$\therefore (x^2+y^2)^2 \ge 4x^2y^2$

$$\lim\limits_{\substack{x\to 0 \\ y\to 0}} \left| \dfrac{1-\cos(x^2+y^2)}{(x^2+y^2)x^2y^2} \right| \ge \lim\limits_{\substack{x\to 0 \\ y\to 0}} \left| \dfrac{1-\cos(x^2+y^2)}{(x^2+y^2)\cdot\dfrac{(x^2+y^2)^2}{4}} \right|$$

$$\overset{\substack{x=r\cos\theta \\ y=r\sin\theta}}{=\!=\!=\!=} \lim\limits_{r\to 0} \left| \dfrac{4(1-\cos r^2)}{r^2(r^2)^2} \right| = \lim\limits_{r\to 0} \dfrac{4(1-\cos r^2)}{r^6}$$

$$= \lim\limits_{r\to 0} \dfrac{4\cdot 2r\sin r^2}{6r^5} = \lim\limits_{r\to 0} \dfrac{4}{3} \dfrac{\sin r^2}{r^4} = \lim\limits_{r\to 0} \dfrac{4}{3} \cdot \dfrac{\sin r^2}{r^2} \cdot \dfrac{1}{r^2}$$

$$= \dfrac{4}{3}\lim\limits_{r\to 0} \dfrac{1}{r^2} \to \infty \text{即不存在}$$

(d)$\lim\limits_{\substack{x\to 0 \\ y\to 0}} \dfrac{(a+x)\sin(x^2+y^2)}{x^2+y^2} = \lim\limits_{\substack{x\to 0 \\ y\to 0}}(a+x)\lim\limits_{\substack{x\to 0 \\ y\to 0}} \dfrac{\sin(x^2+y^2)}{x^2+y^2} = a\cdot 1 = a$

　（由(a)）

(e)$0 \le \left| \dfrac{(y+x)y}{\sqrt{x^2+y^2}} \right| \overset{\substack{x=r\cos\theta \\ y=r\sin\theta}}{=\!=\!=\!=} \left| \dfrac{r(\cos\theta+\sin\theta)r\cos\theta}{r} \right|$

$$= |r\cos^2\theta + r\sin\theta\cos\theta| \le |r||\cos^2\theta| + |r||\sin\theta\cos\theta|$$

$$\le |r|+|r| = 2|r|$$

即 $0 \le \left| \dfrac{(y+x)y}{\sqrt{x^2+y^2}} \right| \le 2|r|$

$\therefore 0 \le \lim\limits_{\substack{x\to 0 \\ y\to 0}} \left| \dfrac{(y+x)y}{\sqrt{x^2+y^2}} \right| \le \lim\limits_{r\to 0} 2|r| = 0$　　得$\lim\limits_{\substack{x\to 0 \\ y\to 0}} \dfrac{(y+x)y}{\sqrt{x^2+y^2}} = 0$

例 6 求 $\lim\limits_{\substack{x\to 0 \\ y\to 0}} \dfrac{1}{x^4+y^4} e^{-\frac{1}{x^2+y^2}}$

解

$$0 \le \left| \frac{1}{x^4+y^4} e^{-\frac{1}{x^2+y^2}} \right| = \left| \frac{(x^2+y^2)^2}{x^4+y^4} \cdot \frac{1}{(x^2+y^2)^2} e^{-\frac{1}{x^2+y^2}} \right|$$

$$\le 2 \left| \frac{1}{(x^2+y^2)^2} e^{-\frac{1}{x^2+y^2}} \right|$$

$$\left(\because \frac{(x^2+y^2)^2}{x^4+y^4} = 1 + \frac{2x^2y^2}{x^4+y^4} \ \text{又} \ x^4+y^4 \ge 2\sqrt{x^4y^4} = 2x^2y^2 \right)$$

$$\therefore \frac{(x^2+y^2)^2}{x^4+y^4} = 1 + \frac{2x^2y^2}{x^4+y^4} \le 1+1 = 2 \Big)$$

$$\lim\limits_{\substack{x\to 0 \\ y\to 0}} \frac{1}{(x^2+y^2)^2} e^{-\frac{1}{x^2+y^2}} = \lim\limits_{r\to 0} \frac{e^{-\frac{1}{r}}}{r^4} \xrightarrow{\ y=\frac{1}{r}\ } \lim\limits_{y\to\infty} \frac{y^4}{e^{y^2}} = 0$$

$$\therefore 0 \le \lim\limits_{\substack{x\to 0 \\ y\to 0}} \left| \frac{1}{x^4+y^4} e^{-\frac{1}{x^2+y^2}} \right| \le 2\lim\limits_{\substack{x\to 0 \\ y\to 0}} \frac{1}{(x^2+y^2)^2} e^{-\frac{1}{x^2+y^2}} = 0$$

得 $\lim\limits_{\substack{x\to 0 \\ y\to 0}} \dfrac{1}{x^4+y^4} e^{-\frac{1}{x^2+y^2}} = 0$

例 7 (a)問 $\lim\limits_{\substack{x\to 0 \\ y\to 0}} \dfrac{x^2-y^2}{x^2+y^2}$ 是否存在？

(b)$f(x,y) = \dfrac{x^2 y}{x^4+y^2}$

(1)若沿 $y=3x$ 求 $(x,y)\to(0,0)$ 時，$f(x,y)\to$？

(2)若沿 $y=3x^2$ 求 $(x,y)\to(0,0)$ 時，$f(x,y)\to$？

(3)請結論出 $(x,y)\to(0,0)$ 時，$f(x,y)\to$？

解

(a)令 $y=mx$ $\because \lim\limits_{x\to 0} \dfrac{x^2-(mx)^2}{x^2+(mx)^2} = \lim\limits_{x\to 0} \dfrac{(1-m^2)x^2}{(1+m^2)x^2} = \dfrac{1-m^2}{1+m^2}$

即原式之極限值隨 m 不同而改變，故極限值不存在。

上例中我們亦可用下列方法證明極限值不存在：

$$\lim\limits_{x\to 0}\Big(\lim\limits_{y\to 0} \frac{x^2-y^2}{x^2+y^2}\Big) = \lim\limits_{x\to 0} \frac{x^2}{x^2} = \lim\limits_{x\to 0} 1 = 1$$

$$\lim_{y \to 0}(\lim_{x \to 0}\frac{x^2-y^2}{x^2+y^2}) = \lim_{x \to 0}\frac{-y^2}{y^2} = -1$$

$$\because \lim_{y \to 0}(\lim_{x \to 0}\frac{x^2-y^2}{x^2+y^2}) \neq \lim_{x \to 0}(\lim_{y \to 0}\frac{x^2-y^2}{x^2+y^2})$$

$$\therefore \lim_{(x,y) \to (0,0)}\frac{x^2-y^2}{x^2+y^2}不存在。$$

(b)(1)$y = 3x$

$$\because f(x,y) = f(x,3x) = \frac{3x^3}{x^4+9x^2} = g(x)$$

$$\therefore \lim_{(x,y) \to (0,0)} f(x,y) = \lim_{x \to 0}g(x) = \lim_{x \to 0}\frac{3x^3}{x^4+9x^2} = \lim_{x \to 0}\frac{3x}{x^2+9} = 0$$

(2)$y = 3x^2$

$$\because f(x,y) = f(x,3x^2) = \frac{x^2(3x^2)}{x^4+(3x^2)^2} = \frac{3x^4}{10x^4} = \frac{3}{10} = h(x)$$

$$\therefore \lim_{(x,y) \to (0,0)} f(x,y) = \lim_{x \to 0}h(x) = \lim_{x \to 0}\frac{3}{10} = \frac{3}{10}$$

(3)由(1)，(2)知 $\lim_{(x,y) \to (0,0)} f(x,y)$不存在。

例 8　$f(x,y) = \dfrac{x^2y^2}{x^2y^2+(y-x)^2}$，試說明$(x,y) \to (0,0)$時極限不存在

解

$$f(x,y) = \frac{x^2y^2}{x^2y^2+(y-x)^2} = \frac{y^2}{y^2+(\frac{y}{x}-1)^2}$$

(i)$y = x$時$\lim_{\substack{x \to 0 \\ y \to 0}}f(x,y) = \lim_{x \to 0}\frac{x^2}{x^2} = 1$

(ii)$y = \dfrac{x}{2}$時$\lim_{\substack{x \to 0 \\ y \to 0}}f(x,y) = \lim_{x \to 0}\dfrac{(\frac{x}{2})^2}{(\frac{x}{2})^2+1} = \lim_{x \to 0}\dfrac{x^2}{x^2+4} = 0$

$\because$ (i) $\neq$ (ii)　$\therefore \lim_{(x,y) \to (0,0)}\dfrac{x^2y^2}{x^2y^2+(y-x)^2}$不存在

★例 9　試問$\lim_{\substack{x \to 0 \\ y \to 0}}\dfrac{y}{x+y}ln(1+xy)$是否存在。

解析

利用 $ln(1+xy) \sim xy$

■ 解

$$\lim_{\substack{x \to 0 \\ y \to 0}} \frac{y}{x+y} ln(1+xy) = \lim_{\substack{x \to 0 \\ y \to 0}} \frac{y(xy)}{x+y} \underline{\underline{x = y^\alpha - y}}$$

$$\lim_{y \to 0} \frac{y(y^\alpha - y)y}{(y^\alpha - y) + y} = \lim_{y \to 0} \frac{y^{\alpha+2} - y^3}{y^\alpha} = \lim_{y \to 0}(y^2 - y^{3-\alpha})$$

$$= \begin{cases} -1 & , \ \alpha = 3 \\ 0 & , \ \alpha < 3 \\ \infty & , \ \alpha > 3 \end{cases} \quad \therefore \lim_{\substack{x \to 0 \\ y \to 0}} \frac{y}{x+y} ln(1+xy) \text{不存在}$$

$\varepsilon - \delta$法

提示：用 $\varepsilon - \delta$ 方法證明 $\lim\limits_{\substack{x \to 0 \\ y \to 0}} f(x，y) = l$ 時，要盡量應用不等式性質，

將 $|f(x，y) - l| < \varepsilon$ 之不等式放大，盡量湊成 $0 < \sqrt{x^2 + y^2} < \delta$

例 10 用 $\varepsilon - \delta$ 方法證明 $\lim\limits_{\substack{x \to 0 \\ y \to 0}} \dfrac{2x^2 y}{x^2 + y^2} = 0$。

■ 解

$$|f(x，y) - 0| = \left| \frac{2x^2 y}{x^2 + y^2} \right| = \frac{2x^2 |y|}{x^2 + y^2} \leq 2|y| \leq 2\sqrt{x^2 + y^2} < \varepsilon$$

取 $\delta = \dfrac{\varepsilon}{2}$

$\therefore$ 對所有 $\varepsilon > 0$ 都可找到 $\delta > 0$ 使得 $0 < \sqrt{x^2 + y^2} < \delta$ 時有

$$\left| \frac{2x^2 y}{x^2 + y^2} - 0 \right| \leq 2\sqrt{x^2 + y^2} \leq 2\delta = 2\left(\frac{\varepsilon}{2}\right) = \varepsilon$$

$$\therefore \lim_{\substack{x \to 0 \\ y \to 0}} \frac{2x^2 y}{x^2 + y^2} = 0$$

例 11 $f(x，y) = \begin{cases} x\sin\dfrac{1}{y} + y\sin\dfrac{1}{x} & , \ xy \neq 0 \\ 0 & , \ xy = 0 \end{cases}$。

試用 $\varepsilon - \delta$ 法證明 $\lim\limits_{\substack{x \to 0 \\ y \to 0}} f(x，y) = 0$

■ 解

$$\because |f(x \cdot y) - 0| = |x\sin\frac{1}{y} + y\sin\frac{1}{x}| \le |x\sin\frac{1}{y}| + |y\sin\frac{1}{x}|$$

$$\le |x| + |y| \le 2\sqrt{x^2 + y^2} < \varepsilon \text{ , 取 } \delta = \frac{\varepsilon}{2}$$

$$\therefore \text{對所有} \varepsilon > 0 \text{ , 存在} \delta = \frac{\varepsilon}{2} \text{使得} 0 < \sqrt{x^2 + y^2} < \delta \text{ 時恆有}$$

$$|f(x \cdot y) - 0| \le 2\sqrt{x^2 + y^2} < 2\delta = \varepsilon$$

$$\text{即} \lim_{\substack{x \to 0 \\ y \to 0}} f(x \cdot y) = 0$$

例 12 $f(x \cdot y) = \begin{cases} \dfrac{x^3 + y^3}{x^2 + y^2}, & (x \cdot y) \ne (0 \cdot 0) \\ 0, & (x \cdot y) \ne (0 \cdot 0) \end{cases}$, 試用 $\varepsilon - \delta$ 法證明。

$$\lim_{\substack{x \to 0 \\ y \to 0}} f(x \cdot y) = 0$$

解

$$\because |\frac{x^3 + y^3}{x^2 + y^2}| \le \frac{|x^3| + |y^3|}{x^2 + y^2} = \frac{x^2|x| + y^2|y|}{x^2 + y^2}$$

$$\le \frac{x^2\sqrt{x^2 + y^2} + y^2\sqrt{x^2 + y^2}}{x^2 + y^2} = \sqrt{x^2 + y^2} < \varepsilon \text{ , 取} \delta = \varepsilon$$

$$\therefore \text{對所有} \varepsilon > 0 \text{ , 存在} \delta \text{ 使得 } 0 < \sqrt{x^2 + y^2} < \delta \text{ 時恆有}$$

$$|f(x \cdot y) - 0| \le \sqrt{x^2 + y^2} < \delta = \varepsilon$$

$$\text{即} \lim_{\substack{x \to 0 \\ y \to 0}} f(x \cdot y) = 0$$

連續

定義

若 $f(x \cdot y)$ 滿足 (1) $f(a \cdot b)$ 存在 , (2) $\lim\limits_{(x \cdot y) \to (a \cdot b)} f(x \cdot y)$ 存在且 (3) $\lim\limits_{(x \cdot y) \to (a \cdot b)} f(x \cdot y) = f(a \cdot b)$, 則稱 $f(x \cdot y)$ 在 $(a \cdot b)$ 為連續。

說明

1. 二變數多項函數必為連續。

例如：$f(x，y)=x^4+x^2y+y^3$在R中為連續函數。

2.二變數多項式函數之加減之結果仍為連續。

3.有理式形態之二變數多項函數分母有「0」時即為不連續之所在。

例 13 試問$f(x，y)=\begin{cases}\dfrac{xy}{\sqrt{x^2+y^2}}，(x，y)\neq(0，0)\\[2mm]0\qquad，(x，y)=(0，0)\end{cases}$在$(0，0)$處是否連續？

解

$$0\le\frac{|xy|}{\sqrt{x^2+y^2}}\le\frac{1}{2}\frac{x^2+y^2}{\sqrt{x^2+y^2}}=\frac{1}{2}\sqrt{x^2+y^2}\quad\underset{\substack{x=rcos\theta\\ y=rsin\theta}}{=\!=\!=}\quad\frac{1}{2}|r|$$

$$0\le\lim_{\substack{x\to0\\y\to0}}\frac{|xy|}{\sqrt{x^2+y^2}}=\lim_{r\to0}\frac{1}{2}|r|=0$$

$$\therefore\lim_{\substack{x\to0\\y\to0}}\frac{|xy|}{\sqrt{x^2+y^2}}=0=f(0，0)$$

即$f(x，y)$在$(0，0)$處為連續。

單元 48 基本偏微分法

一階偏導函數

函數$f(x,y)$對x之偏微分記做$\dfrac{\partial f}{\partial x}$，或$f_x$，$f_x(x,y)$，$\dfrac{\partial f}{\partial x}\big|_y$，在此$y$視為常數。同樣地$f(x,y)$對$y$之偏微分記做$\dfrac{\partial f}{\partial y}$，或$f_y$，$f_y(x,y)$，$\dfrac{\partial f}{\partial y}\big|_x$，在此$x$視為常數。

定義$f_x(x,y) = \lim\limits_{\Delta x \to 0}\dfrac{f(x+\Delta x,y)-f(x,y)}{\Delta x}$

$f_y(x,y) = \lim\limits_{\Delta y \to 0}\dfrac{f(x,y+\Delta y)-f(x,y)}{\Delta y}$

若我們欲求特定點(x_0,y_0)上之導函數，通常可分別用

$\dfrac{\partial f}{\partial x}\big|_{(x_0,y_0)} = f_x(x_0,y_0)$或$\dfrac{\partial f}{\partial y}\big|_{(x_0,y_0)} = f_y(x_0,y_0)$表示。

因此多變量函數之偏微分(Partial Derivative)可看為某一變數在其他所有變數均為常數之假設下對該變數行一般之微分。

例 1 求下列函數之一階偏導數

(a) $z = x^2 + xy + y^2$ 　　　　(b) $z = x^{y^2}$

(c) $z = ln(x + \sqrt{x^2 + y^2})$ 　　(d) $z = \int_{x\omega}^{y\omega} e^{u^2} du$

(e) $z = tan^{-1}(\dfrac{x+y}{x-y})$ 　　(f) $z = sin^{-1}\dfrac{x}{\sqrt{x^2+y^2}}$

解

(a) $\dfrac{\partial z}{\partial x} = 2x + y$，$\dfrac{\partial z}{\partial y} = x + 2y$

(b) $\dfrac{\partial z}{\partial x} = y^2 x^{y^2-1}$

$\dfrac{\partial z}{\partial y} = 2y \cdot x^{y^2} ln|x|$

(c) $\dfrac{\partial z}{\partial x} = \dfrac{1 + 2x \cdot \dfrac{1}{2}(x^2+y^2)^{-\frac{1}{2}}}{x + \sqrt{x^2+y^2}} = \dfrac{\dfrac{x+\sqrt{x^2+y^2}}{\sqrt{x^2+y^2}}}{x+\sqrt{x^2+y^2}} = \dfrac{1}{\sqrt{x^2+y^2}}$

$\dfrac{\partial z}{\partial y} = \dfrac{2y(\dfrac{1}{2}(x^2+y^2)^{-\frac{1}{2}})}{x+\sqrt{x^2+y^2}} = \dfrac{y}{\sqrt{x^2+y^2}(x+\sqrt{x^2+y^2})}$

(d) $\dfrac{\partial z}{\partial x} = \dfrac{\partial}{\partial x} \displaystyle\int_{x\omega}^{y\omega} e^{u^2} du = -e^{(x\omega)^2} \cdot z = -\omega e^{(x\omega)^2}$

$\dfrac{\partial z}{\partial y} = \dfrac{\partial}{\partial y} \displaystyle\int_{x\omega}^{y\omega} e^{u^2} du = e^{(y\omega)^2} \cdot \omega = \omega e^{(y\omega)^2}$

$\dfrac{\partial z}{\partial \omega} = \dfrac{\partial}{\partial \omega} \displaystyle\int_{x\omega}^{y\omega} e^{u^2} du = e^{(y\omega)^2} \cdot y - e^{(x\omega)^2} \cdot x$

(e) $\dfrac{\partial z}{\partial x} = \dfrac{\partial}{\partial x} \tan^{-1}(\dfrac{x+y}{1-xy}) = \dfrac{\dfrac{(1-xy)-(x+y)(-y)}{(1-xy)^2}}{1+(\dfrac{x+y}{1-xy})^2}$

$= \dfrac{1+y^2}{(1-xy)^2+(x+y)^2} = \dfrac{1+y^2}{1+x^2+y^2+x^2y^2} = \dfrac{1}{1+x^2}$

$\dfrac{\partial z}{\partial y} = \dfrac{\partial}{\partial y} \tan^{-1}(\dfrac{x+y}{1-xy}) = \dfrac{\dfrac{(1-xy)-(x+y)(-x)}{(1-xy)^2}}{1+(\dfrac{x+y}{1-xy})^2}$

$= \dfrac{1+x^2}{1+x^2+y^2+x^2y^2} = \dfrac{1}{1+y^2}$

(f) $\dfrac{\partial z}{\partial x} = \dfrac{\partial}{\partial x} \sin^{-1}\dfrac{x}{\sqrt{x^2+y^2}} = \dfrac{\dfrac{\sqrt{x^2+y^2}-x(\dfrac{1}{2})(2x)(x^2+y^2)^{-\frac{1}{2}}}{(\sqrt{x^2+y^2})^2}}{\sqrt{1-(\dfrac{x}{\sqrt{x^2+y^2}})^2}}$

$= \dfrac{(\sqrt{x^2+y^2})^2-x^2}{|y|(x^2+y^2)} = \dfrac{|y|}{x^2+y^2}$

$\dfrac{\partial z}{\partial y} = \dfrac{\partial}{\partial y} \sin^{-1}\dfrac{x}{\sqrt{x^2+y^2}} = \dfrac{\dfrac{x(\dfrac{1}{2})(2y)(x^2+y^2)^{-\frac{1}{2}}}{(\sqrt{x^2+y^2})^2}}{\sqrt{1-(\dfrac{x}{\sqrt{x^2+y^2}})^2}}$

$$= \frac{-xy}{|y|(x^2+y^2)}$$

例 2 理想氣體方程式 $PV=RT$，R 為常數，試證 $\dfrac{\partial P}{\partial V} \cdot \dfrac{\partial V}{\partial T} \cdot \dfrac{\partial T}{\partial P} = -1$

解

$PV=RT$

$\dfrac{\partial P}{\partial V} : \because P = \dfrac{RT}{V} \quad \therefore \dfrac{\partial P}{\partial V} = -\dfrac{RT}{V^2}$

$\dfrac{\partial V}{\partial T} : \because V = \dfrac{RT}{P} \quad \therefore \dfrac{\partial V}{\partial T} = \dfrac{R}{P}$

$\dfrac{\partial T}{\partial P} : \because T = \dfrac{PV}{R} \quad \therefore \dfrac{\partial T}{\partial P} = \dfrac{V}{R}$

$\therefore \dfrac{\partial P}{\partial V} \cdot \dfrac{\partial V}{\partial T} \cdot \dfrac{\partial T}{\partial P} = (-\dfrac{RT}{V^2})(\dfrac{R}{P})(\dfrac{V}{R}) = -\dfrac{RT}{PV} = -1$

例 3 $f(x，y，z) = \displaystyle\int_0^{x^2} e^t dt + \int_{y^3}^0 sint\,dt + \int_0^z e^{t^2} dt$

求 $\dfrac{\partial f}{\partial x}$，$\dfrac{\partial f}{\partial y}$，$\dfrac{\partial f}{\partial z}$

解

(a) $\dfrac{\partial f}{\partial x} = 2xe^{x^2}$

(b) $\dfrac{\partial f}{\partial y} = -3y^2 siny^3$

(c) $\dfrac{\partial f}{\partial z} = e^{z^2}$

例 4 若 $\begin{cases} 2u+v=3x+y \\ 3u-v=2x-y \end{cases}$ 求 $\dfrac{\partial u}{\partial x}$，$\dfrac{\partial v}{\partial y}$，$u，v$ 為 $x，y$ 之函數。

解

1. $\dfrac{\partial u}{\partial x}$:

$\begin{cases} 2\dfrac{\partial u}{\partial x} + \dfrac{\partial v}{\partial x} = 3 & (1) \\[2mm] 3\dfrac{\partial u}{\partial x} - \dfrac{\partial v}{\partial x} = 2 & (2) \end{cases}$

(1)+(2)得$5\dfrac{\partial u}{\partial x} = 5$ $\therefore \dfrac{\partial u}{\partial x} = 1$

2.$\dfrac{\partial v}{\partial y}$：

$$\begin{cases} 2\dfrac{\partial u}{\partial y} + \dfrac{\partial v}{\partial y} = 1 & \qquad (3) \\[3mm] 3\dfrac{\partial u}{\partial y} - \dfrac{\partial v}{\partial y} = -1 & \qquad (4) \end{cases}$$

(3)×3−(4)×2 得：

$5\dfrac{\partial v}{\partial y} = 5$ $\therefore \dfrac{\partial v}{\partial y} = 1$

齊次函數

關於多變數之k階齊次函數有以下重要定理：

定理

若$f(x，y)$為k階齊次函數，即$f(\lambda x，\lambda y) = \lambda^k f(x，y)$，$\lambda \neq 0$，$\lambda \in R$則$xf_x + yf_y = kf(x，y)$

證明

$\because f(x，y)$為k階齊次函數

$\therefore f(\lambda x，\lambda y) = \lambda^k f(x，y)$兩邊同時對$\lambda$微分，得

$xf_x + yf_y = k\lambda^{k-1} f(x，y)$

因上式是對任何實數λ均成立，所以在上式中令$\lambda = 1$得

$xf_x + yf_y = kf$

上述定理亦可推廣到n個變數情況：$f(x_1，x_2 \cdots \cdots x_n)$為一$k$階齊次函數，即$f(\lambda x_1，\lambda x_2 \cdots \cdots \lambda x_n) = \lambda^k f(x_1，x_2 \cdots \cdots x_n)$則

$\displaystyle\sum_{i=1} x_i \dfrac{\partial f}{\partial x_i} = kf(x_1，x_2 \cdots \cdots x_n)$。

例 5 (a)若$u = x^3 F(\frac{y}{x}, \frac{z}{x})$，求$x\frac{\partial u}{\partial x} + y\frac{\partial u}{\partial y} + z\frac{\partial u}{\partial z} = \underline{\ ?\ }\ u$。

(b)若$z = xyf(\frac{y}{2x})$，求$x\frac{\partial z}{\partial x} + y\frac{\partial z}{\partial y} = \underline{\ ?\ }\ u$

解

(a)$u = G(x, y, z) = x^3 F(\frac{y}{x}, \frac{z}{x})$ 則

$$G(\lambda x, \lambda y, \lambda z) = (\lambda x)^3 F(\frac{\lambda y}{\lambda x}, \frac{\lambda z}{\lambda x})$$

$$= \lambda^3 [x^3 F(\frac{y}{x}, \frac{z}{x})]$$

$\therefore G(x, y, z)$為 3 階齊次函數，因此$x\frac{\partial u}{\partial x} + y\frac{\partial u}{\partial y} + z\frac{\partial u}{\partial z}$

$= 3u$

(b)$z = H(x, y) = xyf(\frac{y}{2x})$，則

$H(\lambda x, \lambda y) = (\lambda x)(\lambda y)f(\frac{\lambda y}{2\lambda x}) = \lambda^2 xy\ f(\frac{y}{2x}) = \lambda^2 z$，為二階齊

次函數 $\therefore x\frac{\partial z}{\partial x} + y\frac{\partial z}{\partial y} = 2u$

高階偏導數

$z = f(x, y)$之一階導數$f_x(x, y)$及$f_y(x, y)$求出後，我們可能透過$f_x(x, y)$對x或y再實施偏微分，如此做下去可有 4 個可能結果：

$$f_{xx} = \frac{\partial}{\partial x}(\frac{\partial f}{\partial x}) = \frac{\partial^2 f}{\partial x^2}$$

$$f_{xy} = \frac{\partial}{\partial y}(\frac{\partial f}{\partial x}) = \frac{\partial^2 f}{\partial y\partial x}$$

$$f_{yx} = \frac{\partial}{\partial x}(\frac{\partial f}{\partial y}) = \frac{\partial^2 f}{\partial x\partial y}$$

$$f_{yy} = \frac{\partial}{\partial y}(\frac{\partial f}{\partial y}) = \frac{\partial^2 f}{\partial y^2}$$

由上面之符號，我們知道二階偏導函數f_{xy}有兩種表達方式：

(1)f_{xy} 及(2)$\frac{\partial^2 f}{\partial y\partial x}$，其微分順序為：$\underset{(1)(2)}{f_{xy}}$；$\underset{(2)\quad(1)}{\frac{\partial^2 f}{\partial x\ \partial y}}$，其規則可推廣之。

隱函數與全微分

隱函數

我們在第 2 章已介紹過在給定隱函數 $f(x,y) = 0$ 下，如何求 $\dfrac{dy}{dx}$，本單元介紹用偏導數方法來解同樣的問題。

定理

若 $f(x,y) = 0$，則 $\dfrac{dy}{dx} = -\dfrac{f_x}{f_y}$，$f_y \neq 0$。

若 $F(x,y,z) = 0$，則 $\dfrac{dy}{dx} = -\dfrac{F_x}{F_y}$ 同理可推廣其餘。

例 6 求 $x^3 + y^3 = 3xy$ 之 $\dfrac{dy}{dx} = $?

解

方法一：

令 $f(x,y) = x^3 + y^3 - 3xy = 0$

$\therefore \dfrac{dy}{dx} = -\dfrac{f_x}{f_y} = -\dfrac{3x^2 - 3y}{3y^2 - 3x} = \dfrac{y - x^2}{y^2 - x}$ $(y^2 - x \neq 0)$

方法二：

利用隱函數微分法：

$f(x,y) = x^3 + y^3 - 3xy = 0$

$\therefore 3x^2 + 3y^2(\dfrac{dy}{dx}) - 3y - 3x(\dfrac{dy}{dx}) = 0$

或 $x^2 + y^2(\dfrac{dy}{dx}) - y - x(\dfrac{dy}{dx}) = 0$

$\therefore \dfrac{dy}{dx} = \dfrac{y - x^2}{y^2 - x}$ $(y^2 - x \neq 0)$

例 7 $x^2 + xy + y^2 + ux + u^2 = 3$，求 $\dfrac{\partial u}{\partial x}$，$\dfrac{\partial u}{\partial y}$，$\dfrac{\partial x}{\partial u}$，$\dfrac{\partial x}{\partial y} = $?

解

令 $F(x,y,u) = x^2 + xy + y^2 + ux + u^2 - 3 = 0$

$$\therefore \frac{\partial u}{\partial x} = -\frac{F_x}{F_u} = -\frac{2x+y+u}{x+2u} \, (x+2u \neq 0)$$

$$\frac{\partial u}{\partial y} = -\frac{F_y}{F_u} = -\frac{x+2y}{x+2u} \, (x+2u \neq 0)$$

$$\frac{\partial x}{\partial u} = -\frac{F_u}{F_x} = -\frac{x+2u}{2x+y+u} \, (2x+y+u \neq 0)$$

$$\frac{\partial x}{\partial y} = -\frac{F_y}{F_x} = -\frac{x+2y}{2x+y+u} \, (2x+y+u \neq 0)$$

全微分

若 $w = f(x, y)$ 在點 (x, y) 處為可微分,則定義 $dw = f_x \, dx + f_y \, dy$ 為 $f(x, y)$ 之全微分(Total Differential),因為多變數函數可微分之定義較抽象,其嚴謹定義超過本書程度,本書之全微分問題均符合可微分之假設。

全微分在二變數函數值估計之應用

由全微分定義: $dz = f_x \, dx + f_y \, dy$,若 $dx = \Delta x$, $dy = \Delta y$,則 $\Delta z \doteqdot f_x \, \Delta x + f_y \, \Delta y$。

$$\therefore f(x+\Delta x, y+\Delta y) - f(x, y) \doteqdot f_x \, \Delta x + f_y \, \Delta y$$

即 $f(x+\Delta x, y+\Delta y) \doteqdot f(x, y) + f_x \, \Delta x + f_y \, \Delta y = f(x, y) + \Delta z$

我們便可利用上述近似公式對二變數函數之估計。

例 8 試估 $\sqrt{301^2 + 399^2}$ 計之近似值 = ?

解

設 $z = f(x, y) = \sqrt{x^2+y^2}$, $\Delta x = 1$, $\Delta y = -1$

$$\therefore \Delta z = f_x(x, y)\Delta x + f_y(x, y)\Delta y$$

$$= \frac{x}{\sqrt{x^2+y^2}}\Delta x + \frac{x}{\sqrt{x^2+y^2}}\Delta y, \ x = 300, \ y = 400$$

$$= \frac{300}{\sqrt{300^2+400^2}}(1) + \frac{400}{\sqrt{300^2+400^2}}(-1)$$

$$= \frac{3}{5} \cdot 1 + \frac{4}{5}(-1) = -\frac{1}{5} = -0.2$$

$$f(300 \cdot 400) = \sqrt{300^2 + 400^2} = 500$$

$$\therefore \sqrt{301^2 + 399^2} \doteqdot f(x \cdot y) + \Delta z = 500 - 0.2 = 499.8$$

★$z = f(x \cdot y)$在$(x_0 \cdot y_0)$處可微分問題

本子單元要簡介$f(x \cdot y)$在$(x_0 \cdot y_0)$處是否可微，在此我們要用到全微分

令$\Delta z = (x_0 + \Delta x \cdot y_0 + \Delta y) - f(x_0 \cdot y_0)$

取$\rho = \sqrt{(\Delta x)^2 + (\Delta y)^2}$

若$f(x \cdot y)$在$(x_0 \cdot y_0)$處滿足

$$\lim_{\rho \to 0} \frac{\Delta z - (f_x(x_0 \cdot y_0) \Delta x + f_y(x_0 \cdot y_0) \Delta y)}{\rho} = 0$$

則$f(x \cdot y)$在$(x_0 \cdot y_0)$處可微分

注意：$f(x \cdot y)$在$(x_0 \cdot y_0)$處即便$f_x(x_0 \cdot y_0)$與$f_y(x_0 \cdot y_0)$均存在，亦不保證$f(x \cdot y)$在$(x_0 \cdot y_0)$處可微分。

例 9 $f(x \cdot y) = \begin{cases} \dfrac{xy}{\sqrt{x^2+y^2}} \cdot x^2+y^2 \neq 0 \\ 0 \cdot x^2+y^2 = 0 \end{cases}$，問$f(x \cdot y)$在$(0 \cdot 0)$處是否可

微？

解

$$\lim_{\rho \to 0} \frac{\Delta z - (f_x(0 \cdot 0) \Delta x + f_y(0 \cdot 0) \Delta y)}{\rho} :$$

其中$\Delta z = f(0 + \Delta x \cdot 0 + \Delta y) - f(0 \cdot 0) = f(\Delta x \cdot \Delta y) - 0$

$$= \frac{\Delta x \cdot \Delta y}{\sqrt{(\Delta x)^2 + (\Delta y)^2}}$$

$$f_x(0 \cdot 0) = \lim_{\Delta x \to 0} \frac{f(0 + \Delta x \cdot 0) - f(0 \cdot 0)}{\Delta x}$$

$$= \lim_{\Delta x \to 0} \frac{f(\Delta x \cdot 0) - f(0 \cdot 0)}{\Delta x} = \lim_{\Delta x \to 0} \frac{dx \cdot 0}{\sqrt{(\Delta x)^2 + 0}} = 0$$

$$f_y(0 \cdot 0) = \lim_{\Delta y \to 0} \frac{f(0 \cdot 0 + \Delta y) - f(0 \cdot 0)}{\Delta y} = \lim_{\Delta y \to 0} \frac{f(0 \cdot \Delta y) - f(0 \cdot 0)}{\Delta y}$$

$$= \lim_{\Delta y \to 0} \frac{0 \cdot \Delta y}{\sqrt{0 + (\Delta y)^2}} = 0$$

代上述結果入

$$\lim_{\rho \to 0} \frac{\Delta z - (f_x(0 \cdot 0)\Delta x + f_y(0 \cdot 0)\Delta y)}{\rho}$$

$$= \lim_{\rho \to 0} \frac{\Delta z}{\rho} = \lim_{\substack{\Delta x \to 0 \\ \Delta y \to 0}} \frac{\dfrac{\Delta x \cdot \Delta y}{\sqrt{(\Delta x)^2 + (\Delta y)^2}}}{\sqrt{(\Delta x)^2 + (\Delta y)^2}} = \lim_{\substack{\Delta x \to 0 \\ \Delta y \to 0}} \frac{\Delta x \Delta y}{(\Delta x)^2 + (\Delta y)^2}$$

我們取 $y = mx$ 則

$$* = \lim_{\substack{\Delta x \to 0 \\ \Delta y \to 0}} \frac{\Delta x \cdot m \Delta x}{(\Delta x)^2 + (m \Delta x)^2} = \frac{m}{1 + m^2} \text{，不同 } m \text{ 值有不同極限}$$

$\therefore f(x \cdot y)$ 在 $(0 \cdot 0)$ 處不可微

例 10 $f(x \cdot y) = \sqrt{|xy|}$，問 $f(x \cdot y)$ 在 $(0 \cdot 0)$ 處是否可微？

解

$$\because \Delta z = f(0 + \Delta x \cdot 0 + \Delta y) - f(0 \cdot 0) = f(\Delta x \cdot \Delta y) - 0$$

$$= \sqrt{|\Delta x \Delta y|}$$

$$f_x(0 \cdot 0) = \lim_{\Delta x \to 0} \frac{f(0 + \Delta x \cdot 0) - f(0 \cdot 0)}{\Delta x} = \lim_{\Delta x \to 0} \frac{f(\Delta x \cdot 0) - 0}{\Delta x} = 0$$

同法 $f_y(0 \cdot 0) = 0$

$$\therefore \lim_{\rho \to 0} \frac{\Delta z - (f_x(0 \cdot 0)\Delta x + f_y(0 \cdot 0)\Delta y)}{\rho} = \lim_{\rho \to 0} \frac{\Delta z}{\rho}$$

$$= \lim_{\substack{\Delta x \to 0 \\ \Delta y \to 0}} \frac{\sqrt{|\Delta x \cdot \Delta y|}}{\sqrt{(\Delta x)^2 + (\Delta y)^2}} \text{，取 } y = mx$$

$$= \lim_{\substack{\Delta x \to 0 \\ \Delta y \to 0}} \frac{\sqrt{|\Delta x||m \Delta x|}}{\sqrt{(\Delta x)^2 + (m \Delta x)^2}} = \frac{\sqrt{m}}{\sqrt{1 + m^2}} \text{，不同 } m \text{ 值有不同極限}$$

$\therefore f(x \cdot y) = \sqrt{|xy|}$ 在 $(0 \cdot 0)$ 處不可微。

下面是一個偏微分中極為重要的基本定理

定理

若 $z = f(x, y)$ 之 f_{xx}, f_{xy}, f_{yx}, f_{yy} 均為連續，則以 $z \in C^2$ 表示。若 $z = f(x, y) \in C^2$，則 $f_{xy} = f_{yx}$

例 11 $f(x, y) = \begin{cases} \dfrac{x^3y - xy^3}{x^2 + y^2} & , x^2 + y^2 \neq 0 \\ 0 & , x^2 + y^2 = 0 \end{cases}$，(a)求 $f_{xy}(0, 0)$ 及 $f_{yx}(0, 0)$ (b)

說明 $f_{xy}(x, y)$ 在 $(0, 0)$ 處是否連續？

■ 解

(a) $f_x(0, 0) = \lim_{\Delta x \to 0} \dfrac{f(0 + \Delta x, 0) - f(0, 0)}{\Delta x}$

$= \lim_{\Delta x \to 0} \dfrac{f(\Delta x, 0) - 0}{\Delta x} = 0$

$f_y(0, 0) = \lim_{\Delta y \to 0} \dfrac{f(0, 0 + \Delta y) - f(0, 0)}{\Delta y}$

$= \lim_{\Delta y \to 0} \dfrac{f(0, \Delta y) - f(0, 0)}{\Delta y} = 0$

$f_x(0, y) = \lim_{\Delta x \to 0} \dfrac{f(0 + \Delta x, y) - f(0, 0)}{\Delta x} = \lim_{\Delta x \to 0} \dfrac{f(\Delta x, y)}{\Delta x}$

$= \lim_{\Delta y \to 0} \dfrac{\dfrac{(\Delta x)^3 y - \Delta x(y)^3}{(\Delta x)^2 + y^2}}{\Delta x}$

$= \lim_{\Delta x \to 0} \dfrac{(\Delta x)^2 y - y^3}{(\Delta x)^2 + y^2} = -y$

$f_y(x, 0) = \lim_{\Delta y \to 0} \dfrac{f(x, 0 + \Delta y) - f(0, 0)}{\Delta y} = \lim_{\Delta y \to 0} \dfrac{f(x, \Delta y)}{\Delta y}$

$= \lim_{\Delta y \to 0} \dfrac{\dfrac{x^3 \Delta y - x(\Delta y)^3}{x^2 + (\Delta y)^2}}{\Delta y}$

$= \lim_{\Delta y \to 0} \dfrac{x^3 - x(\Delta y)^2}{x^2 + (\Delta y)^2} = x$

$\therefore f_{xy}(0, 0) = \lim_{\Delta y \to 0} \dfrac{f_x(0, 0 + \Delta y) - f_x(0, 0)}{\Delta x} = \lim_{\Delta y \to 0} \dfrac{f_x(0, \Delta y) - 0}{\Delta y}$

$$= \lim_{\Delta y \to 0} \frac{-\Delta y}{\Delta y} = -1$$

$$f_{yx}(0 \cdot 0) = \lim_{\Delta x \to 0} \frac{f_y(0+\Delta x \cdot 0) - f_y(0 \cdot 0)}{\Delta x} = \lim_{\Delta x \to 0} \frac{f_y(\Delta x \cdot 0) - 0}{\Delta x}$$

$$= \lim_{\Delta x \to 0} \frac{\Delta x}{\Delta x} = 1$$

(b)若$f(x \cdot y) \in c^2$則$f_{xy} = f_{yx}$

現$f_{xy}(0 \cdot 0) \neq f_{yx}(0 \cdot 0)$ $\therefore f(x \cdot y) \notin C^2$，即$f_{xy}(x \cdot y)$在$(0 \cdot 0)$
處不連續。

例 12 $f(x \cdot y) = \begin{cases} x^2 tan^{-1}\dfrac{y}{x} - y^2 tan^{-1}\dfrac{x}{y} \text{，} xy \neq 0 \\ f(x \cdot 0) = f(0 \cdot y) = 0 \text{，} xy = 0 \end{cases}$

求$f_{xy}(0 \cdot 0)$與$f_{yx}(0 \cdot 0)$？

解

方法一

$$f_x(0 \cdot 0) = \lim_{\Delta x \to 0} \frac{f(0+\Delta x \cdot 0) - f(0 \cdot 0)}{\Delta x}$$

$$= \lim_{\Delta x \to 0} \frac{f(\Delta x \cdot 0) - f(0 \cdot 0)}{\Delta x} = \lim_{\Delta x \to 0} \frac{f(\Delta x \cdot 0)}{\Delta x}$$

$$= \lim_{\Delta x \to 0} \frac{0}{\Delta x} = 0$$

$$f_y(0 \cdot 0) = \lim_{\Delta y \to 0} \frac{f(0 \cdot 0+\Delta y) - f(0 \cdot 0)}{\Delta y}$$

$$= \lim_{\Delta y \to 0} \frac{f(0 \cdot \Delta y)}{\Delta y} = \lim_{\Delta y \to 0} \frac{0}{\Delta y} = 0$$

$$f_x(0 \cdot y) = \lim_{\Delta x \to 0} \frac{f(0+\Delta x \cdot y) - f(0 \cdot 0)}{\Delta x} = \lim_{\Delta x \to 0} \frac{f(\Delta x \cdot y)}{\Delta x}$$

$$= \lim_{\Delta x \to 0} \frac{(\Delta x)^2 tan^{-1}\dfrac{y}{\Delta x} - y^2 tan^{-1}\dfrac{\Delta x}{y}}{\Delta x}$$

$$= \lim_{\Delta x \to 0} \left(\Delta x tan^{-1}\frac{y}{\Delta x} - \frac{y^2}{\Delta x} tan^{-1}\frac{\Delta x}{y}\right)$$

$$\underset{z=\frac{\Delta x}{y}}{=====} \lim_{z \to 0} \left(yz tan^{-1}\frac{1}{z} - \frac{y}{z} tan^{-1} z\right)$$

$$= -\lim_{z \to 0} \frac{y\tan^{-1}z}{z} = -y$$

$$f_y(x , 0) = \lim_{\Delta y \to 0} \frac{f(x , 0+\Delta y)-f(0 , 0)}{\Delta y}$$

$$= \lim_{\Delta y \to 0} \frac{f(x , \Delta y)}{\Delta y}$$

$$= \lim_{\Delta y \to 0} \frac{1}{\Delta y}(x^2\tan^{-1}\frac{\Delta y}{x}-(\Delta y)^2\tan^{-1}\frac{x}{\Delta y})$$

$$\underline{\underline{z=\frac{\Delta y}{x}}} \lim_{z \to 0}(\frac{x}{z}\tan^{-1}z-xz\tan^{-1}\frac{1}{z}) = \lim_{z \to 0}\frac{x}{z}\tan^{-1}z = x$$

$$\therefore f_{xy}(0 , 0) = \lim_{\Delta y \to 0} \frac{f_x(0 , 0+\Delta y)-f_x(0 , 0)}{\Delta y} = \lim_{\Delta y \to 0}\frac{f_x(0 , \Delta y)}{\Delta y}$$

$$= \lim_{\Delta y \to 0}\frac{-\Delta y}{\Delta y} = -1$$

$$f_{yx}(0 , 0) = \lim_{\Delta x \to 0} \frac{f_y(0+\Delta x , 0)-f_y(0 , 0)}{\Delta x} = \lim_{\Delta x \to 0}\frac{f_y(\Delta x , 0)}{\Delta x}$$

$$= \lim_{\Delta x \to 0}\frac{\Delta x}{\Delta x} = 1$$

方法二

$$f_{yx}(0 , 0) :$$

$$f_x = \frac{(x^2+y^2)(3x^2y-y^3)-xy(x^2-y^2)2x}{(x^2+y^2)^2} = \frac{x^4y+4x^2y^3-y^5}{(x^2+y^2)^2}$$

$$, (x , y) \neq (0 , 0)$$

$$f_y = \frac{(x^2+y^2)(x^3-3xy^2)-xy(x^2-y^2)\cdot 2y}{(x^2+y^2)^2}$$

$$= \frac{x^5-4x^3y^2-xy^4}{(x^2+y^2)^2} , (x , y) \neq (0 , 0)$$

$$f_x(0 , 0) = \lim_{h \to 0} \frac{f(h , 0)-f(0 , 0)}{h} = \lim_{h \to 0}\frac{0}{h} = 0$$

$$f_y(0 , 0) = \lim_{h \to 0} \frac{f(0 , h)-f(0 , 0)}{h} = \lim_{h \to 0}\frac{0}{h} = 0$$

$$\therefore f_{xy}(0 , 0) = \lim_{h \to 0} \frac{f_y(0 , h)-f_y(0 , 0)}{h} = \lim_{h \to 0}\frac{\frac{-h^5}{h^4}-0}{h} = -1$$

$$f_{yx}(0 , 0) = \lim_{h \to 0} \frac{f_y(h , 0)-f_y(0 , 0)}{h} = \lim_{h \to 0}\frac{\frac{h^5}{h^4}-0}{h} = 1$$

例 13　$f(x，y)=\begin{cases} xy，|y|\leq|x| \\ -xy，|y|>|x| \end{cases}$，求$f_{xy}(0，0)$及$f_{yx}(0，0)$

■ 解

$$f_x(0，0)=\lim_{\Delta x\to 0}\frac{f(0+\Delta x，0)-f(0，0)}{\Delta x}$$

$$=\lim_{\Delta x\to 0}\frac{f(\Delta x，0)}{\Delta x}=\lim_{\Delta x\to 0}\frac{\Delta x\cdot 0}{\Delta x}=0$$

$$f_y(0，0)=\lim_{\Delta y\to 0}\frac{f(0，0+\Delta y)-f(0，0)}{\Delta y}=\lim_{\Delta y\to 0}\frac{f(0，\Delta y)}{\Delta y}$$

$$=\lim_{\Delta y\to 0}\frac{-0\cdot\Delta y}{\Delta y}=0$$

$$f_x(0，y)=\lim_{\Delta x\to 0}\frac{f(0+\Delta x，y)-f(0，0)}{\Delta x}=\lim_{\Delta x\to 0}\frac{f(\Delta x，y)}{\Delta x}$$

$$=\lim_{\Delta x\to 0}\frac{-\Delta x\cdot y}{\Delta x}=-y$$

$$f_y(x，0)=\lim_{\Delta y\to 0}\frac{f(x，0+\Delta y)-f(0，0)}{\Delta y}=\lim_{\Delta y\to 0}\frac{f(x，\Delta y)}{\Delta y}$$

$$=\lim_{\Delta y\to 0}\frac{x\cdot\Delta y}{\Delta y}=x$$

$$\therefore f_{xy}(0，0)=\lim_{\Delta y\to 0}\frac{f_x(0，0+\Delta y)-f_x(0，0)}{\Delta y}=\lim_{\Delta y\to 0}\frac{f_x(0，\Delta y)}{\Delta y}$$

$$=\lim_{\Delta y\to 0}\frac{-\Delta y}{\Delta y}=-1$$

$$f_{yx}(0，0)=\lim_{\Delta x\to 0}\frac{f_y(0+\Delta x，0)-f_y(0，0)}{\Delta x}=\lim_{\Delta x\to 0}\frac{f_y(\Delta x，0)}{\Delta x}$$

$$=\lim_{\Delta x\to 0}\frac{\Delta x}{\Delta x}=1$$

單元 49 偏微分鏈鎖法則

第 3 章之單元 12 鏈鎖法則係解單變數函數之合成函數微分法之利器，本單元則研究如何做二變數函數之合成函數的偏微分。

定理

鏈鎖法則

令 $z = f(u, v)$，$u = g(x, y)$，$v = h(x, y)$ 則 $\dfrac{\partial z}{\partial x} = \dfrac{\partial z}{\partial u} \cdot \dfrac{\partial u}{\partial x} + \dfrac{\partial z}{\partial v} \cdot \dfrac{\partial v}{\partial x}$，$\dfrac{\partial z}{\partial y} = \dfrac{\partial z}{\partial u} \cdot \dfrac{\partial u}{\partial y} + \dfrac{\partial z}{\partial v} \cdot \dfrac{\partial v}{\partial y}$。

說明

上面所述之鏈鎖法則在敘述上並不是嚴謹的，因為鏈鎖法則之 f 在含 (u, v) 的開區域中需為可微分，且 g, h 之一階偏微分為連續等，但限於本書之水準，故從略，本書之例、習題均假定這些條件都已成立。

如果我們只取函數之自變數，因變數畫成樹形圖，對合成函數之偏微分公式推導大有幫助。以 $z = f(x, y)$，$x = g(r, s)$，$y = h(r, s)$ 為例說明之：

$\because z = f(x, y)$

$$\therefore \ z \diagdown \begin{matrix} x \\ \\ y \end{matrix} \tag{①}$$

又 $x = g(r, s)$，$y = h(r, s)$

$$x \diagdown \begin{matrix} r \\ \\ s \end{matrix} \qquad y \diagdown \begin{matrix} r \\ \\ s \end{matrix} \tag{②}$$

將②併入①則得

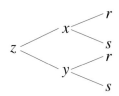

$\dfrac{\partial z}{\partial r}$相當於由$z$到$r$之所有途徑，在此有二條即

①$z \longrightarrow x \longrightarrow r$ ②$z \longrightarrow y \longrightarrow r$

$\quad \dfrac{\partial z}{\partial x} \qquad \dfrac{\partial x}{\partial r} \qquad\qquad\qquad \dfrac{\partial z}{\partial y} \qquad \dfrac{\partial y}{\partial r}$

$\therefore \dfrac{\partial z}{\partial r} = \dfrac{\partial z}{\partial x} \cdot \dfrac{\partial x}{\partial r} + \dfrac{xz}{\partial y} \cdot \dfrac{\partial y}{\partial r}$

假定$z = f(x，y)$，$x = g(r，s)$，$y = h(r，t)$則由下圖可知$\dfrac{\partial z}{\partial t}$

之途徑爲$z \to y \to t$

$\therefore \dfrac{\partial z}{\partial t} = \dfrac{\partial z}{\partial y} \cdot \dfrac{\partial y}{\partial t}$

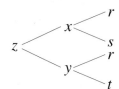

我們將舉一些例子說明。

例 1　$z = f(x，y)$，$x = h(s，t)$，$y = k(t)$，試繪樹形圖求$\dfrac{\partial z}{\partial s}$及$\dfrac{\partial z}{\partial t}$？

解

先繪樹形圖

(1)$\dfrac{\partial z}{\partial s} = \dfrac{\partial z}{\partial x} \cdot \dfrac{\partial x}{\partial s}$

(2)$\dfrac{\partial z}{\partial t} = \dfrac{\partial z}{\partial x} \cdot \dfrac{\partial x}{\partial t} + \dfrac{\partial z}{\partial y} \cdot \dfrac{dy}{dt}$

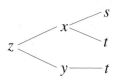

在此y爲t之單變數函數　$\therefore$用$\dfrac{dy}{dt}$而不用$\dfrac{\partial y}{\partial t}$

例 2　$z = h(x，y，w)$，$x = y(s，t，u)$，$y = q(t，v)$，$w = r(u，v)$試

繪樹形圖以求$\dfrac{\partial z}{\partial s}$，$\dfrac{\partial z}{\partial t}$，$\dfrac{\partial z}{\partial v}$。

■ **解**

$$(1)\frac{\partial z}{\partial s} = \frac{\partial z}{\partial x} \cdot \frac{\partial x}{\partial s}$$

$$(2)\frac{\partial z}{\partial t} = \frac{\partial z}{\partial x} \cdot \frac{\partial x}{\partial t} + \frac{\partial z}{\partial y} \cdot \frac{\partial y}{\partial t}$$

$$(3)\frac{\partial z}{\partial v} = \frac{\partial z}{\partial x} \cdot \frac{\partial x}{\partial v} + \frac{\partial z}{\partial y} \cdot \frac{\partial y}{\partial v} + \frac{\partial z}{\partial w} \cdot \frac{\partial w}{\partial v}$$

為了表達簡明起見，我們用 f_i 表示第 i 個自變數之一階偏導數，用 f_{ij} 表示先對第 i 個變數作偏導數後再對第 j 個變數作二階偏導數。

例 3 $z = f(x, \frac{y}{x})$ 若 $z \in C^2$，求 (a) $\frac{\partial^2 z}{\partial x^2}$ (b) $\frac{\partial^2 z}{\partial y^2}$ (b) $\frac{\partial^2 z}{\partial x \partial y}$

■ **解**

$$(a)\frac{\partial^2 z}{\partial x^2} = \frac{\partial}{\partial x}(\frac{\partial z}{\partial x})$$

$$= \frac{\partial}{\partial x}(f_1 \cdot 1 + (-\frac{y}{x^2})f_2)$$

$$= \frac{\partial}{\partial x}(f_1 (x, \frac{y}{x}) - \frac{y}{x^2}f_2 (x, \frac{y}{x}))$$

$$= f_{11} + (-\frac{y}{x^2})f_{12} - \frac{y}{x^2}(f_{21} + (-\frac{y}{x^2})f_{22})$$

$$= f_{11} + (-\frac{y}{x^2})f_{12} - \frac{y}{x^2}f_{21} + \frac{y^2}{x^4}f_{22}$$

$\because z \in c^2$，$f_{12} = f_{21}$ $\therefore$ 上式變成

$$\frac{\partial^2 z}{\partial x^2} = f_{11} - \frac{2y}{x^2}f_{12} + \frac{y^2}{x^4}f_{22}$$

$$(b)\frac{\partial^2 z}{\partial y^2} = \frac{\partial}{\partial y}(\frac{\partial z}{\partial y})$$

$$= \frac{\partial}{\partial y}(f_2 \cdot \frac{1}{x}) = \frac{\partial}{\partial y}(\frac{1}{x}f_2 (x, \frac{y}{x}))$$

$$= \frac{1}{x^2}f_{22}$$

$$(c)\frac{\partial^2 z}{\partial x \partial y} = \frac{\partial}{\partial x}(\frac{\partial z}{\partial y})$$

$$= \frac{\partial}{\partial x}(f_2 \cdot \frac{1}{x}) = \frac{\partial}{\partial x}(\frac{1}{x}f_2 (x, \frac{y}{x}))$$

$$= -\frac{1}{x^2}f_2(x \cdot \frac{y}{x}) + [\frac{1}{x}(f_{21}(x \cdot \frac{y}{x}) - \frac{y}{x^2}f_{22})]$$

$$= -\frac{1}{x^2}f_2 + \frac{1}{x}f_{21} - \frac{y}{x^3}f_{22}$$

例 4 (a)$u = f(x-y \cdot y-x)$，試證$\dfrac{\partial u}{\partial x} + \dfrac{\partial u}{\partial y} = 0$

(b)$u = f(x^2-y^2 \cdot y^2-x^2)$，試證$y\dfrac{\partial u}{\partial x} + x\dfrac{\partial u}{\partial y} = 0$

(c)$u = f(x-at) + g(x+at)$，試證$\dfrac{\partial^2 u}{\partial t^2} = a^2\dfrac{\partial^2 u}{\partial x^2}$

解

(a) 方法一：

我們引入二個媒介變數$s \cdot t$

其中 $\begin{cases} s=x-y \ 則 \dfrac{\partial s}{\partial x}=1 \cdot \dfrac{\partial s}{\partial y}=-1 \\ t=y-x \ 則 \dfrac{\partial t}{\partial y}=1 \cdot \dfrac{\partial t}{\partial x}=-1 \end{cases}$

$$\frac{\partial u}{\partial x} = \frac{\partial u}{\partial s}\cdot\frac{\partial s}{\partial x} + \frac{\partial u}{\partial t}\cdot\frac{\partial t}{\partial x}$$

$$= \frac{\partial u}{\partial s}\cdot 1 + \frac{\partial u}{\partial t}(-1)$$

$$= \frac{\partial u}{\partial s} - \frac{\partial u}{\partial t}$$

$$\frac{\partial u}{\partial y} = \frac{\partial u}{\partial s}\cdot\frac{\partial s}{\partial y} + \frac{\partial u}{\partial t}\cdot\frac{\partial t}{\partial y}$$

$$= \frac{\partial u}{\partial s}(-1) + \frac{\partial u}{\partial t}\cdot 1 = -\frac{\partial u}{\partial s} + \frac{\partial u}{\partial t}$$

$$\therefore \frac{\partial u}{\partial x} + \frac{\partial u}{\partial y} = (\frac{\partial u}{\partial s} - \frac{\partial u}{\partial t}) + (-\frac{\partial u}{\partial s} + \frac{\partial u}{\partial t}) = 0$$

方法二：

$$\frac{\partial u}{\partial x} = f_1\cdot 1 + f_2(-1) = f_1 - f_2$$

$$\frac{\partial u}{\partial y} = f_1(-1) + f_2(1) = -f_1 + f_2$$

$$\therefore \frac{\partial u}{\partial x} + \frac{\partial u}{\partial y} = (f_1 - f_2) + (-f_1 + f_2) = 0$$

(b) 方法一 :

令 $s=x^2-y^2$，$t=y^2-x^2$

則

$$\frac{\partial u}{\partial x}=\frac{\partial u}{\partial s}\frac{\partial s}{\partial x}+\frac{\partial u}{\partial t}\frac{\partial t}{\partial x}=\frac{\partial u}{\partial s}(2x)+\frac{\partial u}{\partial t}(-2x)$$

$$\frac{\partial u}{\partial y}=\frac{\partial u}{\partial s}\cdot\frac{\partial s}{\partial y}+\frac{\partial u}{\partial t}\cdot\frac{\partial t}{\partial y}=\frac{\partial u}{\partial s}(-2y)+\frac{\partial u}{\partial t}(2y)$$

$$\therefore y\frac{\partial u}{\partial x}+x\frac{\partial u}{\partial y}=y[\frac{\partial u}{\partial s}(2x)+\frac{\partial u}{\partial t}(-2x)]+$$

$$x[\frac{\partial u}{\partial s}(-2y)+\frac{\partial u}{\partial t}(2y)]$$

$$=0$$

方法二 :

$$\frac{\partial u}{\partial x}=f_1(2x)+f_2(-2x)=2xf_1-2xf_2$$

$$\frac{\partial u}{\partial y}=f_1(-2y)+f_2(2y)=-2yf_1+2yf_2$$

$$\therefore y\frac{\partial u}{\partial x}+x\frac{\partial u}{\partial y}=y(2xf_1-2xf_2)+x(-2yf_1+2yf_2)$$

$$=0$$

(c) $\dfrac{\partial^2 u}{\partial t^2}=\dfrac{\partial}{\partial t}(\dfrac{\partial u}{\partial t})=\dfrac{\partial}{\partial t}[(-af')+ag']=(-a(-a)f'')$

$+a(a)g''=a^2(f''+g'')$

$$\frac{\partial^2 u}{\partial x^2}=\frac{\partial}{\partial x}(\frac{\partial u}{\partial x})=\frac{\partial}{\partial x}(f'+g')=f''+g''$$

$$\therefore \frac{\partial^2 u}{\partial t^2}=a^2\frac{\partial^2 u}{\partial x^2}$$

例 5 　若 $u=f(x+g(y))$，試證 $\dfrac{\partial u}{\partial x}\cdot\dfrac{\partial^2 u}{\partial x\partial y}=\dfrac{\partial u}{\partial y}\dfrac{\partial^2 u}{\partial x^2}$

解

$$\frac{\partial u}{\partial x}=f'$$

$$\frac{\partial^2 u}{\partial x\partial y}=\frac{\partial}{\partial x}(\frac{\partial u}{\partial y})=\frac{\partial}{\partial x}(f'(x+g(y)))g'(y)$$

$$= f''(x+g(y)))g'(y) = f''g'$$

$$\therefore \frac{\partial u}{\partial x} \cdot \frac{\partial^2 u}{\partial x \partial y} = f'f''g' \tag{①}$$

$$\frac{\partial u}{\partial y} = f'g'$$

$$\frac{\partial^2 u}{\partial x^2} = \frac{\partial}{\partial x}(\frac{\partial u}{\partial x}) = \frac{\partial}{\partial x}f'(x+g(y)) = f''$$

$$\frac{\partial u}{\partial y}\frac{\partial^2 u}{\partial x^2} = f'g'f'' \tag{②}$$

比較① , ②得 $\dfrac{\partial u}{\partial x}\dfrac{\partial^2 u}{\partial x \partial y} = \dfrac{\partial u}{\partial y}\dfrac{\partial^2 u}{\partial x^2}$

例 6　$u = yf(\dfrac{x}{y})+xg(\dfrac{y}{x})$, f , $g \in c^2$, 試證

$$x\frac{\partial^2 u}{\partial x^2}+y\frac{\partial^2 u}{\partial x \partial y} = 0$$

解

$$\frac{\partial^2 u}{\partial x^2} = \frac{\partial}{\partial x}(\frac{\partial u}{\partial x}) = \frac{\partial}{\partial x}\left[yf'(\frac{x}{y})\cdot\frac{1}{y}+g(\frac{y}{x})+xg'(\frac{y}{x})(-\frac{y}{x^2})\right]$$

$$= \frac{\partial}{\partial x}\left[f'(\frac{x}{y})+g(\frac{y}{x})-\frac{y}{x}g'(\frac{y}{x})\right]$$

$$= \frac{1}{y}f''(\frac{x}{y})+(-\frac{y}{x^2})g'(\frac{y}{x})+\frac{y}{x^2}g'(\frac{y}{x})-(\frac{y}{x})(-\frac{y}{x^2})g''(\frac{y}{x})$$

$$= \frac{1}{y}f''(\frac{x}{y})+\frac{y^2}{x^3}g''(\frac{y}{x})$$

$$\frac{\partial^2 u}{\partial x \partial y} = \frac{\partial}{\partial x}(\frac{\partial u}{\partial y}) = \frac{\partial}{\partial x}\left[f(\frac{x}{y})+y(-\frac{x}{y^2})f'(\frac{x}{y})+xg'(\frac{y}{x})(\frac{1}{x})\right]$$

$$= \frac{\partial}{\partial x}\left[f(\frac{x}{y})-\frac{x}{y}f'(\frac{x}{y})+g'(\frac{y}{x})\right]$$

$$= \frac{1}{y}f'(\frac{x}{y})-\frac{1}{y}f'(\frac{x}{y})-\frac{x}{y}f''(\frac{x}{y})(\frac{1}{y})+g''(\frac{y}{x})(\frac{-y}{x^2})$$

$$= -\frac{x}{y^2}f''(\frac{x}{y})-\frac{y}{x^2}g''(\frac{y}{x})$$

$$\therefore x\frac{\partial^2 u}{\partial x^2}+y\frac{\partial^2 u}{\partial x \partial y}$$

$$= x\left[\frac{1}{y}f''(\frac{x}{y})+\frac{y^2}{x^3}g''(\frac{y}{x})\right]+y\left[-\frac{x}{y^2}f''(\frac{x}{y})-\frac{y}{x^2}g''(\frac{y}{x})\right]$$

$$= 0$$

例 7 $F(x \cdot y)$是二階齊次函數$F(x \cdot y) \in C^2$，試證$x^2 \dfrac{\partial^2 F}{\partial x^2} + 2xy \dfrac{\partial^2 F}{\partial x \partial y}$

$+y^2 \dfrac{\partial^2 F}{\partial y^2} = 2F$

解

因$F(x \cdot y)$是二階齊次函數$F(\lambda x \cdot \lambda y) = \lambda^2 F(x \cdot y)$

二邊同時對λ偏微分

$xF_1(\lambda x \cdot \lambda y) + yF_2(\lambda x \cdot \lambda y) = 2\lambda F(x \cdot y)$

再對λ偏微分

$x^2 F_{11}(\lambda x \cdot \lambda y) + xyF_{12}(\lambda x \cdot \lambda y) + xyF_{21}(\lambda x \cdot \lambda y)$

$+y^2 F_{22}(\lambda x \cdot \lambda y) = 2F(x \cdot y)$

令$\lambda = 1$

$x^2 F_{11}(x \cdot y) + xyF_{12}(x \cdot y) + xyF_{21}(x \cdot y) + y^2 F_{22}(x \cdot y)$

$= x^2 \dfrac{\partial^2 F}{\partial x^2} + 2xy \dfrac{\partial^2 F}{\partial x \partial y} + y^2 \dfrac{\partial^2 F}{\partial y^2} = 2F \ (\because F \in C^2)$

單元 50　多變數函數之極值問題

沒有限制條件下之極值問題

設$f(x，y)$之定義域為D，$(x_o，y_o)$為D中之一點，若(1)$f(x_o，y_o)$ $\geq f(x，y)$，$\forall(x，y)\in D$則稱$f(x_o，y_o)$為$f(x，y)$在D上之絕對極大值，(2)$f(x_o，y_o)\leq f(x，y)$，$\forall(x，y)\in D$則稱$f(x_o，y_o)$為$f(x，y)$在D上之絕對極小值。

二變函數$f(x，y)$，若f在封閉的有界集合D內為連續，則f在D內存在絕對極大值與絕對極小值，這是有名的極值存在定理。

相對極值

給定$f(x，y)$，若存在一個開矩形區域R，$f(x_o，y_o)\in R$，使得 $f(x_o，y_o)\geq f(x，y)$，$\forall(x，y)\in R$，則稱f 在$(x_o，y_o)$有一相對極大值。$f(x_o，y_o)\leq f(x，y)$，$\forall(x，y)\in R$，則稱f 在$(x_o，y_o)$有一相對極小值。

我們將有關之演算法則摘要如下，至於其理論背景，可參考高等微積分。

一階條件：令$\begin{cases} f_x=0 \\ f_y=0 \end{cases}$得到$f(x，y)$之臨界點

假設$f_x=0$得到$x=x_1，x_2$，$f_y=0$得到$y=y_1，y_2，y_3$，則所有臨界點$(x，y)$之可能配對有$2\times 3=6$種(需在定義域內)：

$(x_1，y_1)，(x_1，y_2)，(x_1，y_3)，(x_2，y_1)，(x_2，y_2)，(x_2，y_3)$

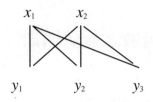

二階條件：計算 $\Delta = \begin{vmatrix} f_{xx} & f_{xy} \\ f_{yx} & f_{yy} \end{vmatrix}_{(x_\circ,\ y_\circ)}$

(1)若 $\Delta > 0$ 且 $f_{xx}(x_\circ, y_\circ) > 0$ 則 $f(x, y)$ 在 $(x_\circ, y_\circ)$ 有相對極小值。

(2)若 $\Delta > 0$ 且 $f_{xx}(x_\circ, y_\circ) < 0$ 則 $f(x, y)$ 在 $(x_\circ, y_\circ)$ 有相對極大值。

(3)若 $\Delta < 0$ 則 $f(x, y)$ 在 $(x_\circ, y_\circ)$ 處有一鞍點(Saddle Point)。

(4)若 $\Delta = 0$ 則 $f(x, y)$ 在 $(x_\circ, y_\circ)$ 處無任何資訊(即非以上三種)。

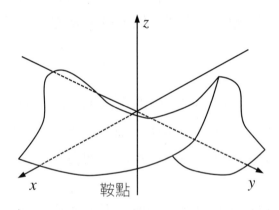

鞍點

例 1　求 $f(x, y) = x^3 + y^3 - 3x - 3y^2 + 4$ 之極值與鞍點？

解

先求一階條件(臨界點)：

$\begin{cases} f_x = 3x^2 - 3 = 3(x-1)(x+1) = 0 \therefore x = 1, -1 \\ f_y = 3y^2 - 6y = 3y(y-2) = y = 0, 2 \end{cases}$

由此可得 4 個臨界點：$(1, 0)$, $(1, 2)$, $(-1, 2)$, $(-1, 0)$,

次求二階條件：

$f_{xx} = 6x$, $f_{xy} = 0$, $f_{yx} = 0$, $f_{yy} = 6y - 6$

$$\therefore \Delta = \begin{vmatrix} f_{xx} & f_{xy} \\ f_{yx} & f_{yy} \end{vmatrix} = \begin{vmatrix} 6x & 0 \\ 0 & 6y-6 \end{vmatrix}$$

茲檢驗四個臨界點之 Δ 值：

① $(1，0)$：$\Delta = \begin{vmatrix} 6 & 0 \\ 0 & -6 \end{vmatrix} < 0$

　$\therefore f(x，y)$ 在 $(1，0)$ 處有一鞍點

② $(1，2)$：$\Delta = \begin{vmatrix} 6 & 0 \\ 0 & 6 \end{vmatrix} > 0$，且 $f_{xx} = 6 > 0$

　$\therefore f(x，y)$ 有一相對極小值 $f(1，2) = -2$

③ $(-1，0)$：$\Delta = \begin{vmatrix} -6 & 0 \\ 0 & -6 \end{vmatrix} > 0$，且 $f_{xx} = -6 > 0$

　$\therefore f(x，y)$ 有一相對極大值 $f(-1，0) = 6$

④ $(-1，2)$：$\Delta = \begin{vmatrix} -6 & 0 \\ 0 & 6 \end{vmatrix} < 0$

　$\therefore f(x，y)$ 在 $(-1，2)$ 處有一鞍點

例 2 求下列各題之最短距離。

(a) 求點 $(1，0)$ 與 $y^2 - 4x = 0$ 之最短距離？

(b) 求 $y^2 = 4x$ 到 $x - y + 4 = 0$ 之最短距離？

解

方法一：

設 $(x，y)$ 為 $y^2 = 4x$ 之一點則其與 $(1，0)$ 之距離平方為

$(x-1)^2 + y^2$

$\therefore$ 令 $L = \sqrt{(x-1)^2 + y^2} + \lambda(y^2 - 4x)$

$$\frac{\partial L}{\partial x} = \frac{(x-1)}{\sqrt{(x-1)^2+y^2}} + \lambda(-4) = 0 \quad (1)$$

$$\frac{\partial L}{\partial y} = \frac{y}{\sqrt{(x-1)^2+y^2}} + \lambda(2y) = 0 \quad (2)$$

$$\frac{\partial L}{\partial \lambda} = y^2 - 4x = 0 \quad (3)$$

由(1)，(2)

$$\frac{(x-1)}{\sqrt{(x-1)^2+y^2}}=4\lambda \qquad (4)$$

$$\frac{y}{\sqrt{(x-1)^2+y^2}}=-2y\lambda \qquad (5)$$

$\dfrac{(4)}{(5)}$ 得 $\dfrac{x-1}{y}=-\dfrac{2}{y}$ $\qquad (6)$

由(3)若 $y=0$ 則 $x=0$

由(6)若 $y\neq0$ 則 $x=-1$，$y=\pm2i$(不合)

∵ $(0，0)$ 至 $(1，0)$ 之距離為 1

∴ 最短距離為 1

方法二：

令 $L=(x-1)^2+y^2+\lambda(y^2-4x)$

$$\frac{\partial L}{\partial x}=2(x-1)-4\lambda=0 \qquad (1)$$

$$\frac{\partial L}{\partial y}=2y+\lambda2y=0 \qquad (2)$$

$$\frac{\partial L}{\partial \lambda}=y^2-4x=0 \qquad (3)$$

由(2) $y(1+\lambda)=0$

∴ $y=0$ 或 $\lambda=-1$

　(i) $y=0$ 時由(3)可得 $x=0$

　　$(0，0)$ 至 $(1，0)$ 之距離為 1 $\qquad (4)$

　(ii) $\lambda=-1$ 時，由(1) $x=-1$，再由(3) $y=\pm2i$(不合)

　∴ 最短距離為 1

方法三：

設 $(x，y)$ 為 $y^2-4x=0$ 上之一點，則 $(1，0)$ 與 $(x，y)$ 之距離為

$D=\sqrt{(x-1)^2+y^2}$

　$=\sqrt{(x-1)^2+4x}$

$$= \sqrt{(x+1)^2} \quad (y^2=4x \quad \therefore x \geq 0)$$

$\therefore$ 當$x=0$時有一最小值 1

例 3 求$y^2=4x$上到直線$x-y+4=0$距離最短之點。

解

任一點$(x_。，y_。)$到$x-y+4=0$之距離為$\dfrac{x_。-y_。+4}{\sqrt{2}}$

令$L=\dfrac{1}{2}(x-y+4)^2+\lambda(y^2-4x)$

$$\begin{vmatrix} f_x & f_y \\ g_x & g_y \end{vmatrix} = \begin{vmatrix} (x-y+4) & -4 \\ -(x-y+4) & 2y \end{vmatrix} = 0 \ 得$$

$(x-y+4)(2y-4)=0 \quad \therefore y=2$或$y=x+4$

(1)$y=2$時$x=1$

(2)$y=x+4$時，故$y=x+4$之條件捨去

$\therefore (1，2)$是為所求

最小平方法

統計迴歸分析探討以下這麼一個問題：在一個散佈圖上有n個點$(x_1，y_1)，(x_2，y_2)\cdots\cdots(x_n，y_n)$，如何找出一條直線方程式$y=a+bx，(a，b$值待估計$)$，以使得$n$個點與$y=a+bx$之距離平方和為最小。

令$D=\displaystyle\sum_{i=1}^{n}(y_i-a-bx_i)^2$

令$\dfrac{\partial}{\partial a}D=\displaystyle\sum_{i=1}^{n}(y_i-a-bx_i)(-1)=0$ \hfill (1)

及$\dfrac{\partial}{\partial b}D=\displaystyle\sum_{i=1}^{n}(y_i-a-bx_i)(-x_i)=0$ \hfill (2)

由(1)$\displaystyle\sum_{i=1}^{n}(y_i-a-bx_i)(-1)=0$

$\displaystyle\sum_{i=1}^{n}y_i-na-b\sum_{i=1}^{n}x_i=0$

$$\therefore \sum_{i=1}^{n} y_i = na + b\sum_{i=1}^{n} x_i \tag{3}$$

由(2) $\displaystyle\sum_{i=1}^{n}(-x)(y_i - a - bx_i) = 0$

$$\sum_{i=1}^{n} x_i y_i - a\sum_{i=1}^{n} x_i - b\sum_{i=1}^{n} x_i^2 = 0$$

$$\therefore \sum_{i=1}^{n} x_i y_i = a\sum_{i=1}^{n} x_i + b\sum_{i=1}^{n} x_i^2 \tag{4}$$

由(3)，(4)解之

$$a = \frac{\begin{vmatrix} \sum y & \sum x \\ \sum xy & \sum x^2 \end{vmatrix}}{\begin{vmatrix} n & \sum x \\ \sum x & \sum x^2 \end{vmatrix}} = \frac{\sum x^2 \sum y - \sum x \sum y}{n\sum x^2 - (\sum x)^2}$$

$$a = \frac{\begin{vmatrix} n & \sum \\ \sum x & \sum xy \end{vmatrix}}{\begin{vmatrix} n & \sum x \\ \sum x & \sum x^2 \end{vmatrix}} = \frac{n\sum xy - \sum x \sum y}{n\sum x^2 - (\sum x)^2}$$

例4 給定下列三點(1，0)，(0，1)，(2，2)，求其對應之最小平
方直線方程式。

解

$$a = \frac{\sum x^2 \sum y - \sum x \sum xy}{n\sum x^2 - (\sum x)^2}$$

$$= \frac{5\times 3 - 3\times 4}{3\times 5 - (3)^2} = \frac{1}{2}$$

$$b = \frac{n\sum xy - \sum x \sum y}{n\sum x^2 - (\sum x)^2}$$

$$= \frac{3\times 4 - 3\times 3}{3\times 5 - (3)^2}$$

$$= \frac{3}{6} = \frac{1}{2}$$

$$\therefore y = \frac{1}{2} + \frac{x}{2}$$

	x	y	x^2	xy
	1	0	1	0
	0	1	0	0
	2	2	4	4
小計	3	3	5	4

帶有限制條件之極值問題 —— Lagrange 法

　　在許多實際或應用之極值問題上，都是帶有限制條件的，Lagrange 法是在限制條件下求極值的一個方法(但不是惟一的方法)。其求算方法列之如下：

　　$f(x，y)$ 在 $g(x，y)=0$ 條件下之極值求算，先令 $L(x，y)=f(x，y)+\lambda g(x，y)$，$\lambda$ 一般稱為 Lagrange 乘算子(Lagrange Multiplier)，$\lambda \neq 0$($\lambda \neq 0$ 之條件極為重要)，由 $L_x=0$，$L_y=0$ 及 $L_\lambda=0$ 解之即可得出極大值或極小值。

例5 若 $x+2y=1$，求 $f(x，y)=x^2+y^2$ 之極值？

解

$$令 L(x，y)=x^2+y^2+\lambda(x+2y-1)$$

$$\frac{\partial L}{\partial x}=2x+\lambda=0 \cdots\cdots\cdots\cdots\cdots\cdots(1)$$

$$\frac{\partial L}{\partial y}=2y+2\lambda=0\cdots\cdots\cdots\cdots\cdots\cdots(2)$$

$$\frac{\partial L}{\partial \lambda}=x+2y-1=0 \cdots\cdots\cdots\cdots\cdots\cdots(3)$$

由 $(1)\lambda=-2x$

由 $(2)\lambda=-y$

$$\therefore -2x=-y，即 y=2x，代 y=2x 入(3)得$$

$$x+2y-1=x+2(2x)-1=0，即 x=\frac{1}{5}$$

$$\therefore y=2x=\frac{2}{5}$$

因此 $f(x，y)=x^2+y^2$ 之極值為 $f(\frac{1}{5}，\frac{2}{5})=\frac{5}{25}=\frac{1}{5}$

我們已求出在 $x+2y=1$ 之條件下，$f(x，y)=x^2+y^2$ 之極值是 $\frac{1}{5}$，但我們並未指在這 $\frac{1}{5}$ 是極大值還是極小值。在較高等的微積分教材中會有如何判斷它是極大值還是極小值的方法，在本書中，我們假設用 Lagrange 乘數所得之結果

便是我們所要之極值，亦即，我們不再進一步分析它是極大還是極小。

讀者要注意的是 Lagrange 乘數法只是許多求限制條件下函數之極值方法中的一種，它可能比別的方法容易些，但也可能比別的方法困難。

在上例中，我們至少還有兩種方法：

方法一：

代 $x+2y=1$ 之條件入 $f(x,y)=x^2+y^2$ 中，因

$x=1-2y$ ∴得 $g(y)=(1-2y)^2+y^2=1-4y+5y^2$

$g'(y)=10y-4=0$，$y=\dfrac{2}{5}$

$g''(y)=10>0$，$(g''(\dfrac{2}{5})=10>0)$

∴當 $y=\dfrac{2}{5}$ 時 $g(y)$ 有相對極小值 $\dfrac{1}{5}$，亦即 $y=\dfrac{2}{5}$，

$x=1-2y=1-2(\dfrac{2}{5})=\dfrac{1}{5}$ 時 $f(x,y)$ 有相對極小值

$f(\dfrac{1}{5},\dfrac{2}{5})=(\dfrac{1}{5})^2+(\dfrac{2}{5})^2=\dfrac{1}{5}$

方法二：用 Cauchy 不等式，Cauchy 不等式是

$(1^2+2^2)(x^2+y^2) \geq (x+2y)^2=1$

∴ $x^2+y^2 \geq \dfrac{1}{5}$，即相對極小值為 $\dfrac{1}{5}$

Lagrange 法之解題架構是機械化，取 $L=f(x,y)+\lambda(x,y)$，解 $\dfrac{\partial L}{\partial x}=\dfrac{\partial L}{\partial y}=\dfrac{\partial L}{\partial \lambda}=0$，有時解題過程甚為繁瑣，因此有必要找出一個較為簡單之技巧：

∴ $\begin{cases} L_x=f_x+\lambda g_x=0 \\ L_y=f_y+\lambda g_y=0 \end{cases}$

∴ $\begin{bmatrix} f_x & \lambda\,g_x \\ f_y & \lambda\,g_y \end{bmatrix}\begin{bmatrix} x \\ y \end{bmatrix}=\begin{bmatrix} 0 \\ 0 \end{bmatrix}$

要 $\begin{bmatrix} x \\ y \end{bmatrix}$ 有異於 $\begin{bmatrix} 0 \\ 0 \end{bmatrix}$ 之解，必須 $\begin{vmatrix} f_x & \lambda g_x \\ f_y & \lambda g_y \end{vmatrix} = 0$，又 $\lambda \neq 0$

即 $\begin{vmatrix} f_x & g_x \\ f_y & g_y \end{vmatrix} = 0$ $\left(\begin{vmatrix} f_x & f_y \\ g_x & g_y \end{vmatrix} = \begin{vmatrix} f_x & g_x \\ f_y & g_y \end{vmatrix} \right)$

利用 $\begin{vmatrix} f_x & f_y \\ g_x & g_y \end{vmatrix} = 0$ 往往可簡化求解過程

例 6 求下列各題之極值？

(a)給定 $3x^2 + xy + 3y^2 = 48$ 求 $x^2 + y^2$ 之極值。

(b)給定 $x^2 + y^2 = 1$ 求 $x^2 + 2y^2$ 之極值。

(c)給定 $x^2 + y^4 = 1$ 求 $x^2 + y^2$ 之極值。

解

(a) $L = x^2 + y^2 + \lambda(3x^2 + xy + y^2 - 48)$

$\begin{vmatrix} f_x & f_y \\ g_x & g_y \end{vmatrix} = \begin{vmatrix} 2x & 2y \\ 6x+y & x+6y \end{vmatrix} = 0$，$(x+y)(x-y) = 0$

即 $y = -x$ 或 $y = x$

(1) $y = -x$ 時 $3x^2 + x(-x) + (-x)^2 = 48$

$\therefore x = \pm 4$，$y = \mp 4$，得 $x^2 + y^2 = 32$

(2) $y = x$ 時 $3x^2 + x(x) + (x)^2 = 48$

$\therefore x = \pm \sqrt{\dfrac{48}{5}}$，$y = \mp \sqrt{\dfrac{48}{5}}$，得 $x^2 + y^2 = \dfrac{96}{5}$

綜上討論：極大值為 32，極小值為 $\dfrac{96}{5}$

(b) $L = x^2 + 2y^2 + \lambda(x^2 + y^2 - 1)$

$\begin{vmatrix} f_x & f_y \\ g_x & g_y \end{vmatrix} = \begin{vmatrix} 2x & 2y \\ 2x & 2y \end{vmatrix} = -4xy = 0$

$\therefore x = 0$ 或 $y = 0$

(1) $x = 0$ 時 $x^2 + y^2 = 1$ $\therefore$ 得臨界點 $(0，1)$、$(0，-1)$

(2) $y = 0$ 時 $x^2 + y^2 = 1$ $\therefore$ 得臨界點 $(1，0)$、$(-1，0)$

在 $(0，1)$、$(0，-1)$ 時有極大值 2，在 $(1，0)$、$(-1，0)$

時有極小值 1。

(c)$L = x^2 + 2y^2 + \lambda(x^4 + y^4 - 1)$

$$\begin{vmatrix} f_x & f_y \\ g_x & g_y \end{vmatrix} = \begin{vmatrix} 2x & 2y \\ x^3 & 4y^3 \end{vmatrix} = 8(xy^3 - x^3y) = 0$$

$xy(y^2 - x^2) = xy(y + x)(y - x) = 0$

$\therefore x = 0$，$y = 0$，$y = -x$，$y = x$：

(1)$x = 0$時$y = \pm 1$，得$(0，1)$、$(0，-1)$

(2)$y = 0$時$x = \pm 1$，得$(1，0)$、$(1，0)$ $\Big\}$ f 值均為 1

(3)$y = x$時$x^4 + y^4 = 1$得$x^4 = \dfrac{1}{2}$，$x = \pm\dfrac{1}{\sqrt[4]{2}}$

得$(\dfrac{1}{\sqrt[4]{2}}，\dfrac{1}{\sqrt[4]{2}})$、$(-\dfrac{1}{\sqrt[4]{2}}，\dfrac{-1}{\sqrt[4]{2}})$

(4)$y = -x$時$x^4 + y^4$得$x^4 = \dfrac{1}{2}$，$x = \pm\dfrac{1}{\sqrt[4]{2}}$

得$(\dfrac{1}{\sqrt[4]{2}}，\dfrac{1}{\sqrt[4]{2}})$、$(-\dfrac{1}{\sqrt[4]{2}}，\dfrac{-1}{\sqrt[4]{2}})$

$\therefore$ 極大值為 $\sqrt{2}$，極小值為 1。

二個限制條件下 Lagrange 乘數法

例7 求在$x + 2z = 4$，$x + y = 8$之條件下，$f(x，y，z) = x^2 + y^2 + z^2$之極值？

解

$L = x^2 + y^2 + z^2 + \lambda(x + 2z - 4) + \mu(x + y - 8)$

則

$L_x : 2x \quad\quad + \lambda \quad + \mu \quad = 0 \quad (1)$

$L_y : 2y \quad\quad\quad\quad + \mu \quad = 0 \quad (2)$

$L_z : 2z \quad + 2\lambda \quad\quad\quad = 0 \quad (3)$

$L_\lambda : x + 2z \quad\quad\quad\quad = 4 \quad (4)$

$L_\mu : x+y \qquad\qquad\qquad = 8 \qquad (5)$

由(2)$\mu=-2y$，$\lambda=-z$，代入(1)得$2x-2y-z=0$

$$\therefore \begin{cases} 2x-2y-z=0 \\ x+2z=4 \\ x+y=8 \end{cases}$$

解之

$x=4$，$y=4$，$z=0$

則$f(4，4，0)=32$是爲極值。

例 8　求$f(x，y，z)=x+2y+3z$，受制於$x^2+y^2=2$及$y+z=1$

解

令$L=x+2y+3z+\lambda(x^2+y^2-2)+\mu(y+z-1)$

則

$$\begin{cases} L_x=1 \quad +2\lambda x \qquad\qquad =0 \qquad (1) \\ L_y=2 \quad +2\lambda y \qquad\qquad =0 \qquad (2) \\ L_z=3 \qquad\qquad +\mu \qquad =0 \qquad (3) \\ L_\lambda=x^2+y^2 \qquad\qquad =2 \qquad (4) \\ L_\mu=y+z \qquad\qquad\quad =1 \qquad (5) \end{cases}$$

由(3)$\mu=-3$

由(1)$x=-\dfrac{1}{2\lambda}$

代$\mu=-3$入(2)得$2+2\lambda y+(-3)=0$，$y=\dfrac{1}{2\lambda}$

代$x=\dfrac{1}{2\lambda}$，$y=\dfrac{1}{2\lambda}$入(4)得

$\dfrac{1}{4\lambda^2}+\dfrac{1}{4\lambda^2}=2$　$\therefore \lambda=\pm\dfrac{1}{2}$

(i)$\lambda=\dfrac{1}{2}$時，$x=-\dfrac{1}{2\lambda}=-1$，$y=\dfrac{1}{2\lambda}=1$

代$y=1$入(5)得$z=0$

$f(x，y，z)=f(-1，1，0)=1(-1)+2(1)+3(0)=1 \qquad (6)$

$(ii)\lambda=\dfrac{1}{2}$時，$x=-\dfrac{1}{2\lambda}=1$，$y=\dfrac{1}{2\lambda}=1$

代$y=-1$入(5)得$z=2$

$f(x，y，z)=f(1，-1，2)=1(1)+2(-1)+3(2)=5$ (7)

由(6)，(7)知：

當$x=-1$，$y=1$，$z=0$時，$f(x，y，z)$有極小值 1

當$x=1$，$y=-1$，$z=2$時，$f(x，y，z)$有極大值 5

例9 求$f(x，y，z)=x-y+z^2$在條件$y^2+z^2=1$及$x+y=2$下之極值。

解

令$L=x-y+z^2+\lambda(x^2+y^2-1)+\mu(x+y-2)$

則

$$\begin{cases} L_x=1 & +\mu & =0 & (1) \\ L_y=-1 & +2\lambda y +\mu & =0 & (2) \\ L_z=2z & +2\lambda z +\mu & =0 & (3) \\ L_\lambda=y^2+z^2 & & =1 & (4) \\ L_\mu=x+y & & =2 & (5) \end{cases}$$

由(1)$\mu=-1$

由(3)$2z(1+\lambda)=0$ $\therefore z=0$或$\lambda=-1$代此結果入(4)得$z=0$，

$y=\pm1$，由(5)$y=1$時$x=1$，$y=-1$時$x=3$：

$f(1，1，0)=0$…………… 極小值

$f(3，-1，0)=4$………… 極大值

有界區域極值之求法

求$f(x，y)$在某個有界區域R之極值，其作法與單一變數函數$f(x)$在某個閉區域上求極值方法類似，先求內部區域之極值，然後求邊界上之極值，這些極值之最大者為極大

值，最小者為極小值，其具體作法如下：

(1)內部區域：先求出臨界點(若所求之臨界點在區域則捨棄之)；從而求出各對應之函數值。

(2)邊界：考慮每一個邊之限制關係，將$f(x，y) \rightarrow h(x)$或$t(y)$，然後用單變數函數求極值方法求出臨界點(若在限制區域外捨之)而得到對應之函數值。

(3)端點：用解方程式方法求出兩兩直線交點而得到端點，然後求出各對應之函數值。

比較(1)，(2)，(3)所得之所有函數值，其最大者為絕對極大值，其最小者為絕對極小值。

例 10 求$f(x，y) = x^2 - 2xy + 2y$之絕對極值。

$$D = \{(x，y)|0 \leq x \leq 2，0 \leq y \leq 1|\}$$

解

1. 先求臨界點

$$\begin{cases} f_x = 2x - 2y = 0 \\ f_y = -2x - 2 = 0 \end{cases}$$

解之：$x = y = 1$

即$(1，1)$為惟一之臨界點

$f(1，1) = 1$

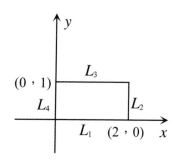

2. 次求邊界條件

(1)$L_1：y = 0$

$f(x，0) = x^2$，$0 \leq x \leq 2$

$\because f(x，0) = x^2$在$0 \leq x \leq 2$為x之增函數

$\therefore f(x，0)$在$(2，0)$處有極大值$f(2，0) = 4$，$(0，0)$處有極小值$f(0，0) = 0$

(2)$L_2：x = 2$

$f(2 \cdot y) = 4 - 4y + 2y = 4 - 2y \cdot 1 \geq y \geq 0$

$f(2 \cdot y) = 4 - 2y$ 在 $1 \geq y \geq 0$ 爲 y 之減函數

$f(2 \cdot y)$ 在 $(2 \cdot 0)$ 處有極大值 $f(2 \cdot 0) = 4$，在 $(2 \cdot 1)$ 處有

極小值 $f(2 \cdot 1) = 2$

(3) $L_3 : y = 1$

　　$f(x \cdot 1) = x^2 - 2x + 2 \cdot 0 \leq x \leq 2$

　　但 $f(x \cdot 1) = (x-1)^2 + 1 \cdot 0 \leq x \leq 2$

　　$\therefore f(x \cdot 1)$ 在 $(0 \cdot 1)$ 及 $(2 \cdot 1)$ 處有極大值 $f(0 \cdot 1) = f(2 \cdot 1)$

　　$= 2$

　　在 $(1 \cdot 1)$ 處有極小值 $f(1 \cdot 1) = 1$

(4) $L_4 : x = 0$

　　$f(0 \cdot y) = 2y \cdot 1 \geq y \geq 0$

　　$\therefore f(0 \cdot y)$ 在 $(0 \cdot 1)$ 處有爲極大值 $f(0 \cdot 1) = 2 \cdot (0 \cdot 0)$ 處

　　有極小值 $f(0 \cdot 0) = 0$

　　綜合(1)~(4)知：

　　$f(x \cdot y)$ 在區域 D 上之極大值爲 4，極小值爲 0

例 11　求 $f(x \cdot y) = 4xy^2 - x^2y^2 - xy^3$ 在 $(0 \cdot 0)$、$(0 \cdot 6)$、$(6 \cdot 0)$ 點爲頂點之三角形區域之絕對極值。

解

　　(1)先求區域 D 內部之極值：

　　　$f(x \cdot y) = 4xy^2 - x^2y^2 - xy^3$

　　　令 $f_x = 4y^2 - 2xy^2 - y^3 = 0$

　　　$f_y = 8xy - 2x^2y - 3xy^2 = 0$

　　　得 $\begin{cases} y^2(4 - 2x - y) = 0 & \therefore (x \cdot y) \text{在 } D \text{ 內(不在二軸)} \\ xy(8 - 2x - 3y) = 0 & \therefore xy \neq 0 \end{cases}$

　　　$\Rightarrow x = 1 \cdot y = 2$ 可驗證 $(1 \cdot 2)$ 爲絕對極大值

(2)次求邊界極值：

$$f(x，y) = f(x，6-x) = -2x^3 + 24x^2 - 72x = h(x)$$

令$h'(x) = 0$　得 $\begin{cases} x = 6 \\ x = 2 \end{cases}$ $\Rightarrow$ $\begin{array}{l} h(6) = 0 \\ h(2) = -64 \end{array}$

∴為絕對極小值

$f(1，2) = 4$ 為絕對極大值

例 12　在$\dfrac{x^2}{4} + y^2 \leq 1$之條件下求$f(x，y) = 4y^2 + 2x - 3$之極值

解

Ⅰ。先求區域D之內部極值：

$f_x = 2，f_y = 8y$　　∵$f \neq 0$ ∴$f(x，y)$之極點在橢圓上。

Ⅱ。次求邊界極值：

$$y^2 = 1 - \dfrac{x^2}{4}　　∴g(x) = 4(1 - \dfrac{x^2}{4}) + 2x - 3 = -x^2 + 2x + 1$$

$-2 \leq x \leq 2，g' = -2x + 2 = 0$

∴$x = 1 \Rightarrow (1，-\dfrac{\sqrt{3}}{2})$是為兩個可能極點：

同時$(2，0)，(-2，0)$為另外兩個可能極點

　∴

$\left. \begin{array}{l} f(1，\dfrac{\sqrt{3}}{2}) = 2 \\[2mm] f(1，\dfrac{\sqrt{3}}{2}) = 2 \end{array} \right\}$ 絕對極大

$f(2，0) = f(-2，0) = 1 \cdots\cdots$絕對極小

CHAPTER 8

$A \cdot B = 1 \cdot (-2) + 0 \cdot 1 + (-3) \cdot 1 = -5$
$A \cdot B = 1 \cdot (-2) + 0 \cdot 1 + (-3) \cdot 1 = -5$
$A \cdot B = 1 \cdot (-2) + 0 \cdot 1 + (-3) \cdot 1 = -5$

重積分

$A \cdot B = 1 \cdot (-2) + 0 \cdot 1 + (-3) \cdot 1 = -5$
$A \cdot B = 1 \cdot (-2) + 0 \cdot 1 + (-3) \cdot 1 = -5$
$A \cdot B = 1 \cdot (-2) + 0 \cdot 1 + (-3) \cdot 1 = -5$

$A \cdot B = 1 \cdot (-2) + 0 \cdot 1 + (-3) \cdot 1 = -5$
$A \cdot B = 1 \cdot (-2) + 0 \cdot 1 + (-3) \cdot 1 = -5$
$A \cdot B = 1 \cdot (-2) + 0 \cdot 1 + (-3) \cdot 1 = -5$

單元 51　多重積分簡介

二重積分

定義

令$F(x，y)$定義於xy平面之一封閉區域R內，將R細分成n個區域ΔR_k其面積為ΔA_k，$k=1，2，\cdots\cdots n$，取ΔR_k內某一點$(\varepsilon_k，\eta_k)$。

若$\lim\limits_{n\to\infty}\sum\limits_{i=1}^{n}F(\varepsilon_k，\eta_k)\Delta A_k$存在，則此極限值記作

$$\int_R\int F(x，y)dxdy \text{或} \int_R\int F(x，y)dR\cdots\cdots\cdots\cdots\cdots\cdots(1)$$

依圖(a)，則(1)式變成$\int_R\int F(x，y)dR$

$$=\int_a^b\int_{\phi_1(x)}^{\phi_2(x)}F(x，y)dxdy。$$

依圖(b)，則(1)式變成$\int_R\int F(x，y)dR$

$$=\int_c^d\int_{h_1(y)}^{h_2(y)}F(x，y)dxdy。$$

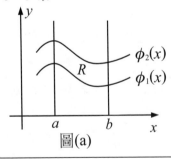

圖(a)

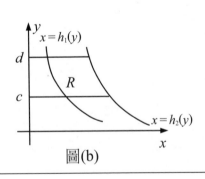

圖(b)

重積分有以下之性質：

(1) $\int_R\int dxdy =$ 區域R之面積

(2) $\int_R\int cf(x，y)dxdy = c\int_R\int f(x，y)dxdy$

(3) $\int_R \int c[f(x,y)+g(x,y)]dxdy$

$= \int_R \int f(x,y)dxdy + \int_R \int g(x,y)dxdy$

(4) $R=R_1 \cup R_2$，（且 $R_1 \cap R_2=\phi$）

$\Rightarrow \int_R \int f(x,y)dxdy = \int_{R_1} \int f(x,y)dxdy + \int_{R_2} \int f(x,y)dxdy$

例 1 求 (a) $\int_0^1 \int_0^1 \frac{xy}{1+x^2}dxdy = ?$ (b) $\int_2^3 \int_0^{lnx} e^{2y}dydx$

(c) $\int_D \int |y|dxdy$，$D=(x,y)|x^2+y^2 \leq a^2$，$y \geq 0\}$

解

(a) $\int_0^1 \int_0^1 \frac{xy}{1+x^2}dxdy = \int_0^1 \int_0^1 \frac{1}{2}\frac{2xy}{1+x^2}dxdy$

$= \frac{1}{2}\int_0^1 yln(1+x^2)]_0^1 dy = \frac{1}{2}\int_0^1 y \cdot ln2dy$

$= (\frac{1}{2}ln2)\frac{y^2}{2}]_0^1 = \frac{1}{4}ln2$

(b) $\int_2^3 \int_0^{lnx} e^{2y}dydx$

$= \int_2^3 \frac{1}{2}e^{2y}]_0^{lnx} dx$

$= \int_2^3 \frac{1}{2}(e^{2lnx}-1)dx$

$= \frac{1}{2}\int_2^3 (x^2-1)dx$

$= \frac{1}{2}[\frac{x^3}{3}-x]|_2^3$

$= \frac{1}{2}(6-\frac{2}{3}) = \frac{8}{3}$

(c) $\int_0 \int |y|dxdy$

$= 2\int_D \int_0^{\sqrt{a^2-y^2}} |y|dxdy$

$= 2\int_0^a y\sqrt{a^2-y^2}dxdy$

$= -\int_0^a (a^2-y^2)^{\frac{1}{2}}d[a^2-y^2] = \frac{-2}{3}(a^2-y^2)^{\frac{3}{2}}]_0^a = \frac{2}{3}a^3$

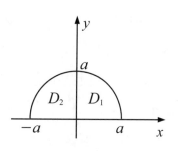

三重積分

二重積分之方法，我們可擴充到三重積分上，當對x積分時，可將z，y視為常數以此類推。

例 2　求(a) $\int_0^1 \int_1^2 \int_{-1}^3 xy^2z^3 dxdydz = ?$　　(b) $\int_{-3}^7 \int_0^{2z} \int_y^{z-1} dxdydz$

解

(a) $\int_0^1 \int_1^2 \int_{-1}^3 xy^2z^3 dxdydz = \int_0^1 \int_1^2 y^2z^3 \cdot \frac{x^2}{2}]_{-1}^3 dydz$

$= 4\int_0^1 \int_1^2 y^2z^3 dydz$

$= 4\int_0^1 \frac{1}{3}y^3 \cdot z^3]_1^2 dz = 4\int_0^1 \frac{7}{3}z^3 dz = \frac{28}{3} \cdot \frac{z^4}{4}]_0^1 = \frac{7}{3}$

(b) $\int_{-3}^7 \int_0^{2z} \int_y^{z-1} dxdydz = \int_{-3}^7 \int_0^{2z} x]_y^{z-1} dydz$

$= \int_{-3}^7 \int_0^{2z} (z-1-y)dydz$

$= \int_{-3}^7 [(z-1)y - \frac{y^2}{2}]_0^{2z} dz = \int_{-3}^7 ((z-1)2z - 2z^2)dz = \int_{-3}^7 -2zdz$

$= -40$

重積分在平面面積上應用

回想單變數積分 $\int_b^a f(x)dx$，它表示$f(x)$在$[b，a]$間與x軸所夾之面積，將此觀念推廣至重積分，我們常用 $\int_R \int f(x，y)dA$ 表示$f(x，y)$在xy平面上某個區域R上之積分，在下圖a之重積分可寫為

$\int_R \int f(x，y)dA = \int_a^b \int_{\phi_1(x)}^{\phi_2(x)} f(x，y)dxdy$。

而下圖b之重各分可寫為 $\int_a^b \int_{h_1(x)}^{h_2(x)} f(x，y)dydx$。

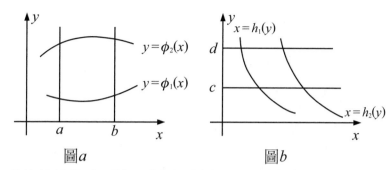

圖a　　　　　　　　　圖b

一些複雜的積分區域，我們可經由一些分割的動作便可解決。

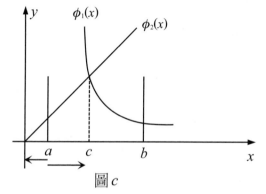

圖 c

在圖c中 $\int_R \int f(x，y)dA = \int_a^c \int_0^{\phi_2(x)} f(x，y)dydx +$

$\int_c^b \int_0^{\phi_2(x)} f(x，y)dydx$，由圖a，若我們取$f(x，y)=1$，則重積分

可用來求$y=\phi_2(x)$，$y=\phi_1(x)$，$x=a$，$x=b$與x軸所夾區域之面積。

例 3 求右圖所示之面積？

解

$$A = \int_R \int dxdy + \int_R \int dxdy$$
$$= \int_0^1 \int_{\sqrt{1-x^2}}^2 dydx + \int_0^2 \int_1^2 dxdy$$
$$= \int_0^1 2-\sqrt{1-x^2}dx + \int_0^2 dy$$

$$= 2x - (\frac{x}{2}\sqrt{1-x^2} + \frac{1}{2}sin^{-1}x)]_0^1 + 2$$

$$= 2 - \frac{1}{2}sin^{-1}1 + 2$$

$$= 4 - \frac{\pi}{4}$$

如果用算術，我們也很容易求出R_1與R_2之面積爲邊長 2 之

正方形減去$\frac{1}{4}$(半徑是 1 的圓面積)，即$4 - \frac{\pi}{4}$。

例 4 用兩種積分方式(先積x與先積y)求下列區域之面積

$R = \{(x,y)|y=-x，y=x^2，y=1$所圍成之區域$\}$？

■ **解**

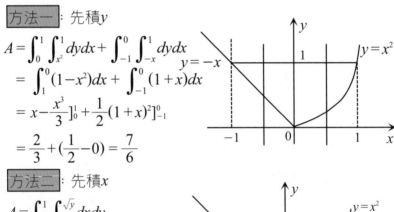

方法一：先積y

$$A = \int_0^1 \int_{x^2}^1 dydx + \int_{-1}^0 \int_{-x}^1 dydx$$
$$= \int_1^0 (1-x^2)dx + \int_{-1}^0 (1+x)dx$$
$$= x - \frac{x^3}{3}]_0^1 + \frac{1}{2}(1+x)^2]_{-1}^0$$
$$= \frac{2}{3} + (\frac{1}{2} - 0) = \frac{7}{6}$$

方法二：先積x

$$A = \int_0^1 \int_{-y}^{\sqrt{y}} dxdy$$
$$= \int_0^1 (\sqrt{y} + y)dy$$
$$= \frac{3}{2}y^{\frac{3}{2}} + \frac{1}{2}y^2]_0^1 = \frac{7}{6}$$

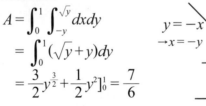

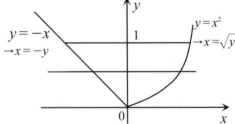

例 5 求$\int_D \int (y-x^2)dxdy$，$D = \{(x,y)||x|+|y|\leq 1\}$

■ **解**

例 6　求由$(1，0)$，$(0，1)$與$(-1，0)$三點所圍成區域之面積？

解

方法一：

若要用重積分法求出下列圖形之面積，首先要定出經

$(0，1)$，$(-1，0)$與$(0，1)$，$(1，0)$兩條直線的方程式：

1. 過$(1，0)$，$(0，1)$之直線方程式為$x+y=1$或$y=1-x$

2. 過$(-1，0)$，$(0，1)$之直線方程式為$y=1+x$

　或$y=1-x$

　∴三角形之面積為

$$A = \int_{R_1}\int dydx + \int_{R_2}\int dydx$$
$$= \int_0^1 \int_0^{1-x} dydx + \int_{-1}^0 \int_0^{1+x} dydx$$
$$= \int_0^1 (1-x)dx + \int_{-1}^0 (1+x)dx$$
$$= (x-\frac{x^2}{2})]_0^1 + (x+\frac{x^2}{2})]_{-1}^0$$
$$= 1$$

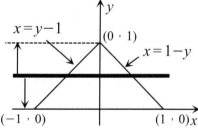

方法二：

$$\int_0^1 \int_{y-1}^{1-y} dxdy = \int_0^1 2(1-y)dy$$
$$= 2y-y^2]_0^1 = 1$$

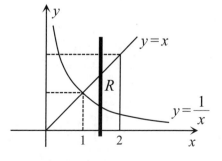

例 7　求$\int_{R_1}\int dxdy = ?$　R為$x=2$，$xy=1$及$y=x$間所圍成之區域。

解

首先我們解積分區域R

方法一：➡先積y後積x

$$\int_{R_1}\int dA$$
$$= \int_1^2 \int_{\frac{1}{x}}^{x} xydydx$$

$$= \int_1^2 x \cdot \frac{y^2}{2}]_{\frac{1}{x}}^x \, dx = \frac{1}{2} \int_1^2 (x^2 - \frac{1}{x^2}) dx$$

$$= \frac{x^4}{8} - \frac{1}{2} \ln x]_1^2 = (2 - \frac{1}{2} \ln 2) - (\frac{1}{8} - 0) = \frac{15}{8} - \frac{1}{2} \ln 2$$

方法二 : ➡ 先積x後積y

$$\int_R \int dA$$

$$= \int_{R_1} \int dA + \int_{R_2} \int dA$$

$$= \int_{\frac{1}{2}}^1 \int_{\frac{1}{y}}^2 xy \, dx \, dy + \int_1^2 \int_y^2 xy \, dx \, dy$$

$$= \int_{\frac{1}{2}}^1 y(\frac{x^2}{2})]_{\frac{1}{y}}^2 \, dy + \int_1^2 y \frac{x^2}{2}]_y^2 \, dy$$

$$= \int_{\frac{1}{2}}^1 y(2 - \frac{1}{2y^2}) dy + \int_1^2 y(2 - \frac{y^2}{2}) dy$$

$$= \int_{\frac{1}{2}}^1 (2y - \frac{1}{2y}) dy + \int_1^2 (2y - \frac{y^3}{2}) dy$$

$$= (y^2 - \frac{1}{2} \ln y)]_{\frac{1}{2}}^1 + (y^2 - \frac{y^4}{8})]_1^2$$

$$= [(1 - 0) - (\frac{1}{4} + \frac{1}{2} \ln 2)] + [(4 - 2) - (1 - \frac{1}{8})]$$

$$= \frac{15}{8} - \frac{1}{2} \ln 2$$

例 8　求 $y = x$ 與 $y = x^2$ 在下列範圍內之夾成面積。

(a)$[0, \frac{1}{2}]$　　(b)$[0, 1]$　　(c)$[0, 2]$

解

(a)$A = \int_0^{\frac{1}{2}} \int_{x^2}^x 1 \, dy \, dx$

$\quad = \int_0^{\frac{1}{2}} (x - x^2) dx$

$\quad = \frac{x^2}{2} - \frac{x^3}{3}]_0^{\frac{1}{2}}$

$\quad = \frac{1}{12}$

(b)$A = \int_0^1 \int_{x^2}^x 1 \, dy \, dx = \int_0^1 x - x^2 \, dx$

$$= \frac{x^2}{2} - \frac{x^3}{3} \bigg]_0^1$$

$$= \frac{1}{6}$$

(c)$A = \int_0^1 \int_{x^2}^x 1 dy dx + \int_1^2 \int_x^{x^2} 1 dy dx$

$$= \frac{1}{6} + \int_1^2 (x^2 - x) dx$$

$$= \frac{1}{6} + (\frac{x^3}{3} - \frac{x^2}{2}) \bigg]_1^2$$

$$= \frac{1}{6} + ((\frac{8}{3} - 2) - (\frac{1}{3} - \frac{1}{2}))$$

$$= 1$$

例 9 　求(a)$\int_D \int (|x| + |y|) dx dy$，$D = \{(x，y)] | x| + |y| \le b，b \ge 0\}$

■ 解析

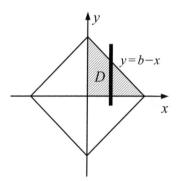

■ 解

$$\int_D \int (|x| + |y|) dx dy = 4 \int_{D'} (x + y) dy dx$$

$$= 4 \int_0^b \int_0^{b-x} (x + y) dy dx = 4 \int_0^b xy + \frac{y^2}{2} \bigg]_0^{b-x} dx$$

$$= 4 \int_0^b x(b-x) + \frac{(b-x)^2}{2} dx = 4 \left[\frac{1}{2} bx^2 - \frac{x^3}{3} - \frac{(b-x)^3}{6} \right] \bigg|_0^b$$

$$= \frac{4}{3} b^3$$

單元 52　改變積分順序

在求 $\int_A \int f(x，y)dydx$ 我們有二種可能積分方式：

1.我們是先對 y 積分，然後再對 x 積分，2.我們是先對 x 積分然後對 y 積分。二者積分順序恰好相反，但兩者之積分範圍是一樣的。

因此改變積分順序是除將原題之積分先後順序改變外，積分區域不變是最大特色。

定理

$$\int_a^b \int_x^b f(x，y)dydx = \int_a^b \int_a^y f(x，y)dydx。$$

例 1　計算(a) $\int_0^2 \int_x^2 e^y dydx$？　(b) $\int_0^2 \int_x^2 e^{y^2} dydx$？

解

(a) $\int_0^2 \int_x^2 e^y dydx = \int_0^2 e^y]_x^2 dx$

$= \int_0^2 (e^2 - e^x)dx = e^2 x - e^x]_0^2$

$= 2e^2 - e^2 - (0-1) = e^2 + 1$

(b) $\int_0^2 \int_x^2 e^{y^2} dydx$

$= \int_0^2 \int_0^y e^{y^2} dxdy = \int_0^2 e^{y^2} \cdot x]_0^y dy$

$= \int_0^2 e^{y^2} (y-0)dy = \int_0^2 y e^{y^2} dy$

$= \frac{1}{2} e^{y^2}]_0^2 = \frac{1}{2}(e^4 - 1)$

例 2　求 $\int_0^2 \int_{\frac{y}{2}}^1 y e^{x^3} dxdy$

解

$$\int_0^2 \int_{\frac{y}{2}}^1 ye^{x^3}dxdy = \int_0^1 \int_0^{2x} ye^{x^3}dxdy$$

$$= \int_0^1 \frac{y^2}{2}e^{x^3}]_0^{2x}dx = \int_0^1 2x^2e^{x^3}dx$$

$$= \int_0^1 \frac{2}{3}e^{x^3}dx^3 = \frac{2}{3}e^{x^3}]_0^1 = \frac{2}{3}(e-1)$$

例 3 改變下列積分順序

$$\int_0^1 \int_{y^2-1}^{1-y}f(x，y)dxdy$$

解

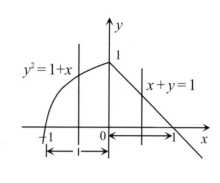

$$\int_0^1 \int_{y^2-1}^{1-y}f(x，y)dxdy$$

$$= \int_0^1 \int_0^{1-x}f(x，y)dydx$$

$$+ \int_0^1 \int_0^{\sqrt{1-y^2}}f(x，y)dydx$$

註：讀者可試行驗證二者之積分區域相同

例 4 改變下列積分順序

$$\int_{-1}^0 \int_{-1-\sqrt{1-y}}^{-1+\sqrt{1+y}}f(x，y)dxdy + \int_0^3 \int_{y-2}^{-1+\sqrt{1+y}}f(x，y)dxdy$$

解

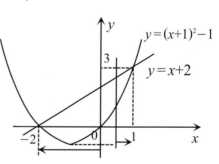

$$\int_{-1}^0 \int_{-1-\sqrt{1-y}}^{-1+\sqrt{1+y}}f(x，y)dxdy$$

$$+ \int_0^3 \int_{y-2}^{-1+\sqrt{1+y}}f(x，y)dxdy$$

$$= \int_{-2}^1 \int_{(x+1)^2-1}^{x+2}f(x，y)dydx$$

$$= \int_{-2}^1 \int_{x^2+2x}^{x+2}f(x，y)dydx$$

例 5 改變下列積分順序求

$$\int_1^2 \int_{\sqrt{x}}^x sin\frac{\pi x}{2y}dydx + \int_2^4 \int_{\sqrt{x}}^2 sin\frac{\pi x}{2y}dydx$$

解

$$\int_1^2 \int_{\sqrt{x}}^x sin\frac{\pi x}{2y}dydx + \int_1^4 \int_{\sqrt{x}}^2 0sin\frac{\pi x}{2y}dydx$$

$$= \int_1^2 \int_y^{y^2} sin\frac{\pi x}{2y}dydx$$

$$=-\frac{2}{\pi}\int_1^2 y(cos\frac{\pi}{2}y-cos\frac{\pi}{2})dy$$

$$=\frac{4}{\pi^3}(2+\pi)$$

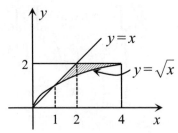

單元 53　變數變換在重積分計算之應用

重積分若無法經由改變積分順序解出時，便要考慮用變數變換法去解。

在做 $\int_R \int f(xy)dxdy$，而 $f(x，y)$是$a^2x^2+b^2y^2$之函數時，可考慮用極座標$x=rcos\theta$，$y=rsin\theta$來行變數變換，重積分之變數變換除用極座標轉換外還有其他的轉換方式。

取$x=rcos\theta$，$y=rsin\theta$，則

$$|J|=\begin{vmatrix} \dfrac{\partial x}{\partial r} & \dfrac{\partial x}{\partial \theta} \\ \dfrac{\partial y}{\partial r} & \dfrac{\partial y}{\partial \theta} \end{vmatrix}_+ = \begin{vmatrix} cos\theta & rsin\theta \\ sin\theta & rcos\theta \end{vmatrix}_+ = |r| = r$$

$|J|$ 表示行列式之絕對值。

$|J|$ 稱為 Jacobian

$$\therefore \int_R \int f(xy)dxdy = \int_R \int |r|f(rcos\theta，rsin\theta)drd\theta$$

在計算重積分時應特別注意到積分區域之對稱性。

例 1　求(a) $\int_R \sqrt{x^2+y^2}dxdy$？其中

$R=\{(x，y)|x^2+y^2\leq1，x\geq0，y\geq0\}$

(b) $\int_R \int xydxdy$，其中 $R=\{(x，y)|1\geq x^2+y^2\geq0，1\geq x\geq0，1\geq y\geq0\}$

(c) $\int_R \int \dfrac{1}{\sqrt{x^2+y^2}}dxdy$，其中 $R=\{(x，y)|4\geq x^2+y^2\geq1\}$

解

(a)本題之積分區域為位在第一象限的$\dfrac{1}{4}$圓形區域，取

$x=rcos\theta$，$y=rsin\theta$，$1\geq r\geq0$，$\dfrac{\pi}{2}\geq\theta\geq0$

$$\therefore \int_R \int \sqrt{x^2+y^2}dxdy$$

$$= \int_0^{\frac{\pi}{2}} \int_0^1 r\sqrt{r^2cos^2\theta+r^2sin^2\theta}drd\theta$$

$$= \int_0^{\frac{\pi}{2}} \int_0^1 r\cdot rdrd\theta$$

$$= \int_0^{\frac{\pi}{2}} \frac{r^3}{3}]_0^1 d\theta$$

$$= \int_0^{\frac{\pi}{2}} \frac{1}{3}d\theta = \frac{1}{3}]_2^{\frac{\pi}{2}} = \frac{\pi}{6}$$

(b)取$x=rcos\theta$，$y=rsin\theta$，$1\geq r\geq 0$，$\frac{\pi}{2}\geq\theta\geq 0$，$|J|=r$

$$\therefore \int_R \int xydxdy$$

$$= \int_0^{\frac{\pi}{2}} \int_0^1 r(rcos\theta\cdot rsin\theta)drd\theta$$

$$= \int_0^{\frac{\pi}{2}} \int_0^1 r^3cos\theta sin\theta drd\theta$$

$$= \int_0^{\frac{\pi}{2}} \frac{r^4}{4}]_0^1 \frac{1}{2}sin2\theta d\theta$$

$$= \frac{1}{8} \int_0^{\frac{\pi}{2}} sin2\theta d\theta$$

$$= \frac{1}{8} [\frac{-1}{2}cos2\theta]_2^{\frac{\pi}{2}} = \frac{1}{8}$$

(c)取$x=rcos\theta$，$y=rsin\theta$，$x^2+y^2=r^2$，

$2\geq r\geq 1$，$2\pi\geq\theta\geq 0$，$|J|=r$

$$\therefore \int_R \int \frac{1}{\sqrt{x^2+y^2}}dxdy$$

$$= 4\int_1^2 \int_0^{\frac{\pi}{2}} r\cdot\frac{d\theta dr}{\sqrt{r^2}}$$

$$= 4\int_1^2 \int_0^{\frac{\pi}{2}} d\theta dr$$

$$= 4\int_1^2 \frac{\pi}{2}dr = 4\cdot\frac{\pi}{2} = 2\pi$$

例2 求(a) $\int_0^2 \int_0^{\sqrt{4-x^2}} sin(x^2+y^2)dxdy = ?$

(b) $\int_0^1 \int_0^{\sqrt{1-y^2}} e^{x^2+y^2}dxdy$

(c) $\int_R \int tan^{-1}\frac{y}{x}dxdy$, $R = \{(x,y)|x^2+y^2 \le a^2 , a , xy \ge 0\}$

(d) $\int_R \int (x^2+y^2)dxdy$, $R = \{(x,y)|\frac{x^2}{a^2}+\frac{y^2}{b^2} \le 1 , a , b \ge 0\}$

(e) $\int_{-\infty}^{\infty} \int_{-\infty}^{\infty} e^{-(x^2+y^2)}cos(x^2+y^2)dxdy$

解

(a)取$x=rcos\theta$, $y=rsin\theta$, $\frac{\pi}{2} \ge \theta \ge 0$, $2 \ge r \ge 0$

$$|J| = \begin{vmatrix} \dfrac{dx}{dr} & \dfrac{dy}{dr} \\ \dfrac{dx}{d\theta} & \dfrac{dy}{d\theta} \end{vmatrix}_+ = \begin{vmatrix} cos\theta & rsin\theta \\ -rsin\theta & rcos\theta \end{vmatrix}_+ = r$$

$\therefore$ 原式$= \int_1^2 \int_0^{\frac{\pi}{2}} rsinr^2 d\theta dr$

$= \int_0^2 \frac{\pi}{2}rsinr^2 dr = -\frac{1}{2}cosr^2\big]_0^2 \cdot \frac{\pi}{2}$

$= \frac{\pi}{2}(-\frac{1}{2}cos4+\frac{1}{2}cos0)$

$= -\frac{\pi}{4}cos4+\frac{\pi}{4} = \frac{\pi}{4}(1-cos4)$

(b)取$x=rcos\theta$, $y=rsin\theta$,

$\frac{\pi}{2} \ge \theta \ge 0$, $1 \ge r \ge 0$

$|J| = r$

$\therefore \int_0^1 \int_0^{\sqrt{1-y^2}} e^{x^2+y^2}dxdy$

$= \int_0^1 \int_0^{\frac{\pi}{2}} re^{r^2} d\theta dr$

$= \frac{\pi}{2} \int_0^1 re^{r^2} dr = \frac{\pi}{2}(\frac{1}{2}e^{r^2})\big]_0^1$

$= \frac{\pi}{4}(e-1)$

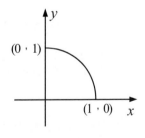

(c)取$x=rcos\theta$，$y=rsin\theta$，$\dfrac{\pi}{2}\geq\theta\geq0$，$a\geq r\geq0$

$|J|=r$

$\therefore \displaystyle\int_R \int tan^{-1}\dfrac{y}{x}dxdy=\int_0^a\int_0^{\frac{\pi}{2}}rtan^{-1}tan\theta d\theta dr$

$=\displaystyle\int_0^a\int_0^{\frac{\pi}{2}}r\theta d\theta dr=\int_0^a r\cdot\dfrac{\theta^2}{2}]_0^{\frac{\pi}{2}}dr$

$=\dfrac{\pi^2}{8}\displaystyle\int_0^a rdr=\dfrac{a^2\pi^2}{16}$

(d)取$x=arcos\theta$，$y=brsin\theta$，$2\pi\geq\theta\geq0$，$1\geq r\geq0$

$|J|=\begin{vmatrix}\dfrac{\partial x}{\partial r} & \dfrac{\partial x}{\partial\theta}\\[2mm]\dfrac{\partial y}{\partial r} & \dfrac{\partial y}{\partial\theta}\end{vmatrix}_+=\begin{vmatrix}acos\theta & -arsin\theta\\ bsin\theta & brcos\theta\end{vmatrix}_+=abr$

$\therefore$原式$=\displaystyle\int_0^{2\pi}\int_0^1 r^2(a^2cos^2\theta+b^2sin^2\theta)abrdrd\theta$

$=\dfrac{ab}{4}\displaystyle\int_0^{2\pi}(a^2cos^2\theta+b^2sin^2\theta)d\theta$

$=\dfrac{ab}{4}\displaystyle\int_0^{2\pi}[a^2+(b^2-a^2)sin^2\theta]d\theta$

$=\dfrac{ab}{4}[2a^2\pi+(b^2-a^2)\displaystyle\int_0^{2\pi}sin^2\theta d\theta]$

$=\dfrac{ab}{4}[2a^2\pi+(b^2-a^2)\displaystyle\int_0^{2\pi}\dfrac{1+cos2\theta}{2}d\theta]$

$=\dfrac{ab}{4}(a^2+b^2)\pi$

例 3 求$\displaystyle\int_1^2\int_0^{\sqrt{2x-x^2}}\dfrac{1}{\sqrt{x^2+y^2}}dydx$

解

先求題給之積分區域：

$\sqrt{2x-x^2}=y$，二邊平方得

$y^2+x^2-2x=0$，$y^2+(x-1)^2=1$，又$2\geq x\geq1$，積分區域如斜線部份，現我們要利用極坐標來解。r，θ之範圍是：

$\theta：\dfrac{\pi}{4}\geq\theta\geq0$

$D = \{(x , y) | \sqrt{2x - x^2} \ge y \ge 0 , x \ge 1\}$

取$x = rcos\theta$，$y = rcos\theta$，

$|J| = r$

$\sqrt{2x - x^2} \ge y \Rightarrow 2x \ge x^2 + y^2$

即$2rcos\theta \ge r^2$，亦即$r \le 2cos\theta$

此為r積分上限

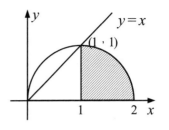

又$x \ge 1$ $\therefore rcos\theta \ge 1$，即$r \ge \dfrac{1}{cos\theta} = sec\theta$，此為$r$積分之下限

$\therefore \displaystyle\int_1^2 \int_0^{\sqrt{2x-x^2}} \frac{1}{\sqrt{x^2+y^2}} dy dx$

$= \displaystyle\int_0^{\frac{\pi}{4}} \int_{sec\theta}^{2cos\theta} \cdot \frac{r}{\sqrt{r^2}} dr d\theta$

$= \displaystyle\int_0^{\frac{\pi}{4}} (2cos\theta - sec\theta) d\theta$

$= 2sin\theta - ln|sec\theta + tan\theta| \Big]_0^{\frac{\pi}{4}}$

$= \sqrt{2} - ln(1 + \sqrt{2})$

例 4 求$\displaystyle\int_D \int e^{x^2+y^2} dy dx$，$D = \{(x , y) | 0 \le y \le x , x^2 + y^2 \le 1\}$。

解

取$x = rcos\theta$，$y = rcos\theta$，由

右圖顯然$\dfrac{\pi}{4} \ge \theta \ge 0$，$1 \ge r \ge 0$

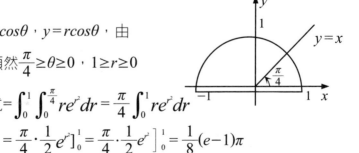

$\therefore$ 原式$= \displaystyle\int_0^1 \int_0^{\frac{\pi}{4}} re^{r^2} dr = \frac{\pi}{4} \int_0^1 re^{r^2} dr$

$= \dfrac{\pi}{4} \cdot \dfrac{1}{2} e^{r^2}]_0^1 = \dfrac{\pi}{4} \cdot \dfrac{1}{2} e^{r^2}]_0^1 = \dfrac{1}{8}(e-1)\pi$

變數變換之進一步通則

重積分之變數變換除極坐標轉換外，還有其它轉換方式，它們的計算原理大致與極坐標轉換相同，也都要乘上 Jacobian，這

些變數變換並無通則，但通常可由原來題給之積分區域處獲得解題之線索。

設 xy 平面上之點 $(x，y)$ 透過一組轉換 $x=h_1(u，v)$，$y=h_2(u，v)$，映至 uv 平面上之點 $(u，v)$，則

$$\int_D \int f(x，y)dxdy$$

$$\int_{D'} \int g(u，v)|J|\,dudy$$

其中 $|J| = \begin{vmatrix} \dfrac{\partial x}{\partial u} & \dfrac{\partial x}{\partial v} \\ \dfrac{\partial y}{\partial u} & \dfrac{\partial y}{\partial v} \end{vmatrix}_+$ $|J|$ 為 $x，y$ 對 $u，v$ 之 Jacobian 的絕對值

$$g(u，v) = f(h_1(u，v)，h_2(u，v))$$

例 5 求 $\displaystyle\int_D \int x\,dxdy$，$D$ 為 $2x+3y=1$，$2x+3y=-2$，$x-y=1$，$x-y=4$ 所圍之區域。

■ 解

因區域 D 是由

$2x+3y=1$

$2x+3y=-2$

$x-y=1$，$x-y=4$

所圍成

取 $u=2x+3y$

  $v=x-y$

得 $1 \geq u \geq -2$，$4 \geq u \geq 1$

又 $\begin{cases} u=2x+3y \\ v=x-y \end{cases}$ 解之：

$x = \dfrac{u+3v}{5}$，$y = \dfrac{u-2v}{5}$

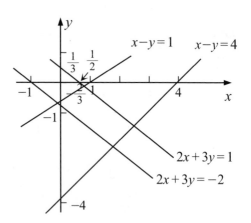

$$\therefore |J| = \begin{vmatrix} \dfrac{\partial x}{\partial u} & \dfrac{\partial x}{\partial v} \\[2mm] \dfrac{\partial y}{\partial u} & \dfrac{\partial y}{\partial v} \end{vmatrix}$$

$$= \begin{vmatrix} \dfrac{1}{5} & \dfrac{3}{5} \\[2mm] \dfrac{1}{5} & -\dfrac{2}{5} \end{vmatrix}$$

$$= \dfrac{5}{25} = \dfrac{1}{5}$$

得 $g(u,v)$

$$= f(h_1(u,v),h_2(u,v))|J|$$

$$= f\left(\frac{u+3v}{5},\frac{u-2v}{5}\right)\cdot\frac{1}{5} = \frac{u+3v}{5}\cdot\frac{1}{5} = \frac{u+3v}{25}$$

$1 \geq u \geq -2 , 4 \geq v \geq 1$

$$\therefore \int_D\!\!\int x\,dx\,dy = \int_1^4\int_{-2}^1\frac{u+3v}{5}du\,dv$$

$$= \frac{1}{25}\int_1^4\int_{-2}^1(u+3v)du\,dv = \frac{1}{25}\int_1^4\left(\frac{u^2}{2}+3uv\right)\Bigg]_{-2}^1 dv$$

$$= \frac{1}{25}\int_1^4\left(-\frac{3}{2}+9v\right)dv = \frac{63}{25}$$

例 6 求 $\displaystyle\int_D\!\!\int e^{x+y}dx\,dy$，$D:\{(x,y)\,\big|\,|x|+|y|\leq 1\}$。

解

$D:|x|+|y|\leq 1$，這是一個由

$x+y=1$，$x+y=-1$

$x+y=1$，$x-y=-1$

二組平行線所圍成之區域

因此我們可設 $u=x+y$，

$v=x-y$，得 $1\geq u\geq -2$

$1\geq v\geq -1$

又 $\begin{cases} u=x+y \\ v=x-y \end{cases}$ $\therefore x=\dfrac{u+v}{2}$ ， $y=\dfrac{u-v}{2}$ $\Downarrow$ 轉換後：

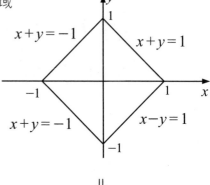

$$\therefore |J| = \begin{vmatrix} \dfrac{\partial x}{\partial u} & \dfrac{\partial x}{\partial v} \\ \dfrac{\partial y}{\partial u} & \dfrac{\partial y}{\partial v} \end{vmatrix}_{+}$$

$$= \begin{vmatrix} \dfrac{1}{2} & \dfrac{1}{2} \\ \dfrac{1}{2} & -\dfrac{1}{2} \end{vmatrix}_{+} = \dfrac{1}{2}$$

得 $g(u,v) = f(h_1(u,v),h_2(u,v))|J|$

$$= f\left(\dfrac{u+v}{2},\dfrac{u-v}{2}\right)\cdot\dfrac{1}{2} = \dfrac{1}{2}e^u,\ 1\geq u\geq -1,\ 1\geq v\geq -1$$

$$\therefore \int_D\int e^{x+y}dxdy = \int_{-1}^{1}\int_{-1}^{1}\dfrac{1}{2}e^u dvdu = \int_{-1}^{1}e^u du = e-\dfrac{1}{e}$$

例7 證 $\displaystyle\int_R\int f(x+y)dxdy = \int_{-1}^{1}f(u)du$

R：由 $|x|+|y|\leq 1$ 所圍成區域

解

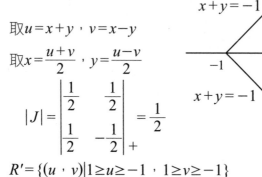

取 $u=x+y$ ， $v=x-y$

取 $x=\dfrac{u+v}{2}$ ， $y=\dfrac{u-v}{2}$

$$|J| = \begin{vmatrix} \dfrac{1}{2} & \dfrac{1}{2} \\ \dfrac{1}{2} & -\dfrac{1}{2} \end{vmatrix}_{+} = \dfrac{1}{2}$$

$R' = \{(u,v)|1\geq u\geq -1,\ 1\geq v\geq -1\}$

$$\therefore 原式 = \int_{-1}^{1}\int_{-1}^{1}\dfrac{1}{2}f(u)dvdu$$

$$= \int_{-1}^{1}f(u)du$$

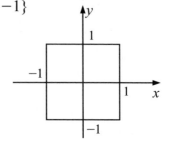

例 8　$\int_R \int x^2 y^2 dxdy$，R為由$xy=1$，$xy=2$，$y=4x$及$y=x$所圍成之
區域

解

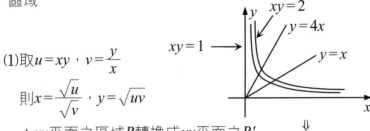

(1)取$u=xy$，$v=\dfrac{y}{x}$

　則$x=\dfrac{\sqrt{u}}{\sqrt{v}}$，$y=\sqrt{uv}$

$\therefore xy$平面之區域R轉換成uv平面之R'

$R'=\{(u,v)|1\le u\le 2,\ 1\le v\le 4|\}$

$\therefore |J|=\left|\dfrac{\partial(x,y)}{\partial(u,v)}\right|$

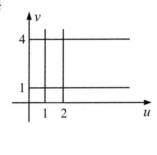

$=\left|\begin{array}{cc}\dfrac{1}{2\sqrt{uv}} & \dfrac{-\sqrt{u}}{2(\sqrt{v})^3} \\[3mm] \dfrac{\sqrt{v}}{2\sqrt{u}} & \dfrac{\sqrt{u}}{2\sqrt{v}}\end{array}\right|$

$=\dfrac{1}{2v}$

故原式$=\int_1^4 \int_1^2 \dfrac{1}{2v}u^2 dudv=\int_1^4 \dfrac{1}{2v}\dfrac{7}{3}dv=\dfrac{7}{6}ln4=\dfrac{7}{3}ln2$

例 9　求$\int_R \int cos(\dfrac{x-y}{x+y})dxdy$，$R=\{(x,y):x+y=1,\ x=0,\ y=0$
所圍成之區域。

解

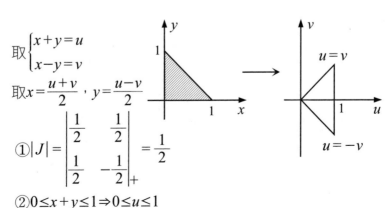

取$\begin{cases}x+y=u \\ x-y=v\end{cases}$

取$x=\dfrac{u+v}{2}$，$y=\dfrac{u-v}{2}$

①$|J|=\left|\begin{array}{cc}\dfrac{1}{2} & \dfrac{1}{2} \\[3mm] \dfrac{1}{2} & -\dfrac{1}{2}\end{array}\right|_+ =\dfrac{1}{2}$

②$0\le x+y\le 1\Rightarrow 0\le u\le 1$

③ $\because x \geq 0 \Rightarrow \dfrac{u+v}{2} \geq 0$　$\therefore u \geq -v \cdot v \geq -u$

及 $\because y \geq 0 \Rightarrow \dfrac{u-v}{2} \geq 0$　$\therefore u \geq v$

即 $u \geq v \geq -u$

$\therefore$ 原式 $= \displaystyle\int_0^1 \int_{-u}^u \dfrac{1}{2} cos(\dfrac{v}{u}) dv du = \int_0^1 \dfrac{u}{2} sin(\dfrac{v}{u})]_{-u}^u \, du$

$\qquad = sin1 \displaystyle\int_0^1 u du = \dfrac{1}{2} sin1$

國家圖書館出版品預行編目資料

微積分解題手冊／黃學亮編著. 一初版.一臺北
市：五南, 2012.04
　　面；　公分.
I S B N: 978-957-11-6632-2（平裝）
1.微積分
314.1　　　　　　　　　101005692

5Q26

微積分解題手冊
Handbook of Calculus for Scientists and Engineers

發 行 人 － 楊榮川

編　　著 － 黃學亮

總 編 輯 － 王翠華

主　　編 － 王正華

責任編輯 － 楊景涵

封面設計 － 童安安

出 版 者 － 五南圖書出版股份有限公司

地　　址：106 台北市大安區和平東路二段 339 號 4 樓

電　　話：(02)2705-5066　傳　　真：(02)2706-6100

網　　址：http://www.wunan.com.tw

電子郵件：wunan@wunan.com.tw

劃撥帳號：01068953

戶　　名：五南圖書出版股份有限公司

台中市駐區辦公室 ／ 台中市中區中山路 6 號

電　　話：(04)2223-0891　傳　　真：(04)2223-3549

高雄市駐區辦公室 ／ 高雄市新興區中山一路 290 號

電　　話：(07)2358-702　傳　　真：(07)2350-236

法律顧問　元貞聯合法律事務所　張澤平律師

出版日期　2012 年 4 月初版一刷

定　　價　新臺幣 500 元